宁波市科技局软科学项目
宁波市政府咨询委项目
浙江省哲学社会科学规划项目

# 协同治理：
# 长三角城市群大气环境改善研究

刘晓斌　著

**图书在版编目(CIP)数据**

协同治理：长三角城市群大气环境改善研究 / 刘晓斌著.—杭州：浙江大学出版社，2018.5

ISBN 978-7-308-16505-1

Ⅰ.①协… Ⅱ.①刘… Ⅲ.①长江三角洲—城市空气污染—污染防治—研究 Ⅳ.①X51

中国版本图书馆 CIP 数据核字（2016）第 314078 号

**协同治理：长三角城市群大气环境改善研究**

刘晓斌 著

---

**责任编辑** 沈巧华

**责任校对** 丁沛岚 李瑞雪

**封面设计** 春天书装

**出版发行** 浙江大学出版社

（杭州市天目山路 148 号 邮政编码 310007）

（网址：http://www.zjupress.com）

**排　　版** 杭州林智广告有限公司

**印　　刷** 绍兴市越生彩印有限公司

**开　　本** 710mm×1000mm 1/16

**印　　张** 21.75

**字　　数** 346 千

**版 印 次** 2018 年 5 月第 1 版 2018 年 5 月第 1 次印刷

**书　　号** ISBN 978-7-308-16505-1

**定　　价** 45.00 元

---



浙江大学出版社发行中心联系方式：(0571) 88925591；http://zjdxcbs.tmall.com

# 目　录

# 第一章　绪　论

随着社会经济持续的快速发展和城市化进程的加快，长三角城市群工业总量大、机动车增长快、建设项目多，大气污染越来越严重，给区域大气环境带来了巨大压力，对社会生产和人民生活的影响超出了我们的预估。长三角城市群的污染数据关联性和趋同性非常强，污染源及其结构类似，形成相对稳定的大气环境闭环系统。而目前这些城市在大气污染治理中，政府主导，各自为政，具有较强的封闭性和集中性。然而，仅以政府为主的大气环境治理效果有限，我国自20世纪80年代实施总量控制、浓度控制政策以来，大气质量整体上没有改善，相反呈恶化态势。根据14个城市的环境状况公报数据分析计算得出，“八五”“九五”期间的十年，长三角城市群的年均灰霾天数不足10天；“十五”“十一五”期间的十年，年均灰霾天数不足30天；“十二五”期间这些城市的年均灰霾天数达到了76天。随着长三角地区经济的高速发展和城市化程度的快速提高，大气环境污染似乎成了不可避免的后果，严重影响着生态环境和居民的生活质量和身体健康。长三角城市群大气环境的系统性、影响因素的复杂性、主体的多元性特征表明，只有协同治理才能改善区域内大气环境。

## 一、概念界定与城市选择

协同治理大气污染，协作者的选择很重要，参与者必须是利益攸关方，协同才会出现正向效应，否则会出现协同逆向。

### (一) 相关概念界定

#### 1. 协同与治理

(1) 协同

"协同"一词来自古希腊语,也称为"同步""协调""协作""协和""合作"等,是指协调两个或者两个以上的不同资源或者个体(元素),协同一致地完成某一目标的过程或能力,体现元素对元素的相干能力,表现了元素在整体发展运行过程中协调与合作的性质,属于协同学(Synergetics)的基本范畴。一般将促使事物间属性互相增强、向积极方向发展的相干性称为协同性。系统中结构元素各自之间的协调、协作形成推拉效应,推动事物共同前进。对事物双方或多方而言,如果协同的结果是使多方获益,整体共同发展,则为协同有效、协同正向或有序;反之为协同无效、协同逆向、混沌或无序。以事物的协同性作为研究对象,研究事物要素的结构、作用、结果,就形成了协同理论。

在我国古代早有协同的论述,《尚书·虞书》中的"协和万国"和《孟子》中的"天时不如地利,地利不如人和",就是比较典型的协同思想;东汉著名史学家、文学家班固在其《汉书》中写道:"咸得其实,靡不协同。"协同主要有如下几个方面的含义:①和谐一致、互相配合,如南朝宋时期范晔的《后汉书》:"内外协同,漏刻之闲,桀逆枭夷。"宋朝庄季裕的《鸡肋编》:"誓书之外,各无所求,必务协同,庶存悠久。"②团结统一,如西晋陈寿的《三国志》:"艾,性刚急,轻犯雅俗,不能协同朋类,失君子之心。"宋朝郭茂倩的《乐府诗集》:"我应天历,四海为家。协同内外,混一戎华。"③协助、会同,如《三国志》:"卿父劝吾协同曹公,绝婚公路。"元朝马致远的《岳阳楼》:"勾头文书元着我协同着你拿这胡道人。"清朝李渔的《比目鱼》:"若果然是他,只消协同地方,拿来就是了。"近代书籍中也有很多关于协同的描述,如鲁迅的《热风》:"太特别,便难与种种人协同生长,挣得地位。"范文澜的《中国通史》:"遇有战事,召集各部落长共同商议,调发兵众,协同作战。"当代,我国学者对协同有了进一步论述,特别是提出了"协同政府"的概念。陈崇林[①]认为:一般意义上的协同政府是指直接针对管理碎片化

① 陈崇林.协同政府研究综述.河北师范大学学报(哲学社会科学版),2014(6):150-156.

问题,打破传统上的组织界限,协同政府的不同层级和机构,提高跨部门合作质量以实行更为整体化的行政行为或提供公共服务的一种行政学思潮和管理实践。为了适应当前改革的需要,党的十八届三中全会通过的《中共中央关于全面深化改革若干重大问题的决定》指出"必须更加注重改革的系统性、整体性、协同性",习近平总书记进一步提出"要更加注重各项改革的相互促进、良性互动,整体推进,重点突破,形成推进改革开放的强大合力"等。

德国古典哲学创始人伊曼努尔·康德(Immanuel Kant)在《纯粹理性批判》中对范畴关系进行论述时,对协同阐述为"协同性或者交互性",认同在系统变化过程中外部因素作用的重要性。[①] 1971 年,德国科学家哈肯提出了系统协同学思想,认为自然界和人类社会的各种事物普遍存在有序、无序的现象,在一定的条件下,有序和无序之间会相互转化,无序就是混沌,有序就是协同,这是一个普遍规律。协同现象在宇宙间一切领域中都普遍存在,没有协同,人类就不能生存,生产就不能发展,社会就不能前进。在一个系统内,若各种子系统(要素)不能很好地协同,甚至互相拆台,那么这样的系统必然呈现无序状态,发挥不了整体性功能而终至瓦解。相反,若系统中各子系统(要素)能很好配合、协同,那么多种力量就能集聚成一个总力量,形成大大超越原各自功能总和的新功能。

(2) 治理

治理(governance)英文概念源自古典拉丁文或古希腊语"引领导航"(steering)一词,原意是控制、操纵和引导,在特定范围内行使权威,原本是指与国家公共事务相关的管理活动或者政治活动。而治理理论的创始人之一詹姆斯·N.罗西瑙(James N. Rosenau)[②]认为,治理既包括政府机制,同时也包含非正式、非政府的机制。全球治理委员会[③]于 1995 年将治理界定为:或公或私的个人和机构经营管理相同事务的诸多方式的总和。罗伯特·罗茨(R. Rhodes)认为治理是一种新的管理社会的方式,包括作为最小国家的治理、作为公司治理的治理、作为新公共管理的治理、作为

① 康德. 纯粹理性批判. 邓晓芒,译. 北京:人民出版社,2004.

② 詹姆斯·N. 罗西瑙. 没有政府的治理:世界政治中的秩序与变革. 张胜军,刘小林,等译. 南昌:江西人民出版社,2001.

③ 全球治理委员会. 我们的全球伙伴关系. 牛津:牛津大学出版社,1995.

善治的管理、作为社会—控制系统的治理、作为自组织网络的治理。[①]简·库伊曼(J. Kooiman)[②]从系统的角度强调治理是一种新的结构或秩序的形成,是系统内部的多种行为者的互动协同。格里·斯托克(Gerry Stoker)[③]将作为互动过程的治理的最终目标归结为建立起一种自我管理的网络。鲍勃·杰索普(B. Jessop)[④]更为直接地表明了治理的自组织性。在这一背景下,以埃莉诺·奥斯特罗姆(Elinor Ostrom)[⑤]为代表的制度分析学派提出了多中心治理理论,要求在公共事务领域中国家和社会、政府和市场、政府和公民共同参与,结成合作、协商和伙伴关系,形成一个上下互动、多维度的管理过程。俞可平[⑥]认为,治理是官方的或民间的公共管理组织在一个既定的范围内运用公共权威维持秩序,以满足公众需要,包括必要的公共权威、管理规则、治理机制和治理方式。陈广胜[⑦]认为治理理论提出的善治模式可以成为中国改革的参照。陈振明[⑧]认为治理是为了实现与增进公共利益,政府部门和非政府部门等众多公共行动主体彼此合作,在相互依存的环境中分享公共权力,共同管理公共事务的过程。

2. 大气有关概念

(1) 大气与气候

大气是指包围地球的空气,即在地球周围聚集的一层很厚的大气分子,它是地球的主要组成部分,与海洋、陆地共同构成地球体系。它的状态和变化,时时处处影响人类的活动与生存。气候(天气)是大气物质与

---

① 转引自:徐晓全. 西方国家治理理论:内涵与评析. 社会治理理论,2014(3).

② Kooiman J. Modern Governance: New Government-Society Interactions. Thousand Oaks: SAGE Publications,1993.

③ 格里·斯托克. 作为理论的治理:五个论点. 国际社会科学杂志(中文版),1999 (2): 19-30.

④ 鲍勃·杰索普. 治理的兴起及其失败的风险:以经济发展为例的论述. 国际社会科学杂志(中文版),1991(1): 31-48.

⑤ 埃莉诺·奥斯特罗姆. 公共事物的治理之道:集体行动制度的演进. 余逊达,陈旭东,译. 上海: 上海三联书店,2000.

⑥ 俞可平. 治理与善治. 北京: 社会科学文献出版社,2000.

⑦ 陈广胜. 走向善治. 杭州: 浙江大学出版社,2007.

⑧ 陈振明. 政府改革与治理:基于地方实践的思考. 北京: 中国人民大学出版社,2013.

水分在太阳辐射、大气环流、下垫面性质和人类活动等因素共同作用形成的。

(2) 大气质量

大气质量是大气受污染的程度,反映了自然界空气中所含污染物质的多少。在未受人为影响的情况下,在水平方向上的空间中大气的组成成分几乎没有差异,大气质量的优劣主要取决于受人类污染的程度。大气质量主要用空气中污染物的含量来衡量,以对人体健康影响的程度为尺度。2012 年,国家发布了评价大气质量的新标准,即《环境空气质量标准》(GB 3095—2012)和《环境空气质量指数(AQI)技术规定(试行)》(HJ 633—2012)。宁波与国内其他 73 个城市是首批依据新标准来评价空气质量的城市。在 2015 年公布的《2014 中国环境状况公报》里,74 个监测城市中,有 71 个城市空气质量不达标,除舟山外,长三角城市的空气质量属于中等水平,没有达标。

(3) 大气污染

大气污染,又称为空气污染,是指由于人类活动或自然过程引起某些物质进入大气中,呈现出足够的浓度,达到足够的时间,并因此危害了人体的舒适、健康或环境的现象。大气污染主要发生在离地面约 12 千米的范围内,随大气环流和风向的移动而漂移,因此大气污染是一种流动性污染,具有扩散速度快、传播范围广、持续时间长、造成的损失大等特点。

大气污染对大气的影响,主要是引起气候的异常变化。这种变化有时是明显的,治理污染容易得到人们的认可和积极响应;但是大多数情况下,污染导致气候变化是以渐变的形式发生的,一般人难以觉察,但任其发展,后果有可能非常严重,因而对这类污染更要引起重视。

(4) 大气污染物

凡是能使空气质量变坏的物质都是大气污染物,目前已知的大气污染物有 100 多种。按其存在状态可以将其分为气溶胶状态污染物、气体状态污染物两大类。气溶胶状态污染物主要有粉尘、烟液滴、雾、降尘、飘尘、悬浮物等;气体状态污染物主要有以二氧化硫为主的硫氧化合物,以二氧化碳(二氧化碳本身不是大气污染物,但它是主要的温室气体之一,因而对其有节能减排要求)为主的碳氧化合物以及碳、氢结合的碳氢化合物。大气中不仅含无机污染物,而且含有机污染物。

大气污染物主要包括：碳粒、飞灰、$CaCO_3$（碳酸钙）、ZnO（氧化锌）、$PbO_2$（二氧化铅）、$PM_{2.5}$（细颗粒物）、$PM_{10}$（可吸入颗粒物）等粉尘微粒，$SO_2$（二氧化硫）、$SO_3$（三氧化硫）、$H_2SO_4$（硫酸）等硫化物，NO（一氧化氮）、$NO_2$（二氧化氮）、$NH_3$（氨气）等氮化物，$Cl_2$（氯气）、$F_2$（氟气）、HCl（氯化氢）、HF（氟化氢）等卤化物，CO（一氧化碳）、氧化剂、$O_3$（臭氧）、PAN（过氧酰基硝酸酯）等碳氧化物。相关研究表明，二氧化碳和甲烷增温效应最为显著。区域不同，人类的生产结构和生活方式不同，大气污染物的结构也不一样。随着人类不断开发新的物质，大气污染物的种类和数量也在不断地变化。

（5）大气污染源

污染源特性与气象条件、地表性质共同影响大气污染的范围和强度，因而防治大气污染就要摸清污染源，采取有针对性的方法措施。大气污染源有自然污染源（如森林火灾、火山爆发等）和人为污染源（如工业废气、生活燃煤、汽车尾气等）两种，且以人为污染源为主，尤其是来自工业生产和交通运输的污染源。人为污染源又可分为固定源（如烟囱、工业排气筒）和移动源（如汽车、火车、飞机、轮船）两种。从污染物来源看，目前主要有燃料燃烧时从烟囱排出的废气、汽车排气、工厂漏掉跑掉的毒气，而烟囱与汽车废气约占总污染物的70%之多。本书研究的主要是人为污染源，同时考虑沙尘暴等自然因素等造成的污染源。长三角城市群主要大气污染物及其污染路径如图1-1所示。[①]

3. 城市群相关概念

（1）城市群与都市圈

不同的机构和学者对城市群和都市圈的定义各不相同，有的将两个概念通用，本书将两个概念加以区分定义。城市群是在特定地域上以大城市为中心分布的若干城市集聚而成的庞大的、多核心的、多层次的城市集群。城市群由于具有不同的空间范围和城市数量，构成了不同规模大小的城市群，理论上三个以上城市就可以形成城市群。城市群都有其核心城市，一般有一个核心城市，也可以有多个核心城市。核心城市一般是

---

① 刘晓斌．宁波大气污染源解析与污染治理．宁波城市职业技术学院学报，2015(3)：60-66.

特大城市，也可以是超大城市或大城市。城市群是城市发展到成熟阶段的最高结构组织形式，是相对独立的城市群落集合体，是群内城市间关系的总和。城市之间经济紧密联系，产业存在分工与合作，交通与社会生活、城市规划和基础设施建设相互影响。以上海为核心的长三角城市群，已经成为世界著名的六大城市群之一。

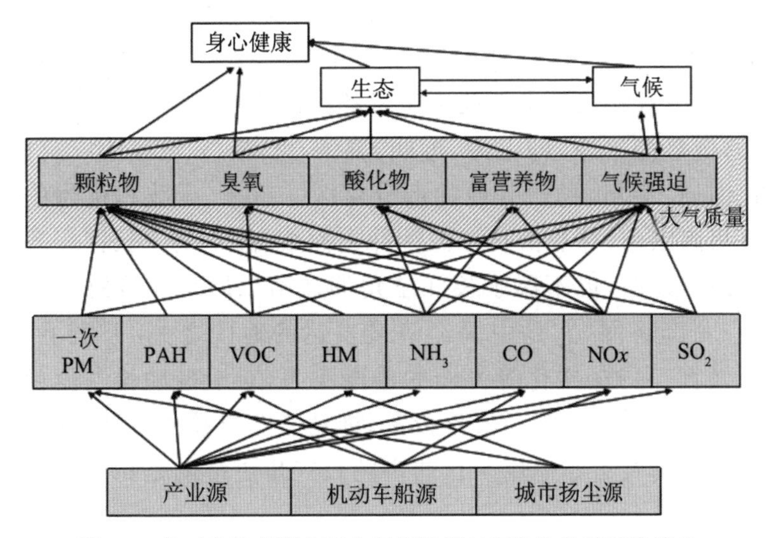


图 1-1 长三角城市群主要大气污染源与污染物及其污染路径

都市圈是指由具有核心作用的一个中心城市或几个大城市，以及周边受到中心城市强烈辐射、有着紧密联系的地区组成的城市经济区域。都市圈的发育程度已成为衡量一个国家或地区社会经济发展水平的重要标志，都市圈在各国甚至世界经济发展中起着枢纽作用，具有强大的国际辐射能力和效应。都市圈不同于城市群，都市圈内的核心城市有多方面的绝对垄断地位，周边其他城市具有更强的依赖性和附属性；而城市群内部不同城市包括核心城市呈现出各自相对独立性，保持相互间的影响和联系。① 在我国，京津冀更趋向于都市圈，因为北京是首都，在很多方面对京津冀地区都具有一定的垄断优势，特别是河北省的城市发展，其对北京有很强的依附性和服务作用，这一特征有利于大气污染的协同治理。而长三角更趋向于城市群，城市间的独立性和竞争性较强，这给协同治理大

① 高国力. 我国城市群建设的战略构想. 经济日报，2013-02-01(15).

气污染增加了难度。

(2) 长三角地区

长三角地区是长江三角洲地区的简称,长江三角洲位于中国大陆东部沿海,长三角地区一般泛指上海市、江苏省、浙江省两省一市。长三角有两层含义,第一层是地形上的长三角,即长江三角洲,是长江入海之前形成的一片坦荡的冲积平原,北起通扬运河,南抵钱塘江、杭州湾,西至仪征真州附近,东到海边,面积约 5 万平方千米。没有高山,海岸线平直,海水黄浑,有一条宽约几千米至几十千米的潮间带浅滩。包括上海、江苏南部、浙江的杭嘉湖平原,即上海、苏州、嘉兴、无锡、常州等地以及杭州、镇江、湖州、南通、泰州、扬州等地的部分地区。绍兴、宁波和杭州的部分地区位于杭州湾以南,并非由长江泥沙冲击而成,故不属于长江三角洲。南京在冲击顶点以西,也不属于长江三角洲。第二层是经济意义上的长三角,即长三角经济圈,它是中国经济最发达的地区之一,汇集了产业、金融、贸易、教育、科技、文化等方面的雄厚实力,对于带动长江流域经济的发展,连接国内外市场,吸引海外投资,推动产业与技术转移,参与国际竞争与区域重组具有重要作用。目前讲的长三角更多的是指经济意义上的长三角。

1982 年,国务院决定成立上海经济区,该经济区包括上海、苏州、无锡、常州、南通、杭州、嘉兴、湖州、宁波、绍兴等 10 个城市,形成了长三角的最早雏形,并于次年 1 月,在上海成立经济区规划办公室。根据国家发改委编制的《长江三角洲地区区域规划(2006—2010 年)》,长江三角洲地区包括上海和江苏的南京、苏州、无锡、常州、扬州、镇江、南通、泰州以及浙江的杭州、宁波、湖州、嘉兴、绍兴、舟山、台州,共 16 个城市,区域面积为 11.0 万平方千米,2005 年年底常住总人口达 9698.7 万人。2010 年,长江三角洲地区重新划分,在原来 16 个城市的基础上增加了浙江的温州和江苏的盐城、连云港,同时将安徽的芜湖、马鞍山、合肥、铜陵也纳入长三角地区,有学者称之为“大长三角地区”或“泛长三角地区”。而根据 2010 年国家发改委发布的《长江三角洲地区区域规划》的规定,区域规划范围包括上海市、江苏省和浙江省,区域面积 21.07 万平方千米。截至 2013 年,长江三角洲城市经济协调会的会员城市扩充至 30 个。也有倪鹏飞等一些专家认为,长三角地区应包括一市三省,人口规模达 2 亿人,面积达到 34 万平方千米，形成以上海为中心的扇形结构。[①]

本书的长三角地区只限于区域内大气环境关联性强的环太湖、沿长江、沿杭州湾的江浙沪城市群，包括上海、南京、苏州、无锡、常州、镇江、扬州、泰州、南通、杭州、宁波、绍兴、嘉兴、湖州等 14 个城市，相较于其他江浙沪城市，这 14 个城市间交通基础设施高速化、网络化，区域空间联系强。

### （二）长三角城市群范围界定

#### 1. 城市选择的依据

选择上海、南京、苏州、无锡、常州、镇江、扬州、泰州、南通、杭州、宁波、绍兴、嘉兴、湖州这 14 个城市[②]作为研究对象，主要从地理位置相邻、气候特征相近、大气环境关联性强等三个要素来考虑。

首先，要求城市群内的城市是紧邻，处于长三角的范围内。泛长三角的苏、浙、沪、皖四省市都是相连接的，但从交通基础设施发达程度和交通状况来看，14 个城市的路网密度大，交通便利，城市化程度高，城市基本连成一片。而安徽的城市、浙西南城市、苏北城市间路网密度相对较低。从经济发达程度来看，这 14 个城市的经济整体较发达，区域人均 GDP 高于其他地区。另外，长三角这 14 个城市的西部和南部周边有山脉阻隔，例如西有张八岭、牛头山、天目山和宜溧山脉，南有龙门山、会稽山、天台山、四明山、括苍山等。

其次，这 14 个城市的气候特征相似，属于亚热带季风气候。冬季，气流由高压中心（蒙古—西伯利亚）流向低压中心（白令海峡南面的阿留申群岛附近），受地转偏向力的影响，北半球向右偏转，在长三角地区容易形成西北风（或者偏北风）。夏季，气流由北半球的高压中心（夏威夷群岛附近）流向亚欧大陆中部低压中心（印度），受地转偏向力的影响，北半球向右偏转，容易形成东南风（或者偏南风）。夏季湿润，降水丰富，6 月份有梅雨，7 月份有伏旱；冬季低温干燥，降水较少。

短期看，近 60 年来，长三角这 14 个城市年均气温、年均最高和最低

---

① 转引自：张宝峰.大长三角将成超级经济区.(2014-05-10)[2015-03-14]. http://news.takungpao.com/paper/q/2014/0510/2469451.html.

② 下文所说的 14 个城市均指这 14 个城市。

气温都显著上升,冬季和春季增温更为明显,并表现出一致性,上海、南京、杭州、宁波、苏州等大城市的增温率明显较高。以宁波为例,从 20 世纪 90 年代起,宁波气温以升高为主,平均气温、最高气温、最低气温均有不同程度的上升,高温天数增多,低温天数减少。1990 年前后相比,年平均气温由 16.2℃升高到了 17.6℃,上升 1.4℃;年平均最高气温从 20.6℃升高到了 23.0℃,上升 2.4℃,特别是 2013 年出现了 10 天 40℃以上的高温天气,当年高温热浪次数虽然只有 4 次,但总天数却达到 42 天;年平均最低气温从 12.8℃升高到了 14.3℃,上升 1.5℃,2013 年 0℃以下的天数达到 25 天。地表温度也表现出明显的上升趋势,1990 年前后相比,年地表温度由 18.5℃上升到了 19.5℃;20 厘米浅层地温缓慢上升,40 厘米深层地温年际变化幅度小,进入 21 世纪后出现升高趋势。1953—2010 年宁波年平均气温变化情况如图 1-2 所示。

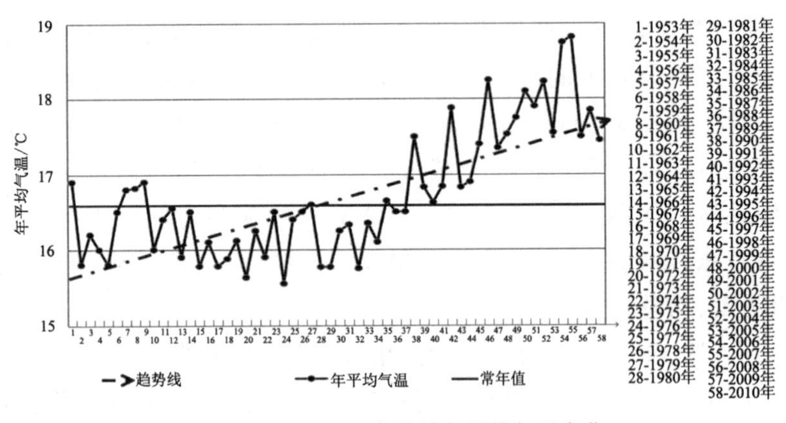


图 1-2 1953—2010 年宁波年平均气温变化
(资料来源:宁波市气象局。)

与 20 世纪 90 年代初比较,近十年长三角 14 个城市的年日照时数也减少了,减幅约 13%;平均风速在下降,城区年平均风速减幅约四分之一;高于或等于 35℃的高温天数增多,低于或等于 0℃的低温天数减少,多年平均高温天数增加约 16 天,多年平均低温天数减少约 18 天。

最后,长三角 14 个城市大气环境关联性强。无论是从即时空气质量指数(AQI 指数)和首要污染物分析,或者从重度污染气候看,还是从空气质量月均、年均指数或主要污染物浓度看,这 14 个城市的大气环境关联度很高。表1-1是2016年2月23日的江浙沪皖的40个城市的AQI指数。从表中可以看出，14个城市的AQI指数处于58～85区间，均属于良好等级。

**表1-1 2016年2月23日江浙沪皖的40个城市的AQI指数**

| 城市 | AQI指数 | 城市 | AQI指数 |
|---|---|---|---|
| 滁州 | 128 | 盐城 | 67 |
| 亳州 | 127 | 马鞍山 | 65 |
| 宿迁 | 107 | 南京 | 65 |
| 淮北 | 105 | 六安 | 64 |
| 徐州 | 104 | 宁波 | 64 |
| 安庆 | 103 | 上海 | 63 |
| 宿州 | 100 | 湖州 | 62 |
| 淮安 | 99 | 台州 | 61 |
| 阜阳 | 98 | 扬州 | 59 |
| 连云港 | 95 | 南通 | 59 |
| 淮南 | 85 | 芜湖 | 58 |
| 蚌埠 | 84 | 绍兴 | 58 |
| 常州 | 84 | 衢州 | 57 |
| 镇江 | 77 | 温州 | 57 |
| 黄山 | 72 | 舟山 | 55 |
| 苏州 | 71 | 金华 | 52 |
| 铜陵 | 69 | 丽水 | 50 |
| 嘉兴 | 69 | 池州 | 41 |
| 杭州 | 69 | 合肥 | 90 |
| 无锡 | 69 | 泰州 | 85 |

数据来源：中华人民共和国环境保护部数据中心。

表1-2是中国环境监测总站公布的2015年12月份74个城市的大气质量综合指数排名。从排名可以看出，长三角14个城市的大气质量综合指数排名处于27～48区间，主要污染物均为$PM_{2.5}$。

表 1-2 2015 年 12 月份 74 个城市的大气质量综合指数排名

| 排名 | 城市 | 综合指数 | 最大指数 | 主要污染物 | 排名 | 城市 | 综合指数 | 最大指数 | 主要污染物 |
|---|---|---|---|---|---|---|---|---|---|
| 1 | 海口 | 2.60 | 0.63 | $O_3$ | 25 | 长沙 | 5.71 | 2.20 | $PM_{2.5}$ |
| 2 | 惠州 | 3.08 | 0.83 | $PM_{2.5}$ | 26 | 金华 | 6.27 | 2.34 | $PM_{2.5}$ |
| 3 | 厦门 | 3.12 | 0.83 | $PM_{2.5}$ | 27 | 湖州 | 6.58 | 2.23 | $PM_{2.5}$ |
| 4 | 福州 | 3.28 | 0.92 | $NO_2$ | 28 | 承德 | 6.60 | 2.09 | $PM_{2.5}$ |
| 5 | 深圳 | 3.57 | 0.92 | $NO_2$ | 28 | 扬州 | 6.60 | 2.54 | $PM_{2.5}$ |
| 6 | 昆明 | 3.80 | 0.94 | $PM_{2.5}$ | 30 | 上海 | 6.74 | 2.34 | $PM_{2.5}$ |
| 7 | 肇庆 | 3.91 | 9.98 | $NO_2$ | 31 | 盐城 | 6.76 | 2.51 | $PM_{2.5}$ |
| 8 | 东莞 | 3.92 | 1.09 | $PM_{2.5}$ | 32 | 宁波 | 6.77 | 2.26 | $PM_{2.5}$ |
| 8 | 贵阳 | 3.92 | 1.20 | $PM_{2.5}$ | 33 | 南通 | 6.93 | 2.46 | $PM_{2.5}$ |
| 10 | 江门 | 3.96 | 1.10 | $NO_2$ | 34 | 大连 | 7.09 | 2.34 | $PM_{2.5}$ |
| 11 | 中山 | 4.01 | 1.06 | $PM_{2.5}$ | 35 | 嘉兴 | 7.12 | 2.46 | $PM_{2.5}$ |
| 11 | 南宁 | 4.01 | 1.17 | $PM_{2.5}$ | 36 | 镇江 | 7.17 | 2.86 | $PM_{2.5}$ |
| 13 | 珠海 | 4.10 | 1.12 | $NO_2$ | 37 | 苏州 | 7.20 | 2.46 | $PM_{2.5}$ |
| 13 | 丽水 | 4.10 | 1.31 | $PM_{2.5}$ | 38 | 杭州 | 7.21 | 2.57 | $PM_{2.5}$ |
| 15 | 拉萨 | 4.20 | 1.31 | $PM_{2.5}$ | 39 | 泰州 | 7.26 | 2.49 | $PM_{2.5}$ |
| 16 | 台州 | 4.21 | 1.29 | $PM_{2.5}$ | 40 | 绍兴 | 7.32 | 2.51 | $PM_{2.5}$ |
| 17 | 舟山 | 4.33 | 1.34 | $NO_2$ | 41 | 淮安 | 7.33 | 2.83 | $PM_{2.5}$ |
| 18 | 佛山 | 4.35 | 1.23 | $PM_{2.5}$ | 42 | 合肥 | 7.39 | 3.23 | $PM_{2.5}$ |
| 18 | 广州 | 4.35 | 1.25 | $PM_{2.5}$ | 43 | 成都 | 7.49 | 2.57 | $PM_{2.5}$ |
| 20 | 温州 | 4.64 | 1.26 | $PM_{10}$ | 44 | 秦皇岛 | 7.57 | 2.06 | $PM_{2.5}$ |
| 21 | 衢州 | 5.05 | 1.51 | $PM_{2.5}$ | 45 | 南京 | 7.63 | 2.69 | $PM_{2.5}$ |
| 22 | 张家口 | 5.18 | 1.27 | $PM_{2.5}$ | 46 | 武汉 | 7.68 | 3.09 | $PM_{2.5}$ |
| 23 | 重庆 | 5.37 | 1.84 | $PM_{2.5}$ | 46 | 西宁 | 7.68 | 2.20 | $PM_{2.5}$ |
| 24 | 南昌 | 5.49 | 1.97 | $PM_{2.5}$ | 48 | 常州 | 7.88 | 2.86 | $PM_{2.5}$ |

续 表

| 排名 | 城市 | 综合指数 | 最大指数 | 主要污染物 | 排名 | 城市 | 综合指数 | 最大指数 | 主要污染物 |
|---|---|---|---|---|---|---|---|---|---|
| 48 | 无锡 | 7.88 | 2.80 | $PM_{2.5}$ | 62 | 沧州 | 10.39 | 3.94 | $PM_{2.5}$ |
| 50 | 兰州 | 7.91 | 2.26 | $PM_{2.5}$ | 63 | 北京 | 10.72 | 4.34 | $PM_{2.5}$ |
| 51 | 连云港 | 7.92 | 2.91 | $PM_{2.5}$ | 63 | 乌鲁木齐 | 10.72 | 4.39 | $PM_{2.5}$ |
| 52 | 宿迁 | 7.94 | 2.94 | $PM_{2.5}$ | 65 | 哈尔滨 | 11.01 | 4.14 | $PM_{2.5}$ |
| 53 | 徐州 | 8.30 | 2.74 | $PM_{2.5}$ | 66 | 唐山 | 11.32 | 4.00 | $PM_{2.5}$ |
| 54 | 青岛 | 8.33 | 3.03 | $PM_{2.5}$ | 67 | 郑州 | 11.35 | 4.06 | $PM_{2.5}$ |
| 55 | 长春 | 8.44 | 2.97 | $PM_{2.5}$ | 68 | 济南 | 12.03 | 4.57 | $PM_{2.5}$ |
| 56 | 呼和浩特 | 8.83 | 2.91 | $PM_{2.5}$ | 69 | 廊坊 | 12.20 | 4.74 | $PM_{2.5}$ |
| 57 | 银川 | 9.09 | 2.30 | $SO_2$ | 70 | 石家庄 | 13.28 | 4.69 | $PM_{2.5}$ |
| 58 | 太原 | 9.26 | 2.97 | $PM_{2.5}$ | 71 | 邯郸 | 14.45 | 4.97 | $PM_{2.5}$ |
| 59 | 沈阳 | 9.56 | 3.00 | $PM_{2.5}$ | 72 | 衡水 | 15.50 | 5.89 | $PM_{2.5}$ |
| 60 | 天津 | 9.77 | 3.60 | $PM_{2.5}$ | 73 | 邢台 | 16.05 | 5.57 | $PM_{2.5}$ |
| 61 | 西安 | 10.04 | 3.39 | $PM_{2.5}$ | 74 | 保定 | 16.57 | 6.11 | $PM_{2.5}$ |

注:2015年12月30至31日,济南、青岛等城市采用未审核的原始数据参与评价。

经过综合分析比较,本书选取了长三角的上海、南京、苏州、无锡、常州、镇江、扬州、泰州、南通、杭州、宁波、绍兴、嘉兴、湖州等14个城市作为研究对象。这里需要说明的是,国家相关规划中的长三角核心城市有16个,除了这14个城市外,还包括舟山、台州两市。舟山是一个海岛城市,无论是大气环境质量,还是产业结构抑或交通紧密程度,与所选的14个城市的差异都较大;而台州与所选的14个城市间有高山相隔,大气污染相互影响较小,大气环境质量优于14个所选城市,因而将舟山和台州剔除。在这14个城市所辖区域中,有的县(市)在地理位置和大气环境方面具有独特性,例如杭州的淳安、湖州的安吉、宁波的象山、无锡的宜兴、常州的溧阳等,但为了便于研究,仍然予以保留。

2. 城市群范围的选定

根据选择依据,选定沿杭州湾、沿太湖、沿长江的长三角14个城市,包括1个直辖市和3个副省级城市(其中2个为省会城市),10个地级城市,其中14个县、28个县级市、78个区,具体如表1-3所示。区域面积9.9万平方千米,其中陆地面积7.6万平方千米。根据2010年人口普查资料统计,区域内常住人口达到1.49亿人。2014年,实现地区生产总值10.15万亿元,实现规模以上工业总产值18万亿元,完成固定资产投资近5万亿元。

**表1-3 长三角城市群行政区范围**

| 省级 | 市级 | 县级 | | |
|---|---|---|---|---|
| | | 区 | 市 | 县 |
| 上海 | | 黄浦区、浦东新区、徐江区、长宁区、静安区、普陀区、闸北区、虹口区、杨浦区、闵行区、宝山区、嘉定区、金山区、松江区、青浦区、奉贤区 | | 崇明县 |
| 江苏 | 南京 | 玄武区、秦淮区、建邺区、鼓楼区、浦口区、栖霞区、雨花台区、江宁区、六合区、溧水区、高淳区 | | |
| | 无锡 | 崇安区、南长区、北塘区、锡山区、惠山区、滨湖区 | 江阴市、宜兴市 | |
| | 常州 | 天宁区、鼓楼区、戚墅堰区、新北区、武进区、金坛区 | 溧阳市 | |
| | 苏州 | 姑苏区、虎丘区、吴中区、相城区、吴江区 | 常熟市、张家港市、昆山市、太仓市 | |
| | 南通 | 崇川区、港闸区、通州区 | 启东市、如皋市、海门市 | 海安县、如东县 |
| | 扬州 | 广陵区、邗江区、江都区 | 仪征市、高邮市 | 宝应县 |
| | 镇江 | 京口区、润州区、丹徒区 | 丹阳市、扬中市、句容市 | |
| | 泰州 | 海陆区、高港区、姜堰区 | 兴化市、靖江市、泰兴市 | |

**续　表**

| 省级 | 市级 | 县级 | | |
|---|---|---|---|---|
| | | 区 | 市 | 县 |
| 浙江 | 杭州 | 上城区、下城区、江干区、拱墅区、西湖区、滨江区、余杭区、萧山区、富阳区 | 建德市、临安市 | 桐庐县、淳安县 |
| | 宁波 | 海曙区、江东区、江北区、北仑区、镇海区、鄞州区 | 余姚市、慈溪市、奉化市 | 象山县、宁海县 |
| | 绍兴 | 越城区、柯桥区、上虞区 | 诸暨市、嵊州市 | 新昌县 |
| | 湖州 | 吴兴区、南浔区 | | 德清县、长兴县、安吉县 |
| | 嘉兴 | 南湖区、秀洲区 | 海宁市、平湖市、桐乡市 | 嘉善县、海盐县 |

注：表中县级行政区划以国务院批准的截至2016年3月30日的行政区划为准。

其中，上海是中国的经济、交通、科技、工业、金融、会展和航运中心之一。2014年，上海实现GDP 2.36万亿元，总量居中国城市之首，港口货物吞吐量和集装箱吞吐量均居世界第一。

杭州是浙江的省会城市、长三角南翼中心城市、国际风景旅游城市，2014年实现GDP 0.92万亿元。宁波是现代化国际港口城市，长三角南翼区域经济中心和国家七大化工区之一，2014年实现GDP 0.76万亿元。嘉兴是长三角经济重镇、上海南翼港口新市，2014年实现GDP 0.34万亿元。湖州是太湖南岸的中心城市、长三角生态旅游城市，2014年实现GDP 0.19万亿元。绍兴是国家历史文化名城和长三角重要的轻纺制造基地，2014年实现GDP 0.43万亿元。

南京是江苏的省会城市、长江中下游副中心城市、国家重要化工基地之一，2014年实现GDP 0.88万亿元。苏州是世界著名的历史文化名城、风景旅游城市、国家高新技术产业基地、长三角次级中心城市，2014年实现GDP 1.37万亿元。无锡是全国重要的经济中心城市、长三角的交通枢纽，2014年实现GDP 0.82万亿元。常州是全国重要的经济中心城市和现代制造业基地，2014年实现GDP 0.49万亿元。镇江是历史文化名城和苏南经济强市，2014年实现GDP 0.33万亿元。扬州是宜居的生态城市,2014 年实现 GDP 0.37 万亿元。南通是上海国际航运中心北翼重要的组合大港和现代物流中心,重要的基础产业和加工制造业基地,2014 年实现 GDP 0.57 万亿元。泰州是长三角的工贸港口城市和历史文化名城,2014 年实现 GDP 0.34 万亿元。

## 二、研究背景和意义

大气作为一种纯公共物品,为人类所共享,良好的大气环境是人类生产和生活所必需的。但是,随着人类文明的发展,人为排放的污染物对大气环境造成了严重的破坏,如何治理大气污染、改善大气环境已成为人们普遍关心的问题。

### (一) 研究的背景

#### 1. 全球温室效应下的国际呼声

2015 年,埃博拉(Ebola)疫情还没有完全结束,寨卡(Zika)这种虫媒病毒就在美洲暴发流行了。自 2014 年 2 月首个寨卡病毒病例在智利复活节岛被发现,巴西在 2015 年 5 月开始出现寨卡病毒感染疫情,并向全球蔓延。在 2015 年 5 月至 2016 年 1 月期间,巴西约有 4000 个寨卡病毒的孕妇分娩了小头畸形儿。截至 2016 年 1 月 26 日,有 24 个国家和地区有疫情报道,其中 22 个在美洲,欧美、亚洲多国也有出现。2016 年 2 月 18 日,世界卫生组织发布《预防潜在性传播寨卡病毒的临时指导意见》,初步认为寨卡病毒的主要传播途径为伊蚊叮咬,少数通过性接触传播。

寨卡病毒的大范围流行,全球温室效应脱不了干系。全球变暖可能造成携带病毒的蚊子活动范围扩大,促使疫情扩散。美国国家大气研究中心的气候与健康互动关系专家安德鲁·莫纳甘(Andrew Monaghan)认为,"天气越热,蚊子从孵化到成年的速度就越快,病毒繁殖的速度也就越快","随着全球变暖,控制蚊子将越来越困难"。原本最适合蚊子生存的气候带是低海拔的热带,而随着气候变暖,温带国家和热带高海拔城市也成为蚊子肆虐的场所。不仅是寨卡,登革热也是经蚊媒传播引起的急性虫媒传染病。相关资料表明,多发时一年有 1 亿人感染登革热,并造成数以千计的人死亡。[①]

全球温室效应是指太阳短波辐射透过大气射入地面时,地面变暖后放出的长短辐射被大气中的二氧化碳等物质所吸收,使太阳的热量散发不出去,从而产生大气变暖效应。除二氧化碳以外,产生温室效应的气体还有甲烷、臭氧、氯氟烃以及水气等。随着人口的急剧增加,工业化和城市化进程加快,石化燃料的大量使用使得排入大气中的二氧化碳等温室气体增多。而森林等生态系统的功能没有得到相应提升,反而被人为破坏,大气中应被森林吸收的二氧化碳没有被吸收,生态平衡被打破,导致大气中的温室气体不断累积增多,温室效应也不断增强。全球变暖会使全球降水量重新分配、冰川和冻土消融、海平面上升等,既危害自然生态系统,又威胁人类的生存和健康。温室气体也是造成很多城市灰霾天气增多的重要原因,温室效应使大陆与海洋温差变小,进而造成空气流动减慢,大气的自净能力减弱。

温室效应导致的全球变暖已成了世人关注的焦点问题。早在1896年,瑞典物理化学家斯万特·奥古斯特·阿伦尼乌斯(Svante August Arrhenius)(1903年诺贝尔化学奖获得者)发表了论文《大气中的二氧化碳对地球温度的影响》,认为化石燃料燃烧会增加大气中的二氧化碳浓度,从而导致全球变暖;并根据气象资料估算,1796年至1896年,全球平均气温上升了0.74℃,人类向大气中排放了大量的二氧化碳和其他温室气体,使大气中二氧化碳的浓度增加了60%左右。[②] 工业革命前大气中二氧化碳的含量是280毫升/米$^3$,如按目前的增长速度预测,到2100年二氧化碳含量将增加到550毫升/米$^3$,几乎增加一倍。联合国政府间气候变化专门委员会(Intergovernmental Panel on Climate Change, IPCC)在1996年公布的第一个《报告》中采用20世纪80年代美国国家科学院的数字进行研究,认为到2100年二氧化碳倍增后全球平均气温将上升1.5～4.5℃,海平面将上升70～140厘米。考虑到大气中气溶胶(空气中悬浮的微小颗粒)的作用,IPCC在1996年公布的第二个《报告》中对温室

① 美媒:寨卡病毒大流行拉响全球变暖警报.(2016-02-23)[2016-04-12]. http://news.xinhuanet.com/world/2016－02/23/c_128744531.htm.

② 郭豫斌.诺贝尔化学奖明星故事.西安:陕西人民出版社,2009.

效应进行了修正,认为到2100年二氧化碳倍增后全球平均气温的升温值为1.0～3.5℃,升温主要集中在高纬度地区,升温可达6～8℃甚至更高,海平面升高最高可能值为50厘米。海平面的上升将直接淹没人口密集、工农业发达的大陆沿海低地地区,后果十分严重,足以引发国际社会的关注和重视。

1979年第一次世界气候大会上,气候变化首次被提上议事日程。1988年,联合国建立了政府间气候变化专门委员会,以监测和报告全球气候变化。1987年,世界环境与发展委员会发布《我们共同的未来:从一个地球到一个世界》报告,人类开始重新评价西方工业化及其后果,走可持续发展道路进入人们的视野。1992年,在150多个国家参加的联合国环境与发展大会上,制定了《联合国气候变化框架公约》,旨在稳定大气中的温室气体浓度,避免危害气候系统。1995年,《联合国气候变化框架公约》第2次缔约方会议在柏林召开,44个国家组成了联盟,为生存权不遗余力地呼吁。1997年,《联合国气候变化框架公约》第3次缔约方会议在日本京都召开,通过了《〈联合国气候变化框架公约〉京都议定书》(简称《京都议定书》),将其作为《联合国气候变化框架公约》的补充条款,提出了采用市场机制来解决环境问题的思路,并规定和量化了发达国家和经济转型国家的减排指标,即在2008—2012年间温室气体排放量要比1990年削减5.2%。

进入21世纪,国际社会对治理温室效应的呼声越来越高,各国对温室气体排放更加重视。2003年,英国发布《我们能源的未来:创建低碳经济》白皮书,提出英国到2050年温室气体排放量在1990年的基础上削减60%。2005年,《京都议定书》正式生效,这是人类历史上首次以法规的形式限制温室气体排放。2007年,联合国气候变化大会在印度尼西亚巴厘岛举行,通过了《巴厘岛路线图》,明确了气候变化谈判机制和时间表,要求发达国家在2020年前将温室气体减排25%～40%。2009年,联合国气候变化大会在丹麦哥本哈根举行,达成无约束力的《哥本哈根协议》。2009年,G8峰会提出,到2050年发达国家温室气体排放总量应在1990年的基础上减少80%以上,使全球温室气体排放量至少减少50%。2011年,联合国气候变化大会在南非德班举行,会议就实施《京都议定书》第二承诺期并启动绿色气候基金达成一致。[①]

2015年,《联合国气候变化框架公约》第21次缔约方会议暨《京都议定书》第11次缔约方会议在巴黎召开,近200个缔约方一致同意通过《巴黎协定》。《巴黎协定》指出,把全球平均气温较工业化前水平升高控制在2℃之内,并为把升温控制在1.5℃之内而努力;全球将尽快实现温室气体排放达标,21世纪下半叶实现温室气体净零排放;缔约方将以“自主贡献”的方式参与全球应对气候变化行动,发达国家将继续带头减排,并加强对发展中国家的资金、技术和能力建设支持,帮助后者减缓和适应气候变化;从2023年开始,将每5年对全球行动总体进展进行一次盘点,以帮助各国提高力度、加强国际合作,实现全球应对气候变化长期目标。[②]

2. 工业化进程中的民生需求

改革开放后,我国的工业化进程总体可以分两个阶段。第一阶段,工业结构纠偏阶段(1978—1999年)。1978年开始,我国调整了以前的优先发展重工业的工业化思路,注重市场需求导向,优先发展改善人民生活的轻工业,走对外开放和多种经济成分共同发展的工业化道路,对轻工业实行了原材料与能源供应、交通运输、银行贷款、利用外汇、技术引进、改革措施等“六个优先”政策。农村改革激发了农村和农民的活力,使乡镇企业异军突起,推进了农村工业化;国有企业放权让利和内部激励机制改革,解放了国有企业的生产力;民营经济的发展和外资的大量进入,加快了我国的工业化进程,促进对外贸易迅速扩张。1978—1981年,轻工业在工业中的比重逐步上升,并超过了50%。1982—1999年,轻工业在工业中的比重一直保持在50%左右。在多种要素的共同作用下,我国走过了工业化初级阶段,并向工业化中期过渡。第二阶段,重化工业加速发展阶段(1999年至今)。1999年后,我国重工业呈现快速增长、工业增长再次以重工业为主导的格局。经过上一阶段的发展,中国已经告别了“短缺经济”,在满足了食品、服装、电器等需求后,人们开始追求汽车、住房等耐用消费品,需求结构的变化带动了工业结构调整和升级,重工业化和高加

---

① 刘世东.巴黎气候大会将召开盘点历届大会中那些突破性成果.(2015-11-27)[2016-05-21].http://politics.people.com.cn/n/2015/1127/c1001-27862472.html.

② 周磊.本世纪实现温室气体净零排放.京华时报,2015-12-14(020).

工度化成为必然趋势。1992—1996年,轻工业在工业中的比重开始下降。1999年以后,轻工业的该项比例与重工业的该项比例差距明显拉大,重工业化趋势显著。重化工业的发展,带来了严重的环境问题,对人们的生活造成了很大的影响。

梯度发展规律和战略,使各个区域资源禀赋和工业发展基础出现差异,工业化进程发展极不平衡,形成了东部、中部和西部逐步降低的梯度差距,不同地区处于工业化不同时期,工业化初期、中期、后期和后工业化阶段在我国同时存在。在长三角地区,也存在明显的梯度发展现象,各城市的工业化进程大不相同。整体来说,长三角城市群的14个城市的产业结构不断优化,二产、三产结构在2012年达到平衡,一、二、三产结构比例为3.8∶48.2∶48.0。2014年,长三角城市群进入"三二一"结构,三次产业结构比例为3.0∶45.8∶51.2,第三产业即服务业增加值占GDP的比重首次超过50%。综合考虑其他指标,长三角城市已经进入工业化后期向后工业化过渡的阶段。然而,即便是在工业化程度处于全国前列的长三角城市群,城市间的发展也很不平衡。

改革开放前,作为全国经济中心的上海,其工业基础较好,工业门类较齐全。改革开放后,长三角地区的产业转移分为三个过程,第一次转移是从上海向昆山等较近的周边地区转移,第二次转移是从上海、南京、杭州等中心城市向长三角周边地区转移,第三次转移是从长三角核心城市向安徽及全国其他地区转移。产业转移过程中,来自转出地区的人才技术与苏南、杭州湾地区的农村劳动力、土地结合,使得长三角城市群的乡镇企业得到蓬勃发展。在前两次产业转移中,因为长三角存在区位优势和政策优势,国际资本、技术也在向长三角城市聚集,加快了长三角城市群的经济发展。最近几年,一些劳动密集型产业和高能耗、高污染源产业才开始向内陆转移。产业转移的先后差异,使得城市群内的工业化程度不一样,上海、南京、杭州等三个城市率先实现"三二一"产业结构,2015年这三个地区的第三产业占比分别达到67.8%、57.3%、58.24%。其他城市第三产业则没有达到50%,三次产业结构仍是"二三一",苏州、无锡、常州的三产占比超过了45%,其余8个城市低于45%,工业占比高。长三角的工业化也促进了城市化,在工业化和城市化进程中很长一段时期内,"先发展、后规范""重经济、轻环保",导致大气污染等环境问题突出,区域内的不均衡发展现象又增加了大气污染协同治理的难度。

工业化过程中产生的大气污染对人类的危害有些是隐性的，有些是显而易见的，例如，感觉不舒服，中毒，以及患支气管炎、哮喘、肺气肿和肺癌等呼吸道疾病。据宁波市疾病预防控制中心发布的《宁波市居民病伤死亡原因监测报告》，恶性肿瘤是宁波居民死亡的首位原因。其中，2003年以前肺癌排在肝癌、胃癌之后的第三位；2003年开始，肺癌上升到第二位；而到了2006年，肺癌上升到第一位，短短几年时间里肺癌从第三位跃居第一位。大气污染还会影响气候，进而危害到人们的生产和生活。公众对治理大气污染的呼声也越来越高。

3. 区域一体化过程中的城市治理

城市化是不可阻挡的历史发展潮流。长三角一体化是城市化快速发展的结果，城市群就如一个大都市。长三角经济的腾飞带动了该地区的城市化进程快速发展，长三角是我国城市化发展最快、最具发展潜力的地区之一。近20年来，或通过自我发展和自我更新，或借助外力来发展城市经济，长三角14个城市的城镇化速度明显加快，城镇人口从1990年的3012万人增长到2012年的9548万人[①]，城市化率由24.58%增加到67.50%，明显高于全国水平。上海的城市化率更是达到了89.80%，在全国乃至世界范围内都处于领先水平。随着城市化率的提高，资源消耗增大，环境污染问题也日益严重，工厂数量逐日递增，城市人口大量集聚，增加了工业烟尘和生活烟尘的排放量，大气中有毒物质的含量增加，大气污染严重。随着人们生活水平的提高，出行方式也发生了改变，长三角汽车保有量快速增加，汽车尾气成了大气环境的重要杀手。截至2015年年底，长三角14个城市的机动车保有总量超过2300万辆，而机动车又大多分布在沿长江和杭州湾的"Z"字形城市带上，给城市群的交通和大气环境带来了巨大的压力。[②]

作为我国最早经济一体化的城市群，其城市的协同发展与治理却没有跟上。长三角地区涵盖的行政区数量多，城市之间存在严重的同构现象，有的城市对自身的定位不明确，模仿相近城市的发展模式，许多城市

---

① 根据14个城市统计部门相关年份人口统计数据汇总计算。

② 根据14个城市的车管部门统计数据汇总计算。

产业结构类似、主体功能雷同,甚至城市框架、建筑风格等也大同小异,缺乏必要的分工协作。地方政府在公共物品的供给上缺乏统一的规划和管理,往往只看重本辖区的利益,缺乏对区域进行整体规划和布局的意识,造成了严重的资源浪费和过量消耗,阻碍了城市化的进一步发展。城市群的软件建设较滞后,一些地方性法规、政策和标准各不相同,交通拥堵、环境污染等城市病不断出现,城市管理能力有待提升。

长三角城市群的经济一体化,势必引发城市一体化,城市治理不能再局限于过去的一亩三分地,而需要重构城市管理模式。大气污染治理作为我国当今城市治理的重要内容,也需要重构。治理模式重构首先是城市群一体化机制重构,在这一机制下,城市规划、城市建设、城市管理等要突破行政区域的制约,以最优方式实现要素资源的组织和分配,达到深度一体化。其次要围绕政府、社团、公众三者之间的关系重构权力,特别是在环境治理方面,光靠政府的力量是不够的。再次是要转型升级传统集权式城市管理方式,充分利用市场的力量来治理城市。最后是要维护公平,更新城市治理制度,再造治理流程,达到城市市政管理制度、公共政策的协同创新、同步推进。

### (二)研究的意义

#### 1. 反思大气污染问题的实质

表面上看,大气污染是人类生产生活的产物,因而有人误认为是工业化和城市化的必然产物。实质上,大气污染问题具有社会属性,我们只有掌握了这一属性,才能准确把握协同治理的本质,进而提出正确合理的协同治理方案。

(1)大气污染等环境问题具有关乎公平与正义的政治属性

在大气污染与防治方面,公平与正义就是成本和收益的合理分配。宏观上看,大气污染不仅侵蚀人们的生命安全,还消耗经济增长前景,污染者应该予以赔偿。大气污染的代价也是非常大的,经合组织认为,2010年大气污染给中国和印度造成的经济损失分别高达1.4万亿美元和0.5万亿美元。每年由道路交通带来的空气污染给欧洲造成的损失为1370亿美元。世界卫生组织认为,2015年,能源消费引起的室外空气污染造成的非补贴健康影响价值达到约27000亿美元,超过了给能源部门支持的总额的一半。联合国环境规划署也预估，到2030年全球由于地面臭氧污染造成的大豆、玉米、小麦等作物的损失可达每年170亿～350亿美元。联合国环境规划署认为，大气污染造成人口死亡和疾病的损失的估值已达到每年3.5万亿美元，2010年室外空气污染在经合组织国家造成的人口死亡及疾病问题的经济影响为1.7万亿美元。要避免损失或降低损失，就要采取措施减排，也就要付出一定成本。2013年，德意志银行大中华区首席经济学家马骏提出，2030年中国$PM_{2.5}$要达到30微克/米$^3$的目标，就要改变政策，建议将煤炭资源税税率提高5～9倍，将二氧化硫和氮氧化物等排污费征收标准提高1～2倍。中欧陆家嘴国际金融研究院执行副院长刘胜军认为，应把经济发展的环境成本显性化，使污染成本从看不见到全被看见。[①] 2014年，上海市环保投入资金就相当于同年上海市生产总值的3%。[②] 现实社会中，往往污染者得利、其他人受损，有地区受益、有地区受损，这种不公平现象使损害方和受损方在环境事务中不断博弈，很容易引发社会矛盾，进而导致城市治理的不确定性和复杂性。

(2) 大气污染等环境问题具有关乎方式选择的经济属性

企业、个人或政府，他们都有“经济人”的一面，为了追求经济利益最大化或价值最大化，会选择有利于自己的方式和行为。在收益一定时，会采取成本最低的方式；在成本一定时，会尽可能提高收益。在经济利益的驱动下，可能会带来更多的环境污染，而不愿开展污染治理。例如工厂生产时，舍不得增加环保处理设备投资，即使有了环保设备，为了节省开支也不使用，而让污染物直排到大气中。个人消费也是如此，目前的黄标车淘汰工程，如果没有财政补贴和车辆限行等措施，车主们可能照样开车上路，更不会主动地采取减排措施。政府也需要财政收支平衡，在经济发展与环境保护冲突时，有些地方政府可能会优先考虑地方的经济利益。我国目前严峻的大气污染形势，与联产承包责任制、包干制、分税制等商品经济方式也有一定关系，我们只有对这种方式予以修正，才能治好大气污染。既然政府、企业、个人都有经济属性，那么选择有利于自己的方式处理事情就无可厚非，而法律是约束行为的有效手段，特别是在公害面前。

---

① 李洁，王宗凯. 雾霾来袭 背后经济知多少?. 新华国际客户端，2015-12-10.

② 数据来源：《2014上海市环境状况公报》.

大气环境治理效果好的国家都有严格的法律,中国的法治还有待完善。

(3) 大气污染等环境问题具有关乎伦理道德的社会属性

环境的恶化与人类社会关系的恶化具有某种程度的契合性。Giovana Ricoveri 认为,生态危机的根源是资本与自然之间的致命冲突。人是自然的一部分,对自然的剥夺也就是一部分人对另一部分人的剥夺,环境恶化也就是人类社会关系的恶化。① 表面上是环境出了问题,实际上是人类社会出了问题,是人类的行为改变了环境。企业应当遵守社会基本规则和伦理原则,遵守勤奋、节约、创新和大胆谨慎等行为规范和经济公平原则,不侵犯、损害他人权益。而现实中,有些企业一味追求产出最大化,选择粗放的发展模式,急功近利,把经济发展建立在浪费大量社会资源和破坏生态环境的基础上,建立在牺牲子孙后代利益的基础上。企业家应以诚信为本,承担一定的社会责任。人类日益膨胀的各种欲望,导致对大自然过度索取。长期以来,人们似乎认为环境保护和自己无关,况且一个人的力量如此微薄,不会对整个大环境产生影响,因而对自然资源只用不护,造成环境问题日益突出。当今社会过分追求物质文明而产生的大气污染问题,从某种意义上讲是人类文明的倒退。保护大气环境这样的人人共需的公共产品,需要社会成员的公共精神、公德意识,需要为他人着想,服从社会的整体利益和长远利益。也只有这样,才能做到协同合作,彻底解决威胁人类生存和文明进步的环境危机,实现人类文明从农业文明到工业文明再到生态文明的转变。

另外,大气问题也是一个全球性问题,在治理过程中存在国家间的博弈。

2. 满足国家大气环境改善的要求

国务院于 2013 年 9 月颁布的《大气污染防治行动计划》提出,经过五年努力,全国空气质量总体改善,重污染天气较大幅度减少;京津冀、长三角、珠三角等区域空气质量明显好转。力争再用五年或更长时间,逐步消除重污染天气,全国空气质量明显改善。到 2017 年,全国地级及以上城市可吸入颗粒物浓度比 2012 年下降 10%以上,优良天数逐年提高;京津

---

① 约翰·贝拉米·福斯特. 生态危机与资本主义. 耿建新,译.上海:上海译文出版社,2006.

冀、长三角、珠三角等区域细颗粒物浓度分别下降25%、20%、15%左右。京津冀、长三角、珠三角等区域要于2015年年底前基本完成燃煤电厂、燃煤锅炉和工业窑炉的污染治理设施建设与改造，完成石化企业有机废气综合治理。在2015年年底前，京津冀、长三角、珠三角等区域内重点城市全面供应符合国家第五阶段标准的车用汽、柴油，在2017年年底前，全国供应符合国家第五阶段标准的车用汽、柴油。加强油品质量监督检查，严厉打击非法生产、销售不合格油品行为。2016年、2017年，各地区要制定范围更宽、标准更高的落后产能淘汰政策，再淘汰一批落后产能。到2017年，重点行业排污强度比2012年下降30%以上；单位工业增加值能耗比2012年降低20%左右，在50%以上的各类国家级园区和30%以上的各类省级园区实施循环化改造，主要有色金属品种以及钢铁的循环再生比重达到40%左右；煤炭占能源消费总量比重降低到65%以下。京津冀、长三角、珠三角等区域力争实现煤炭消费总量负增长。京津冀区域城市建成区、长三角城市群、珠三角区域要加快现有工业企业燃煤设施天然气替代步伐，到2017年，基本完成燃煤锅炉、工业窑炉、自备燃煤电站的天然气替代改造任务。

要求很明确，任务也很具体，作为国家大气污染防治重点区域，长三角城市群一直在努力执行。但要圆满完成任务，压力很大，一些任务不是一个城市或者城市群就能独立完成的，需要多方协同，例如油品改革和尾气排放，需要油品生产部门、销售商乃至用户、汽车制造商共同努力才能完成。

对城市群协同治理大气污染，国家也有一些要求。2013年6月，国务院确定的大气污染防治十条措施中，第八条是“建立环渤海包括京津冀、长三角、珠三角等区域联防联控机制，加强人口密集地区和重点大城市$PM_{2.5}$治理，构建对各省（区、市）的大气环境整治目标责任考核体系”。第十条是“树立全社会‘同呼吸、共奋斗’的行为准则，地方政府对当地空气质量负总责，落实企业治污主体责任，国务院有关部门协调联动，倡导节约、绿色消费方式和生活习惯，动员全民参与环境保护和监督”。

在前期的大气污染治理中，容易的问题基本得到解决，剩下的往往是比较难以解决的。例如，在淘汰10万吨以下燃煤锅炉和集中供气等产业升级措施中，进一步实施需要大量的财政资金，财政保障难度很大。一些企业升级改造将会增加社会负担,例如,煤电企业改燃煤发电为燃气发电,由于天然气价格高,每度电的燃气成本就超过 0.6 元,总成本将急增到 0.8 元左右,发电成本太高,显然发电企业"煤改气"是不合适的。因此需要突出重点、分类指导、多管齐下、科学施策,确保防治任务顺利完成,实现大气环境质量的真正改善。

3. 应对严峻的大气污染形势

14 个城市在大气污染治理中采取了一些卓有成效的举措,特别是在工业脱硫脱硝减排方面成效明显,大气中二氧化硫浓度得到控制并呈现降低的趋势,空气达标天数也有增加。但大气污染形势依然严峻,空气质量优良的天数在减少。从 15 年以上的长期看,空气优良率大幅度下降,污染天数大幅度增加;大气二次污染和复合污染趋势明显,臭氧浓度呈上升趋势;部分区域挥发性有机化合物浓度高,二噁英污染处于较高水平,汞等重金属污染大;灰霾天气天数多,重污染天气时有发生;部分城市酸雨发生频率高,极端天气多;长三角 14 个城市的大气环境整体状况虽然比京津冀地区好,但与珠三角比差距明显,与欧洲、北美、大洋洲等区域的城市比较差距很大,在全球排名中处于末端,属于全球大气污染状况重度污染区①。

根据环保部发布的《2014 年重点区域和 74 个城市空气质量状况》,2014 年长三角区域 25 个地级及以上城市,空气质量平均达标天数为 254 天,达标天数比例在 51.6%～94.0%区间,平均为 69.5%。与 2013 年相比,虽然平均达标天数比例上升了 5.3 百分点,但重度及以上污染天数比例为 2.9%。超标天数中以 $PM_{2.5}$ 为首要污染物的天数最多,其次是臭氧和 $PM_{10}$。长三角区域 $PM_{2.5}$ 年均浓度为 60 微克/米$^3$,$PM_{10}$ 年均浓度为 92 微克/米$^3$,二氧化硫年均浓度为 25 微克/米$^3$,二氧化氮年均浓度为 39 微克/米$^3$;一氧化碳日均值第 95 百分位浓度为 1.5 毫克/米$^3$,臭氧日最大 8 小时均值第 90 百分位浓度为 154 微克/米$^3$。细查统计数据发现,在环

① 说明:在世界卫生组织对全球 1082 个城市 2008—2010 年的空气质量排名中,我国参与排名的 31 个省会城市只有海口、拉萨、南宁排在 800～900 名,其他都在 940 名之后。虽然公开的数据中没有其他地级城市,但根据相关统计数值比较,其他城市排名在 980 名之后(上海排名 978、杭州排名 1002)。

保部统计的长三角25个城市中，作为本书研究对象的城市群的14个城市的大气质量明显比浙南城市要差，$PM_{2.5}$、$PM_{10}$均未达标，臭氧、二氧化氮各有10个城市未达标，空气质量达标天数占比普遍在75%以下。

而上海环保局发布的《上海“十二五”环境空气质量报告》显示，2015年，上海环境空气质量指数优良率为70.7%，$PM_{2.5}$、$PM_{10}$、二氧化硫和二氧化氮的年均浓度分别为53微克/米$^3$、69微克/米$^3$、17微克/米$^3$和46微克/米$^3$。二氧化硫、$PM_{10}$两项达标，年均浓度分别低于标准71.7%和1.4%；$PM_{2.5}$、二氧化氮两项超标，年均浓度分别高出标准51.4%和15.0%。在2015年出现轻度及以上程度空气污染的日子里，首要污染物为$PM_{2.5}$的天数为68天，为臭氧的天数是33天，为二氧化氮的天数是6天。污染物排放总量远超环境容量，环境空气质量仍不稳定，$PM_{2.5}$浓度容易产生波动，臭氧问题日益突出。在能源消费结构上需加大转型力度，提升移动源所需油品品质，倡导使用绿色新能源。

最终目的是构建具有协同优势的“网络化协同治理新模型”，明确长三角城市群大气质量具体状况以及主要污染物的污染源和污染路径，找出大气质量提升的困难所在，提出城市群的大气污染协同治理措施。

### （三）研究概要

#### 1. 主要内容

本书以14个城市组成的长三角城市群的大气环境与治理为主要研究对象进行研究，主要内容如下：

从地理、交通、气候、污染影响等方面比较分析，城市群范围确定为江、浙、沪地区经济相对发达的14个城市，既不是相关规划中的16个核心城市，也不是泛长三角城市，以提升协同治理的可能性和有效性。在梳理国内外相关理论研究和成果的基础上，反思不同的环境治理策略，结合长三角大气污染治理的大环境，提出大气环境协同治理的理论构想，即构建以法制为基础，政府、社会组织、公众协同共治，网络化的跨域大气污染协同治理架构。并进一步从社会组织的发展、民主生态、区域制度设计、权利开放等方面指出大气环境协同治理新模型的实践导向。

根据长三角城市群大气环境状况、产业经济结构、人文社会结构，分析长三角城市群大气环境系统结构。针对长三角城市群的主要大气污染物,解析长三角城市群大气污染源。通过分析伦敦烟雾事件等5个历史案例以及英国、德国、美国、日本等国家在大气环境治理中采取的重要法律政策和特色,总结可以借鉴的大气环境治理国际经验:行动是基础,法律是保障,治好要时间,政府、社会组织和公众多方协同治理是关键。分析比较香港、深圳、兰州、京津冀都市圈等国内城市(群)的大气环境治理政策措施与效果,提炼可借鉴之处,例如香港的建筑扬尘控制的规范性、交通流的合理性、产业结构的先进性、法制的严肃性,兰州的强力专项治理,深圳的综合优势,京津冀的一体化等。

从法律、政策、经济、技术、人文、社会等方面分析长三角城市群大气环境治理基础,并通过建立大气污染评价指标体系和评价模型,对长三角城市群大气污染状况及其治理效果进行评价。长三角城市群大气环境治理面临经济发展约束、人们生活需要、行政区域限制等方面的困境,但也有相应的优势,例如,经济基础好,有一定的治理经验可借鉴,我国大气污染治理技术比较成熟,联防联控机制正在建立等。最后就长三角城市群大气环境提出了协同治理的对策建议,包括协同治理目标、协同治理方式、协同治理重点,认为现阶段要抓好以下几个方面的工作:加强政府监管、加快产业转型升级、发展绿色交通、加强扬尘协同整治和油气治理、加快绿色屏障建设。

2. 创新与价值

研究长三角城市群大气环境系统的特征,大气质量的影响因素及其影响路径、影响程度,分析城市群大气环境的有序、无序逻辑,同时提出具有协同优势的大气污染网络化协同治理新模型,填补城市群大气污染协同治理领域的理论空白。分析长三角城市群在经济社会快速发展过程中社会治理和发展模式的病症,试图通过社会力量的发展来纠正政府行为、企业行为和消费行为的非生态性,这种研究路径和意图就是重塑社会治理结构,将协同治理理论应用到大气环境系统中,强化大气环境污染治理的协同合作,通过多主体、多领域、多因素、多路径协同治理大气污染,实现大气环境质量改善目标,从而深化和拓展协同治理理论。

在调研的基础上,运用相关城市的监测统计数据,综合分析长三角城市群14个城市污染物的构成及其特征,以便更好地掌握城市群的污染状况,以引起有关部门和人员对大气污染的重视,并为相关研究、宣传和政策制定提供数据支持。解析长三角城市群主要污染物的污染源和污染路径,为编制出台相关规划和经济政策提供依据;并在源解析的基础上,借鉴国内外不同大气污染治理模式经验,提出协同治理对策建议,为相关部门制定大气污染防治政策提供参考,提升长三角地区大气污染治理效果,促进长三角城市群大气环境质量改善,进而对我国其他地区治污产生示范作用。

主要创新点在于:一是在源解析基础上提出多元协同治理,为大气污染治理问题研究提供新的视角和思路;二是强化系统概念和方法,提高大气污染治理研究方面的针对性;三是提出具有区域特色且通俗易懂的大气质量评价标准,有利于社会组织、公众与政府合力治理大气污染;四是提出大气污染治理的网络化协同治理新模型,为高效、跨域治理大气污染提供理论基础。

## 三、已有研究梳理

在国外,大气污染协同治理的研究比较深入,在实践探索方面,发达国家建立起了比较完善的协同治理机制,政府间的协同、公众和社会团体的参与得到了合理的安排,大气污染治理也取得了显著的效果。在我国,大气污染协同治理理论研究处在理论综述和现象描述阶段,大气污染协同治理理论和模型很少涉及;在大气污染协同治理实践探索方面,香港已经走在了前头;京津冀地区在中央的要求和指导下,联防联控机制正在构建,但主要也是政府间的协同,公众和社会团体参与不多;而长三角地区的协同机制还处在摸索阶段。

### (一)协同治理理论研究综述

#### 1. 国外

协同治理发端于西方,植根于西方的理论谱系和实践基础。目前协同治理理论在西方已被广泛应用于政治、经济和社会等诸多领域,成为一种重要而有益的分析框架和方法工具。“协同治理”一词虽然出现较早,但是作为理论的协同治理却仍然不够系统,在实践应用中也亟待开发。在西方学术界,对协同治理的研究分散于多个学科,例如政治学、经济学、公共管理学以及行政法学等。在政治学领域,主要是对联盟动力学以及多元主义的研究,比较有代表性的是美国马里兰大学曼瑟·奥尔森(Mancur Olson)教授的公共选择理论和密歇根大学教授罗伯特·艾瑟罗德(Robert Axelrod)的合作理论。在法学领域,马克·弗里德兰(Mark Freed-land)等提出,公法结构必须依照善治的目标予以调整,治理主体由国家权力扩展到公共权力,公法关系由对抗与控制转向互动与合作,公法的利益基础由公益发展到公益与私益的多元组合,公法价值的重构成为一种时代的必然。[①] 在经济学领域,有关文献涵盖的主题包括博弈论、交易成本理论、委托代理理论等,比较有代表性的学者有美国加州大学伯克利分校的奥利弗·伊顿·威廉姆森(Oliver Eaton Williamson)教授、英国伦敦政治经济学院的朱利安·勒·格兰德(Julian Le Grand)教授、瑞士洛桑国际管理发展学院的皮特·罗润知(Peter Lorange)教授等。

在国家公共管理中,研究成果比较多,涉及协同治理的概念、意义、路径选择、共同规则制定、协同机制构建等方面,但对于协同的具体机制、政府与社会之间的协同的制度基础、载体、目标等问题,尚缺少清晰的界定和描述,大气环境协同治理更多的是实践探索。协同治理理论是自然科学协同理论和社会科学治理理论的交叉理论,是一种新兴的理论,源于对治理理论的重新检视,其核心特征就是协同。协同治理是治理适应社会发展需要的高级层次,现代治理无不强调协同。联合国全球治理委员会在《我们的全球之家》的研究报告中对协同治理的界定是:"各种公共的或私人的个人和机构管理其共同事务的诸多方式的总和,它是使相互冲突的或不同的利益得以调和并且采取联合行动的持续的过程。它既包括有权迫使人们服从的正式制度和规则,也包括各种人们同意或以为符合其利益的非正式的制度安排。"[②]协同治理就是寻求有效治理结构的过程,在这一过程中虽然也强调各个组织的竞争,但更多的是强调各个组织行为体之间的协作,以实现整体大于分体之和的效果。

协同治理理论作为治理理论的一个重要分支理论,是经济全球化背

---

① Freed-land M, Auby J B. The Public Law/Private Law Divide. Oxford: Hart Publishing,2006.

② 俞可平. 治理与善治. 北京:社会科学文献出版社,2000.

景下西方民主社会的产物，其产生与欧洲人文主义背景、民主思想的普及、可持续发展方式的产生等有着紧密的联系。20世纪80年代以来，经济全球化得到了迅速发展，生产要素在全球范围内可以自由流动，产品交易市场突破国家界限，资源在世界范围内进行配置。大量的跨国公司、国际组织、非营利团体应运而生，并发挥越来越重要的作用，削弱了政府对权力的垄断地位。在全球化浪潮中，国家不再是封闭独立的个体，国家之间的协商与协作成了处理国际事务的主要方式，在环境治理中表现得更加明显。在经济全球化带来的全新环境下，政府面临治理构架和治理方式改革的压力，公共管理学家们开始反思传统的行政模式的弊端，并试图寻求与时代相适应的行政模式。在实践中，人们逐渐发现公共事务不只是政府的事情，应通过由公共机构、非营利组织和公众共同组成的伙伴关系和网络来实现的。在这一背景下，相应的观念、做法被统一到协同治理的范畴中。

从西方文献看，治理中的协同有 Coordination、Cooperation、Collaboration 等三个主要词汇，即协调、合作、协作，研究者经常交叉使用，不大注重三者的区别。也有学者为了研究需要而有意识地将三者进行了区分。大卫·斯特劳斯(David Straus)认为，合作一般是通过共同工作达成积极结果，而协作仅仅是强调大家一起工作，共同制定规则和组织结构，不是非常强调结果。[①] 罗伯特·阿格拉诺夫(Robert Agranoff)等认为，协作是指共同协力达成共同目标，跨越部门边界在多重部门关系中工作，合作的基础是互惠价值。[②] 格林(Green)等按照组织结构的扁平程度、自治程度和沟通强化的趋向，把组织间关系划分为竞争、合作、协调、协作和控制等，认为合作较低端，协作更高端。[③] 格雷(Gray)指出，合作和协调是协作过程中早期的一部分，协作是一种更长期的综合过程，通过协作可

---

① Straus D. How to Make Collaboration Work. San Francisco: Berrett-koehler Publisher, 2002.

② 罗伯特·阿格拉诺夫，迈克尔·麦圭尔.协作性公共管理：地方政府新战略.李玲玲，译.北京：北京大学出版社，2007.

③ Green A, Matthias A. Non-governmental Organizations and Health in Developing Countries. London: Macmillan Publisher, 1997.

探寻问题不同方面的差异,寻求解决方案并共同实施方案。[①] 因而协同不是一般意义上的合作,也不是简单的协调,更多的是协作,是一种比合作和协调更高层次的集体行动。

协同治理强调主体的多元化,强调实践中应积极通过权力的再分配发挥社会团体与公众等非政府组织的力量。迈克尔·博兰尼(Michael Polanyi)指出存在两种秩序,其中一种是集中指令的秩序,一种是多中心秩序。[②] 埃莉诺·奥斯特罗姆(Elinor Ostrom)认为,多元主体间通过竞争关系考虑对方,开展多种契约性合作性事务,或者利用中央的机制来解决冲突。[③] 在协同治理下,政府作为治理主体之一,是在各个辖区中被“分散”或者“打碎”成多个平等的治理主体,区域内的各个政府及其部门之间也要加强对话和协作。迈克尔·麦金尼斯(Michael Mcginnis)认为,多中心不限于市场结构,而能够向各种政治过程的组织扩展。[④]

当然,也有学者注意到了开放式民主体制下的低效现象,即制度的通过需要很长的时间,民众和社团理念不足或信念逐渐流失,出现社会僵化或失灵。萨拉蒙(Salamon)将这种非政府组织的局限性称为志愿性部门失灵。他认为,非政府组织的资源不足,不能满足管理中的资源需要;非政府组织所做的决定往往不征求多数人的意见,也不对公众负责和接受监控;非政府组织活动的业余性不可避免地影响组织绩效和服务产品质量。[⑤] 因而一些学者提出需要保持政府在协同治理中的统治,为市场的运行和社会的发展提供稳定的政治和法律环境,在各个领域发挥宏观调控作用。阿里·哈拉契米(Arie Halachmi)将协同性公共管理作为统治看

---

① Gray B. Collaboration: Finding Common Ground for Mutli-Party Problems. San Francisco: Jossey-Bass,1989.

② 迈克尔·博兰尼. 自由的逻辑. 冯银江,李学茹,译. 长春: 吉林人民出版社,2002.

③ 埃莉诺·奥斯特罗姆. 公共事物的治理之道:集体行动制度的演进. 余逊达,陈旭东,译. 上海: 上海三联书店,2000.

④ 迈克尔·麦金尼斯. 多中心体制与地方公共经济. 毛寿龙,译. 上海: 上海三联书店,2000.

⑤ Salamon L M. Partners in public service: The scope and theory of government nonprofit relations.//Powel W W. The Nonprofit Sector: A Research Handbook. New Haven: Yale University Press,1987.

待，而将协同治理作为协同性公共管理的发展方向。[①] 福克斯(Fox)等指出，对官僚制进行解构后，应把各种联合体(网络、协会、特别工作组、派系)和它们的各种经验、目标或最终理念合并到新的体制中，而不是完全抛弃它们。[②] 谢摩尔(Schermerhorn)指出，当一个强有力的超越组织的力量要求合作时，通常会实现合作，政府在协同治理中也可以适时扮演"老船长"的角色，在出现严重干扰、原有信任关系受到影响时，政府可以出面协调甚至将不遵守协商规则的参与者"踢出局"；当两个地方政府或者政府部门间协同治理出现这种严重干扰时，也需要中央政府作为"老船长"从中调停。[③] 罗伯特・D. 帕特南(Robert D. Putnam)认为，信任是社会资本必不可少的组成部分，一个社会的信任范围越广，诚信度越高，政府与社会、公民与政府、公民与社会、公民与公民之间的信任与合作就越普遍，整个社会也就越繁荣。[④] 赫尔曼・哈肯(H. Haken)等研究了开放系统中有序结构的形成过程，强调以"序参数"为核心的伺服原理和自组织原理，认为在一个开放系统中，系统内部各子系统(或各个要素)之间的差异与协同，在非平衡相变过程中不断辩证统一，从而达到整体效应。[⑤]

2. 国内

21 世纪初，协同治理理论研究在我国逐渐兴起。近年来，国内研究协同治理的学者越来越多，也有不少成果。刘伟忠对 2011 年 8 月前国内的研究成果进行了梳理，认为协同治理理论研究成果数量少，论文尚不足百篇，专著付之阙如；研究的视角还相对狭窄，研究的深度依然不足。[⑥]

(1) 关于协同治理的定义与内涵研究。郑巧等认为，协同治理是指

---

① Halachmi A. Governance and risk management：Challenges and public productivity. International Journal of Public Sector Management，2005，18(4)：300-317.

② 查尔斯・J. 福克斯，休・T. 米勒. 后现代公共行政：话语指向. 楚艳红，等译. 北京：中国人民大学出版社，2002.

③ Schermerhorn J R. Determinants of interorganizational cooperation. Academy of Management Journal，1975，18(4)：846-856.

④ 罗伯特・D. 帕特南. 使民主运转起来：现代意大利的公民传统. 王列，赖海榕，译. 北京：中国人民大学出版社，2015.

⑤ 赫尔曼・哈肯. 高等协同学. 郭治安，译. 北京：科学出版社，1989.

⑥ 刘伟忠. 我国协同治理理论研究的现状与趋向. 城市问题，2012(5)：81-85.

在公共生活过程中,政府、非政府组织、企业、公民个人等子系统构成开发的整体系统,货币、法律、知识、伦理等作为控制参量,借助系统中诸要素或子系统间非线性的相互协调、共同作用,调整系统有序、可持续运作所处的战略语境和结构,产生局部或子系统所没有的新能量,实现力量的增值,使整个系统在维持高级序参量的基础上共同治理社会公共事务,最终达到最大限度地维护和增进公共利益之目的。[①] 田培杰认为,协同治理指的是政府与企业、社会组织以及公民等利益相关者,为解决共同的社会问题,以比较正式的适当方式进行互动和决策,并分别对结果承担相应责任。他认为协同治理具有六个方面的特征:公共性、多元性、互动性、正式性、主导性、动态性。[②]

在此基础上,姬兆亮等认为协同治理的概念包含以下方面:协同治理的主体是多元的、非排它的,政府、非政府组织、企业、公民等各种社会组织和个体都可以参与到公共事务治理中来,各方的利益需求都得到尊重;协同治理的权威是分散的、非集中的,各主体可以依据自身的资源获得新的权威,从而在协调时获得有利于自己的结果,这使得各方的谈判能力回归到一个对等的水平;协同治理的主体关系是对等的、非单向的,强调各主体之间相互协作的对等关系,不存在特权阶层和一味服从的情况,各主体都可以按照自己的利益取向参与到公共事务治理中;协同治理的愿景是共同的、非单方的,各方都懂得追求一种互动、协作、共赢的发展,任何一方的牺牲不再是随机的、自我承担的,会得到来自整体的调和、补偿甚至鼓励,各主体都有为共同利益努力的积极性;协同治理具有自组织的协调性,各要素或子系统之间彼此相互依赖且关系复杂,自组织是特别适宜的协调方式,通过各种形式的信息反馈和谈判达成共识,并为实现这一共识进行正面的协调,对环境的变化保持灵活的适应性,从而弥补政府调控和市场交换的不足,实现各种资源的协同增效。[③]

(2) 关于协同治理学理性研究。燕继荣等从善治演进角度出发,认为协同治理是继政府治理、社会治理之后的更高的版本,其更强调社会对

---

① 郑巧,肖文涛. 协同治理:服务型政府的治道逻辑. 中国行政管理,2008(7):48-53.

② 田培杰. 协同治理概念考辨. 上海大学学报(社会科学版),2014,31(1):124-140.

③ 姬兆亮,戴永翔,胡伟. 政府协同治理:中国区域协调发展协同治理的实现路径. 西北大学学报(哲学社会科学版),2013,43(2):122-126.

于社会事务的管理,它的主要表现形式不是政府管制,而是社会自治,社区、社团、社会组织、企业等各种社会单位、团体和个人对于社会公共事务的共管共治。① 李辉等认为协同治理主体间的相互合作具有匹配性、一致性、有序性、动态性和有效性,协同治理通过资源和要素在主体间的良好匹配,促使政治国家与公民社会的合作关系达成最佳状态,是实现从治理到善治的有效途径。② 刘伟忠认为协同治理强调的社会事务处理过程中多元主体间的合作与协同能消除现实中存在的隔阂和冲突,以最低的成本实现社会各方共同的长远利益,从而对公共利益的实现产生协同增效的功能。③ 杨志军认为多中心协同治理作为一种新型的治理模式,立足于多中心治理与协同治理的有机结合,强调治理主体的多元化与治理权威的多样性,希望在解决社会公共问题过程中建立起一种纵向的、横向的或纵横结合的、高度弹性化的协同性组织网络。他进一步指出,多中心协同治理模式的运用范畴主要限于区域公共事务的治理、中国公民社会的发育成熟以及街头式官僚的行政执法三个领域。④杨清华认为协同治理与公民参与之间存在逻辑同构,社会各系统的协作参与和多元交互回应以及理性的公民参与,可以促进社会各系统在公民参与过程中的良性互动,克服公民参与的内在缺陷。⑤欧黎明等指出协同治理的支撑是社会的信任关系,而信任关系的建立,关键在于信息互通和利益趋同,这是信任的媒介。⑥ 刘卫平认为社会资本与实现社会协同治理之间存在天然契合性和逻辑关联性,普遍信任是实现社会协同治理的心理基础,互惠规范是实现社会协同治理的制度保障,社会网络是实现社会协同治理的必要平台。⑦

---

① 燕继荣. 现代国家及其治理. 中国行政管理,2015(5):12-16.

② 李辉,任晓春. 善治视野下的协同治理研究. 科学与管理,2010,30(6):55-58.

③ 刘伟忠. 我国协同治理理论研究的现状与趋向. 城市问题,2012(5):81-85.

④ 杨志军. 多中心协同治理模式研究:基于三项内容的考察. 中共南京市委党校学报,2010(3):42-49.

⑤ 杨清华. 协同治理与公民参与的逻辑同构与实现理路. 北京工业大学学报(社会科学版),2011,11(2):46-50.

⑥ 欧黎明,朱秦. 社会协同治理:信任关系与平台建设. 中国行政管理,2009(5):118-121.

⑦ 刘卫平. 社会协同治理:现实困境与路径选择:基于社会资本理论视角. 湘潭大学学报(哲学社会科学版),2013,37(4):20-24.

(3) 关于协同治理机制和政府转型研究。郁建兴等对社会协同治理机制进行了研究,认为建立社会协同治理机制必须通过制度强化、制度改革和制度建设来实现,从强化向社会赋权、清除落后制度以及支持培育社会健康成长等三个层面同步推进,以形成合力;政府应始终保护并尊重社会的主体地位以及社会自身的运作机制和规律,并综合运用行政管理、居民自治管理、社会自我调节以及法律手段甚至市场机制等多种方式,形成政府主导、社会协同、共建共享的社会治理新格局,实现充满活力、和谐有序的社会治理目标。① 刘晓认为,我国在向协同治理范式转变的过程中,应以坚持党的领导为政治前提,着重推行政府再造,加强与协同治理相适应的行政生态文化重塑,积极培育壮大社团和公民社会的力量,构建较为完备的协同治理制度体系。② 陈崇林提出了"协同政府"概念,认为一般意义上的协同政府是指直接针对管理碎片化问题、打破传统上的组织界限、协同政府的不同层级和机构、提高跨部门合作质量以实行更为整体化的行政行为或提供公共服务的一种行政学思潮和管理实践。③ 郑恒峰基于协同治理理论对我国政府公共服务供给机制创新进行了分析,认为我国的政府公共服务供给机制存在社会公共服务全方位膨胀、政府独家垄断公共服务供给、政府负担过重、社会组织发育不健全、行业竞争能力弱等问题,应当强化公共服务导向的协同治理理念,引入市场竞争机制的协同治理方式,培育社会自治力量的协同治理组织,确立政府与社会良性互动的协同治理体系。④ 孙迎春认为,政府要按照公民的生活轨迹整合服务职能,建立纵横交错、内外联结的协作机制。⑤

(4) 关于协同治理中非营利组织培育研究。张洪武认为转型期中国的非营利组织存在资金不足、人才匮乏、贪污腐败和越轨营利等治理缺

---

① 郁建兴,任泽涛. 当代中国社会建设中的协同治理:一个分析框架. 学术月刊,2012(8):23-31.

② 刘晓. 协同治理:市场经济条件下我国政府治理范式的有效选择. 中共杭州市委党校学报,2007(5):64-70.

③ 陈崇林. 协同政府研究综述. 河北师范大学学报(哲学社会科学版),2014,37(6):150-156.

④ 郑恒峰. 协同治理视野下我国政府公共服务供给机制创新研究. 理论研究,2009(4):25-28.

⑤ 孙迎春. 现代政府治理新趋势:整体政府跨界协同治理. 中国发展观察,2014(18):21.

陷,需要通过政府的秩序塑造、非营利组织的自主治理和其他利益相关者的积极参与来弥补。[①] 李薇等从非营利组织的委托代理关系、非营利组织的组织治理与财务治理等角度分析了协同治理与非营利组织绩效评估的关系,并就协同治理下的非营利组织的绩效评估体系框架和实施程序做了探讨。[②]何炜认为政府应当加强法制建设,对非营利组织进行合理定位、有效监督和大力扶持;非营利组织应当增强自主意识,提高自主能力,多方拓展筹资渠道,加强内部治理机制的建设,增强公信力;公民个体要培养自身的参与热情、志愿精神和互助品质。[③]徐祖荣认为在构建策略上必须提高社会组织的社会政治地位,为其顺利进入社会管理领域营造良好的环境。[④] 胡杰成认为,要通过加强社会组织法制建设、推进社会组织去行政化、完善社会组织培育支持体系、完善社会组织内部治理结构等措施,促进社会组织参与社会治理。[⑤]

国内关于协同理论研究基本上还局限在治理的概念框架内,忽视了系统的协同本质,对参与主体间良性的互动关系、有效路径、应当具备的条件、在我国整体处于单中心环境下如何实现等缺乏深入细致的探讨。

### (二)大气污染环境协同治理的理论与实践探索

#### 1. 城市环境协同治理研究

随着环境问题的日益凸显,城市环境协同治理越来越受到人们的高度重视。崔晶研究了都市圈协同治理的以国家干预为主的政府模式、以市场主导为主的多中心治理模式和以区域多方协作为主导的新区域主义三种理论范式,认为我国当前构建区域内各级政府、私营部门和非政府组

---

① 张洪武. NPO 新的治理模型:多中心协同治理研究. 理论研究,2007(6):42-45.

② 李薇,姜锡明. 非营利组织的协同治理与绩效评估. 商场现代化,2006(20):302-303.

③ 何炜. 协同治理视野下的地方政府与非营利组织之间的良性合作关系. 山东省经济管理干部学院学报,2010(6):17-20.

④ 徐祖荣. 社会管理创新范式:协同治理中的社会组织参与. 井冈山干部管理学院学报,2011,4(3):106-111.

⑤ 胡杰成. 促进社会组织参与社会治理的国内外经验及启示. (2015-05-05)[2016-04-13].http://www.china-reform.org/? content_602.html.

织的协同治理模式和协作治理机制显得尤为重要。[①] 吴金群等选择环境治理等四个热点议题,总结归纳了城市治理具体内容的研究进展。[②] 杜微从府际协同治理角度,对近 15 年跨界水污染的府际协同治理机制的研究成果进行了梳理,并对跨界水污染府际协同治理的利益机制、互动机制、沟通机制、协商机制、信息机制、资金机制、规划机制、评估机制八个版块进行了初步模型设计。[③] 胡道远等从组织架构、协议保障、管理手段和支撑体系建设四个方面剖析了粤港环境合作机制,提出对我国其他区域的跨行政区环境合作机制建设的启示。[④]

高明等认为协同治理模式应符合中国的实际国情和区域的环境状况,应促进治理模式的融合集成,以实现环境包容性治理。并比较了网络治理、协同治理、多中心治理和整体性治理四种环境治理模式。[⑤] 李妍辉认为以管理为主导的政府垄断模式向多元主体共同参与的治理模式的战略转变是我国政府环境责任发展的新趋势。[⑥] 黄栋等认为多元主体包括城市政府、非政府环保组织、企业以及城市居民(公众)等,而公众参与在城市生态环境共同治理中起基础作用。[⑦] 张慧卿等通过典型案例分析,认为利益相关者要理性参与,政府要积极回应公民的诉求,非政府环保组织要进一步发挥其作用,地方政府之间、政府与企业之间、各学科之间要紧密结合。[⑧] 唐任伍等认为应重视政府、市场和社会网络三种主体的相互协调配合,政府要为市场和社会机制的有效运作提供条件。[⑨] 姜爱林认为环

---

① 崔晶. 都市圈地方政府协同治理:一个文献综述. 重庆社会科学,2014(4):11-17.

② 吴金群,王丹. 近年来国内城市治理研究综述. 城市与环境研究,2015(3):97-112.

③ 杜微. 跨界水污染的府际协同治理机制研究综述. 湖南财政经济学院学报,2015,31(5):138-146.

④ 胡道远,马晓明,易志斌. 粤港环境合作机制及其对我国其他区域环境合作的启示. 安徽农业科学,2009,37(14):6660-6662.

⑤ 高明,郭施宏. 环境治理模式研究综述. 北京工业大学学报(社会科学版),2015(6):50-56.

⑥ 李妍辉. 从"管理"到"治理":政府环境责任的新趋势. 社会科学家,2011(10):51-54.

⑦ 黄栋,匡立余. 利益相关者与城市生态环境的共同治理. 中国行政管理,2006(8):50-53.

⑧ 张慧卿,金丽馥. 苏南参与式环境治理:必要性、经验及启示. 学海,2014(5):180-183.

⑨ 唐任伍,李澄元. 元治理视阈下中国环境治理的策略选择. 中国人口(资源与环境),2014(2):18-22.

境治理中仍存在政府及公众对环境保护认识不高、环境压力不断加大、环境治理基础设施建设滞后、环境治理进程难以满足人民群众的要求、环保产业化水平不高、环境治理政策有待完善等问题。[①] 沈月娣认为环境治理存在公众参与流于形式、专项治理手段刚性强、总体改善力度小、标准不统一、环评范围受限、法律救济途径不完善且执行力低等障碍。[②]

2. 长三角大气污染协同治理研究

国内对大气环境及治理的研究机构、学者比较多,形成的成果也比较多,但大气环境协同治理研究的系统性成果很少,只有柴发合、吴舜泽、杨华锋等极少数学者在其他相关研究中提及,国内区域性大气环境协同治理的研究成果大多是关于京津冀地区的。于溯阳等指出了大气污染治理属地管理模式的缺陷,认为区域合作治理是大气污染防治的现实走向,大气污染治理的理论基础是网络治理理论。[③] 崔晶等基于区域跨界公共事务协同治理和环境治理中的府际关系理论,指出在我国区域大气污染治理中,需要以公共物品属性来划分中央政府与地方政府的事权,加强地方政府之间的权力让渡,引入私人部门和非营利组织等来共同参与区域大气治理;强调了让地方政府的环境管理优先权在可控的范围内行使,通过地方政府之间行政管辖权的让渡和构建跨区域合作组织来实现区域地方政府之间的合作和协同行动,使得大气污染的跨界溢出效应内部化,通过私人部门和非营利组织的参与来促进区域地方政府大气污染的协同治理。[④] 马旭龙等构建了大气污染多主体协同防治系统,认为中国当前大气污染防治需要政府、企业、环保组织、公众、媒体五个主体联合发力,彼此之间分工明确、优势互补的协作关系是维持协同系统高效运转的基础,并

---

① 姜爱林,钟京涛,张志辉. 城市环境治理模式若干问题. 重庆工学院学报(社会科学版),2008(8):1-5.

② 沈月娣. 新型城镇化背景下环境治理的制度障碍及对策. 浙江社会科学,2014(8):86-93.

③ 于溯阳,蓝志勇. 大气污染区域合作治理模式研究:以京津冀为例. 天津行政学院学报,2014(6):57-66.

④ 崔晶,孙伟. 区域大气污染协同治理视角下的府际事权划分问题研究:以京津冀为例. 中国行政管理,2014(9):11-15.

着重探讨了各主体在协同系统内部应该具备的职责。[①] 柴发合等从控制目标协同性、政策措施协同性、控制技术协同性以及区域管理协同性四个方面，提出了基于不同视角的四种大气污染协同控制模式。[②]

谢宝剑等认为京津冀碎片化的区域行政是区域大气污染的制度性根源，协同治理受到区域发展失衡下的差异化发展方式、行政区管辖下各自为政的大气污染治理机制、府际主导下松散的区域合作治理模式等因素的制约。[③] 魏娜等以协同治理理论为分析工具，针对京津冀跨区域大气污染协同治理的几个关键性问题，提出应构建京津冀跨区域大气污染协同治理机制。[④] 董骁等认为当前长三角区域需建立区域一体化的环境协同治理机制，推进能源升级与产业去重化进程，促进地区间错位发展与联动发展，以新型城镇化调动新的增长潜力，结合智慧城市建设转变公共服务供给方式，优化城市布局。[⑤]

相关大气污染治理的研究综述如下：①对大气环境治理概念的研究。经合组织将大气环境治理称为大气保护、空气污染治理，定义为：为了维护公共健康、保证空气纯洁度、保护动植物、维护公共物品、提高环境视觉条件、保证交通通畅而采取的各种措施；虽然不同文献对大气污染治理的表述有所不同，但含义基本一致。②对大气污染源的研究。主要是对污染源的调查与分析，以便确定主要的污染源和污染物，找出污染物的排放方式、途径、特点和规律。但这方面的研究比较薄弱，公布的研究成果不多，且成果大多是宏观定性描述，近年来出现的定量分析研究报告，其分析过程的逻辑性和结果的说服力也值得商榷。③对大气质量的评价研究。主要是对评价方法和评价标准的研究，形成了综合指数法、主分量分

---

① 马旭龙，毛春梅，贾秀飞. 大气污染防治的多主体协同机制研究. 环境科学与管理，2015，40(9)：59-63.

② 柴发合，李艳萍，乔琦，等. 基于不同视角下的大气污染协同控制模式研究. 环境保护，2014，42(C1)：46-48.

③ 谢宝剑，陈瑞莲. 国家治理视野下的大气污染区域联动防治体系研究：以京津冀为例. 中国行政管理，2014(9)：6-10.

④ 魏娜，赵成根. 跨区域大气污染协同治理研究：以京津冀地区为例. 河北学刊，2016，36(1)：144-149.

⑤ 董骁，戴星翼. 长三角区域环境污染根源剖析及协同治理对策. 中国环境管理，2015，7(3)：81-85.

析法、层次决策法、模糊集理论及灰色系统分析等方法。大气污染程度和空气质量的评价，一般是先设定污染源，然后通过调查和环境监测，根据相关调查结果和检测数据计算分析得出结果。我国与其他相关国家一样，建立了统一的大气质量评价标准，但评价标准的指标体系难以适应不同地区的需要和污染物的变化。④其他相关研究。如研究污染物的大气扩散、变化规律，进而研究在不同气象条件下对环境污染的分布范围与强度；通过环境流行病学调查，分析大气污染对生态系统和人体健康产生的危害；通过统计调查，分析大气污染治理的经济效应。

世界上不少国家和地区的政府部门以及理论界在防治大气污染、提升大气质量方面进行了积极的探索，形成了较为丰富的经验和一些典型的模式和案例，我们可以借鉴吸收。我国在大气环境质量研究、污染防治政策法规和措施等方面做了大量的工作和探索，京津冀地区政府层面的协同治理取得了一些成效，特别是奥运会等重大活动期间的大气污染联防联控经验值得借鉴。在长三角地区，以上海为首的城市正在积极探索构建联防联治制度，区域内城市也相应出台了相关大气环境治理措施。2014 年 1 月 7 日，长三角区域大气污染防治协作机制正式启动，截至 2015 年年底已经召开了三次工作会议。

虽然我国在大气污染协同领域取得了一些研究成果，治理措施也不断丰富，但主要局限在行政区域内部，区域间的协同防治有待加强，针对大气环境的社会协同治理机制研究也不多，大气污染的形成、扩散、变化规律及其影响等基础研究成果极少，污染源解析不清，区域间联防联控机制不完善，职能部门间的协同治理有待加强，相关政策和治理对象覆盖范围不全，政策效应特别是财政资金的使用效益需要进一步强化，没有形成协同治理所需的法律保障和信息支持体系，社会组织和全民参与意识需进一步加强。长三角大气环境协同治理方面，理论研究基本处于空白状态，实践探索也落后于京津冀地区和珠三角地区。

# 第二章　大气环境协同治理的理论构想

当前我国社会发展矛盾与机遇并存，这给社会管理提出了新的挑战。大气环境方面，虽然法律法规日益完善，政府在环境保护方面也做了很多工作，但很多地方仍然没有完全走出"边治理边破坏"的粗放发展模式。究其原因，主要是我们没有处理好国家治理和政府管理之间的关系，政府承担了过多过重的治理责任，其他治理主体的作用没有得到很好的发挥，没有实现协同共治。我们希望在大气环境治理中，打破部门主义的藩篱，化解部门间的边界隔阂，调动政府、社会、企业、非政府组织、非营利组织等各类组织的积极性，实现政府间、部门间、各类组织间的通力合作，构建以法制为基础，政府、社会组织、公众协同共治，网络化的跨域大气污染协同治理架构。

## 一、治理策略的演变

### （一）协同治理是社会治理发展的趋势

全球化、多元化、信息化和网络化，催生公共治理的协同化，以跨部门协同为核心的政府改革迅速在世界范围内兴起与发展，其已经成为现代政府改革的普遍实践。近年来，协同治理不仅停留在理论研究上，很多国家特别是西方国家将协同治理模式应用到解决复杂公共问题的实践中。例如，在资源环境管理中，美国将协同治理作为水资源规划管理的主导形式，也将其作为森林、土地等资源管理规划和执行的主要形式。20 世纪初期到中期，美国重视经济发展，各州的环境标准不一样，环境保护不力，导致环境质量急剧恶化,发生了洛杉矶烟雾等不少严重的污染事件。美国为了治好大气污染,探索建立跨地区环保机构,推行全境域、跨区域联防联控和城乡协同治理模式,建立了联邦环保局,强化与各州之间的伙伴关系,制定一系列联邦专项管理条例,对各州提出减排要求,监管各州环保项目的执行,为解决州、区域和跨界环境问题提供技术指导、评估意见和对策建议,协调处理与州及当地政府和公众的关系。当代中国与当时的美国有很多相似之处,环境治理中也需要调动社会自身的能动力量广泛参与,确立、完善政府与社会之间的协同关系,建立起社会协同机制。

伴随治理理论的发展,各种跨界协作治理兴起,治理主体不仅包括国家和政府,而且涵盖企业、社会组织、民众等新的治理主体;治理手段和形式更具综合性和复杂性,需要运用行政、市场和社会动员等多种手段,建立多方联动的网络化权力结构。随着实践的不断深入,治理过程中的协同方式逐渐丰富,发展出了纵向协同治理、横向协同治理、主体协同治理等模式,这是各国在协同治理实际操作过程中的不同途径选择和不同力量角力导致的不同改革方向。

纵向协同治理又称整体治理,它着眼于政府部门间、政府间的跨部门协作和整体运作,主张政府管理"从分散走向集中,从部分走向整体,从碎片走向整合",管理过程以问题为取向,建立纵横交错、内外联结的协作机制,系统配置政府资源,力求解决政府管理碎片化和服务空心化问题,提升政府部门整体治理能力。政府间的协同包含中央政府和地方政府之间的"上下协作",地方同级政府之间的"水平协作",政府职能部门之间的"左右协作",政府及其所属部门与私人部门、非营利部门、社会或志愿组织、公众等之间的"内外协作",在协同治理中更强调中央政府的主导地位。为解决政府管理碎片化、空心化问题,应对社会复杂性问题,1997 年发端于英国的纵向协同治理,顺应了经济全球化和政治民主化潮流,得到了西方国家的响应,澳大利亚就是一个典型的例子。澳大利亚非常重视实现跨越组织界限的共同目标,反对在组织内孤立作战,通过建立适当的治理、预算和责任性制度框架,最大限度地提升信息互通能力和个人、社团的参与能力。构建大部门体制,发挥中央政府作用,强调宏观决策协同、中观政策协调和微观政策执行或服务提供的有机整合。1992 年,澳大利亚成立了由联邦总理和各州州长、地区首长共同组成的政府理事会,建立了政府间协议制度以及部长委员会和国家评估监管机制；2011年，以1997年成立的联络中心为基础，重组构建了人类服务部，将国家的全部公民服务汇聚于同一个部门，从而减少了资源浪费和协调成本，最大可能地避免了职能交叉或利益冲突，实现了决策与执行的政令统一，提高了各部门应对复杂问题的综合能力。

横向协同治理是加拿大倡导的协同治理模式，它强调各级政府的平等伙伴关系。横向协同治理重点集中在联邦政府内的横向性上，尤其重视中央机构的作用，从横向管理向横向协同治理变革，针对共同的问题寻找集体的解决办法，在行政层面实现更多的合作。横向协同治理是一种宽泛的概念，可以涵盖大量政策制定、服务保障以及管理实践问题，协同可以是各级政府之间、政府职能部门之间、部门与事业单位之间，也可以是公共部门、私人部门和公众之间。用协作、协调替代等级性领导，通过共识合作、网络合作、相互依赖合作、谈判合作、推动合作，以绩效监督与责任机制建设来达到协同。[①]

以英国为代表的主体协同治理模式，着眼于“协同政府”的构建。协同政府包含三个层次，分别是社会与社会、政府与社会以及政府内部，主要做法有：①决策统一。设立直属首相办公室或内阁办公室的综合性决策机构和特别委员会，如“社会排斥小组”“妇女中心”“政策中心”“绩效与创新小组”等综合性机构，以建立政府间的跨部门的联系与合作，综合处理跨部门的一些棘手问题或提供、研究跨部门合作的统一决策。②目标统一。内阁、政府和执行机构三者之间签订公共服务协议，确定统一的战略方向与组织目标。③通过框架文件、保证人与非执行董事进行整合组织，加强部门合作和在组织上的整合。其中框架文件是针对主管部长、主管部门和执行主管的具体规定；保证人主要解决执行主管与部长之间的沟通问题；非执行董事也叫独立委员，负责从专家或服务对象的角度提出建议。④文化整合。树立服务与决策同等重要的意识，跨越经验与心理鸿沟，树立全新的理念，在意识上达成一致。[②]

---

① 孙迎春.现代政府治理新趋势:整体政府跨界协同治理.中国发展观察,2014(9):21.

② 高慧璇.从英国“协同政府”和加拿大跨部门合作看我国的环境管理模式.中国环境资源法学研究会会员代表大会暨中国环境资源法学研究会年会,2012.

就环境治理的策略而言，处理国家机制与市场机制、政府与民间的关系，必须要包含自由竞争的市场经济体系，以政府的积极干预作为市场失灵的重要补充。市场在应对资源配置失衡和经济行为不当方面有着积极的现实意义，但不完全信息市场的现实容易导致投机行为泛滥，垄断行为盛行，经济增长机制崩溃。政府在自然灾害、社会群体内部冲突、市场失灵以及外部威胁方面扮演着关键性角色，需要一定的行政、法律、经济等手段来实现有效的制度供给，应结合必要的行政强制力，建构社会主导价值观，实施社会公共工程。但政府治理存在缺陷，供给不足或制度的选择性与自由裁量容易诱发治理危机。社会组织与民众参与公共事务治理具有重要的意义，社会组织和民众的自愿合作与积极行动是环境防治的重要力量，甚至在某个时期或某些方面具有决定作用。在信任与合作的基础上发展而来的公民行为具有典型的自治与他治相统一的特性，其对政治权力和市场行为均有一定程度的遏制作用。当然，在转型过程中的中国现实社会里，行政权力日益集中，社会组织发展结构不平衡，或者被某些政治力量或利益集团所控制，加上公众内部的碎片化和随机性，社会组织和民众难以充当环境治理的有效主体，甚至走向协同治理的反面，因而我国现阶段还处于一种政府主导的环境治理模式。

## （二）几种主要环境治理模式的比较

### 1. 政府主导治理模式

#### （1）政府主导治理模式的含义

20 世纪 30 年代，凯恩斯主义给政府干预生态环境治理奠定了坚实的理论基础。在行政干预主义的指引下，政府作为环境治理的合法主体，其治理功能和干预权力被一再鼓吹和无限放大，进而产生了一种政府主导的环境治理模式。20 世纪 50 年代至 60 年代的美国和西欧，政府把环境污染看成市场失灵的一种结果，认为依靠市场机制不能治理好环境污染，不能维持基本的生态平衡，需要以政府行政手段为主要依靠来治理环境。政府主导治理模式强调“个人排放，政府买单”，以政府工程的方式来治理环境污染，政府制定环境评价标准和保护标准，设立环境监测体系，划分环境管理区域，以行政和计划手段为主向地方政府、企业下达各种节能减排指标，并以政府为主体来落实环境治理的各级责任，等等。政府被视为唯一的管制主体,通过行政、经济、法制等手段,规范社会各界开发、利用环境资源的行为,强制其承担相应的环境责任。这种治理模式在初始阶段,对解决市场失灵问题发挥了极大的作用。政府主导治理模式采取自上而下的方式直接操控各种环境政策和制度,治理过程完全依赖政府的行政体制,强调政府和专家在解决环境问题中的角色,而不是公民或生产者、消费者,强调等级制而非平等或竞争的社会关系的作用,具有浓厚的行政色彩。

政府主导治理模式将自由资本主义的政治经济现状视为理所当然。在20世纪,西方主流的经济学都将环境污染问题视为市场失灵的产物。排放难以正确定价、污染发生的公共领域难以界定产权是当时主流经济学否认依靠市场机制治理环境的两条根本理由。亚当·斯密认为,市场经济中的每个人都不断努力地为他自己所能支配的资本寻找最有利的用途,因此,他所考虑的不是社会利益,而是他自己的利益。尽管这一人性假设面临越来越多的质疑,但是西方发达国家的经济事实有力地证明了"经济人"假设具有一定程度的合理性。在环境领域,"经济人"所遵循的个人主义和利己主义的道德准则会给环境带来破坏。在环境领域,市场机制下无法对废气排放这类问题定价,现实中也没有自发产生排放定价市场机制,被污染者往往无法寻求有效的赔付。环境方面的法规也不可能做到面面俱到,既然市场机制解决不了个人、企业的过度排放问题,价格制度不可能使社会达到最优减排,那么在逻辑上就理所当然地把环境治理任务交给了政府。这种观点在保罗·萨缪尔森等主编的《经济学》(第19版)中仍然留有痕迹:"市场机制无法对污染者进行适当的限制,厂商们既不会自愿地减少有毒化学物质的排放,也不会改变将有毒的废物倒入垃圾场的行为;控制污染一向被视为是政府的合法职能。"[①]政府主导治理模式的理论依据是产权难以界定,因为环境污染具有外部性,大气污染、交通拥堵等环境问题都发生在公共领域和公共场所,而公共大气层、公共场所是无法界定产权的,环境治理依靠市场机制无法达到社会

① 保罗·萨缪尔森,威廉·诺德豪斯. 经济学. 萧琛,等译. 19版. 北京:商务印书馆,2013.

目标。[①]

(2) 政府主导治理模式的特征

一是政府权力趋于无限性。在环境治理中,政府长期扮演环境公共物品提供者、政社合作和政企合作的倡导者、区域合作的推行者等角色。一方面,政府被视为利益博弈的协调者和仲裁者,是全社会公共利益的最权威、最无私的代言人,能够代表公众的意愿和利益来行使生态环境治理权,理性地配置一切权力、资源和社会福利。另一方面,生态环境治理中存在外部性,尤其是负的外部性,这是市场交易无法自主实现的。而政府却能有效地解决公共产品和公共服务消费中的"搭便车"行为和供给不足等问题,同时,为了不断维护和增强自身的公共利益,人们还认为政府应尽量扩大自身介入治理生态环境问题的范围,提高介入程度。

二是政府干预更具直接性。政府干预是政府以管理者的身份,通过法规、财税等强制手段对环境问题进行干预,以实现政府预定的环境目标。政府干预包括直接性干预和间接性干预。直接性干预最常用、最典型的行政管制方法是通过制定各类法律法规或排放标准来控制环境污染,这也是政治权力的集中体现。实践中,更多的是依托中央集权式的管理体制,通过自上而下的政府体制实施,地方政府则接受并执行中央政府的指令,对上级政府负责。而间接性干预是通过税收、补贴乃至差异价格等手段,鼓励企业和个人实施环保措施或减少污染,具有市场激励导向。在环境治理中,政府直接性干预的行政管制方法获得了更多的重视。在大多数国家中,该方式在环境政策中处于主导地位。

三是治理手段的行政性。在环境治理的政府强制模式中,尽管政府可以运用行政、经济、法制等各种治理手段,但政府更多的是采用自身能够直接操控的行政手段,政府承担了宏观政策的制定、微观环境质量的监控、环境产品或服务的提供等所有生态环境管理和治理活动。经济和法制等治理方式是政府治理环境问题的辅助性手段,也是一种以收费、罚款等方式来进行环境治理的行政性管理手段。[②]

改革开放以来,我国的环境治理模式基本上是属于传统命令控制管

---

① 平新乔. 环境治理要依靠市场机制的决定性地位. 新浪财经,2014-03-11.

② 田千山. 几种生态环境治理模式的比较分析. 陕西行政学院学报,2012(4):52-57.

理方式占主导地位的政府主导治理模式。在环境治理领域中,尤其是在工业社会管理型治理体系下,政府行为与各项环境管理制度往往占据显要位置,尤其是大部分环境管理行为,直接由政府部门受理,因此在环境治理体系中就难免表现为典型的政府治理形象。回顾过去,我国环境行政部门不断调整升级。1974年,成立国务院环境保护领导小组;1978年,成立中国人与生物圈国家委员会;1984年,成立国务院环境保护委员会;1988年,成立国家环境保护局;1998年,国家环境保护局升格为正部级环境保护总局;2008年,组建环境保护部。国家出台的环保法规政策不断增加,中央各职能部门和地方政府先后出台诸多具有法律效力的部门规章、规范条例和规范性文件,充分体现出政府对环境治理的迫切愿望。

(3) 政府主导治理模式的优缺点

在面对具体环境问题时,以命令与控制为主的政府行为具有以下几点优势:①环境治理效果的可预期性与可确定性。由于政府在组织和协调配置各种治理资源时,其行为具有强制性,被施予的对象必须严格服从相应的制度,从而促进环境目标的实现;同时,生态环境治理问题是一项涉及政治、经济、文化、社会等各个领域的复杂而又艰巨的任务,是一个全局性、系统性、协调性和综合性极强的工作,只有政府才有足够的权威和能力来组织、协调配置各种治理资源。②应急处理各类突发生态环境问题的高效性。政府主导治理模式有利于处理突发性环境事件,次生性环境问题一般具有偶发性、突然性、紧急性的特征,如由环境问题引发的社会性群体活动往往具有紧迫性与扩散性,处理不及时或处理不当就会引发更大范围的不稳定事件,因此只有依托行政机构的快速反应和高压态势,由政府主导通过便捷的行政行动来协调环境矛盾,才能快速扭转并消除其负面影响,使其得到有效解决。③保障最大限度地提供公共产品。政府是环境这种公共产品的生产与供给的最大主体,政府在提供此类公共产品时往往具有先天性优势。政府通过限制和引导“经济人”的经济活动保护环境,“经济人”出于对个人利益、局部利益、眼前利益的孜孜追求,并不会主动采取措施防止生态环境的恶化,导致公共利益缺乏有效的保护。因此,需要政府出面采取各种强制措施,对污染和损害生态的其他活动加以限制,如环境立法、制定环境标准、协调政府内部各个不同的职能部门、监测并公布环境质量状况、普及环境科学知识和意识、传播环境科技信息等。

政府主导治理模式虽然大量存在，但实践证明这是一种低效、高成本的环境治理模式，也不能从源头上治理环境污染。因此，从20世纪70年代开始，西方国家的环境治理模式开始了由政府向市场的转变，而正是这个转变才让西方国家重获蓝天。平新乔认为，环境污染的根源是人类行为带来的无节制排放，迄今为止对于个人行为的约束与节制的最有效的机制是价格机制和产权制度，也就是市场机制。而在主张环境治理社区化的学者看来，即使政府不存在利益偏袒和发展偏向，由于激励因素缺失，也会出现环境治理的低效率问题。①

在既有的政治体制框架下，国家介入社区是一个历史过程，新兴社区治理尚未成型，在环境治理中行政权力的引导与激励是必不可少的。在市场和社区双失灵的背景下，中和熵增效应的期望也就落在了政府组织身上。综合地看，在政府、市场和市民社会三方互动的环境治理体系中，市场的痼疾、社会组织和公众参与都急需政府行为的调试与推动。环境治理的现实情境表现为政府效用的困顿与治理的期待、市场行为的弱化与趋利避害和自组织行为的边缘化与碎片化。在低碳发展的诉求和环境熵增效应的压力之下，政府既具有不可推卸的治理责任，也肩负着整合社会和市场资源，弱化熵增效应的义务。但不可忽略的是，地方政府在行政发展理念、区域文化和行为偏好方面存在的差异容易导致政府治理体系内部的政策迟滞与行为掣肘。要从根本上降低环境熵增效应，实现资源环境的良好治理，需要对环境熵增效应的双重性的根源进行系统分析。②

2. 市场机制治理模式

(1) 市场机制治理模式的含义

市场机制治理模式是指将环境这一公共物品私有化，并通过市场这只"看不见的手"，对不同的环境资源进行稀缺程度界定，以此促使人们进行技术革新，合理开发并有效治理环境问题的全过程。自由主义经济理论认为，应当通过产权界定使公共物品私有化来解决环境问题，市场机制能否有效地治理环境问题，取决于对环境资源的产权界定是否清晰。新

---

① 平新乔.政府保护的动机与效果：一个实证分析.财贸经济，2004(5)：3-10.

② 杨华锋.后工业社会的环境协同治理.长春：吉林大学出版社，2013.

制度经济学家罗纳德·科斯从产权、交易成本的角度研究了外部性问题,并提出著名的科斯定理,认为只要交易成本为零或者交易成本很低且收入不影响交易双方的决策时,无论产权初始界定如何,私人之间通过协商、谈判都可自行解决外部性问题而无须政府干预。由此可见,在环境治理问题上,市场调控的目的在于通过产权的界定来减少共有物。尽管这一模式在理论上可以解决外部经济问题,但在现实中,由于生态环境作为公共物品,具有非排他性和非竞争性的特征,使得“搭便车”现象比比皆是。[①] 在资源市场配置方式中,价值规律调节使得资源由效率低的部门和企业流向效率高的部门和企业,由低盈利行业向高盈利行业转移,从而提高了资源的利用效率,使社会资源达到优化配置,因而市场机制对于环境问题治理有着一定的积极意义。市场机制促使企业按照少投入、高产出、低消耗的原则配置和利用资源,以实现利润最大化,迫使企业不断变革技术,改善管理,降低原材料消耗,以降低成本,从而提高资源利用效率,减少废弃物排放,有利于保护环境。市场机制使政企职责分开,提高了政府的环境监督管理效能,使政府不再干预企业微观经济活动,政府能够作为社会整体利益的代表,超越任何经济活动当事人的经济利益,使政府和企业之间的监督与被监督关系得以稳定。

在欧美国家,市场化环境治理得到了快速发展。以美国为例,2010年,美国的环保产业产值达到3570亿美元。美国共有15万多家环保企业,包括提供饮用水、废水处理和固体废弃物管理的市政当局,其他公共实体以及从事污染补救、污染控制等业务的私人企业,吸收就业人数539万人。预计到2020年,其产值将达到4420亿美元,吸纳就业人数638万人。美国三类环保产业环保服务、环保设备、环境资源的市场份额分别为48%、22%、30%,环保服务业占据美国环保产业的半壁江山,其中固体废弃物管理、有害废弃物管理、修复服务等方面处于世界领先地位。[②]

(2) 市场机制治理模式的特征

一是环境产权私有化和多元化。产权多元化有助于发挥其他主体的

---

① 肖建化,赵运林,傅晓华.走向多中心合作的生态环境治理研究.长沙:湖南人民出版社,2010.

② 推行市场化机制解决环境难题.(2015-05-28)[2016-06-12].http://www.cenews.com.cn/sylm/hjyw/201505/t20150528_792972.htm.

社会参与作用，减轻政府财政负担，实现社会资源的合理优化配置，多元化和私有化是市场机制治理模式得以正常运行的前提条件。从古典经济学来看，每个人的本性都是自私自利的，以追求自身利益的最大化为动机，而对公共事物的关心则较少，甚至没有。普遍使用的“徒困境囚”、生态经济学家哈丁的“公地悲剧”和经济学家奥尔森的“集体行动逻辑”，无不说明在特定情况下，公共事物总是得不到应有的关怀，进而出现悲剧性的结果。所以环境治理的市场机制模式认为，如果将环境这一公共物品私有化，使其有明确的产权界定，损害责任就会明确，外部性的内在化就会实现，即让环境副产品的社会成本转化为私人成本，而不是由社会、其他生产者或消费者分摊，从而有效抑制环境问题。政府要充分发挥市场的作用，建立环境保护市场多元化的投资体制，通过吸纳商业资本、社会公众和企事业单位等社会资金，形成政府、银行、企业和个人等多元化的环保设施投资局面。

二是治理方式的市场化。环境资源是有限的，而人类对环境资源的需求却是无止境的。实践证明，自然的资源配置方式和计划资源配置方式在理论上和事实上是难以实现帕累托最优配置状态的，而市场资源配置方式则是可行的。环境治理的市场调控模式主要是运用管理合同、BOT（Build-Operate-Tranfer，建设—运营—移交）模式、合资、TOT（Transfer-Operate-Transfer，移交—经营—移交）模式等不同市场调控形式，通过建立多元化的投资主体，实现建设与运营的产业化、市场化，从而弥补生态环境治理的资金缺口，并提高效率。首先是环保机制市场化，污染治理集约化。利用社会化大生产，把分散的治理方式转变为集约治理，避免环境保护盲目投资、到处布点和重复建设的现象发生。政府应提供良好的政策，加强环保市场化的立法和经济体制改革，为环保市场化集中治理提供有力保证。其次是运行、服务市场化。环境污染治理和环保设施运营，应由社会化、专业化的环境治理独立法人来承担，通过市场化运营，促使投资者、经营者自觉运用资源价值、环境成本、经济效益核算机制，把环保治理效果与运行管理者的经济效益兼顾起来，形成环境污染治理的良性循环。

三是资源配置的有限性。环境治理的市场模式，有助于实现资源的有效配置，但这是有条件的，要求具备市场的完全竞争性、完善的产权制度、体现价值的市场价格体系等。事实上，有些条件往往很难具备，市场机制对环境和资源的有效配置能力是极为有限的。有的环境和资源市场是不存在的,也没有价格,不能通过市场行为来进行交易;有些生态环境和资源价格的影响因素极为复杂,有无形与有形之分,要想合理体现其价值是非常困难的。像臭氧层、公海、大气等资源的产权不能明确界定,一些环境和资源尽管产权可以界定,但需要更多的交易成本来维护其产权。[①]

(3) 市场机制治理模式的优缺点

与政府主导治理模式相比较,市场机制治理模式具有以下优势:①解决环境治理的财政资金不足问题。环境治理需要建设大量的环境基础设施,需要投入大量的科研经费以获得技术支撑,需要开发新能源以减少高碳能源的使用,如果单纯依靠政府,难以提供足够的建设资金,导致污染泛滥或污染处理不及时。通过市场化的手段,可以调动大量的社会资本参与环境治理,弥补政府环境治理的资金缺口,特别是在社会资本相对充裕的我国,民间资本是环境治理的重要资金来源。②提高环境治理资源的效用。在环境共有的情况下,环境治理企业容易形成垄断,在管理和技术创新方面缺乏足够的动力,企业员工也缺乏提高服务水平的积极性,从而造成生态环境治理资源效率低下、服务质量不高的局面,市场机制则可以促进效率的提升与服务质量的优化,进而提升环境治理资源的效用。③促进企业和公众节约使用环境资源。市场机制治理模式引入了市场机制,人们必须通过购买才能使用环境资源,资源使用是有成本的,价格是主要的调节手段,这就会督促人们在利用环境资源时,尽量避免浪费,并引导企业和公众努力探寻可替代的资源,从而节约使用最稀缺的环境资源。

市场机制治理模式的缺点也是很明显的,在很多领域的环境治理中需要政府干预。一是环境治理中的负外部性问题难以克服。尽管私有化常常有助于资源保护,但资源保护的决策委托给了无组织的民间主体,由于市场的不完备性,一些市场主体面对各种成本与收益抉择时,往往很少考虑环境因素。在既有经济制度体系之下,企业参与环境治理的激励因

---

① 推行市场化机制解决环境难题.(2015-05-28)[2016-06-12].http://www.cenews.com.cn/sylm/hjyw/201505/t20150528_792972.htm.

素少、现实压力不足,面对环境问题时往往容易采取底线策略来应对制度体系的压力,使市场机制治理模式的作用被削减。如果所有者出于其自身原因,决定侧重于资源的短期利用,就可能招致长期的外部成本。加之环境投资者在改善环境的过程中,环境改善收益并非全部归投资者所有,而是全社会共享,因此在一定程度上又影响了投资者的积极性。

二是高昂的交易成本和产权难以界定。虽然市场机制治理模式在一定程度上避免了"公地悲剧"的发生,但在实际运行中,需召集所有利益相关方就相关事宜进行协商(赔偿或获得补偿),协商是需要成本的,双方讨价还价的过程会产生交易成本,产权界定的过程中含有巨大的交易成本。并且,市场机制还面临产权界定模糊等困境,像河流、湖泊等许多环境资源难以明确产权,一些环境资源即便可以界定,因成本过高也会失去产权化的意义。通过产权的手段来解决环境外部性问题的思路过于简单,已经遭到许多学者的批判,因为很多环境资源无法产权化或者界定产权的成本过高。

三是市场机制中的"经济人"假设不利于环境保护。从经济角度来说,当事人一般秉承个人主义和利己主义的道德原则来行事,在现实生活中,他们会围绕如何获取最大限度的利益进行思考和实践。当自己的利益与社会利益矛盾时,他们会毫不犹豫地以损害社会利益为代价,这不仅不利于环境保护,而且会造成更大层面的环境污染。在市场竞争中,企业和公众的生存压力增大,资源的价值飙升,导致过度使用资源的动力增强。市场所鼓励的短期交换行为放大了人们的物质欲望,过度的环境资源消耗难以造益于未来的环境状况。在这样的情况下政府必须"登场",政府掌握的信息比分散的、自利的资源所有者多,并且也有动机去谋求更好地达到自然保护目标的结果,也就是我们总是发现市场机制的各种手段,在形式上流露出政府行为的痕迹,本质上也需要政府的积极介入,在其行为效果方面也因手段方式的差异而体现为不同角度的政府失灵与市场失灵并存的迹象。

3. 社区自治模式

(1) 社区自治模式的含义

工业革命后产生的工矿类企业为社会集聚了大量财富与资源,但对生态环境的破坏有着不可推卸的责任。随着经济社会的发展,人们的消费水平不断提高，消费结构不断变化，消费对环境的影响和破坏加强。随着可持续发展理论不断深入人心，面对日益严峻的环境问题，人们不断地认识到，社会应当承担更大的责任，要合理开发利用资源，减少对环境的破坏活动和污染，使社会活动主体对人类健康和环境的影响降到最低限度。在此背景下，企业、社会组织和公众积极地、自觉地参与环境治理，这里称之为社区自治模式，即指企业、社会组织和公众为履行环境保护和合理使用资源的社会责任，在各项活动中自觉地考虑其行为对环境的影响，并采取相应的补救措施尽量降低负面影响。这一模式的运行，完全依赖于参与主体的自觉性，并不具有法律的约束力。

在环境治理领域，对社区的理解在不断丰富与发展。德国学者斐迪南·滕尼斯将社区称为“一种具有共同价值观念的同质人口所组成的关系亲密的、守望相助的、富有人情味的社会关系的社会团体”。[①] 费孝通、袁方则从社区的地域性进行定义，认为社区是有边界的相对封闭的实体。费孝通认为社区就是若干个社会群体或社会组织聚集在某一地域里形成的一个在生活上相互关联的大集体。[②] 袁方认为社区就是由聚集在某一地域内按一定社会制度和社会关系组织起来的、具有共同人口特征的地域生活共同体。[③] 陶传进则认为社区是由物质层面到制度层面再到精神层面所形成的一个具有规则的体系，社区的特色在于有共同的生活空间、共享的文化价值以及发育的社会纽带和社会声望体系等，社区中政府与市场都不存在，社区是环境治理的必需选项。[④]

(2) 社区自治模式的特征

一是承诺的自愿性。粗放型经济增长方式过多地强调经济规模的扩大，通过大量的资源消耗追求经济的不断增长。活动主体把大自然当成了天然的资源库和垃圾场，只顾对大自然无限索取，无休止地开采地球上的不可再生资源，经过生产加工和消费环节又将大量污染物和废弃物排放到大自然中，却漠视自身的社会责任，特别是作为环境主要污染源的企

---

① 斐迪南·滕尼斯. 共同体与社会. 林荣远，译. 北京：商务印书馆，1999.

② 费孝通.二十年来之中国社区研究.社会研究，1948(77).

③ 袁方.多中心治理下城市边缘社区治安管理模式探析：基于北京市B村的调查.中州学刊，2011(3)：130-134.

④ 陶传进.环境治理：以社区为基础.北京：社会科学文献出版社，2005.

业，表现更甚。目前，企业和公众的环保意识不断加强，越来越多的企业特别是跨国公司，自觉遵守 UNGC、GRI、AA 1000、SA 8000 等规范和标准，制定企业的行为规范，约束自身和供应商行为，并且定期发布反映企业社会责任表现的年度报告。在我国，部分企业与居民大气保护意识增强，一些企业发起成立碳汇专项基金，自发开展 ISO 14064 认证，实施“产品碳足迹”计划和碳审核；一些居民更加关心大气环境，自觉参与环保活动，购买使用节能产品，选择公共绿色交通工具出行；媒体对生态环境和大气污染防治的宣传报道越来越多。由于环境治理行动会增加企业、居民的运营成本和消费成本，影响主体的短期收益，因此仅凭自觉性远远不足以改善环境，还需大量外力的作用，包括政府的强制、其他组织的重视与配合。

二是方式的多样性。社区自治模式中，社区主体按照各自所涉及的利益相关者或公共机构作用发挥的不同来确定其治理的形式。由于社区主体自身对环境和治理意义的认识不同，自发的治理方式也就千差万别，治理效果也难以预判和控制。治理方式主要有单边承诺、私下协议、谈判性协议、开放性协议四类。单边承诺是指社区主体（包括企业、公众、社会组织）自身制定环境治理目标计划和所需遵循的条款，旨在加强与利益相关者间的沟通；一些主体为增加其计划的可信度和承诺的效力，往往还会委托第三方进行监督或解决争议事宜。私下协议是指社会上的污染主体主动与污染受害者（工人、当地居民、邻近企业等）签订协议，以此约定污染主体应实施的环境管理计划或需安装的污染控制设备。谈判性协议是指社区主体与其所在的国家或地区内相关公共权威机构签订协议，主要涉及污染削减的目标、达成目标的时间表等。开放性协议是指社区主体赞同环境管理机构提出的环境管理监督标准和环境条款，并主动接受其对自身执行计划情况的评价；公共机构也向社区主体（主要是企业）提供研发补助、技术援助等形式的经济激励。①

三是结果的多赢性。企业自觉参与环境治理是企业对社会的一种承诺，可以提高企业信誉，改善企业形象，提高顾客对企业的信赖度；企业通过质量管理体系认证和环境管理体系认证，取得环保标志，满足消费者对

---

① 姜爱林. 城市环境治理的发展模式与实践措施. 国家行政学院学报，2008(4)：78-81.

环保商品的需求，易与当地政府、社会组织搞好关系，从而规避绿色壁垒和法律风险，减少消费者和政府部门的法律行动，也利于企业提升国际竞争力进入当地市场，提高市场份额；在环境审核中，及时发现、预判问题所在，及时采取预防和纠正措施，降低发生事故的风险，避免环境事故发生给企业带来更大的损失；环保活动可以促进企业提高企业管理水平，提高技术水平，进行工艺和过程的革新，节能降耗，降低成本，降低废物处置成本，增强企业竞争力。对政府而言，可以减轻财政资金的压力和环保阻力。对公众而言，居民个人是环境改善的最终受益者。

（3）社区自治模式的优缺点

与其他治理模式比较，社区自治模式的优势在于：①减少污染源。相较于政府主导型而言，社区治理更多地体现了一种参与民主的诉求，企业、社会组织和民众可以更大程度地进入对公共事务的治理范畴，影响政策的制定、参与政策的执行。企业成了环境污染治理的主体，企业从"要我做"向"我要做"转变，从而降低了因环境管理机构与排污信息不对称而造成的道德风险，减少了环境监测机构的执法成本，促进了社会参与防治污染、保护生态环境等相关工作的落实。当公众的环境权益受到侵害时，普通社区居民会采取必要的"自卫"手段。②提高治污效果。在社区自治中，环境资源是可贵的、珍贵的，而不是用金钱来衡量的，人们对它更加珍惜而不是无度地耗用，在环境治理体系中集中表现为社区自组织的参与行为，利益共同体内主体之间进行自主合作，通过自我组织与自我管理来实现持久性的共同利益，有效地保护社区环境，当然这种治理更多地体现了一种对自然生态的道德性关怀。对于企业主体，自治模式给予企业更大的灵活性，允许企业在综合考虑各方因素的基础上，自主选择符合其特定状况的、更有效的削减污染的措施，从而达到环境目标，降低污染控制成本。③填补法律空白。由于在公共政策和法律法规领域存在制定周期长、论证费用大、调整不及时等客观原因，往往会出现管制或立法滞后的现象，导致存在很多政策盲点和法律空域。企业的自觉行为，特别是在企业层面，采取高于现有环境法律法规要求的环境标准时，在一定程度上填补了因环境立法滞后所导致的负面影响。

社区自治模式也存在明显的不足：①缺乏对非自觉主体的约束力。自治型模式的突出特征是自愿，因而缺乏法律效力，不能动用任何手段强制其他企业参与。同时，由于政府制定环保政策、产业发展政策、财政政策等方面存在滞后性，影响了社会主体参与的积极性，导致一些主体宁愿“搭便车”，也不愿参与这种自我约束的行为。尽管一些主体采取了自觉行动，并与利益相关者签订了协议，但协议的执行既没有监测主体和定期报告制度，也没有相应的惩罚机制，协议当事人不会认真考虑毁约后的实际影响，从而降低了承诺的可信度。②缺乏必要的透明度。企业内部出台的环保措施或公众反复交往发展起来的非正式规范，很少通过一定的信息渠道向外界公开，在社区边界之外的人们看来具有封闭性，往往会破坏信任与合作的发展，使得社区外部成员难以融入该社区。缺乏透明的非正式社会规范体系难以保证权力运行的公正性，滋生环保措施的错误性选择。而这种错误性选择往往具有很强的惯性，缺少外部力量的修正，会持续不断地发生，因而自治模式容易发展成为等级制度，在没有信息网络、外界干预和资本冲击的情况下最终被等级制所取代。③容易导致重复建设。自治主体的治理行动一般是个体行为，而非整体推进，这就容易出现“各自为政”的现象，各个参与治理的主体从各自的投入成本、自身的排污量等角度出发，建设适合需要的环境治理基础设施，而并不过多考虑邻近其他社区的需求，增加了重复建设的可能性，可能会导致新一轮的资源浪费和环境污染。因而社区自治规模必须足够小，社区内部的个体界限必须清晰，互动行为可重复，必须有正式的或非正式的制度规范等，以解决社区自治模式的弊端。

无论是政府主导治理模式，还是市场机制治理模式，或是社区自治模式，都是单一主体的治理思路，均存在这样或那样的不足。为了打破传统观念的束缚，一些学者提出多元协同治理模式，将政府、市场、社会都作为环境治理主体，各自采取不同的手段与机制，充分利用上述三种模式各自的优势。[1] 本书在归纳不同协同治理模式的基础上，致力于构建基于长三角城市群的大气污染协同治理模型。

① 孙百亮. 治理模式的内在缺陷与政府主导的多元治理模式的构建. 武汉理工大学学报(社会科学版)，2010，23(3)：406-412.

## 二、大气环境协同治理的理论研究框架

在环境治理模式演变过程中，遵循由市场到政府，再到社会的逻辑。政府、市场主体、社会组织以及公众个体等诸多行动者在功能性差异和复杂性背景中，逐步推动着国家与社会相互渗透的过程，各自环境治理策略所遵循的内在逻辑主要呈现为以下几个方面，即其承认与建构的实体、对自然关系的描述、行动者系统的具体构成、行动者实施动机以及其话语策略中的隐喻。市场机制治理模式承认与建构的是市场主体，这种主体可以是个人、企业或作为个体存在的政府组织，其行动逻辑遵循竞争与个体理性主义。政府主导治理模式主要是一种从属关系的自然观，致力于通过政府行为的积极介入实现环境的改善。社区自治模式则强调如何通过参与或自治的方式实现公私利益的混合，来实现环境问题的有效治理。尽管以上三种治理模式也遵循相互协调与发展的逻辑，但其固有的一些缺陷，往往导致治理实践中的集体失灵。为了应对环境治理的集体失灵，我们试图从合作主义的价值构想出发，致力于寻找政府与公民、非政府组织等行动者之间的适度规模与文化结构，其具体的连接结构主要通过协同治理的序参组合来分析与建构，即文化结构与适度规模。

### （一）区域系统结构与协同

区域环境问题与政治、经济、社会结构等处于共同演化的格局之中，不可能简单地依靠科学技术和资金投入就能被彻底解决。区域环境治理中的核心问题，实际上是环境利益在地方政府、社会、企业之间如何实现最大限度的普惠性与共享性。要解决区域环境问题，就要实现区域生态环境协同治理，在研究区域协同结构关系的基础上，分析规制性要素、规范性要素和文化—认知性要素对区域生态环境协同治理的影响，构建起适合本地特征的环境治理模式。[①]

---

① 余敏江．区域生态环境协同治理要有新视野．(2014-01-23)[2016-04-12]．http://www.qstheory.cn/st/stsp/201401/t20140123_315801.htm.

1. 区域系统是一个复杂的结构体系

"区域"是一个普遍的概念,不同的学科对其有不同的理解和定义,这里从系统科学的角度来定义区域,可以将其理解为在特定的城市密集分布、城市之间存在密切联系和明显区域化发展趋势的地区中,由一定的经济、社会、环境等功能的子系统通过各种复杂的物质、信息、技术、人员和能源的流通与交换,并通过相互作用、相互影响、相互依赖和相互制约而组成的具有一定功能结构的复杂系统。长三角城市群作为一个区域,具有两个明显的空间层次,即作为整体的区域以及组成区域的各个城市,因而可以在空间层次上将区域系统看作是由不同位置的城市、城镇,通过相互联系、相互作用、相互依赖和相互制约组成的具有一定空间结构的复合系统,每一个城市、城镇又可以看作是相对独立的地理区域子系统。

从图 2-1 可以看出,区域协同系统是一个复杂的体系,具有开放性、空间层次性、自组织性和他组织性、动态演化性,在功能维度上由经济、社会、环境等若干个子系统组成,在空间维度上由区域整体和城市子系统组成,两个维度相互缀合。子系统又由众多的子系统和元素构成,系统、子系统、元素之间以及系统与外部环境之间存在各种复杂的非线性相互作

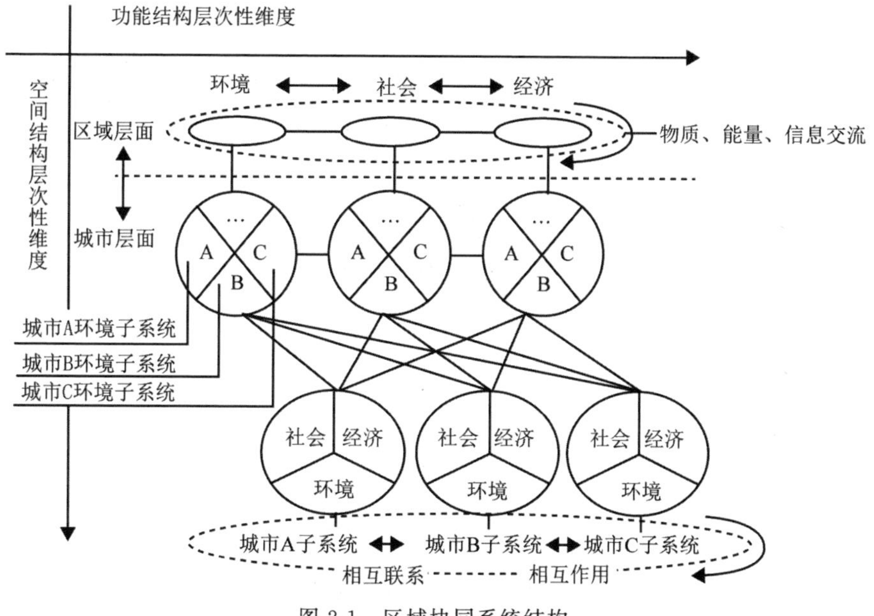


图 2-1　区域协同系统结构

用,要素及其参数之间的耦合作用使系统内容形成某种内在结构,特定元素及其参数在变化与运动中形成稳定的组织模式,从而限制或激发系统的演化与发展,面临混沌、模糊、无序或有序状态。[①] 因而在长三角环境治理中,需要综合考虑各个子系统之间的相互作用、相互影响,在共同演化、进化与发展过程中保持利益平衡以维护系统和谐,通过功能分工以推进协作,通过必要的制度以调节矛盾和冲突,最终实现区域整体目标。

2. 竞争与协同是区域系统演化发展的内在驱动力

构成区域系统的经济、社会、环境各功能子系统之间相互联系、相互作用,经济子系统与环境子系统之间存在协同。环境为经济发展提供资源,不断改善促进资源再生,为经济发展提供有利条件;经济发展为资源开发提供条件,技术进步和外界投资可促进资源利用率的提高,培育可再生资源和寻找非再生资源,提高资源存量;环境承载力的上升取决于环保投资和环境改造技术水平。两者之间也存在竞争关系,经济的发展增加了资源的开采和使用,导致资源存量不断减少,经济高速增长可能造成资源匮乏,甚至破坏资源系统的再生能力;发展经济,必然会排放污染物,使环境恶化。资源短缺影响经济发展,要防治和治理污染,保护和恢复生态环境,就要花费一定的资金,对经济发展有负面影响。

经济子系统与社会子系统之间存在协同,人口系统为经济发展提供劳动力资源,人类所掌握的科学技术是经济发展的根本动力,它有利于促进经济质量的提高;完善的社会保障体系、先进的科学教育水平等有利于促进经济发展。经济发展有利于人口素质的提高,有利于改善就业状况,促进社会稳定。两者之间也存在竞争,人口增长过快,会占用大量的再生产资金,给经济系统带来就业和消费压力,制约经济发展;落后的科教水平制约经济发展,过低的经济增长速度影响社会进步。经济水平高的地区,对人口吸引力大,从而造成人口迁移,影响落后地区的人口结构和人口素质。

社会子系统与环境子系统之间存在协同,科教发展水平的提高、人口素质的提高以及人类所掌握的先进科学技术有利于提高资源利用效率,

---

① 曾珍香,张培,王欣菲. 基于复杂系统的区域协调发展:以京津冀为例. 北京:科学出版社,2010.

增强环保意识，从而有利于环境质量的提高。环境的改善为人类提供良好的生活环境，提高经济发展的社会效益，促进社会的全面进步。两者之间也存在竞争，人口的快速增长，使人均资源相应减少，以及生活废物的增加给生态平衡造成压力；资源的短缺和劣质以及环境恶化会影响人的身体健康和寿命，影响人们的生活质量和生活水平。[①] 值得注意的是，人作为区域系统的核心元素，是影响环境的关键因素，是社会发展的重要资源，是其他各子系统和各类资源的主宰。

上述经济、社会、环境三个子系统中两两之间的竞争与协同关系对系统的影响虽然是局部的或单向的，但是它们是区域中各种错综复杂的作用关系的基础。如果把它们综合起来考虑，就会发现，在区域协调发展系统中，存在多重特性、连锁复杂的作用关系，如图 2-2 所示。从图 2-2 可以进一步看出，经济、社会与环境子系统之间既彼此冲突又相互协调，它们之间的协同作用是系统进步的内在因素，在外部控制参量达到一定阈值时，经济、社会和环境子系统之间通过协调作用和相干效应，可以使系统由无规则混乱状态变为宏观有序状态，实现系统协调发展。[②]

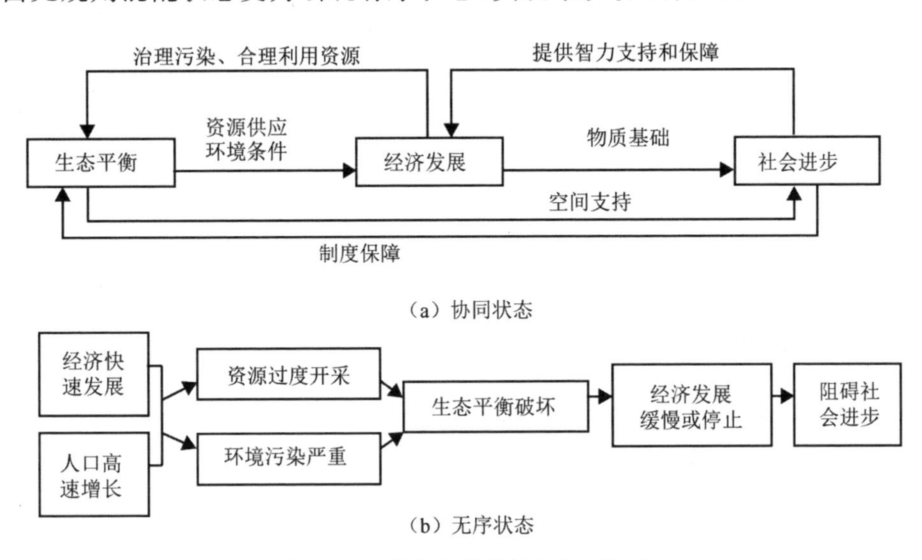


图 2-2 功能结构维度的竞争与协同

① 魏一鸣，范英，蔡宪唐，等. 人口、资源、环境与经济协调发展的多目标集成模型. 系统工程与电子技术，2002，24(8)：1-5.

② 段丹华. 基于复杂系统理论的京津冀区域协调发展研究. 天津：河北工业大学，2007.

3. 区域协同发展的实现过程

区域系统具有开放性,具有典型的耗散结构,它必须不断地从系统外部环境输入能量和物质,形成系统负熵流,以抵消系统本身因熵增而呈现的无序状态,进而产生新的有序状态,并向更高层次演化。保持一定强度的负熵流对区域保持熵最小化状态、维持有序发展有重要作用。其中源自区域内部的创新被认为是区域协调发展系统依靠人的主观能动性、创造性实现自我更新的最重要、最基本的动力,区域的整体创新能力、创新的层次直接决定了区域在世界城市体系中的地位。

如图 2-3 所示,区域协同的实现过程是一个复杂多变的过程,如何在复杂性中寻找规律、在无序中找寻有序、在冲突中实现和谐、在竞争中开展协作是推动和促进区域协调发展的核心和关键。为了达到这一目标,首先要分析区域协调发展的自组织机制,找到区域协调发展的规律性,控制序参量,并以此来指导区域发展的实践。其次,应充分重视主体参与的特性,重视主体在区域系统中的组织与调控作用,建立一套科学的、行之有效的组织调控机制,借助现代高新技术手段来维护、调控和推动区域的协调发展。在这些基础之上,根据区域自身的实际情况,选择能够促进区域协调发展的区域市场发展模式、区域产业发展模式、基础设施发展模式

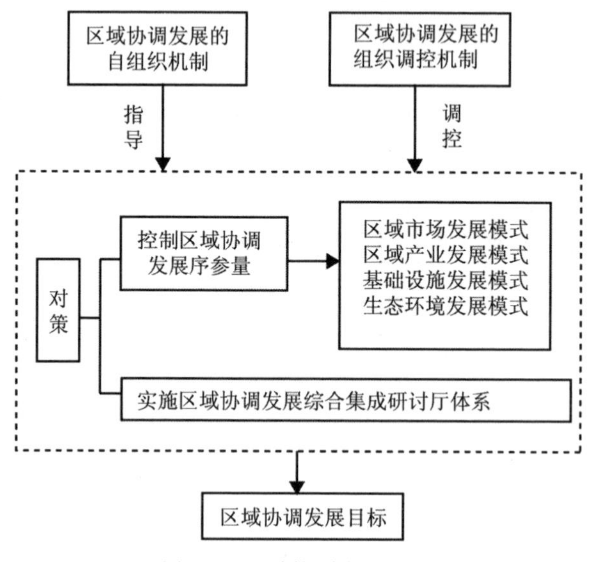


图 2-3　区域协同实现过程

以及环境发展模式等,并将综合集成研讨厅体系[①]作为组织调控机制。

### (二)环境协同治理理论再理解

#### 1. 环境协同治理理论研究框架

协同治理强调的是组织上的跨部门、地理上的跨区域,其理论研究框架应具有两个特征:①协同治理的理论研究框架应具有开放性,协同实践的主题空间不应该是静止封闭的,而应该是流动开放的,随着协同实践的深入,很多不断被提及的主题可以补充进来,形成更丰富而庞大的分析网络。②协同治理理论研究框架中需要围绕协同治理中的重要问题有针对性地选择不同的理论进行解释。基于以上两个特点,构建协同治理理论研究框架的任务就可以分为两个方面:①明确主题,协同治理中的主题之间存在交集,并且在协同治理的每个阶段都有主题关联,协同治理中需要着重研究这些主题。②明确可以用来分析协同治理相关主题的理论,将其放在理论研究框架的理论维度,且对于某一个特定的问题,明确应使用何种理论对其进行解释更为适合。经过比较,基于主题的协同优势理论可以作为大气环境协同治理研究框架的基础理论。

协同优势理论发源于经济全球化的浪潮,最初较多地在商业领域使用这一概念,后来经过学者的共同研究,逐渐形成一个体系完整的理论内容,即协同优势理论。20 世纪 80 年代末,胡克斯汉姆(Huxham)经过长期研究提出,当协同各方达成某种创造性的结果时,便可以说是达成了协同优势。[②] 在公共领域,协同优势主要包括过程效率、供给灵活、交易协同、质量和创新等五大内容。同时该理论明确提出协同优势并非想象中易于实现,协同各方对于期望的协同效果并非总是开诚布公的,而是可能在同一个协同行为中,不同参与方拥有明显不同的目标,造成这一现象的原因很多,如协同各方在目标、文化、组织结构、语言、权力、能力等方面存

---

① 钱学森于 1992 年提出综合集成研讨厅体系,并将其分为机器体系、专家体系、知识体系三个部分,曾珍香等在此基础上将综合集成研讨厅体系细化为民主决策研讨厅、专家集成研讨厅、公众参与研讨厅。

② Huxham C. Pursuing collaborative advantage. Journal of Operational Research Society, 1993, 44(6): 599-611.

在重大差异。因而协同惰性的概念便应运而生,协同惰性指的是协同行为的绩效结果并不明显,或者取得绩效结果的效率过低,或者为取得成功所付出的代价过大。正是协同优势和协同惰性这两个相反的概念,构成了协同优势理论核心的逻辑论证。协同优势理论需要回答的关键问题是协同的目的是获取协同优势,为何得到的往往是协同惰性。胡克斯汉姆用 15 年的时间,建立起一个研究的框架,分析导致协同成功或失败的深层次原因,这些原因或因素被分为不同的类别,每一个类别被称为"协同实践的主题"(见图 2-4),各个主体之间都可能有交集,且任一主题都出现在协同过程的每个阶段,而协同优势理论就建立在这些主题之上。

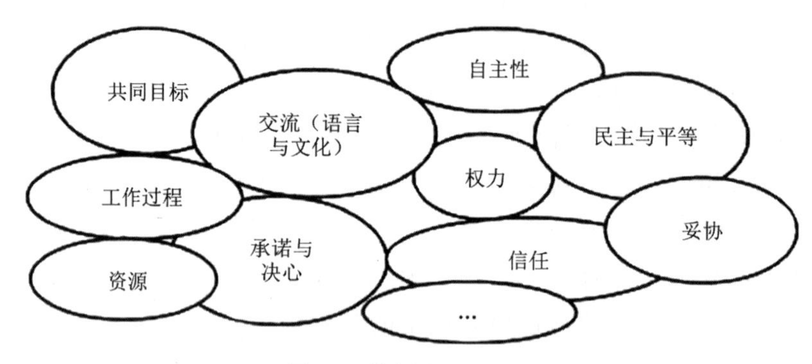


图 2-4 协同实践的主题

理论研究框架中包含主题的研究和研究主题所选择的理论,需要运用理论对协同治理中的相关主题进行研究和分析,并得出相应的命题。从现有的相关文献来看,对于这些主题的研究主要集中于目标、权力、信任、领导力、成员结构。目标不仅仅是公开协议,还必须"对内涵取得集体的共识",明确协同团体和单个参与方之间的职责界限,清晰的共同意识是行动者协同行为的起点,由于掺杂了诸多组织和个人的因素,不同组织的语言和文化可能阻碍共识的达成,就目标达成共识并不是一件容易的事情。胡克斯汉姆和旺恩从所有者、来源、真实性、相关性、内容、透明度等六个维度对协同目标进行了分类,以抓住某个具体目标的重要特质。[①]

---

① Huxham C, Vangen S.Leadership in the shaping and implementation of collaboration agendas: How things happen in a (not quite) joined-up world. Academy of Management Journal, 2000, 43(6): 1159-1175.

目标类型在具体的协同实践中并非是单独出现的，任何一个协同行为的发生都充满了各种各样的目标，它们之间往往不是相互妥协，而是冲突与斗争，也主要是这些目标间的相互负作用造成了协同惰性。协同优势理论从权力点视角对权力进行阐述，权力点是指可以影响协同行为沟通或者实施方式的权力触发点，它们共同构成了协同行为的权力基础结构。在协同行为中，能够决定参与者进入或退出的一方就掌握权力，处在一个权力点中，而能够对利益分配机制产生影响的一方也掌握权力；处在另一个权力点中，权力点始终处于转移和变动之中。协同惰性的出现是因为权力点失去动态性，导致协同过程的"一家独大"，甚至陷入"命令—服从"模式。协同中存在信任，但在协同实践中，怀疑比信任更常见，因为参与主体在追逐权力和控制时很可能会破坏参与者间的信任，选择信任的一方意味着冒一定风险而可能放弃信任。信任的建立还需要一定时间，但协同过程可能是短暂的、临时的，协同关系是动态的、开放的，协同成员、协同结构、协同目标、协同过程等都可能发生变化，因而没有充裕的时间形成可靠的信任关系。协同行为追求参与各方之间的平等协商、公平合作，但这种平等和公平并非是绝对的，相对差异和不平等处处存在，领导力是促使协同产生成果的机制，与协同政策和行为、议题的形成和执行密切相关。结构和过程同样重要，结构保证每个组织或个人都能够平等、自由地参与政策议题，过程使渠道趋于多元化。协同行为中的成员结构具有模糊性、复杂性和多变性，对共同目标的达成、信任的培养以及权力关系的平衡都具有非常大的影响，协同参与方需要不断加强沟通和了解以提高协同的效率。

奥斯特罗姆研究发展的IAD(Institutional Analysis and Development)分析框架颠覆了公共财产只有交由中央权威机构管理或完全私有化后才能有效管理的传统观念，证明了使用者自主治理的公共资源可以通过合理的制度安排取得优于人们先前根据标准理论所预测的结果。认为制度是参与者普遍认可的，对何种行为和结果是被要求、禁止和许可的具有可执行力的描述。集体行动是解决公共资源治理这一难题的有效途径之一。根据奥斯特罗姆的制度分析与发展框架理论，可以得到应用于公共资源协同治理的五种常见且有效的策略，即通过边界规则改变资源使用者特性，通过身份规则创建监督体制，通过选择规则改变容许的行为集合,通过偿付规则、身份规则、信息规则、范围规则和聚合规则改变结果。

政策网络理论认为,政策网络包含与某一政策领域有关联的政府和非政府组织,他们的利益相互依赖,但并不完全互补,行为人彼此结盟,并与其他联盟竞争,以期能影响与自己切身利益相关的决策过程。政策网络的参与者之间具有长期的联系,这使得他们能够及时、有效地交换与政策提案相关的信息和资源。此外,随着时间的推移,网络参与者又会根据共同的核心信仰和互惠关系结成小规模的联盟,以倡导关注和解决特定的政策困境。由于这些低一层级的联盟是由共同的理念和价值观联系在一起的,联盟相对比较稳定,进而有助于在相对稳定的联盟内或联盟间进行高效的信息交流,使政策决定呈现出渐进的变化趋势。政策网络理论认为,政策的制定和执行不仅依赖于政府,还依赖于以松散或正式网络结合起来的个人和机构,治理结构中不同部门、不同层次的各种组织,都对建立和管理伙伴关系和集体结构感兴趣。

在新制度主义的理论框架中,对制度的最初理解是将其看成是一系列的规则、组织和规范等。应用在协同治理中,制度可以为各利益相关者解决集体行为困境提供功能性支持。制度建立的过程就是各个理性的、寻求自身利益最大化的行为人有目的地进行选择,伴随着新制度的建立,新的规则得以建立,各行为人的权力得以重新分配,这样可以减少交易成本和提高政策出台的效率。而各利益相关方之所以愿意接受权力的重新分配,一般是因为出于两个方面的考虑:其一,他们认为集体解决问题比“单打独斗”更容易让自己的利益最大化;其二,他们认为通过协同的方式可以提高自身解决问题的能力。对于负责人来讲,协同治理可以帮助他们将解决问题的压力部分地转移给协同团体,从而缓解自身所面临的压力。

萌芽于20世纪40年代,在70年代以后被广泛应用的资源依赖理论通过说明政府对资源的依赖,阐释了政府与资源的相互关系,认为各企业之间的资源具有极大的差异性,而且不能完全自由流动,很多资源无法在市场上通过定价进行交易。任何企业不可能完全拥有所需要的一切资源,在资源与目标之间总存在某种战略差距,要获得这些资源,企业就会同它所处的环境内的控制着这些资源的其他组织化的实体之间进行互动,从而导致组织对资源的依赖性。在协同治理上,参与主体本身就存在相互依赖的关系,能够被纳入治理体系中,提高公共利益是主体间合作的共同利益与共同目标，在此共同利益和共同目标的基础上，多方积极配合，通过有效地整合治理资源，实现良好的治理。用上述理论来解释主题维度的三个层面（动因层面、思想层面、能力层面），可以得到协同治理理论研究框架（见表 2-1）。[①]

**表 2-1　协同治理理论研究框架**

| 层面 | 主要因素 | 内容 |
| --- | --- | --- |
| 动因层面 | 领导力、相互依赖 | 领导人应尽量吸纳合适的参与方加入协同；个人的预期决定是否参与协同；内部自发形成的协同较外力促成的协同更有效；大部分组织扎根于部门特有的组织中，不大可能参与跨部门的协同行为，除非其部门的特有场域被普遍认为失败；参与主体本身就存在相互依赖的关系，能够被纳入治理体系中。 |
| 思想层面 | 共同目标、信任、权力、自主与妥协 | 明确协同目标很重要，组织的语言和文化有助于共识的达成；可通过目标矩阵来帮助找到共同目标；参与方之间的信任需要逐步按照循环圈的方式建立；协同治理中存在不同的权力点，不同阶段权力会发生转移；协同参与方会因双重身份引发冲突，形成“自主—责任”困境；发展协同各方之间的互信互惠关系是协同行为长期存在的先决条件；相关利益者在空间和管辖边界上达成共识是有效协同管理的一个先决条件；网络中组织之间联系的紧与疏将关系到它们的影响力；伴随着新制度的建立，新的规则得以建立，行为人的权力得以重新分配；随着时间的推移，各参与方的核心使命可能会发生改变；参与主体之间的高依赖性可帮助彼此之间建立信任关系。 |
| 能力层面 | 领导力、成员结构、学习、资源、社会资本 | 协同中的学习过程包括学习态度、环境特征、学习成果三部分内容；结构、过程和参与方构成了领导力的三个媒介；协同行为中成员结构具有模糊性、复杂性和多边性三个特点，需要加强各参与方的沟通；适当的组织构架和机制将有利于保障协同的高效率；不同的政策领域中，有效协同网络具有不同的特征；网络的不同构架会影响信息的沟通、共享以及协同的驱动力；网络可以是协同治理中动态的架构；制度建立的过程就是各个理性的、寻求自身利益最大化的行为人有目的的选择过程。 |

① 田培杰. 协同治理：理论研究框架与分析模型. 上海：上海交通大学，2013.

2. 环境协同治理的结构

协同理论的主要内容可以概括为三个方面:①协同效应,即在复杂开放的系统中大量子系统相互作用而产生的整体效应或集体效应。任何复杂系统,在外来能量的作用下或物质的聚集态达到某种临界值时,子系统之间就会产生协同作用。这种协同作用能使系统在临界点发生质变产生协同效应,使系统从无序变为有序,从混沌中产生某种稳定结构。②伺服原理,即快变量服从慢变量,序参量支配子系统行为。系统在接近不稳定点或临界点时,系统的动力学和突现结构通常由少数几个集体变量即序参量决定,而系统其他变量的行为则由这些序参量支配或规定。③自组织原理,系统在没有外部指令的条件下,其内部子系统之间能够按照某种规则自动形成一定的结构或功能,具有内在性和自生性特点。在一定的外部能量流、信息流和物质流输入的条件下,系统会通过大量子系统之间的协同作用形成新的时间、空间或功能有序结构。在以上三个方面中,协同效应的实现是目的,伺服原理是系统运行过程,自组织是系统运行的载体与方式。从协同学的意义来看,协同治理关注的是如何产生合作的制度结构,强调的是整体性治理。

无论是政府主导治理、市场机制治理,还是社区自治所趋向的政府全能治理模式、无政府治理模式,都会对经济社会造成不可挽回的损失,一个良性的治理结构应该是达到某种均衡态势,使权力始终以公共性的实现为价值核心,目前需要适度培育社会制衡力量,以实现社会力量对国家权力的适度约束。从协同治理预期目标导向来看,整体性治理与协同治理具有一致性,即合作的实现,然而当今的整体性治理的合作始终以政府为中心,从政府出发寻找上、下、内、外的合作,在社会合作治理的道德关怀之下找到有效推动公私领域以及日常领域的充分合作的制度结构,进而约束协同治理的效果。协同治理虽然具备了基本的学理条件,然而其到底还是表现为一种社会实在,以一种价值目标待实践的方式呈现出来,还是表现为一种理论解释性框架,尚有待我们研究的继续深入。在环境治理中,在特定层面下序参量很多时候是由地方区域来扮演的,在发展过程中,政府与市场、非政府组织、企业、公众等元素之间呈现出各种博弈行为,这种互合行为达到一定程度时,便会产生某种合作形态的结构,即协同效应的集中表现。在此基础上,各子系统相互构建和演化,产生新的序参量,进而演绎出另一层域的合作。当演化到文化、权利、组织结构构建时,协同治理也就开始出现了。

在我国,作为分析框架的协同治理和作为政治实在的协同治理,两者并不是相互否定的,而是互相建构与催化的,在当代中国治理发展的脉络中,协同治理以一种分析框架而问世,又以一种政治实在为建构目标,即双维结构脉络。然而,协同治理所预设的地方区域的发展与能力尚未成形,社会自组织行为与互动过程尚停留在低端水平,公共领域的黏合和私人领域的权利呼吁均不同程度地受到国家权力的渗透与干预,政府与公民之间的空间在萎缩。环境协同治理结构构建可以分两步走:①关注适度规模的自组织行为,把地方区域中的政府行为、市场中的个体行为、社区公众的行为以及非政府组织的参与都约束到一个合适的规模,以易于形成协同治理所需的合作。②集中关注自组织行为形成的合作主义,促进政府与社会在社区层面建立良好的合作关系。协同治理所要创造的社会结构或社会秩序不能由外部强加,而要依靠行为者的互动。这种互动的过程就是将协同引导渗透到文化系统、权力基础、组织结构和制度网络之中,并推动自生自发秩序与外生秩序的协调,继而实现协同治理。环境协同治理结构构的建步骤如图 2-5 所示。

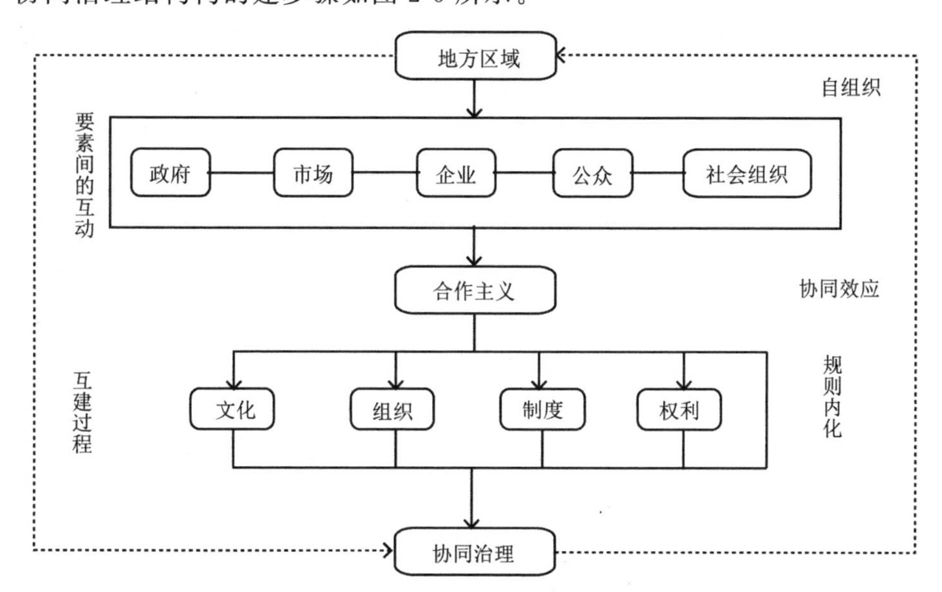


图 2-5　环境协同治理结构构建

协同治理在实践中是典型的集体行动，这种集体行动是一种社会建构，让人们能够在集体行动中进行合作。关注的对象始终是权力，所有集体行动都将权力放在中心位置予以考虑。集体行动首先表现为公私部门、公共部门内部以及私部门之间的合作，地方政府之间、地方政府与中央政府之间，乃至地方政府与非政府组织之间的交流与沟通成为有效治理的重要保障；其次集体行动遵循协商与共识原则，制度生成不受制于等级关系的限制，充分体现协商民主的共同价值观；最后集体行动是在制度规范基础上的持续互动，与自组织行为最明显的差异就在于持续的互动历程，而不是自组织行为所体现出来的自发性、偶然性与碎片化。权力本质上是行动者的一种行动能力，是行动者在组织成员互动过程中占据获利优势的协商谈判能力，进入权力关系的目的在于实现合作，进而完成事关集体利益的计划任务和系统的共同目标。

权力本身也意味着交换关系的非均衡性，本质上是一种抽象的工具性关系，具有协商的特性。它可以源于职权，可以源于专业化与稀缺性，可以源于组织控制，可以源于信息不对称以及组织规则设计，行动者围绕着这种不确定来建构关系，体现可治理体系对社会力量的开放性。权力始终与交换关系、合作关系衔接在一起并在合作、交换行为过程中体现其价值，进入权力关系的目的在于实现合作，而合作就意味着分工的深化，意味着参与合作的行动者各尽其能，运用自己的权力即行动能力，动用不同的资源，整合各种能够动用的资源和能力，以达成共同的利益目标。行动者在合作的过程之中因行动能力的大小不一，其作用和影响力各不一样，各自的重要性也不一样，有的处于主导地位，有的处于从属地位，有的处于主要地位，有的处于次要地位。这种差异影响甚至在某种程度上决定了行动者在实现共同目标之后所能够分享到的、各自所占的利益的份额。[①]

就行为取向看，协同治理首先着眼于地方层面，然后才着眼于以地方为基础继而审视国家层面与国际层面上对治理的需求。协同治理本身所蕴含的多元性、多样性与合作导向决定了其必然是地方性的，作为政府、

---

① 埃哈儿·费埃德伯格.权利与规则：组织行动的动力.张月，等译.上海：上海人民出版社，2008.

公众、非政府组织的参与情况和市场主体的低碳行为等关系集合的地方区域，具备了协同学意义上的序参量特性。就行为预期看，协同治理应致力于实现政府与社会力量的相对均衡，政府行为有其必要性。协同治理是要努力寻得一种相对平衡，这种平衡既有助于避免政府干预现象的出现与蔓延，又有助于避免无政府状态下的社会躁动与不安。总之，协同治理的实践就是要在复杂系统内部中找到不确定性形成的根源，从而重塑权力博弈关系以达到相对均衡的状态，这种均衡就意味着合作秩序的建构。

正如上述分析，区域主义是环境协同治理的最佳选择，在大气环境治理的发展过程中，区域主义的影响也日趋加重，地方保护主义和本位主义的盛行导致行政管理单位高度分割破碎，政府治理面临的环境日趋复杂，跨越了传统的行政区划和部门界限，呈现出越来越大的复杂性和不确定性，引发了跨域公共管理议题。因此，各区域和各组织对这一问题采取协作处理来保障整个区域的空气质量成为治理大气污染问题的关键。治理过程中的核心问题在于如何化解区域内各个组织之间的集体行动困境，促进组织间的跨域协作治理。以大气污染问题为切入点，采用大气环境治理主体多元化和治理结构制度化等方式，可以有效地探究区域大气污染问题协同治理中存在的内在逻辑，从而确定其所要研究的范围和方向。

### （三）大气环境协同治理的序参结构

西方有一些研究团体或学者还尝试了构建分析模型，以更好地分析协同的实践。其中，有些学者在构建模型的时候并没有使用“协同治理”一词，但鉴于其所指代的现象与协同治理有非常强的相似性，因此认为其对协同治理模型的构建具有借鉴作用。例如，格雷(Gray)等构建的先行、过程、结果三阶段模型[①]，瑞利(Ring)等构建的合作发展过程模型[②]，琼斯

---

① Gray. Negotiation: Arenas for constructing meaning. Unpublished working paper, Pennsylvania State University.

② Ring P, Van De Ven A H. Development processes of cooperative inter-organizational relationships. Academy of Management Review, 2010, 19(1): 90-118.

(Jones)等构建的网络治理一般模型[①],布莱森(Bryson)等构建的跨部门合作框架模型[②]。

1. 一级序参:地方区域

公共事务协同治理的核心理念在于探寻协同治理实践中的序参量或者序参结构。关于环境治理的序参量问题,公开成果大多是从区域发展的角度来确定序参量的,我们基于皮埃尔·卡蓝默对21世纪治理发展的研究成果[③],参考杨华锋的观点,初步确定将地方区域中的合作共识作为协同治理发生与发展的一级序参量。地方区域是多组关系的集合,是协同实践序参量生成与发展的情境因素,是推动合作得以实现的关键领域,是行动者学习合作、开展公开讨论以及实施协商民主的起始地,是合作制组织得以型塑的政治空间,更是拥有共同目标的载体。不管是地方性知识的关注,抑或是地方性舆论的重视,地方区域都不同于市民社区。皮埃尔·卡蓝默认为地方区域是治理的真正基础和基本单位,从地方到全球范围,一切均建立在此基础上,确认政策和连接各级治理的行动都应发生在地方一级。

大气环境本身具有区域性,地方控制也有必要,从公共资源及其活动对他们影响的显著性和管制后果的及时反馈等方面来看,地方控制能够使公共资源的集体安排更为有效,地方共同体在保护环境方面也取得了显著的成效,因而大气环境问题的治理往往指向地方分权运动,地方区域对自然资源管理和环境治理是主要层次。地方区域是协调不同行动者所倡议的理想场所,并在这个层次上,使得治理的各级机构学会如何合作。地方区域不再是一块确定其内部和外部的地理面积或行政、政治实体,而是各种性质关系的交合处。地方区域的表现形式首先是问题之间、行动

① Jones C, Hesterly S, Borgatti P S. A general theory of network governance: Exchange conditions and social mechanisms. Academy of Management Review, 1997, 22(4): 911-945.

② Bryson J M, Crosby B C, Stone M M.The design and implementation of cross-sector collaborations: Propositions from the literature. Public Administration Review, 2006, 66(s1): 44-55.

③ 皮埃尔·卡蓝默. 破碎的民主:试论治理的革命. 高凌瀚,译. 北京: 生活·读书·新知三联书店,2005.

者之间、人类与生物圈之间主要关系的关系组集合；其次是组织各个治理层次之间的关系所处的地点，也就说其次才是特定区域的地理性概念。

1978 年，国家开始有意识地通过市场机制向社会放权，通过财税体制改革向地方放权，基层社会才重新得以恢复与发展。较为明显的是城市社会中的社区自治运动和乡村社会的村民自治运动，以发展基层民主来推动国家民主政治的发展进程，全能政府开始有计划地、有步骤地向有限政府、法治政府、服务型政府转变。

从治理的角度，协同治理就是要基于地方治理的实践，通过地方区域的重构与发展缓解国家权力的责任压力，约束国家权力行为的侵害性，提高社会治理的效率，努力达到国家权力与社会权力的均衡。从这个意义上说，地方区域的发展不仅是纠正国家权力与社会权力非均衡关系的核心要素，亦是推动民主宪政发展的根本所在。地方区域的理念来源于对中国传统社会的发掘、来源于对西方理论话语的检视，其价值目标在于地方性的再现、地方力量的重构以及国家权力与地方区域的良性互动。当代中国的主要问题是国家权力对社会权力的过度渗透，政府行为向社会领域的极度扩张。这里也要注意，不能让社会权力过度膨胀。必须有所理性地选择或者培养对立的权力面，以保持对权力公共性的追求。从某种意义上来说，地方区域的重构过程，是政府与社会关系重塑过程中的一环，国家能力的建设亦不可忽视。

在协同治理的框架结构中，我们要看到文化、权力、结构和组织的互动过程对于协同实现的意义。地方区域的重塑将主要表现为地方性知识的再现与重视、地方精英的妥善引导、地方团体的发展和地方舆情的关照。近现代的中国在进入现代化和全球化过程中，传统文化受到了一定的打击，地方性知识近几年才得以重视和重现。地方精英往往在寻找利益表达的道路上碰壁，当其无法有效地实现其利益诉求时，往往会呈现出政治冷漠与政治暴动交互的行为逻辑，不利于社会治理结构的稳定与治理绩效的发展。地方团体与地方舆情，是地方区域重构的重点，组织的性质、权力的结构和公共舆论的导向，在地方区域中扮演着重要的角色。

2. 二级序参：合作主义

这里的合作主义是指新合作主义，是一种关于社会结构性的冲突及秩序的学说，是 20 世纪 70 年代盛行于西方国家尤其是北欧资本主义国家的一种处理国家、社会和利益组织之间关系的一种模式。合作主义由施密特(Schmitter)系统地概括,而今已经在学术界产生广泛影响,它描述的是一种政治文化、体制类型或社会的宏观特质,是关于结构而不是关于行动的学说,作用是将市民社会中的组织化利益整合到国家的决策系统中去。在当今环境问题的治理领域中,合作主义强调合作,主张对分化的权力进行制度化的整合,强调国家和社会团体的制度化合作,国家与社会互相承认对方的合法性资格和权利,社会参与以功能团体的形式实现,国家和利益团体的关系是互动合作、相互支持的,不否定各种社会组织的相对独立性,强调社会通过制度化的渠道对国家进行控制、监督,同时也强调国家对各种社会组织的保护与促进。政府并不是国家唯一的权力中心,各种公共的和私人的机构只要其行使的权力得到公众的认可,都可能成为在各个不同层面上的权力中心。政府对社会的介入是适当性选择,它能够起到强制的平衡作用,政治结果是达到整合性均衡,即国家与社会的合作达到相对均衡、有序和协调。[①]

由于中国的公民社会很不成熟,一方面政府要承担起培育公民社会的责任;另一方面需要政府有一个规范的模式和框架,及时将社会的积极性和创造性纳入政府体系。具体到污染治理,需要通过文化系统、网络化的组织结构以及积极的制度创新来改善权力系统的生态,从而实现协同治理的目标。

环境问题的核心依然是人的问题,其与人的追求与理念、文化与价值密切相关。文化指的是一个群体或社会的信念和知觉、价值观和准则、习俗和行为,包括人们认为适用于这个世界、他们的生活和环境的事物,还包括他们的价值观,或者他们认为是好的或坏的、可以接受的或不能接受的事物。文化的另一部分是一套如何行事的规则和信念,如何实现文化意义的多样性与统一性是协同治理所应致力解决的首要问题,只有改变经济发展方式、发展目标、发展思路,建立与自然亲和、愉悦、共存的关系,才能实现人类的公平、和谐、共生。这些变革,归根结底是人的文化和意义世界的变革。

---

① 翟桂萍. 社区共治:合作主义视野下的社区治理——以上海浦东新区潍坊社区为例. 上海行政学院学报,2008,9(2):81-88.

以多中心治理理念替代传统单中心是整个治理实践行动的出发点。当代地方治理的倡导者和支持者反对传统公共行政理论内含的政府单中心论，他们反对将代表国家权力的政府组织描绘成一个无所不知、无所不能且充满着父爱主义情结的统治主体。他们认为，凯恩斯主义、国家计划与福利国家政策的实施，把集权的官僚政府组织推到一个全知全能、控制一切的权威位置上，将它变成社会统治的唯一中心，由此会带来的政治、经济危机，而且会使得自由民主的精神、市民社会的发展遭受到前所未有的侵蚀与遏制。单中心的统治及其官僚制的组织形式，造成了不同组织之间的合作困难，把大量资源从地方移至中央，增加了合作和管理成本，降低了地方服务中的灵活性、适应性和时效性，阻碍了学习和变革的继续，维持了地方政府组织的虚弱，阻碍了地方居民增加用于公共服务的投资，并且不时地破坏现存的、有效的以地方为基础的管理基础结构和服务体系。[①] 多中心思想是一种直接对立于单中心权威秩序的思维，它意味着地方组织为了有效地进行公共事务管理和提供公共服务，实现持续发展的绩效目标，由社会中多元的独立行为主体要素（个人、商业组织、公民组织、政党组织、利益团体、政府组织），基于一定的集体行动规则，通过相互博弈、相互调适、共同参与合作等，形成多样化的公共事务管理制度或组织模式。多中心治理结构意味着在地方的社会生活中，存在民间的和公民的自治、自主管理的秩序与力量，这些力量分别作为独立的决策主体围绕着特定的公共问题，按照一定的规则，采取弹性的、灵活的、多样性的集体行动组合，寻求高绩效的公共问题解决途径。同时多元独立决策主体的利益同样是多元的，多元利益在治理行动中经过冲突、对话、协商、妥协，达成平衡和整合。多中心治理还表现为不同性质的公共物品和公共服务可以通过多种制度选择来提供。在这种权力结构变迁的过程中，既要关注权力生态的进化逻辑，又要强调国家和地方都要积极回应全球化和区域一体化带来的挑战，以积极的态度解决全球化带来的问题和冲突。[②]

---

① 孙柏瑛. 当代地方治理：面向21世纪的挑战. 北京：中国人民大学出版社，2004.

② 迈克尔·麦金尼斯. 多中心体质与地方公共经济. 毛寿龙，译. 上海：上海三联书店，2000.

在网络化与信息化迅速发展的时空背景下,发展新型的、民主治理的政治模式,即直接授权于民,建立参与式民主基础和过程,形成合作与包容型的国家社会关系结构,对于缓解政府与社会、政府与市场等领域的矛盾有着良好的价值预期。可以通过网络化手段,以人力资本和社会资本为纽带,拓展民间组织的作用,激发公民的主动性和创造能力,形成政府与社区的公民组织合作的网络关系体系。进而把国家、市场和公民三种力量有机结合在一起,共同实施对社会公共事务的治理。有效的管理体制、健全的制度和良好的政策是实现大气环境协同治理的基础条件,我国的制度与结构都是经政府行为建构的,这种制度体系能对相应的权力生态、文化结构与组织属性进行积极的引导与控制。制度变迁与创新亦是建立新型资源环境管理体制的客观要求和实现管理目标的基本保障,我国近年来针对环境问题而设计出台的制度主要是激励、惩罚与规制取向的制度,缺乏更广泛视域下的协调与合作,对涉及不同层级政府、地方政府之间以及政府不同部门之间的环境事务缺乏统一的监管机制、协调机制,对涉及民众参与、非政府组织介入和企业主体参与的环境性问题又缺乏必要的社会参与机制和综合决策机制,很少进行公开的讨论、充分的协商,所形成的制度不一定具有典型的普适性。[①]

### (四)大气环境协同治理的作用和限度

#### 1. 积极作用

在地方区域这一序参量的伺服过程中,通过行动者系统开放性的提升、行动策略组合的多样性来实现经济政策生态性的提升,行政权力系统灵活性、开放性的改善以及社会协同机制的形成与发展,实现环境问题的协同治理。协同治理相较政府主导型、市场机制型和社区自治型的治理策略具有明显的比较优势,开放性是基础,由开放性所催化的多样性将有助于调整制度结构的内部与外部适应性,通过网络组织结构的创新性,实现持续有效的合作化行为。

系统开放性是行动者持续互动的前提,也是行动者交互作用的结果,包括对系统内部各子系统的开放和对系统外部、社会力量的开放,它是协

---

① 杨华锋.后工业社会的环境协同治理.长春:吉林大学出版社,2013.

同治理与其他治理策略相较而言的最为关键的优势。可以积极地通过输入、输出与反馈机制来削减治理系统内部的熵值效应，从而遏制权力系统的封闭性与集中性趋势，继而避免政府主导型治理模式下行政国家现象的出现。通过最大化的行动者博弈，避免权力与资本单方面的、武断与盲目的发展行为，解决市场治理机制无法应对极端现代主义的发展信仰、无法终结"不增长即灭亡"的荒谬等问题，打破权力与资本的耦合，避免政府成为最大的环境破坏者。为地方性知识的生存与发展提供必要的空间，通过挖掘与应用社区价值，实现地方性知识的继承。推动多元主体的参与、网络组织的成长以及积极公民精神的培育，实现政府权力与社会力量之间的均衡化。①

新兴的信息或知识时代导致产生不太固定的、渗透力更强的组织结构，人们能够跨越内部功能划分、组织界限甚至地理界线而相互联系，权力分散而不集中，任务趋同而不是细分或者分化，社会普遍要求更多的自由和个性化而不是一体化，进而有效地改善组织结构运行过程中的灵活性，使得不同的社会行动者提议参与公共物品的提供，节约政府资源，也为制度环境的改善提供必要的建议。在开放性与多样性的前提下，制度内部结构建立在正式制度与非正式制度互动关系的基础上，形成具体而有效的制度规范体系，对非正式制度的重视与挖掘有利于在文化领域建构协同治理，有助于提升正式制度体系建构的有机性与周延性，推动正式制度做出有针对性的调整，提升制度结构的适应性。在合作主义的诱导下，协同治理中的各个子系统与构成要素之间的互动逻辑，往往可以在开放性与多样性的基础上发展出具有道德与伦理价值的制度体系。

协同治理框架所规划的网络组织，具有良好的创新性，帮助政府在解决主要社会问题时扩大自己的影响力。创新在政府官僚制中所遇到的阻力往往会比在网络内部所遇到的阻力更大，网络化管理被证明是成功的，网络允许富有创新精神的政府官员在解决社会问题时，通过支持而不是排挤市民社会的职能要素来履行政府的重要职能。在协同实践过程中，官僚组织与政府行为将面临越来越多的挑战，而具有合作倾向与信任结构的网络化组织具有典型的适应性，以推动协同治理有效性的实现。协

① 曾广容. 系统开放性原理. 系统辩证学学报，2005，13(3)：43-46.

同机制存在的根本目的在于促进自组织行为的实现,推动非政府组织参与环境治理,进而提升绿色政策在实践领域的适应性。过去,治理的有效性在很大程度上是由跨越组织的政府运作决定的,由于复杂性与日俱增,非政府的参与者成为地方公共物品与服务提供系统的必要组成部分。政府与不同的非政府参与者相融合变得有效,把合作伙伴用非政府和政府的适当资源连接起来,政府的能力就得以产生和维持。[①]

2. 潜在风险

有序的关键是协同体系中主体的行为意愿、导向、结果,如果所有行为主体关心自己的行动都会妨碍到其他人的福利,那么主体间相互依赖程度的增强往往并不是导致合作,而是引发更大范围的不和。

(1) 全球治理失灵

全球一体化背景下,全球变暖等环境问题的解决需要更广泛的合作与对话,而事实上很多有利于社会持续发展的国际性政策、协议与会谈都会失去其应有的约束力和作用,这一现象被学者们称为“全球治理失灵”(global governance failure),是继“市场失灵”“政府失灵”后的又一个全新的概念。从1992年通过《联合国气候变化框架公约》起,世界各国一直在积极寻求合作,控制温室气体排放,共同抵御气候变化危机,低碳发展已经成为全球关注的焦点和世界各国的共识。

冷战结束后世界发生了深刻的变化,各国相互依存加强,全球化迅速发展,跨国威胁凸显,国际行为多元化,权力分布呈现向新兴国家流散、由民族国家向市民国家流散的态势。以军事实力为主要手段的传统安全威胁频率减少,全球公地问题和反恐等需要合力应对的非传统安全威胁明显加强。经济领域的相互依存需要扩展和深化,一个经济体的发展和危机会影响到其他经济体和全球经济体系,进而改变国际关系的内涵和性质,国际关系更加错综复杂,国与国之间在某一问题或领域上是同盟,而

① 斯蒂芬·戈德史密斯,威廉·D. 埃格斯. 网络化治理:公共部门的新形态. 孙迎春,译. 北京:北京大学出版社,2008.

在另一个问题或领域上则可能是对手。[①] 目前，全球性治理理念、原则和方式不能适应全球化的迅速发展，全球性问题大量涌现，规则供应在质量上和数量上落后于实际的需求。大部分国际制度和规则是在以国家为唯一主导行为体的国际体系下设计和建立的，没有上升到整个世界的国家群体或者人类共同应对威胁的层面。原有大国和新兴大国之间的互动关系规则体系还不成熟，只能绕过全球性规则而进行小范围的合作，这导致了全球治理规则的低效度和不充分性。

20世纪80年代初，斯蒂芬·克拉斯纳(Stephen Krasner)对国际机制进行了定义，定义包含了原则、规范、规则和决策，他还对规则做出了明确的定义，即对于可为或不可为行动的具体规定。之后，规则治理成为全球治理研究中的主导话语。工具理性的基本内涵是将个体行为视为理性人，可以根据自己的利益，计算成本效益，并据此采取行动。在权力已定的情况下，服从规则可以使行为体得到实际利益；规则有助于加强信息透明度，降低不确定性和交易成本，促成国际合作，合作给双方带来收益，尤其是绝对收益。国家出于自身需求，为了获取自身利益，势必维持和遵守规则。当不同行为体尤其是非西方文化传统中的行为体开始进入全球治理体系的时候，自然会将自身的经验和实践带入这一体系，中西方差异就会出现互不适应、互不理解且难以达成有效协议的情况。二元对立思维方式则认为，在任何一种结构中，正题与反题是两极，两者之间的关系是矛盾、对立、冲突的，只有当一个主体占据主导地位，消解或消灭另一个时，这种内在的、非调和性矛盾才能得到解决，其后才会形成一种更高层次的新的合题。这种理念在某种意义上虽然实现了人征服自然的现代化梦想，但也导致了人毁灭自然的现代化野蛮。当今的国际社会中原有大国和新兴国家两种力量很容易被置于冲突辩证法的认知框架之中，强调其对立性和冲突性，很难就全球问题达成协议。然而，世界已经融为一体，国际制度改革势在必行，理念需要创新，规则需要重构，多样性、包容性与互补性的治理体系才是全球性问题切实可行的解决方案。基于信任

---

① Organski A F K, Kugler J. The War Leger. Chicago: University of Chicago Press, 1980; Gilpin R. War and Change in World Politics. Cambridge: Cambridge University Press, 1981; Mearsheimer J. The Tragedy of Great Power Politics. New York: W. W. Norton, 2001.

和认同的伙伴关系在治理体系构建中具有重要的作用,应将塑造关系身份视为治理的要素,将全球治理视为一种对相互之间关系的塑造、协调和管理过程。[①] 有效治理需要的是积极参与,不是要求行为体简单地遵守规则,而是一个共同设计和制定规则的过程,一个对话协商的民主过程,一个分担责任、分享权力、共同维护全球公地的过程,同时也是一个培育伙伴感和建构伙伴关系的过程。世界正处于一个新的历史时期的关口,如果仅仅孤立地应对一个又一个的具体问题,仅仅思考如何解决失败市场、政府、国家的问题,那么在今后相当长的一段时间,世界仍然会在无目标的混沌中彷徨,稳定和可持续的世界秩序很难得以建立,走回弱肉强食的霍布斯丛林并非完全不可能。[②]

(2) 区域合作失效

在环境治理中,区域合作失效是指城市、政府、企业、社会组织和公民等组成的多中心行动体系在协同治理中未能带来公共价值的净增长,即合作网络中的联合行动对社会发展产生了零效应或负面效应,主要表现为:合作没有达到预期目的;合作达到了预期目的,但资源利用效率不高;在关键领域合作作用有限;合作带来了负面效应。

姜庆志等从合作环境、合作主体和合作网络三个维度审视合作失灵的生成逻辑,并提出了矫正对策。姜庆志认为,在市场和政府无法发挥作用的地方,合作也可能无能为力,即合作治理的外部约束不断增强,需要面对不同类型甚至是相互矛盾的社会需求,合作网络无法调动充足的资源来应对。传统价值体系和群体共有伦理失落,社会的陌生、逐利、冷漠特征加剧,社会成员相互间期望和信任下降,各种"负能量"快速凝集、传播并渗入社会治理体系,合作赖以生存的契约精神、法治精神和志愿精神缺失,使得合作行动缺少社会响应和认同。大气环境的公共性促使合作者产生"搭便车"的投机心理,合作主体即便认识到合作的价值,也会倾向于选择可以实现自身利益最大化的行动策略,这会产生合作者相互推诿、转嫁责任的风险。协同体系中,个体的自由使微观主体的无序行为增多,当利益得不到满足时,这些个体便很容易离开合作网络,甚至与原有的网

---

① 秦亚青.关系与过程:中国国际关系理论的文化建构.上海:上海人民出版社,2012.

② 秦亚青.全球治理失灵与秩序理念的重建.世界经济与政治,2013(4):4-18.

络发生冲突，合作便容易转入对抗性的非均衡博弈状态，导致社会治理陷入无休止的纷争中，无法达成合作共惠的行动策略。在我国，市场和社会力量仍表现出对国家权威的依附性和相对的脆弱性，活动空间和自主权难以得到充分保证和拓展。企业、社会组织和公民等治理主体受组织化程度不高、自身权威缺失、追求特殊利益、活动狭隘不足等因素的影响，化解资源约束、整合资源的能力不强，难以承接繁重的社会公共事务，由此增加了合作治理失败的风险。我国的社会治理体制在不断创新，但新旧体制之间依旧不一致，在责任划分、权力保障、资源整合、行为监督等关键领域，规则数量不足，适应性不强，合作网络难以回应外部环境的复杂性和内部矛盾与冲突。合作规则多是政府主导下的产物，往往体现的是行政的意志与目标，人治色彩较浓，破坏了治理主体间合作的统一性、完整性、稳定性和平等性，容易将合作带入"规范缺失—依赖人治—规范破坏—人治加强"的恶性循环。虽然合作并不排斥主体间的利益分歧，但合作主体间权力的均衡程度越来越高，权力的多中心容易导致合作网络资源聚合度的降低，增加提取公共利益和管理网络的难度；成熟的合作网络有一定的封闭性，一些潜在的合作成员和资源难以进入合作网络，损失了新的合作机会。制度会随着时间的推移趋于保守并产生惰性，容易引发革新动力的衰减，合作运行会出现官僚化的风险。[①]

杨华锋等认为，体制稀释了权力系统的开放性，自发秩序及其规则体系未必导向社会公平与正义，从而导致区域合作失效。在协同治理的制度框架中，政府组织对非政府组织的适度吸纳虽然有利于推动国家法团主义或社会法团主义的实现，但其效用的发挥存在潜在的风险，行政权力对社会自组织力量与民众意愿团体的体制化吸纳，缺乏必要的外在制度化约束，"度"难以得到有效的把握和控制，从而稀释了权力系统的开放性，协同治理控制变量之一的合作主义失去了现实的基础，多样性与统一性失去了平衡点，从而蜕化为典型的政府主导型治理策略。作为协同治理序参量的地方区域，也不过是诸多关系的集合，从秩序起源的意义上来说，这诸种关系的集合也就是不同秩序形成与发挥作用的具体呈现方式。在协同治理发生与发展的历程中，其内在的秩序结构往往偏重于对自发

---

① 姜庆志. 我国社会治理中的合作失灵及其矫正. 福建行政学院学报，2015(5)：26-31.

性秩序的追求,并寄希望于这种自发性秩序对等级化的官僚体制产生一种反作用力,继而实现社会行动者互动过程中的一种权力与权利之间的平衡,这种权利与权力之间的平衡也正是民主之本意。可是在环境事务治理领域,这种侧重于自发性秩序形成的治理网络,往往并不必然导向社会公平与正义,因为就区域性与地方性而言,其直接目的在于边界范围内的利益实现与政治性认同和承认,其对于社会公平与正义的追求往往不具备直接的道德性。[①]

3. 应用局限

王辉认为协同治理的产生有两个社会条件,即相对成熟的市民社会和后现代社会的来临。从第一个条件看,合作治理的适用可能性低。从第二个条件看,适用可能性高。在公共政策的制定领域的适用可能性低,在公共服务领域的适用可能性高。适用程度不仅受制于外在的社会背景因素,还受政府和社会组织两个内在因素的交叉影响。[②] 杨华锋则认为非政府组织发展匮乏,社区将难以撬动权力的开放化进程,协同治理的实践也就无从开展。这种匮乏包括两个方面:①非政府组织实体培育的缺失,即该区域完全没有网络化组织生成与发展的基本条件,或者非政府组织的行为尚未渗透到这些区域;②官办非政府组织与准政府性质的民间组织充斥于社区,自然也就侵蚀了非政府组织的独立性与自主性。另外,杨华锋还认为定位于地方层次上的治理无力应对全球环境问题,因为当今社会所面临的环境问题,不单单是一种区域性的问题,往往也表现为一种总体性与全球性问题,定位于地方性基础之上的协同治理在现实应用中难免出现治理的无效与困境。环境问题的全球化趋势与地方治理期待之间有着巨大的鸿沟,在工业化与城市化快速发展的中国,既面对着发达国家转嫁来的生产型危机,也面对着越来越多的消费型危机,这种环境问题的全球性需要一种更为开阔的视野。

国内其他的一些学者从政府与政府、政府与企业、政府与公众等方面,研究分析了区域大气污染治理的障碍。跨区域大气污染治理政府间

---

① 杨华锋.后工业社会的环境协同治理.长春:吉林大学出版社,2013.

② 王辉.合作治理的中国适用性及限度.华中科技大学学报(社会科学版),2014(6):11-20.

协作的主体包括中央政府、地方政府、各相关职能部门。我国的《大气污染防治法》第三条规定，地方各级人民政府应当对本行政区域的大气环境质量负责，制定规划，采取措施，控制或者逐步削减大气污染物的排放量，使大气环境质量达到规定标准并逐步改善。各地方政府过分强调地区、部门在行政管理上的排他性。区域联防联控实际操作也存在许多问题，具体的工作机制、执法监督、信息共享、环评会商、预警应急等实施细则不明确。区域之间的经济发展、资源禀赋、城市功能定位、环境治理进度各不相同，区域发展不平衡，缺少相应的补偿与激励机制，导致区域联防联控协同陷入困境。各城市个体的利益诉求不同，各方利益冲突难以解决，导致合作协同不稳定、不深入。区域联席会议是议事机构，缺乏权威性和决策性，联防联控机制所要求建立的监测、评价、发布信息等统一平台建立有难度。区域间治污、执法处罚标准不统一，缺乏区域标准，难以形成治理合力，尤其在机动车准入，火电、钢铁和石化等行业排放标准不一致，影响区域统一规划、统一建设、协同监督执法。

由于目前我国公众参与环境治理的机制不完善，因此公众很难与政府形成协同，有效参与区域大气污染治理。只有等到大气污染现象发生后，公众才会采取措施参与到大气治理中来，再加上大气污染具有跨区域传输的特征，污染物会随着气象条件的变化在区域内流动，污染的持续性可能不明显，只有大范围出现严重的大气污染现象后公众才会意识到要进行污染治理，使治理太过被动、滞后，治理效果也不理想。要达到公众与政府的协同，充分的信息分享也非常重要。由于跨区域大气污染涉及范围广，造成大气污染的原因也比较复杂，各辖区相互间没有充分的实时信息交流平台，各区域之间为了自身的经济利益发展，可能还会有意隐瞒真实的污染信息，造成公众难以真实地了解大气污染的程度。此外，地方政府有关环境信息的公开制度不健全、不透明也使得公众很难了解到真实的环境信息，因此公众与政府之间存在协同障碍。由于公民的环保意识和公众捐助制度不健全，依靠社会捐助和会员会费运转的非政府环保组织缺乏连续有效的资金支持。非政府环保组织的人员构成比较灵活，大部分的参与者只是作为个人爱好自发组织相关活动的，人才队伍不稳定，组织的规范化、专业化不强，导致环保组织难以对政府环保政策产生影响。

企业作为污染物排放的主要主体,在大气污染治理方面有义不容辞的责任。但是大气环境作为一种公共资源,在消费上具有排他性,任何企业都可以消费,这导致企业治理大气污染的积极性不强,很多企业为了逐利选择逃避自身的环境责任。政府对企业污染的治理主要采取行政强制手段,通过行政命令、突击检查、罚款等方式促进企业治理污染。虽然行政手段强度大、见效快,但不可持续,不能对排污企业产生持久的激励作用,不能从根本上解决企业排污的问题。[①]

## 三、大气环境协同治理的实践导向

### (一)重塑生态行政的文化多样性

#### 1. 生态行政文化的理解

生态行政由一般系统理论与公共行政学相结合形成,通过改造与完善行政系统以适应自然生态系统的平衡与稳定,强调政府与其环境的互动和动态平衡,目的在于促进行政系统与自然生态环境之间的哲学意义上的协调与平衡。1957 年和 1961 年,弗雷德·里格斯分别在《农业型与工业型行政模式》和《行政生态学》中对生态行政学进行了论述,他将人类的行政模式分成融合型的农业型行政模式、棱柱型的过渡型行政模式、绕射型的工业型行政模式三种,这三种模式反映不同社会形态的发展水平,分别适用和解释传统社会、开发中社会和现代工业社会的行政现象。

高小平认为,生态行政管理是指政府按照统筹人与自然全面、协调、可持续发展的要求,遵循生态规律与经济社会规律,依法行使对生态环境的管理权力,全面确立政府加强生态建设、维持生态平衡、保护生态安全的职能,并实施综合管理的行政行为;研究生态行政管理,要从生态学、环境学、政治学、经济学、社会学、法学、管理学等多学科及边缘学科已有的成果出发,特别要吸取生态管理理论,结合政府管理特点,运用行政学原理,以科学发展观做指导,对生态行政管理的法制、政策、原则、职能、机构

---

① 任孟君. 我国区域大气污染的协同治理分析研究. 郑州:郑州大学,2014.

等方面进行考察，构建政府生态行政管理的基本框架。[①]

黄爱宝等认为，在传统的公共行政学知识体系中，还存在行政系统非生态化甚至反生态化的内容。生态行政学就是将生态学定位为原本意义上的自然科学，其价值观又表现为追求自然生态系统的平衡与稳定，促进人与自然的生态和谐，其实质是一种环境保护主义的行政科学。生态行政学研究的目的是化解生态环境问题所引起的人类生存危机，促进人与自然的生态和谐，维护人类的生态安全，推动社会走上生态良好的文明发展道路。研究内容主要是适应作为自然科学的生态学知识，应对自然生态环境危机的行政系统自身改革与创新，即行政系统生态化发展的规律。生态行政学的意义直接表现为应对日益严峻的自然生态危机，保护自然生态平衡，促进人与自然生态和谐的目的。[②]

由于人类向自然界盲目索取，自然界的生态平衡遭到了严重的破坏，出现了关系到人类自身生存和发展的生态环境危机，如大气污染、水污染、植被减少、土壤侵蚀与沙漠化、垃圾泛滥、生物灭绝、能源短缺、酸雨污染、地球增温、臭氧层破坏等。面对日益加重的生态危机，人们开始警醒和反思，并开始了全球性的环境保护运动。生态主义正是在全球生态危机的压力和现代环境运动的激发下，伴随着西方现代环境运动的兴起而兴起的。生态主义认为生态危机的根本原因在于自近代以来建立在人类中心主义立场上的工业文明的崛起及其发展模式，对传统工业文明的历史性超越就构成了我们摆脱全球生态危机的切实出路。它对人类价值观的重新塑造和对人与自然关系的重新界定，是它对人类社会重大意义和价值的重要表现。生态主义通过新的价值观的确立，把对既存工业文明弊端的克服变成一种生态文明的创造，本质上是一种生态价值观，要求人类真正超越个体或局部利益至上的价值观，以达成对自然界与整体利益的尊重和维护，强调意识的多元化，反对意识的一元化。生态主义成为20世纪70年代以后西方社会的一种强有力的政治和哲学话语。生态主义在实践层面就是现代环境运动或生态主义运动，而在理论和意识形态层面则是应生态主义运动的需要而产生的，从一开始就担当着引导运动的

---

① 高小平．落实科学发展观 加强生态行政管理．中国行政管理，2004(5)：45-49．

② 黄爱宝．行政生态学与生态行政学：内涵比较分析．学海，2005(3)：37-40．

角色。生态主义源于环境主义理论，但又不同于环境主义，环境主义者强调在不变动既有国际体系的情况下对环境进行保护，接受现存的政治、社会架构，以及世界政治的规范结构。与环境主义相比，生态主义更加激进，它从根本上置疑当前的政治、经济和社会制度，将地球的有限性置于优先地位，关心的是人类活动必须限制在何种范围内才不至于干扰非人类世界，期望一个不追求高增长、高科技、高消费，而以包含着更多劳动、更少闲暇、更少物品和服务需要的美好生活为目标的后现代社会，环境主义则关心人类介入在什么程度上不会威胁到人类自己的利益。[①] 环境问题从来就不是科学技术问题，而是一个严肃的政治问题，当代生态环境危机并不是至少主要不是个人意识、行为层次的问题，而首先是社会制度层次的问题。作为植根于以美国为代表的发达世界的意识形态，强调正义或公正的生态主义在多数民主社会中能够有效地履行它的边缘政治职能。然而生态主义者并不满足于有限的边缘政治地位，而是要求普遍主义的实践，这种双重政治倾向的社会角色变换，面对仍然充满着阶级、种族、国家区分（歧视）的世界时，在真正走向实践时又会进入一个死胡同。基于重点描述与讨论政府行为的生态行政学可以在生态主义的引导下对生态政治理论进行适度修正，进而在比较微观层面对治理结构和主体构成进行适度分析。经济政策生态性从本质上说就是要求政府行为生态化，即考虑生态行政。

工业文明体系中的市场机制与消费主义扭曲了人类生存与发展的文化秩序，文化多样性与地方性必然受到极大的侵蚀，在这种背景下，能源利用效率降低，环境危机加剧。因而需要重新审视文化系统，基于生态发展起来的生态行政的文化理念是环境协同治理的必然选择与首要任务。生态行政文化的构建，孕育着文化多样性的雏形，生态主义深化了公共领域的绿色认知能力，也蕴含着政府在环境治理领域所应扮演的角色。基于生态行政理念所关注的平行权力体系对地方性知识的偏爱将有助于生态文明的实现，进而在治理体系中实现合作文明体系的建构。在文化的普遍进化上，较高序列的文化并不一定就比较低序列的文化更适应环境，生存的智慧是地方性知识作用的体现。地方性知识的发掘、培育与发展

---

① 陈剑澜. 生态主义及其政治倾向. 江苏社会科学，2004(2)：217-219.

需要地方社会的建构，由于工业化、现代化不可逆，人类不可能回到前工业文明时代，我们应该关心与讨论的是如何通过地方性知识的挖掘和应用来推动城市消费的生态化，削减消费文化的现代性与侵略性。

行政文化是指在行政实践活动基础上所形成的，人们关于行政系统的价值观念和由此价值观念所影响或决定的行政组织及其成员所普遍具有的、遵循的行政模式，在行政人员心理结构当中长期积淀的态度、思维模式、行为取向以及价值观念是其核心。不同的社会文化背景、不同的行政活动形成不同的行政文化，行政文化需要随着政治生态、行政环境的变化而进行创新。行政文化的形成是一个长期而缓慢的过程，一旦形成则具有相对稳定性。基于生态改善的行政文化可以使人们在潜移默化中接受认同的价值、行为取向，使成员目标趋于整体目标；在文化的共同创造过程中，达成共识，从而形成强大的凝聚力；在共同价值准则和约定俗成的规范下，成员约束自己的行为、思想，进而减少不和谐因素；通过行政文化灌输新的治理理念，促进成员思想观念的更新，从而推进行政组织更新变革。

2. 地方生态行政文化重塑

目前我国的生态问题已经到了刻不容缓的境地，亟待修复。我国对此有高度的风险意识和责任意识，在党的十八大报告中首次单篇描绘了生态文明并且提出了要建立“美丽中国”。在此背景下，生态行政学、生态管理学应运而生。在生态行政的建设中，除了破除制度与技术难题外，关于文化思想的创新同样很重要，若想防止文化堕落现象造成的不良影响，必须使文化观念和制度双轮驱动。

要建立生态行政，首要任务是培育生态文化，构建以人与自然、人与人、人与社会和谐共生、良性循环、全面发展、持续繁荣为宗旨的文化。树立生态价值观，摈弃“逆自然”的价值观，走出人类中心主义，建立尊重自然、呵护自然、善待自然，按照自然规律行事实现人类价值的文化。政府部门可以通过建立绿色学校、助推科技创新、公益广告宣传、开展绿色教育、加强绿色交流与合作等各种积极的措施激励公众、企业转变生产生活方式，指引人们树立生态意识，同时加强生态道德和生态修养的培养，协助人们协调好人与自然和谐统一的关系，使人类在进行社会活动时受到伦理道德的约束，推进可持续发展。培育除政府之外的各种生态管理主体,促进生态文化的多元性。政府主导型生态管理模式已经不再适应现代化发展的需要,而以政府为主导的单一治理主体将被以企业、社会、第三方组织和公民等的多元治理主体代替,在环境治理方面将会取得更多成效,所以政府如何引导社会广泛参与生态治理全过程就成为关键。[①] 地方生态行政文化重塑,重点在于对地方性知识的挖掘和发展,地方性知识发展的关键在于地方政府与地方社会之间形成必要张力。

首先要明确地方政府的生态责任。地方政府在城市化进程中发挥了主导作用,但其行为对于城市的消费型生态危机的形成也负有一定的责任。需要完善地方政府的考核体系,建立环境问责机制。

其次要构建"社会的社会",促进文化的多样性。问责机制的效用有赖于地方社会脱离"国家—社会"的一元体制。只有地方社会真正成为"社会的社会",而非"国家的社会"之时,才能为地方性知识的挖掘和发展提供必要的社会主体和话语空间,加强社会主体的多元性和文化领域的多样性。倘若社会是作为"国家的社会"而存在的,那么人们在社会中所形成的团体与组织,是国家权力运行的产物和附庸,不是社会自身运行的结果,这样,团体与组织自然就构不成社会的多元化存在。没有多元的社会主体,地方性知识的运行载体就无法得到保证;没有多元的文化生存空间,具有地方性与后现代性的生态行为也就会失去文化的动力。[②] 地方社会的"剥离"为地方性知识的挖掘与运用提供了生存的空间,在消费型城市转型的过程中,地方社会应该成为适当的引导者,以推动和谐城市建设的进程。地方社会的发展和地方性知识的应用是相互建构的过程,地方性知识的应用可以在一定程度上推动地方社会的发展,地方社会的再发展也可以给予其更多的保障。一个城市文化的多样性与其环境的公共性是该区域地方社会发展到一定程度的必然结果,就如物种的多样性为生态系统带来安定一样,多样化的地方同样会带来一种安定的局面。地方性知识的挖掘与发展必然可以有效地抵制现代工业文明体系所赋予的消费文化的侵蚀,为城市发展源源不断地提供文化支持,以打造城市的气

---

① 刘海棠.生态行政视角下地方政府行政文化建设的几点思考.科技创新导报,2015(18):208.

② 林尚立.政党、政党制度与现代国家:对中国政党制度的理论反思.复旦政治学评论,2009(0):1-17.

质，并营造城市的生态文明。[①]

### （二）重建有机公共生活的组织基础

约翰·博德利认为，协同治理就是各种各样专门性的非政府组织都能够在直接的社会治理活动中发挥更好的作用，政府的基本任务转向专门为多种多样的社会治理组织提供合作治理的制度环境，并通过规划、引导、商谈、协调和服务等方式为直接从事社会治理的非政府组织提供支持，聚合起社会治理的力量，从而实现环境问题的有效治理。[②] 林尚立认为，有机的公共生活是拥有各自独立的社会与国家共同构建、共同参与其中的共同生活。它既要服务于个体的权利，也要服务于公共的利益，并把促进国家与社会的有机互动、相互协商、相互合作以实现个体利益和公共利益的最大化作为公共生活的基本目标。国家与社会、公共利益与个体利益的相互依存，是这种公共生活有机性的本质体现。私域性的公共生活对组织化的公共生活的替代，是由于现代社会的兴起带来了个体的政治解放以及国家与社会的二元分化。而有机的公共生活对自主的公共生活的替代，则是由于经历深刻危机之后的现代社会开始从完全的自由主义社会向有序的大众化社会转化。有序的大众化社会的出现，在不改变社会与国家在价值上各自独立的前提下，改变了国家与社会在功能实现上的相互关系，即从相互独立走向相互依赖。有机的公共生活，既不同于单纯为追求公共利益而形成的古希腊的公共生活，也不同于单纯为追求个体权利而形成的私域性公共生活，既不单纯是公共权力的需要，也不单纯是个体权利的需要，而是两个方面的共同需要，因而是建立在参与其中的权利主体和权力主体共同拥有的责任基础之上的。包括个体、组织与国家在内所形成的责任体系是有机的公共生活的基础，有机的公共生活所实践的是在责任场面上构建民主，参与民主的公共生活的每个主体都是责任主体，各个主体在民主生活中各守其责、各尽其力、各谋其利。所有责任主体都从公共利益出发来运行权利，谋求各自的利益，做到价值层面上权利优先与工具层面上的公共利益优先并举。参与公共生活的各个

---

① 杨华锋. 后工业社会的环境协同治理. 长春：吉林大学出版社，2013.

② 约翰·博德利. 人类学与当今人类问题. 周云水，等译. 北京：北京大学出版社，2010.

主体在保持各自独立性的前提下，形成沟通、协商与合作的关系，从而最大限度地提高个体权利得以实现的可能性和公共权力得以有效运行的可能性。[①]

1. 政党的政治理性

理性是社会行为主体认识自然、社会，协调并整合自然、社会和各种行为主体之间关系的基本的能力。人们习惯上把理性分为工具理性和价值理性两种，工具理性是指人们用理性的办法来看用什么样的工具来解决现实的问题最有效，以便达到我们预期的目的。社会行为主体的理性在许多情况下表现为工具理性，国家、政党、政府等社会行为主体在某种程度上也是作为工具理性存在的，它是一种不完全理性或有限理性。政党是从特定利益出发，以掌握国家权力为目标，以谋求公共利益为合法性基础的政治组织，是有机的公共生活的重要支撑和直接影响力量。政党如何理性地对待特定利益与公共利益的关系，将决定政党与政党之间、政党与社会之间以及政党与国家之间的关系。政党政治的理性包括谋求执政的理想与行为的理性以及制度的理性，政党政治的出现使有机的公共生活成为可能，但政党政治一旦被某种公共情感或利益所驱使，反对其他公民权利或者反对社会的永久利益和集体利益，必然使公益受损，直接摧毁这种公共生活。在我国，毛泽东在《论人民民主专政》一文中最早提出了无产阶级政党理性是工具理性："中国共产党的成长如同人的成长一样，有着幼年、青年、壮年和老年期。我们共产党与资产阶级的政党不一样，我们党的目的就在于促使政党和国家机器的消亡。"以此为基础，在党的八大上邓小平创造性地提出"工人阶级的政党不是把人民群众当作自己的工具，而是自觉地认定自己是人民群众在特定的历史时期为完成特定的历史任务的一种工具"。江泽民的"三个代表"重要思想和胡锦涛的科学发展观也体现了中国共产党是全心全意为人民服务的理性工具。价值理性是根据人们所认为的合理的价值与方法努力达成的合理价值活动的能力，在不同历史时期不同程度上存在国家理性、政党理性、精英理性或大众理性至上的现象，容易忽略其他社会行为主体的理性。

政党理性是一种现代公共理性，它是沟通、协调和统一工具理性与价

---

① 林尚立. 有机的公共生活：从责任建构民主. 社会，2006，26(3)：1-24.

值理性、个人理性与国家理性、大众理性与精英理性的中介与桥梁，是横跨国家(政府)、政党、利益集团和个人之间，并以成熟自律的公民社会为基础的利益整合的机制和能力。它不是某个社会行为主体的单向理性，而是社会行为主体关注政治共同体的公共利益、公共价值、公共精神的理性，其本质在于公共的善或社会的正义，目的在于寻求公共利益。政党的决策也必须通过公共领域的批判来获得公共理性，从而获得持久的政治合法性，这是现代执政党和政府适应全球化和现代化的必然要求。要做到政党政治理性就要加强对党派特别是利益集团的管理，把党派精神带入政府必要的和日常的活动中去，通过政党政治的制度安排和运作程序，实现公共利益至上、法律制度至上以及协商妥协至上。[①]

2. 政府的伙伴关系

伙伴关系治理是公共治理主体在自愿平等的基础上，通过行政协议等方式建构目标趋同、行动协调、互赖互补的网络治理体系。合作伙伴关系要求由有组织的行动者组成的社会，以自然的方式体现社会上的各种力量和利益[②]，政府在法治框架内行事，在合作周期内精诚合作，各方有平等话语权，共同遵守行政协议，确立合理合法的进入退出机制，为后续合作创造良好的条件。倡导以自组织形式形成良性氛围，以平等心态精诚合作、多元合作、跨层级交流，确定政府间合作伙伴的数量和促成公私部门合作。协同治理理念既体现了政府需要与外界组织及其系统进行价值与资源交换，也体现出政府具备与外界进行知识交换的能力。一方面，政府在多元治理体系的行程中要有所作为，利用独特权威来广泛集聚社会行动者；另一方面不能忽视政府在协同治理体系中的独特的地位和作用，避免行动偏差造成协同治理体系的混乱。所以要充分发挥治理体系中的自组织和自调试能力，形成必要的均衡结构。政府跨界协同治理不仅在治理设计上注重正式结构的刚性严格程度，也强调非正式结构中相关利益主体的广泛参与和磋商，依靠人员间和组织间的诚信关系，在一致同意

① 石本惠，史云贵. 执政党理性、公共理性与我国的政治现代化. 四川大学学报(哲学社会科学版)，2006(6)：48-52.

② 皮埃尔·卡蓝默. 破碎的民主：试论治理的革命. 高凌瀚，译. 北京：生活·读书·新知三联书店，2005.

的基础上开展跨部门合作,但在实践中采用的都是正式和非正式相结合的混合结构,按照不同层级的职能特性、任务要求和资源组合需要,在正式结构和非正式结构的种类和数量上进行灵活搭配。蔡英辉等认为,应协调多元政府间关系的法律,搭建平等对话平台,鼓励跨层级交流,提升政府间政策网络沟通能力,以实现政府间的协同。平等的自治体,不存在隶属关系,地方政府间只能通过合作实现共同利益,地方政府间的合作更多依靠地方内源性合作,从国家层面牵线搭桥和营造环境,推动区域协调发展和国际合作。① 搭建政府、社会、公共团体的合作平台,促进公私部门合作,吸纳民众参与政策制定和执行,实现多元共治和社会稳定。作为治理体系从单一中心向多中心的重要载体,非政府组织肩负着重大的责任,政府要加强与非政府组织的协同关系,加快国家权力向社会转移和回归。在大气环境治理中,政府与企业的协同关系更多的是一种利益与道德的博弈关系,协调利益与道德的矛盾,实现公共利益最大化,需要依赖于持续互动。应构建政府与公民双向互动的治理关系,政府与公民的互动表现为管理型互动、协商型互动和参与型互动三种模式。管理型互动主要停留在工业社会理念之下,科学、效率和工具理性充斥着公众与政府互动的全过程,是一种推动式的沟通和交流,具有单向性和胁迫性,这一模式在我国政府管理实践中具有一定程度的普遍性。理想的模式应更多地关注双方的诉求,不是单一价值束的发射,而是多元交互的价值重叠。

3. 非政府组织的发育

"非政府组织"一词最早在1945年签订的《联合国宪章》第71款中正式使用。该条款授权联合国经社理事会同那些与该理事会所管理的事物有关的非政府组织进行磋商并做出适当安排。当时主要指那些在国际事务中发挥中立作用的国际红十字会等非官方机构,后来成为一个官方用语而被广泛使用,泛指那些独立于政府体系之外具有一定公共职能的社会组织,具有民间性、非营利性、志愿性、组织性、自治性、公益性等特征。非政府组织既是公民参与社会、创造公共生活的基本组织形式,又是协同治理责任体系形成和发展的重要组织载体。非政府组织既可避免国家权

① 蔡英辉,刘文静.政府间伙伴治理机制:理论基础与中国情境.北京邮电大学学报(社会科学版),2012,14(6):101-106.

力对个体、对社会的侵扰，也能防止过度的个人主义。在环境协同治理中，非政府组织是弱项，非政府组织与政府组织的界限不明确，导致政社不分，独立性较差；资金来源少，主要来源于政府拨款和社会捐款；很多非政府组织缺乏相应的合法地位，组织内部管理运营上，组织决策缺乏民主、组织运转随意性强、组织运行管理实施主体的素质参差不齐；带有明显的"官民二重性"，运作带有政府体制的痕迹，行政化现象普遍，行动僵化缓慢，服务领域狭小，国际化程度低；大多数公民对我国非政府组织的了解程度极为有限，公众的志愿服务意识还很淡薄，公众参与不足。一些学者认为，对于发展中国家来说，非政府组织的健康发育，有赖于国家与社会的合作和共同努力。马庆钰提出，对于政府来说，应建立相对宽松的准入制度和相对严格的社会监督体系，释放更多的资源，保持非政府组织的独立性，营造良好的社会氛围，给予更好的发展平台；对于非政府组织，应加强自身建设，完善内部治理结构，强化社会责任感、使命感和进取心，保持好与政府、企业的关系，争取更多的支持。[①]

4. 公民精神的培育

公民是公共生活的主体，在有机的公共生活中，公民精神的核心就是把增进公共利益作为个体利益实现的前提。托克维尔在分析美国的公共精神的时候，把公民精神等同于公共精神，认为其具体体现为理智的爱国心。在托克维尔看来，爱国心有两种，一种来自本能与情感，另一种来自理智。理智的爱国心虽然可能不够豪爽和热情，但非常坚定和非常持久。它来自真正的理解，并在法律的帮助下成长。它随着权利的运用而发展，但在掺进私人利益之后被削弱。一个人应当理解国家的福利对他个人的福利具有影响，应当知道法律要求他对国家的福利做出贡献。他之所以关心本国的繁荣，是因为这是一种对己有利的事情，其中也有他的一份功劳。[②] 显然，这种爱国心是建立在个人利益与国家代表的公共利益有机统一的基础之上的。在这种爱国心下，人们愿意为国家的富强而努力，而"他们这样做不仅出于责任感和自豪感，而且出于我甚至敢于称之为贪婪

---

① 马庆钰. 对非政府组织概念和性质的再思考. 天津行政学院学报，2007，9(4)：40-44.

② 托克维尔. 论美国的民主(上卷). 董果良，译. 北京：商务印书馆，1997.

的心理”。[1] 公民精神的培育不能简单地从道德的要求出发,而要从权利与责任意识出发,敢于在具有价值优先性的个体权利面前强调公共利益的价值与意义,并努力把个体利益与公共利益有机统一起来。只有能够理智处理个体利益与公共利益的公民,才能创造有机的公共生活,才能保障民主的运行有稳定的社会基础和精神力量。对于公民精神的培育,公民教育至关重要,其关键是引导公民遵从法治规范、认同制度价值、承担公共责任。[2]

5. 社会平等的促进

促进社会平等,不仅是国家承担其应有社会责任的体现,而且是个体、阶层以及社团之间为公共利益承担自己责任的具体体现。这种道义性和公益性相统一的社会行动,将直接推动有机公共生活的发展。政治平等是现代民主的前提,政治上的平等在大众政治下必然要转化为对经济与社会平等的追求,要求公共权力在经济与社会资源配置中,能够更多地从公共利益出发,从社会的整体平衡出发。当代中国正经历着成长的烦恼,利益主体的多元化导致社会结构深刻变动,利益格局深刻调整,思想观念深刻变化,多元利益主体的共存和互动要求各方都有平等的利益诉求表达机制,平等参与公共规则的制定,近些年在环境保护等领域中出现了一系列公众强烈要求参与的现象。世界范围内,强调公民平等投票权和政府决定最终结果的传统代议制民主危机加剧,参与式民主逐步兴起,社会组织和公民希望平等参与公共政策制定的意愿增强。在参与式民主机制下,经过理性的讨论和协商做出的具有集体约束力的决策,是大气环境协同治理理念的体现。党的十八大报告指出:“逐步建立以权利公平、机会公平、规则公平为主要内容的社会公平保障体系,努力营造公平的社会环境,保证人民平等参与、平等发展权利。”许玉镇认为,要切实实现社会公平正义的蓝图,保障平等有序的参与权应做到两点:一是政治保障与法律保障相互配合,政治上的高度认可,需要强制性的法律保障,才能保障实践中的高度执行;二是完善公民参与的代表机制,避免法定公

---

① 林尚立.有机的公共生活:从责任建构民主.社会,2006,26(3):1-24.

② 林尚立.有机的公共生活:从责任建构民主. 社会,2006,26(3):1-24.

民参与的形式化。[①] 而杨华锋则认为，要加强监督体系的闭合式设计和执行，保障私人利益的公共权力；建立信任合作机制，强调治理走向地方化，向地方组织放权，依靠强大的市民社会、积极的政府、公私伙伴关系、权力下放和地方自治。

6. 协商社会的形成

有机的公共生活围绕谋求个体利益与公共利益的有机统一这个现实目标而展开，公共利益是作为个体利益实现的正相关因素而被认同的，并不否定个体利益的结果，是谋求个体利益与公共利益共赢的结果。然而，资源短缺的客观现实决定了个体的利益具有一定的排他性，这种排他性是利益之争的直接根源。要避免个体利益的追求以及由此引发的利益之争对公共利益的危害，并努力使个体利益的追求能够增进公共利益，合情合理的利益协商是最为根本也最为理性的选择。协商要成为社会的一种存在状态，它就不仅仅是一种民主的程序，而且更应该是创建社会资本的重要机制。协商社会与有机的公共生活是互为前提、相互促进、共同发展的统一关系，这就要求有机公共生活以创立协商社会、协商民主为目标取向，协商社会、协商民主以发育有机公共生活为前提和基础。[②] 公众意愿、社会利益和政府行为的整合，需要更广范围、更多层面的协商和参与。协商互动在公共事务管理领域正发挥着越来越重要的作用，尤其是在政府行为实施阶段表现出强烈的民主意识和责任意识。主体间的互动不再驻足于垂直意义上的流向，而是更关注多元主体横向的交流。现代民主的产生以国家与社会二元分化为前提，市民社会与国家权力的分离，是现代民主的条件，其成长有赖于两者之间的协调、平衡与合作。不论什么形态的民主，公共生活都是民主得以确立和运行的重要社会基础。协调政治国家与非政治国家的中介，主要是通过两个机制来平衡国家与社会的：一是社会制约国家的机制，即公民参与；二是国家容纳市民作为公民参与国

① 许玉镇.保障人民平等参与 促进社会“三个公平”.(2012-11-20)[2015-05-16].http://theory.people.com.cn/n/2012/1120/c40531-19637180.html.

② 林尚立.有机的公共生活：从责任建构民主.社会，2006，26(3)：1-24.

家事务的机制,即直接或间接民主机制。[①]

通过合作制组织的发展,来实现对官僚制组织的替代,使合作制组织具有开放性,在开放中成为健康有序的组织。合作制组织是一种能够把组织信任关系加以制度化的组织形态,把组织成员改造为合作者的角色。合作制组织中的合作是基于信任关系和根源于合作制组织性质的合作,因而是稳定的,进而形成公共产品生产和供给的合力。合作制组织用相互信任、相互了解、相互协商和相互接受的合作关系取代了官僚制组织的"命令—服从"关系,从合作关系出发进行制度安排,为合作关系的作用机制提供了充分的空间,从而消除了组织中的内在冲突和成员行为选择矛盾,促成成员职业责任、法律责任和道德责任的同一化,因而是协同治理的必然选择。

### (三)重视地方区域的制度设计

制度是一个社会的游戏规则,是为决定人们的相互关系而人为设定的一些制约。它是利益主体之间博弈均衡的产物,是一种行为规则和引导人们行为的手段。理论上讲,一切制度都是社会博弈的结果,制度不是按照任何人的理性设计和预定的,只要博弈均衡存在,公共领域就可以明确界定。就环境而言,人类活动影响环境,在人类对自然的影响过程中,人类的行为使自然从一种水平达到另一种水平,进一步活动又会达到另一种水平,这些水平是什么样的,达到一种水平后,人类又会采取什么样的行动,这都取决于制度。人类行为的合作通常需要制度的存在,制度可以增加逃避义务的风险和成本,加强合作互利的习惯,进而抑制机会主义。

在大气环境协同治理领域中,要加强权力配置的开放性、公共生活的有机性以及文化构件的多样性,制度必不可少。制度本身的稳定性将有效地减少制度的执行成本,提升制度的可信赖性,并因此而促进人类社会中的信任与合作化行为,当然制度僵化的风险也不能忽视。协同治理体系需要政府的引导和规范,更需要政府组织的自约束和自调适,风险社会

---

① 珍妮特·V. 登哈特,罗伯特·B. 登哈特. 新公共服务:服务,而不是掌舵. 丁煌,译. 北京:中国人民大学出版社,2004.

治理体系的良善更大程度上决定于制度层面的设计，需要通过德制体系的构建以及制度与行为的互动来实现协同治理。在我国社会资本发育水平低、市场机制和运营管理不完善的背景下，市场无法解决环境资源的外部性问题，社区自组织的实际效果和治理绩效又无法充分得到保障，要解决市场失灵和志愿失灵，唯有寄望于政府环境治理责任的担当，尤以地方政府为重。如果说中央政府关注于环境可持续，则地方政府更关注经济收益和政治绩效，环保成绩的激励作用有限，难以改变地方的价值取向。而环境问题的区位性决定了地方政府是环境问题的第一传导器，地方制度创新具有现实急迫性，更具有先发优势，中央政府制度设计有所调试和变迁，地方政府制度就会有大创新，但前提是中央政策有实质性调整，只有中央政府利益分配机制和发展主义导向有所变革，对地方的负面激励才会改观。[①]

工业文明发展的诱惑，极大地影响了我国经济、社会发展和政治行为的选择，发展路径集合了威权主义和效率政府的理念，在既有行政体制框架下，生态主义对政府行为的影响微乎其微。生态行政的实现水平有赖于中央政府的制度创新和政治魄力，更有赖于地方政府的社会试验与行政实践。而地方实践又取决于中央与地方分权的深入化、地方政府官员的政治能力、地方市民社会发展的水平和地方行政权力结构的分化过程。可以说，我国生态型政府还停留在道德呼吁层面，如果没有在民主发展和法治理念基础上的地方自治实践，环境善治恐怕亦难以实现，制度竞争和地方试验这种十分普遍的方法可以作为地方自治实践的范式。如果没有对地方政府的合理激励和规范压力，那么就很难看到环境善治的曙光。由于地方试验只具有地方特性，可能不利于推广和效仿，这也就需要中央和地方合理的分权。分权于地方的制度改进需满足必要的多样性与复杂性要求，具备了政策灵活性的基础，也意味着对地方利益的尊重和对地方利益表达的满足。集权体系的封闭性和单一性，会强化既有利益共同体的话语能力，也就会在环境领域继续强化传统经济发展模式的辐射功能，而不利于低碳经济的生存与发展。分权于地方的改革旨在打破权力体系的封闭性、单一性，以开放性与多样性取而代之，催生更多的具有较高灵

① 杨华锋．后工业社会的环境协同治理．长春：吉林大学出版社，2013．

活性的政策设计,以此来中和环境系统的熵增效应。分权于地方可以为制度创新提供自由生长的温床,有助于制度体系的改进,可以在提升地方权力系统自主性的同时,强化其规范政府行为生态化的能力。地方政府在进行环境治理与经济发展选择时,主要是基于政府任期或个人在政府任期的短期行为与环境利益的长期行为的考虑。① 权力过度集中的体系下,地方权力系统的形成与发展皆依赖于上层权力系统,对于区位内的权力资源并没有很强的整合意愿,也不具备推动社会良性互动的动机。分权化改革一方面可以在实质意义上赋予地方权力系统充分的自主性,使其具有良好的自由裁量权;另一方面可以在区域资源整合下的地方治理系统中奠定良好的社会基础,在行为选择时就更多地偏向于持续发展性而非短期功利性。②

地方区域的制度设计,首先要确立信息共享制度。信息的共享是区域合作成功的前提,信息不对称是造成地方政府区域合作制度运行困难的重要因素,只有减少信息不对称现象,增加地方政府间的信任和了解,才能使合作机制高效运行。部门信息租金是政府信息共享的障碍,需要设计相应的激励机制来鼓励共享,并立法禁止信息租金。其次是制定综合的政绩考核与评估体系,引导地方政府的行为。考量指标体系中,除了有经济效益的考量,还应有社会效益指标和环保指标,将绿色 GDP 作为考核地方官员的重要指标。再次是选择多样化区域治理模式,根据不同区域的特点寻找不同的区域协作模式。第四是建立区域合作公约,区域合作公约应该建立在各地区政府自愿参与、平等协商、互惠互利、利益均沾、责任同担的基础上,将规则用文件的形式规定下来,并建立正式的执行机构。最后是多中心的制度安排,把有局限的但独立的规则制定和规则执行权分配给无数的管辖单位,形成非营利组织、经济组织、其他的政治组织等多个中心,相互制约和监督。

在设计制度时,要树立可持续发展的区域合作观,突破地方政府各自为政的传统行政区行政思维,以公共问题和公共事务为价值导向,而非以行政区划的切割为出发点,将跨越行政区地理界限的外部性问题通过区

---

① 陶传进. 环境治理:以社区为基础. 北京:社会科学文献出版社,2005.

② 陈国权. 当前我国县级政府管理存在的问题及对策建议. 新视野,2007(3):33-34.

域联合或某种集体行动有效内部化。地方政府秉持区域共赢的理念，将可持续发展的思想贯穿于区域政府合作的始终。区域协同并不是泯灭各个地区和城市的特色与个性，而是要形成各具特色和优势的产业，通过区域内协商对话，在发展规划上实施错位发展，尽量避免重复建设和产业严重相似。治理机制也应当是网络性的，而不是等级制的，双边关系建立在相互信任和互惠的基础上，通过谈判、协调确立集体行动的目标，最终实现区域治理目标。通过充分的沟通和交流，可以降低合作失败的风险，增强行动的统一性。加快政府行政体制改革，为地方政府间的跨区域合作提供更为宽松的制度环境。政府不仅要发挥主导作用，也要引导民众正确认识变革，毕竟只有被公众接受的制度，才能成为真正意义上的制度。由以地方政府为核心的单一管理主体，转变为由政府组织与非政府组织、公民自组织等共同承担的多中心治理模式。健全法律法规，中央政府可以考虑有选择性地下放一些权力给区域政府。培育参与型公民文化，积极培育现代公民意识，让公众积极主动地参与协同治理。①

### （四）提升权力结构的开放性

权力开放将有效地缓解权力约束的困顿，避免跨界治理中的非合作化，实现权力自约束和外约束的有效结合。伴随着经济全球化、全球信息化的步伐，治理主体变得多元化，权力系统也逐渐走向开放性，呈现出多元化和社会化的趋势。国家权力不再是统治社会的唯一权力。权力多元化是政治民主化的必然要求，权力社会化则是权力人民性的进步和人类社会发展的必然归宿。

权力的开放性，首先表现在国家权力内部分权的社会化。一是立法权的社会参与，如我国2000年通过的《立法法》规定，“保障人民通过多种途径参与立法活动”，“行政法规在起草过程中，应当广泛听取有关机关、组织、人民代表大会代表和社会公众的意见。听取意见可以采取座谈会、论证会、听证会等多种形式”。二是行政权部分向社会转移。行政权是具扩张性与侵略性的权力，行政权部分向社会转移包括参权、委托、授权、还权等形式与层次。参权指公民、社会组织或行政相对人直接参与行政决

---

① 封慧敏.地方政府跨区域合作治理的制度选择.济南：山东大学，2009.

策、行政立法和某些行政行为的决定与执行过程，如参与论证、听证、接受咨询、进行申辩、申请行政复议直至提起行政诉讼等。委托是指政府依法将某种权力委托具有相应条件的非政府组织行使，如我国的《行政处罚法》规定，行政机关依照法律、法规或者规章的规定，可以在其法定权限内委托符合法定条件的社会组织实施行政处罚。当然这种权力的委托仍属于国家权力范畴，但已有社会权力渗入其中。授权是指行政机关依法将某种行政权力直接授予合乎法定条件的社会组织，该组织以自己的名义独立行使这一行政权力，并自行承担责任，如消费者权益保护法授权消费者协会，这时国家行政权力已转化为社会权力。还权又称放权，是指将那些长期被政府所吞食的本属于社会主体的权力或权利还于社会，如将国有企业的经营自主权下放给企业。三是司法权的社会性。司法权通常被认为完全属于国家权力范畴，但司法权内含社会性，它的职责并不意味着它只代表国家机关的利益，而不顾当事人的权益。司法机关的设立，很大程度上是为了给予社会主体有可能利用诉权或司法救济权来抵抗国家权力对社会主体的侵犯，审判机关是介于国家与社会、政府与公民以及社会成员之间的中立者和公正的裁判者。司法审判过程少不了社会参与，这主要体现在诉讼当事人享有控告权、申辩权、质证权、上诉权等诉讼权利。同时，还存在民间调解与仲裁等社会化的准司法行为。

其次，表现为社会权力的扩大。在民主化国家和多元化社会，有些国家非政府组织的能量很大，甚至成为左右经济、政治、文化和社会生活等各个领域的巨大社会势力。在知识经济与信息革命时代，社会组织不仅拥有的社会资源的含金量很高，而且其集体权力更具影响力与支配力。社会权力主要包括经济权力、政治权力和文化权力。财产私有，资本就成了支配劳动力和经济的社会权力，一些西方国家的财团、企业家协会等组织实际上操纵着国家经济领域，是立于政府之外又与政府有千丝万缕联系的压力集团。一些实行政党政治的民主国家，各政党都是政治性的社会组织，工会在政治斗争中是一个强大的不可漠视的社会力量，各种非政府组织为了实现其所代表的群体的愿望与要求，也常通过政治渠道来争取。在亚洲，非政府组织虽不如欧美发达，政治上受政府控制较严，但近年也有所突破。高德勒认为由新知识分子和科技精英组成的文化资产阶级拥有文化权力。[1] 这种社会权力具有调控乃至转变社会生活方式和影响国家行为的强大支配力，将成为社会权力的核心。由于网络的开放性，迅速建立网络的组织或个人将能为世界立标准，从而征服世界市场。

另外，权力出现国际社会化。全球化趋势下，一国的国家权力已无力解决人类面临的环保、人权、宇宙空间等全球性问题，需要国际社会共同解决，以协调国际纷争，加强国际合作，于是出现了凌驾于国家权力之上的国际政府组织的超国家权力，以及国际非政府组织的国际社会权力。[2]

权力的开放程度取决于政府与社会的博弈均衡。在以国家机关启动的博弈中，往往以方针政策、法律法规、决定命令等方式开启；在以市民社会及公民个人启动的博弈中，又常常以结社、集会、游行、示威、听证、起诉等方式开启，博弈的复杂性是可想而知的。实际上，博弈一旦展开，要想寻求权利与权力的均衡点，即权利与权力的最佳配置，实在是一件困难的事情。在博弈过程中，权力最终要回归理性，恢复其原有的价值，权力在保障和维护权利的过程中将发挥重要功能。随着社会的进步、社会权力的增加和完善，博弈也逐渐均衡化，社会权力得到了最大限度的保障，国家权力功能也实现最优化，两者实现了最佳配置，法律就是博弈的均衡点。在社会治理领域，存在诸多利益群体和表达机构，社会权力是对国家权力的有效制约与补充。由于权力的实质主体与代理主体分离、权力的可交换性、低效的权力制衡机制以及社会结构转型的不彻底导致了权力的异化，权力的异化使得权力的职能从满足国家、社会需要的一种力量蜕变为满足掌权者个人利益和小集团利益的一种手段。

为了减少或避免权力异化，服务型政府理论的作用越来越大。公共服务是关联着政府与社会的关键点，是政府职能转变的突破口。20 世纪 60 年代以来，世界各国纷纷开展了具有市场化、社会化、分权化特色的公共服务改革。他们主张行政价值观应该基于促进民主公民权和民主参与权并且基于公共服务的规范和理想，服务型政府建设成为理论与实践界的共识。社会公共服务的有效供给是价值主体对价值客体的价值要求，

---

① 张晓春. 中产阶级与社会运动.//肖新煌. 变迁中台湾社会的中产阶级. 台北：巨流图书公司，1989.

② 郭道晖. 权力的多元化与社会化. 法学研究，2001(1)：1-15.

良好的公共服务是社会公正的物化表现,社会公正营造着政府与公众之间的信任。因此,提升政府公共服务能力既是迫于社会形势的压力,也是政府价值的自我求证的过程。在我国,尽管服务理念出现的时间并不长,但是作为政府职能的公共服务早已在概念产生前就以实践的方式存在了。党的十六大报告中明确把“公共服务”界定为政府职能之一,之后更是明确提出建设服务型政府,并详尽地阐述服务型政府的内涵和实现方式。公共服务建设既是一个理论问题,也是一个实践问题,只有通过提供公共服务才能获得民众的支持。集合公民权、民主和公共利益服务等核心概念的服务行政模式成为替代那些基于经济理论和自我利益的行政模式的最佳选择,服务型政府在后现代主义和后工业社会获得了充分的话语地位。[①]

由服务型政府理论所引导的协同系统对政府行为的导向性和规范性主要表现在三个方面:①政府行为要具有更充分、更开阔的民意挖掘功能,以推动民主社会的发展进程。我们需要根据日益增长的复杂性和不确定性去思考社会治理方案,摒弃用确定性的思维应对不确定性现实的做法,转而用一种灵活的、不确定的治理方式去应对现实中日益增长的不确定性。政府只有在科学而民主的对话平台上充分挖掘民意,发挥协同系统的社会功能,才能科学合理地制定公共政策,最大限度地避免用单一而确定的政策去应对纷繁复杂、日益多变的社会现实。[②] ②政府行为要根植于公共服务的理念,将服务等价值观念内化为政府行为的指导。公共利益是服务型社会治理模式的核心价值,公共利益的维护和实现的途径在当今社会越发具有复杂性和不确定性,所以在价值和意识形态机制下的政府行为并不能保证公共服务理念贯穿现实的准确性,只有内含道德秩序的政府治理模式才能把握现实的不确定性。只有在习惯和本能机制方面,政府行为才能在服务价值观的导向下做出符合价值指向的本能性行为,推动德制体系的建设,实践服务理念。[③] ③服务型政府理论内化了

① 珍妮特·V.登哈特,罗伯特·B.登哈特.新公共服务:服务,而不是掌舵.丁煌,译.北京:中国人民大学出版社,2004.

② 张康之.历史转型中的不确定性及其治理对策.浙江学刊,2008(5):11-18.

③ 查尔斯·J.福克斯,休·T.米勒.后现代公共行政:话语指向.楚艳红,等译.北京:中国人民大学出版社,2002.

责任行政、法制行政、透明行政、平衡行政、生态行政等社会治理的理念，已成为社会治理模式的主导价值范式。在主导价值范式的推进和实践中，责任、法制、透明、平衡与生态是其物化的表现，同时也是其实践内容，所以也就要求政府必须在这些理念的基础上实践服务价值。[①]

营造透明化的沟通渠道，也是提升权力结构开放性的重要措施。李克强总理在2013年9月主持召开的国务院常务会议上强调，“要采取配套措施，加强相关制度和平台建设，让政府政策透明，让权力运行透明，让群众看得到、听得懂、信得过”。当前，政府与社会的沟通渠道存在壁垒，很多政策并没有家喻户晓，群众参政议政的热情也没有显著提升，营造透明化的沟通渠道是必然选择。

---

① 刘祖云.当代中国公共行政的伦理审视.北京：人民出版社，2006.

# 第三章　长三角城市群大气污染源

研究大气污染物的最终目的是有效防治，减少污染物对人体健康和周围环境的影响。大气污染源特性与气象条件、地表性质共同影响大气污染的范围和强度，因而防治大气污染就要摸清污染源，采取有针对性的防治方法措施。大气污染源有自然污染源（如森林火灾、火山爆发等）和人为污染源（如工业废气、生活燃煤、汽车尾气等）两种，且以人为污染源为主，尤其是来自工业生产和交通运输的污染源。人为污染源，又可分为固定源（如烟囱、工业排气筒）和移动源（如汽车、火车、飞机、轮船），其中燃烧废气与汽车尾气中的污染物超过总污染物的七成。21 世纪以来，一些机构和专家学者对长三角城市的大气污染源进行了分析，但由于分析方法不同、选用的样本数据不同、研究的范围不同，得出的结果也不一样。例如，在对宁波市区大气中 $PM_{2.5}$ 的来源分析中，宁波市人民政府咨询委员会课题组认为，工业生产源约占 35%，机动车船源约占 25%，扬尘源约占 25%，其他源约占 15%。[①] 宁波市环保局监测中心蒋蕾蕾则认为，以工业为主的煤烟尘分担率为 14.4%，机动车尾气尘和二次硝酸盐的分担率为 25.0%，城市扬尘的分担率为 19.9%，其他源分担率为 40.7%。[②] 北京大学研究者认为，宁波 $PM_{2.5}$ 污染来源中，工业污染排放贡献率约占 47%，机动车船等移动源的贡献率约占 22%，扬尘的贡献率约占 11%，农业面源的贡献率约占 8%，海盐粒子贡献率约占 5%，其他源贡献率约占

---

① 宁波市人民政府咨询委员会课题组.加快宁波治理大气污染的咨询报告.宁波咨询，2014(5).

② 蒋蕾蕾，徐秀丽，杨惠.宁波市雾霾天气成因分析及防控治理对策.宁波经济：三江论坛，2014(10)：22-24.

7%，这一结果由宁波市环保局对社会公布。虽然不同研究机构得出的源结构数据不一致，但都明确了宁波 $PM_{2.5}$ 的来源构成，都认为燃煤消耗、机动车、城市扬尘是宁波的主要污染源。我们在解析长三角城市群大气污染源时将借鉴相关研究成果，并选择相应的技术方法对污染源进行解析。

## 一、长三角城市群大气污染状况分析

### （一）长三角城市群大气污染物状况

大气污染，又称空气污染，是指由于人类活动或自然因素引起某些物质进入大气中，达到足够的浓度，存续足够的时间，并因此危害了人体的舒适、健康和福利或环境的现象。[①] 这些物质称为大气污染物，按其存在状态可将大气污染物分为气溶胶状态污染物、气体状态污染物两大类，气溶胶状态污染物主要有粉尘、烟液滴、雾、降尘、飘尘等；气体状态污染物主要有以二氧化硫为主的硫氧化合物、以二氧化氮为主的氮氧化合物、以二氧化碳为主的碳氧化合物以及碳、氢结合的碳氢化合物。根据污染物形成过程分类，大气污染物可以分为一次污染物和二次污染物。大气污染物分类如表 3-1 所示。

**表 3-1　大气污染物分类**

| 分类依据 | 分类名称 | 定义或特点 | 实例 |
| --- | --- | --- | --- |
| 根据污染物的形成过程 | 一次污染物 | 直接由污染源排放的，其物理化学性质尚未发生变化的污染物 | 颗粒物、含硫化合物、含氮化合物、含碳化合物、放射性化合物 |
| | 二次污染物 | 在大气中，一次污染物之间或与大气的正常成分之间发生化学作用所产生的物质。通常，二次污染物对环境和人类的危害比一次污染物更为严重 | 硫酸烟雾、光学烟雾 |
| 根据污染物的存在状态 | 气溶胶污染物 | 可以是固体颗粒或液滴 | 烟液滴、雾、烟气 |
| | 气体状态污染物 | 可被大气中颗粒物吸附 | 硫氧化合物、氮氧化合物、碳氢化合物 |

① 参照国际标准化组织（ISO）对大气污染的定义。

1. 长三角城市群大气污染物整体状况

根据环境保护部发布的《2015 年全国城市空气质量状况》，长三角区域 25 个城市平均达标天数比例为 72.1%，同比提高 2.6 百分点。细颗粒物、可吸入颗粒物、二氧化硫和二氧化氮浓度同比下降，一氧化碳同比持平，臭氧同比上升。2015 年 12 月，长三角区域 25 个城市空气质量达标天数比例在 29.0%～93.5%区间，平均为 54.2%。在这 25 个城市中，城市群内的 14 个城市空气质量处于中下水平，达标天数比例均在 80%以下，宁波等 4 个城市的达标天数比例在 50%～80%区间，无锡等 10 个城市的达标天数比例不足 50%。超标天数中以细颗粒物为首要污染物的天数最多，其次是可吸入颗粒物。

2015 年 12 月，长三角区域 25 个城市细颗粒物月均浓度为 82 微克/米$^3$，同比上升 13.9%，环比上升 57.7%；可吸入颗粒物月均浓度为 119 微克/米$^3$，同比下降 1.7%，环比上升 58.7%；二氧化硫月均浓度为 27 微克/米$^3$，同比下降 34.1%，环比上升 35.0%；二氧化氮月均浓度为 52 微克/米$^3$，同比下降 3.7%，环比上升 23.8%；一氧化碳日均值未出现超标，超标率同比及环比均持平；臭氧日最大 8 小时值未出现超标，超标率同比持平，环比下降 0.1 百分点。总体来看，长三角区域细颗粒物浓度同比及环比均上升；可吸入颗粒物、二氧化硫和二氧化氮浓度均同比下降，环比上升；一氧化碳日均值和臭氧日最大 8 小时值均未出现超标，超标率同比和环比基本持平。大气污染基本项目浓度限值如表 3-2 所示。

**表 3-2 大气污染基本项目浓度限值**

| 污染物项目 | 平均时间 | 浓度限值 | | 单位 |
|---|---|---|---|---|
| | | 一级 | 二级 | |
| 二氧化硫 | 年平均 | 20 | 60 | 微克/米$^3$ |
| | 24 小时平均 | 50 | 150 | |
| | 1 小时平均 | 150 | 500 | |
| 二氧化氮 | 年平均 | 40 | 40 | |
| | 24 小时平均 | 80 | 180 | |
| | 1 小时平均 | 200 | 200 | |

**续　表**

| 污染物项目 | 平均时间 | 浓度限值 | | 单位 |
|---|---|---|---|---|
| | | 一级 | 二级 | |
| 一氧化碳 | 24 小时平均 | 4 | 4 | 毫克/米$^3$ |
| | 1 小时平均 | 10 | 10 | |
| 臭氧 | 8 小时平均 | 100 | 160 | 微克/米$^3$ |
| | 1 小时平均 | 160 | 200 | |
| 可吸入颗粒物 | 年平均 | 40 | 70 | |
| | 24 小时平均 | 50 | 150 | |
| 细颗粒物 | 年平均 | 15 | 35 | |
| | 24 小时平均 | 35 | 75 | |

2. 城市群 14 个城市大气污染物状况

（1）上海

根据上海市环境保护局公布的《2015 上海环境状况公报》，2015 年，上海市的首要污染物为细颗粒物，其次为臭氧、二氧化氮。细颗粒物年均浓度为 53 微克/米$^3$，较 2014 年上升了 1 微克/米$^3$，上升比例为 1.9%，较基准年 2013 年下降了 14.5%；细颗粒物、二氧化硫年均浓度分别为 69 微克/米$^3$、17 微克/米$^3$，较 2014 年分别下降 5.6%、2.8%；二氧化氮年均浓度为 46 微克/米$^3$，较 2014 年上升 2.2%。其中，细颗粒物和二氧化氮未达到国家环境空气质量年均二级标准；可吸入颗粒物自上海市开展监测以来首次达到国家环境空气质量年均二级标准；二氧化硫已连续两年达到国家环境空气质量年均一级标准。2015 年上海多次连续遭遇市民特别关注的重雾霾天气，2015 年环境空气质量与 2014 年总体持平、略有下降，主要受秋冬季细颗粒物污染和夏季臭氧污染影响，环境空气质量指数优良率为 70.7%，较 2014 年下降了 6.3 百分点。在 107 个污染日中，首要污染物为细颗粒物的有 67 天，占 62.6%；首要污染物为臭氧的有 33 天，占 30.8%；首要污染物为二氧化氮的有 7 天，占 6.5%。

（2）南京

根据南京市环境保护局公布的《2014 年南京市环境状况公报》，2014 年，南京首要污染物为细颗粒物，其次为可吸入颗粒物、臭氧、二氧化氮。

各项污染物指标监测结果为:细颗粒物年均值为 73.8 微克/米$^3$,超标 1.11 倍,同比下降 5.38%;可吸入颗粒物年均值为 123 微克/米$^3$,超标 0.76 倍,同比下降 10.2%;二氧化硫年均值为 25 微克/米$^3$,达标,同比下降 32.4%;二氧化氮年均值为 54 微克/米$^3$,超标 0.35 倍,同比下降 1.8%;臭氧日最大 8 小时值超标天数为 57 天,超标率为 15.6%,超标主要集中在 4 至 6 月;一氧化氮年均值为 0.95 毫克/米$^3$,同比下降 8.7%,日均值均达标。2014 年,南京市建成区环境空气质量达到二级标准的天数为 190 天,达标率为 52.1%,同比下降 3.2 百分点。环境空气质量超标 175 天,其中轻度污染 126 天,中度污染 30 天,重度污染 17 天,严重污染 2 天。2014 年,全市降尘均值为 6.42 吨/米$^2$ · 月,城区降尘均值为 6.09 吨/米$^2$ · 月,郊区降尘均值为 5.99 吨/米$^2$ · 月,四个国家级工业园区降尘均值为 7.48 吨/米$^2$ · 月。2014 年,酸雨频率为 35.5%,同比上升 3.1 百分点;降水 pH 均值为 5.01,酸性弱于 2013 年的 4.95。其中城区酸雨频率为 29.7%,同比下降 2.3 百分点,降水 pH 均值为 5.15,酸性弱于 2013 年的 4.84;郊区酸雨频率为 45.1%,同比上升 12.0 百分点,降水 pH 均值为 4.91,酸性强于 2013 年的 5.18。

(3) 杭州

根据杭州市环境保护局公布的《2014 年杭州市环境状况公报》,2014 年,杭州首要污染物为细颗粒物,其次为可吸入颗粒物、臭氧、二氧化氮。按照《环境空气质量标准》(GB 3095—2012)进行评价,2014 年杭州市区环境空气优良天数为 228 天,优良率为 62.5%。杭州市区细颗粒物达标天数为 255 天,达标率为 69.9%;5 个县(市),淳安县、桐庐县、建德市、临安市、富阳市的环境空气质量优良天数分别为 293 天、283 天、299 天、267 天、262 天,优良率分别为 80.3%、77.5%、81.9%,73.2%、71.8%。2014 年,全杭州市大部分地区处在重酸雨区,降水 pH 值范围为 3.25～7.86,降水 pH 年均值为 4.65,较 2013 年略有上升;酸雨率为 80.0%,比 2013 年下降了 6.8%。2014 年,废气排放总量中,二氧化硫排放量为 8.10 万吨,氮氧化物排放量为 10.29 万吨,比 2013 年分别削减 2.04%、5.78%。

(4) 苏州

根据苏州市环境保护局公布的《2014 年度苏州市环境状况公报》,2014 年,苏州市的环境空气污染属煤烟型和石油型并重的复合型污染,细颗粒物是影响苏州环境空气质量的首要污染物。吴江区及四市的二氧化硫年均浓度范围为19～38微克/米$^3$，二氧化氮年均浓度范围为42～47微克/米$^3$，可吸入颗粒物年均浓度范围为82～108微克/米$^3$，细颗粒物年均浓度范围为51～68微克/米$^3$，一氧化碳年均浓度范围为0.65～1.21毫克/米$^3$，臭氧年均浓度范围为72～101微克/米$^3$。环境空气质量指数(AQI)年均值为82，达标天数比例为71.8%；苏州市区AQI年均值为89，达标天数比例为63.6%。苏州各地二氧化硫年均浓度和一氧化碳日均浓度均达到《环境空气质量标准》(GB 3095—2012)二级标准要求；细颗粒物、可吸入颗粒物、二氧化氮年均浓度均超过标准要求；臭氧日最大8小时平均浓度均出现超标现象。2014年，降水pH值范围为3.92～7.90，pH值年均值为5.12，酸雨发生频率为36.8%，同比下降0.6百分点。苏州市区降水pH值为3.92～7.00，pH值年均值为4.99，酸雨发生频率为44.7%，同比上升4.2百分点。吴江区及四市城区降水pH值年均值在5.10(张家港市)～5.51(常熟市)区间，均低于酸雨临界值5.60。苏州市区降尘年均值为2.63吨/米$^2$·月，符合国家推荐标准。

(5) 无锡

根据无锡市环境保护局公布的《2014年度无锡市环境状况公报》，2014年，无锡市区、江阴市和宜兴市环境空气达标天数比例分别为57.7%、59.2%和65.8%。无锡市区、江阴市和宜兴市二氧化硫年均浓度均达到二级标准，二氧化氮、可吸入颗粒物和细颗粒物年均浓度均超过二级标准。2014年，全市酸雨频率为73.6%，同比上升了13.8百分点，降水pH值为4.54，属于弱酸雨范畴。市区酸雨频率49.3%，同比上升了11.3百分点；江阴市酸雨频率为90.4%，同比上升了8.2百分点；宜兴市酸雨频率100%，同比上升了34.8百分点。2014年，工业废气排放总量为6270亿标立方米。其中，二氧化硫排放量为7.938万吨，单位GDP排放强度为0.980千克/万元，主要为工业污染源排放，达到7.887万吨，占排放总量的99.36%；生活污染源排放二氧化硫0.051万吨，占排放总量的0.64%。氮氧化物排放量为13.739万吨，单位GDP排放强度为1.696千克/万元，工业污染源排放氮氧化物10.710万吨，占排放总量的77.95%；机动车排放氮氧化物2.999万吨，占排放总量的21.83%；生活污染源排放氮氧化物0.030万吨，占排放总量的0.22%。排放烟(粉)尘

10.003 万吨(含钢铁、水泥行业无组织排放)。其中工业污染源排放烟(粉)尘 9.749 万吨,占烟(粉)尘总排放量的 97.46%;机动车排放烟(粉)尘 0.215 万吨,占烟(粉)尘总排放量的 2.15%;生活污染源排放烟(粉)尘 0.039 万吨,占烟(粉)尘总排放量的 0.39%。

(6) 常州

根据常州市环境保护局公布的《2014 年常州市环境状况公报》,2014 年,常州的首要污染物为细颗粒物,其次为可吸入颗粒物、二氧化氮。2014 年,市区共有 231 个优良天,占全年总天数的 63.3%。首要污染物为细颗粒物,年平均浓度为 67 微克/米$^3$。2014 年,市区耗煤量为 743.4 万吨,二氧化硫、氮氧化物、烟(粉)尘年排放总量分别为 2.33 万吨、2.73 万吨、6.81 万吨,这些污染物 99%的排放来自于工业。2014 年,市区降水 pH 值范围为 3.76～5.73,pH 值年均值为 4.93,较 2013 年(平均值为 5.07)酸性增强,酸雨出现频率达到 42.4%,较 2013 年上升 1.1 百分点,也就是说,每 10 场雨中至少有 4 场是酸雨。

(7) 扬州

根据扬州市环境保护局公布的《2014 年扬州市年度环境状况公报》,2014 年,扬州市区环境空气有效监测天数为 339 天,达标天数比例为 65.5%。细颗粒物日均值、可吸入颗粒物日均值、臭氧日最大 8 小时平均值、二氧化氮日均值存在不同程度的超标。扬州市空气污染主要以尘污染为主,影响市区环境空气质量的主要污染物是细颗粒物,以细颗粒物为首要污染物的污染天数占全部污染天数的 91.2%。县(市、区)细颗粒物日均值、可吸入颗粒物日均值均存在不同程度的超标。2014 年,工业废气排放总量为 1483.5 亿立方米,与 2013 年相比增加 1.9%;二氧化硫排放总量为 47445.8 吨,其中工业二氧化硫排放量为 44356.8 吨,生活二氧化硫排放总量为 3088.6 吨;氮氧化物年排放总量为 70047.7 吨,其中工业氮氧化物排放量为 51882.4 吨,生活氮氧化物排放总量为 582.4 吨。机动车排放的污染物呈增长趋势,2014 年机动车排放一氧化碳、碳氢化合物、氮氧化物和颗粒物的总量分别达到 8.60 万吨、1.01 万吨、1.83 万吨、0.15 万吨。

(8) 泰州

根据泰州市环境保护局公布的《泰州市 2015 年环境状况公报》,2015 年,泰州市大气首要污染物为细颗粒物,空气质量综合指数比重依次为细颗粒物29.6%、可吸入颗粒物24.5%、臭氧16.1%，二氧化氮13.5%、一氧化碳8.5%、二氧化硫7.8%。细颗粒物和可吸入颗粒物年均浓度分别为60微克/米$^3$和101微克/米$^3$，较2013年分别下降11.8%和5.6%。四个国控监测站点细颗粒物平均浓度为61微克/米$^3$，较2013年下降21.8%。2015年，环境空气质量显著改善，全市环境空气质量优良天数为260天，优良率为71.2%，较2014年提升5.4百分点；轻度污染72天，占19.7%；中度污染19天，占5.2%；重度污染14天，占3.8%。各市(区)环境空气质量优良率在65.5%～74.0%区间。各市(区)细颗粒物均值介于56～66微克/米$^3$，较2014年均下降。2015年，各市(区)降水pH值均值在5.65～6.77区间，海陵区和兴化市出现酸雨，酸雨发生率分别为19.8%和13.3%，其他各市(区)未监测到酸雨。

(9) 镇江

根据镇江市环境保护局公布的《镇江市2014年环境状况公报》，2014年，镇江市区二氧化硫年平均浓度为24微克/米$^3$，优于国家二级标准；二氧化氮、可吸入颗粒物、细颗粒物年平均浓度分别为46微克/米$^3$、107微克/米$^3$、68微克/米$^3$，劣于国家二级标准，其中细颗粒物同比下降6.25%；一氧化碳日均浓度范围为0.179～3.525毫克/米$^3$，优于国家二级标准；臭氧日1小时最大浓度范围为2～323微克/米$^3$，超标率为4.6%，最大8小时均值浓度范围为9～271微克/米$^3$，超标率为4.9%。丹阳市二氧化硫、二氧化氮年平均浓度分别为23微克/米$^3$、20微克/米$^3$，均优于国家二级标准；可吸入颗粒物、细颗粒物年均浓度分别为78微克/米$^3$、71微克/米$^3$，劣于国家二级标准；一氧化碳日均浓度范围为0.435～3.944毫克/米$^3$，均优于国家二级标准；臭氧日1小时最大浓度范围为3～283微克/米$^3$，超标率为7.8%，最大8小时均值浓度范围为3～244微克/米$^3$，超标率为11.0%。句容市二氧化硫、二氧化氮年平均浓度分别为24微克/米$^3$、30微克/米$^3$，均优于国家二级标准；可吸入颗粒物、细颗粒物年均浓度分别为84微克/米$^3$、71微克/米$^3$，劣于国家二级标准；一氧化碳日均浓度范围为0.296～3.225毫克/米$^3$，均优于国家二级标准；臭氧日1小时最大浓度范围为9～295微克/米$^3$，超标率为4.5%，最大8小时均值浓度范围为8～211微克/米$^3$，超标率为6.5%。扬中市二氧化硫、二氧化氮年均浓度分别为25微克/米$^3$、35微克/米$^3$，均优于国家二级标准；可吸入颗粒物、细颗粒物年均浓度分别为 85 微克/米$^3$、76 微克/米$^3$，劣于国家二级标准；一氧化碳日均浓度范围为 0.213～2.594 毫克/米$^3$，均优于国家二级标准；臭氧日 1 小时最大浓度范围为 1～278 微克/米$^3$，超标率为 3.6%；最大 8 小时均值浓度范围为 9～240 微克/米$^3$，超标率为 5.2%。2014 年，镇江市降水 pH 值在 5.18～7.53 区间，酸雨平均发生率为 11.3%；镇江市区、丹阳市、扬中市酸雨发生率分别为 8.2%、21.9%、8.3%，句容市未出现酸雨。2014 年，镇江全市工业煤炭消耗总量为 2397.1805 万吨，其中燃料煤消耗量为 2328.7268 万吨；燃料油(不含车船用)消耗量为 1.0209 万吨。工业废气排放总量为 2441.1821 亿立方米，废气中二氧化硫排放总量为 54579.1934 吨，氮氧化物排放总量为 53367.0821 吨，烟(粉)尘排放量为 26472.8718 吨。

(10) 南通

根据南通市环境保护局公布的《2015 年度南通市环境状况公报》，南通的大气主要污染指标为二氧化硫、二氧化氮、可吸入颗粒物、细颗粒物和臭氧。2015 年，市区(不含通州区)二氧化硫年均浓度为 30 微克/米$^3$、二氧化氮年均浓度为 38 微克/米$^3$，均达到二级标准；可吸入颗粒物和细颗粒物的年均浓度分别为 88 微克/米$^3$ 和 58 微克/米$^3$，劣于二级标准；臭氧日最大 8 小时滑动平均浓度夏季出现超标。五县(市)、通州区影响环境空气质量的主要污染物为细颗粒物和可吸入颗粒物，除启东汇龙镇可吸入颗粒物的年均浓度达到二级标准外，其他各地的细颗粒物、可吸入颗粒物的年均浓度均劣于二级标准。2015 年，南通市区(不含通州区)的空气质量指数达标率为 67.7%；全年 365 个有效监测日中达到优的有 55 天，良好的有 192 天，轻度污染 82 天，中度污染 24 天，重度污染 12 天。2015 年，南通市区(不含通州区)降水年均 pH 值为 5.38，酸雨频率为 37.3%。

(11) 宁波

据宁波市环境保护局公布的《2014 年宁波市环境状况公报》，2014 年，宁波市区环境空气复合污染特征明显，首要污染物为细颗粒物，主要污染物中细颗粒物、可吸入颗粒物和二氧化氮年平均浓度超标。2014 年，市区二氧化硫浓度范围为 5～73 微克/米$^3$，年均浓度为 17 微克/米$^3$，比 2013 年下降 22.7%，年均值达到二级标准，日均值全年无超标天；各县(市)二氧化硫浓度范围为 3～108 微克/米$^3$，年均浓度为 16 微克/米$^3$。市区二氧化氮浓度范围为 9～122 微克/米³，年平均浓度为 41 微克/米³，比 2013 年下降 6.8%，年均值超标 3%倍，日均值超标 10 天，超标率为 2.7%；各县(市)二氧化氮浓度范围为 3～130 微克/米³，年均浓度为 29 微克/米³。2014 年，市区可吸入颗粒物浓度范围为 14～261 微克/米³，年均浓度为 73 微克/米³，比 2013 年下降 15.1%，年均值超标 4.0%，日均值超标 22 天，超标率为 6.0%；各县(市)浓度范围为 8～264 微克/米³，年均浓度为 70 微克/米³。2014 年，市区细颗粒物浓度范围为 8～202 微克/米³，年均浓度为 46 微克/米³，比 2013 年下降 14.8%，年均值超标 3%，日均值超标 49 天，超标率为 13.4%；各县(市)浓度范围为 4～212 微克/米³，年均浓度为 47 微克/米³。2014 年，市区一氧化碳浓度范围为 0.4～1.9 毫克/米³，年均浓度为 0.9 毫克/米³，比 2013 年下降 10%，年均值达到二级标准，日均值全年无超标天；各县(市)浓度范围 1.1～2.8 毫克/米³，年均值达到二级标准，日均值全年无超标天。2014 年，市区臭氧超标共计 21 天，超标率为 5.8%，年均值达到二级标准；各县(市)臭氧日超标率在 4.7%～12.4% 区间。2014 年，灰霾日共 118 天，比例为 32.3%，比 2013 年减少了 20 天，下降 5.5 百分点。2014 年，全市酸雨发生频率为 83.8%，比 2013 年下降 0.2 百分点；全市降水 pH 值年均值在 4.52～5.29 区间，平均值为 4.75，比 2013 年上升 1.3%。挥发性有机物污染状况与国内同类城市相比基本处于同等污染水平，但时空分布特征明显，呈现冬春季高、夏秋季低的特征。交通干线两侧空气质量二氧化硫、一氧化氮年均浓度未超环境空气质量二级标准，二氧化氮、细颗粒物、可吸入颗粒物、氮氧化物年均浓度均超二级标准。2014 年，全市二氧化硫排放量为 12.93 万吨，其中工业排放 11.81 万吨；氮氧化物排放量为 19.93 万吨，其中工业排放 16.21 万吨，机动车排放 2.40 万吨；烟(粉)尘排放量为 3.52 万吨，其中工业排放 3.06 万吨。

(12) 绍兴

据绍兴市环境保护局公布的《绍兴市 2014 年环境状况公报》，2014 年，绍兴市空气环境质量总体较好，国控监测站点细颗粒物均值为 63 微克/米³，比 2013 年下降了 8 微克/米³，下降 11.3%；国控监测站点可吸入颗粒物浓度比 2013 年下降 8.6%；国控监测站点二氧化硫浓度比 2013 年下降 5.3%。二氧化硫年均值浓度范围为 0.021～0.038 毫克/米³，年均值为0.029毫克/米³,与2013年的0.037毫克/米³相比,下降了21.6%。二氧化氮年均值浓度范围为0.031～0.050毫克/米³,年均值为0.040毫克/米³,与2013年的0.042毫克/米³相比,下降了4.8%。可吸入颗粒物年均值浓度范围为0.080～0.104毫克/米³,全市年均值为0.093毫克/米³,与2013年的0.098相比,下降了5.1%。细颗粒物年均值浓度范围为0.046～0.064毫克/米³,全市年均值为0.063毫克/米³,其中越城区行政区年均值为0.063毫克/米³,与2013年相比下降了11.3%。一氧化碳年均值浓度范围为0.7～1.3毫克/米³,全市年均值为0.9毫克/米³,其中越城区行政区年均值为0.8毫克/米³,与2013年相比下降了20.0%。臭氧年均值浓度范围为0.082～0.104毫克/米³,年均值为0.093毫克/米³,其中越城区行政区年均值为0.098毫克/米³,与2013年相比上升了24.1%。降水pH值范围为3.11～7.67,全市降水pH值均值为4.74,酸雨率平均为72.8%,各区、县(市)降水pH值年均值都低于5.60。2014年,空气质量指数达到优良的天数比例在63.0%～84.8%区间,平均为71.8%;环境空气质量综合指数范围在5.10～6.63区间,平均为5.76;累计出现环境空气污染天数为99天,其中三级标准天数(轻度污染)为78天,四级标准天数(中度污染)为13天,五级标准天数(重度污染)为8天。

(13) 嘉兴

根据嘉兴市环境保护局公布的《2014年嘉兴市环境状况公报》,2014年嘉兴大气污染物情况如表3-3、表3-4所示。

**表3-3 2014年嘉兴大气污染物浓度及空气质量指数** 单位:毫克/米³

| 地区 | $PM_{2.5}$ | $PM_{10}$ | $NO_2$ | $SO_2$ | CO | $O_3$ | 空气质量综合指数 |
| --- | --- | --- | --- | --- | --- | --- | --- |
| 嘉兴市区 | 0.057 | 0.081 | 0.044 | 0.026 | 0.9 | 0.109 | 5.86 |
| 嘉善县 | 0.050 | 0.070 | 0.030 | 0.018 | 1.0 | 0.096 | 5.18 |
| 海盐县 | 0.047 | 0.069 | 0.026 | 0.020 | 0.7 | 0.090 | 4.84 |
| 海宁市 | 0.057 | 0.072 | 0.036 | 0.024 | 1.0 | 0.103 | 5.75 |
| 平湖市 | 0.047 | 0.072 | 0.035 | 0.018 | 0.9 | 0.125 | 5.28 |
| 桐乡市 | 0.055 | 0.098 | 0.043 | 0.026 | 0.9 | 0.102 | 5.93 |
| 平均值 | 0.052 | 0.077 | 0.036 | 0.022 | 0.9 | 0.104 | 5.47 |

表 3-4　2014 年度嘉兴市大气污染物浓度超标情况　　单位：%

| 地区 | $PM_{2.5}$ | $PM_{10}$ | $NO_2$ | $SO_2$ | CO | $O_3$ |
| --- | --- | --- | --- | --- | --- | --- |
| 嘉兴市区 | 19.2 | 7.4 | 4.9 | 0 | 0 | 14.6 |
| 嘉善县 | 15.9 | 3.6 | 1.4 | 0 | 0 | 10.1 |
| 海盐县 | 13.4 | 4.1 | 0.3 | 0 | 0 | 3.8 |
| 海宁市 | 19.0 | 3.3 | 3.0 | 0 | 0 | 9.7 |
| 平湖市 | 12.4 | 5.2 | 1.4 | 0 | 0 | 21.1 |
| 桐乡市 | 18.6 | 13.0 | 3.3 | 0 | 0 | 11.6 |
| 平均值 | 16.4 | 6.1 | 2.4 | 0 | 0 | 11.8 |

（14）湖州

因湖州市环保局公开的大气环境数据较少，这里采用中国环境监测总站发布的《2015 年 12 月 74 城市空气质量状况报告》的数据来说明。2015 年 12 月，湖州市的大气污染首要污染物是细颗粒物，月均浓度为 78 微克/米$^3$，排在 74 个城市中的第 30 位，超过标准；可吸入颗粒物月均浓度为 116 微克/米$^3$，排在第 32 位，超标；二氧化硫月均浓度为 30 微克/米$^3$，排位在第 42 位；二氧化氮月均浓度为 51 微克/米$^3$，排在第 38 位，超标；一氧化碳日均值第 95 百分位数浓度为 1.7 毫克/米$^3$，排在第 23 位；臭氧日最大 8 小时值第 90 百分位数浓度为 79 微克/米$^3$，排在第 63 位。2014 年，湖州市优良天数有 222 天，其中 41 天空气质量为优、181 天为良，优良率达到 60.8%；在 143 天的污染天中，轻度污染占 109 天，四级及以上的污染天数为 34 天，首要污染物是细颗粒物。

### （二）城市群大气污染呈现多样且复杂的趋势

#### 1. 长三角城市群大气污染物种类多，一些污染物超标严重

长三角城市群大气中既有无机污染物，又有有机污染物，已知的大气污染物约有 100 多种，有碳粒、飞灰、碳酸钙、氧化锌、二氧化铅、可吸入颗粒物、细颗粒物等粉尘微粒，二氧化硫、三氧化硫、雾等硫化物，二氧化氮、一氧化氮、氨气等氮化物，氯气、氟气、氯化氢、氟化氢等卤化物，一氧化碳、氧化剂、臭氧、过氧酰基硝酸酯等碳氧化物。目前，涉及面广、危害大、

风险大的主要污染物为二氧化硫、二氧化氮、可吸入颗粒物、细颗粒物、一氧化碳、臭氧以及挥发性有机物(VOCs)。根据《环境空气质量标准》(GB 3095—2012)和《环境空气质量指数(AQI)技术规定(试行)》(HJ 633—2012)要求，目前各个城市监测的大气污染物项目有15项，包括二氧化氮、二氧化硫、一氧化碳、臭氧、氮氧化物、铅、砷、汞、镉、六价铬、苯并芘(BaP)、总悬浮颗粒物(TSP)、可吸入颗粒物、细颗粒物、氟化物，并开展了对挥发性有机物的调查监测。根据监测结果，城市群主要污染物是细颗粒物、可吸入颗粒物、臭氧、二氧化氮、二氧化硫等，根据国家限值标准，部分污染物超标。表3-5为2015年12月份长三角城市群14个城市主要大气污染物浓度。

**表3-5　2015年12月份长三角城市群14个城市主要大气污染物浓度**

| 排名 | 城市及其 $PM_{2.5}$ 月均浓度/(微克/米$^3$) | 城市及其 $PM_{10}$ 月均浓度/(微克/米$^3$) | 城市及其 $NO_2$ 月均浓度/(微克/米$^3$) | 城市及其 $SO_2$ 月均浓度/(微克/米$^3$) | 城市及其CO日均值第95百分位数浓度/(微克/米$^3$) | 城市及其 $O_3$ 日最大8小时值第90百分位数浓度/(微克/米$^3$) |
|---|---|---|---|---|---|---|
| 1 | 湖州 78 | 上海 95 | 扬州 34 | 杭州 20 | 镇江 1.4 | 苏州 58 |
| 2 | 宁波 79 | 苏州 109 | 南通 48 | 宁波 21 | 扬州 1.5 | 杭州 63 |
| 3 | 上海 82 | 嘉兴 113 | 镇江 51 | 扬州 23 | 杭州 1.6 | 无锡 64 |
| 4 | 嘉兴 86 | 湖州 116 | 泰州 51 | 上海 25 | 湖州 1.7 | 绍兴 65 |
| 5 | 南通 86 | 宁波 119 | 湖州 51 | 南京 25 | 宁波 1.7 | 泰州 69 |
| 6 | 苏州 86 | 南通 123 | 常州 56 | 镇江 29 | 绍兴 1.7 | 镇江 70 |
| 7 | 泰州 87 | 镇江 123 | 宁波 63 | 泰州 29 | 南京 1.7 | 南京 71 |
| 8 | 绍兴 88 | 绍兴 127 | 无锡 64 | 苏州 30 | 嘉兴 1.7 | 常州 71 |
| 9 | 扬州 89 | 杭州 133 | 绍兴 64 | 湖州 30 | 南通 1.8 | 宁波 73 |
| 10 | 杭州 90 | 扬州 135 | 杭州 65 | 嘉兴 32 | 泰州 1.8 | 上海 73 |
| 11 | 南京 94 | 无锡 141 | 南京 65 | 无锡 34 | 常州 1.8 | 嘉兴 77 |
| 12 | 无锡 98 | 南京 143 | 嘉兴 65 | 南通 34 | 上海 1.9 | 南通 78 |
| 13 | 常州 100 | 常州 147 | 上海 67 | 绍兴 34 | 无锡 2.0 | 湖州 79 |
| 14 | 镇江 100 | 泰州 149 | 苏州 73 | 常州 38 | 苏州 2.0 | 扬州 84 |

数据来源：中国环境监测总站发布的《2015年12月京津冀、长三角、珠三角区域及直辖市、省会城市和计划单列市空气质量报告》。

从各地公布的数据来看，2014 年，城市群 14 个城市的首要污染物均为细颗粒物。基本污染物中一氧化碳、二氧化硫的年均浓度都没有超标，细颗粒物、可吸入颗粒物均超标；但从瞬时值看，只有一氧化碳没有超标，其他污染物都出现超标现象。2014 年，在 14 个城市中，市区二氧化氮浓度年均值略有超标，日均值平均有 9 天超标；可吸入颗粒物市区浓度年均值超标，日均值平均有 21 天超标；市区细颗粒物年均浓度超标较为严重，日均值平均有 49 天超标；各城市市区臭氧均有超标达到 21 天，部分县（市）也不同程度地出现臭氧超标。

2. 污染物结构趋于复杂化，部分污染物得到了有效控制

近年来，城市群大气二次污染、复合污染特征逐渐显现，特征污染物规模大，重金属累积量高。"十二五"以前，可吸入颗粒物、二氧化硫、二氧化氮是主要的大气污染物，最多的是可吸入颗粒物，其次是二氧化硫，再是二氧化氮，污染类型为典型的煤烟和机动车尾气混合污染。2011 年以来，大气中二氧化硫污染减轻，浓度有所降低，但细颗粒物、臭氧污染负荷快速加大，分别成了秋冬和春夏的主要污染物，首要污染物从可吸入颗粒物转变成细颗粒物，其次是可吸入颗粒物、臭氧、二氧化氮，二次污染、复合污染趋势明显，主要是由机动车急剧增加引起的。

长三角城市群的特征污染物隐含风险较高，除了二氧化硫、二氧化氮等传统的污染物外，还存在石化、化工、钢铁、煤电等产业以及秸秆焚烧、机动车等排放的特征污染物。秸秆焚烧、铁矿石烧结、有色金属生产产生的二噁英污染处于国内的较高水平，并且相对集中分布。以苯、甲苯、二甲苯等芳香烃及烷烃、烯烃等脂肪烃为主的挥发性有机化合物浓度较高。从监测情况看，挥发性有机化合物污染状况总体与国内同类城市处于同等污染水平，但镇海、北仑浓度较高，瞬时浓度数据中高浓度数据较多。机动车船排放和烧煤产生的汞等重金属风险大，煤炭消耗量大，机动车众多，大气中汞、铅等污染严重，煤炭燃烧排放的废气中，汞以颗粒物形式进入大气中，而汽车尾气则含有大量的铅。煤炭消费主要集中在电力热力的生产和供应、石油加工、炼焦、黑色金属冶炼及压延加工、化学原料及化学制品制造业、造纸及纸制品和纺织等行业。

自 1973 年起，我国开始重视环境保护，保护工作重点从工业"三废"（废水、废气、废渣）治理，到企事业单位同时实行污染浓度控制和

总量控制,再到点源治理向区域、流域综合治理转变。长三角城市群作为经济发展快、环境污染治理任务较重的城市群,采取了一系列污染治理政策措施,并取得了显著的成效。从 2004 年以来数据相对较全的 6 个城市的统计数据看,二氧化硫的浓度自 2006 年以后趋于下降(见图 3-1)。

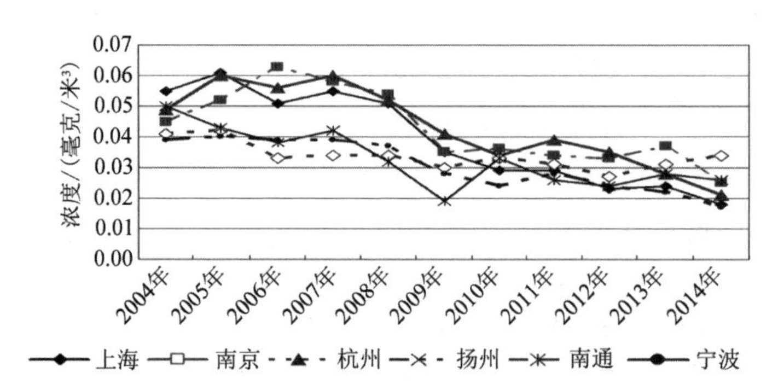


图 3-1 2004—2014 年长三角城市群部分主要城市二氧化硫年均浓度变化趋势

(注:因宁波市 2004—2006 年的环境公报没有直接浓度数据,图中数据为总量换算数据;同样扬州市 2004 年数据也为换算数据。)

如图 3-2 所示,2004—2014 年,长三角城市群部分主要城市的二氧化氮的浓度总体保持平稳下降的趋势,但南京、南通、扬州在 2010 年后基本保持上升的趋势,特别是扬州,其二氧化氮浓度上升较快。

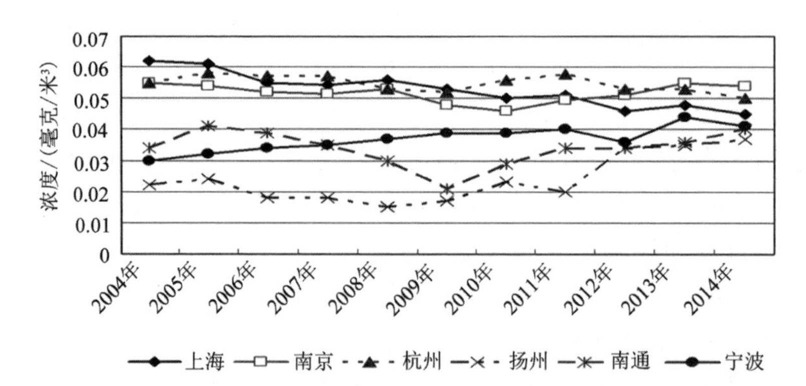


图 3-2 2004—2014 年长三角城市群部分主要城市二氧化氮年均浓度变化趋势

(注:因宁波市 2004—2006 年的环境公报没有直接浓度数据,图中数据为总量换算数据;同样扬州市 2004 年数据为换算数据。)

2004—2014 年，长三角城市群部分主要城市可吸入颗粒物浓度基本保持稳定，但 2013 年上升明显，如图 3-3 所示。

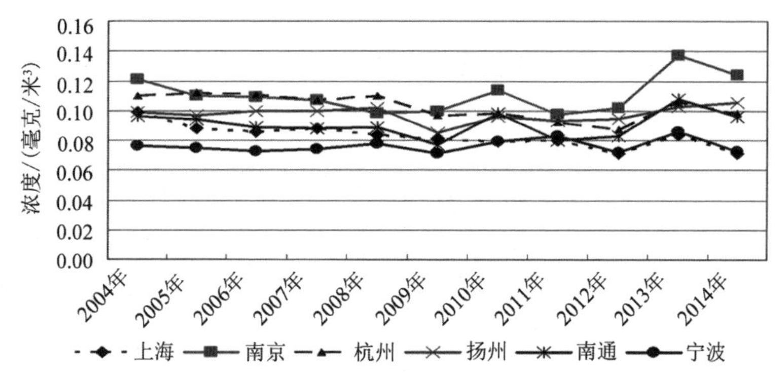


图 3-3　2004—2014 年长三角城市群部分主要城市可吸入颗粒物年均浓度趋势

（注：因宁波市 2004—2006 年的环境公报没有直接浓度数据，图中数据为总量换算数据；同样扬州市 2004 年数据为换算数据。）

其他主要大气污染物增速得到控制，2014 年更是实现了大气主要污染物浓度的整体下降。2014 年与 2013 年相比较，各城区二氧化硫浓度年均浓度下降 22.7%，二氧化氮年均下降 6.8%，可吸入颗粒物年均浓度下降 15.1%，细颗粒物年均浓度下降 14.8%，一氧化碳年均浓度下降 10%，各县（市）主要污染物年均浓度也存在一定程度的下降。

3. 大气污染的危害性加剧

大气污染物的状态和变化，时时影响人类的活动与生存环境。一是大气污染直接危害人类身心健康，例如感觉不舒服、中毒等生理上的反应。二是大气污染间接危害人类生产和生活。大气污染会影响气候，如烟尘污染粒使空气浑浊，遮阻太阳对地面的照射；排放到大气中的颗粒具有水汽凝结作用，加大降水量；大气中的二氧化硫氧化后形成硫酸，与降水融合产生酸雨；废热的排放提高了大气温度；大气中的二氧化碳就像一层厚厚的玻璃，阻碍大气的有效流通，出现温室效应，推进极热、极冷、雾霾天气的产生，进一步影响到人们的生产、生活和社会秩序。

## 二、大气污染源解析技术

### (一) 大气污染源解析技术类型与进展

#### 1. 大气污染源解析技术类型

国外对大气污染源解析较早,早在 20 世纪 60 年代初就提出利用化合物成分谱解析大气污染源,分析不同污染源排放对大气污染物浓度的影响,特别是 20 世纪 70 年代以来出现的颗粒物解析受体(受污染源排放影响的局部大气环境)模型,在国内外得到了广泛的应用。目前,我国开展了大量的源解析技术研究,构建了环境和污染源采样技术、大气污染化学成分测量技术、受体模型和空气质量模型等源解析技术体系,其中应用比较多的大气污染源解析技术是源排放清单、扩散模型和受体模型三类技术方法。

(1) 源排放清单

源排放清单是应用最早的大气污染源解析技术,它是开展大气污染物特别是细颗粒物来源解析的主要技术方法,是科学、有效开展大气污染物污染防治工作的基础和前提,是制定大气污染物减排目标、环境空气质量达标规划和重污染天气应急预案的重要基础和依据。源排放清单方法就是按照环境管理要求,先对某种大气污染物的排放源进行分类,调查污染物源的排放特征,根据排放因子和活动水平确定污染物排放源的排放量,建立污染物排放源清单,从而统计污染物排放总量及各区域、各行业、各类污染物排放量,定性或半定量识别重点排放区域、重点排放源对当地污染物排放总量的分担率。例如,2014 年 8 月,环境保护部发布了《大气细颗粒物一次源排放清单编制技术指南(试行)》《大气挥发性有机物源排放清单编制技术指南(试行)》和《大气氨源排放清单编制技术指南(试行)》;2014 年 12 月,又发布了《大气可吸入颗粒物一次源排放清单编制技术指南(试行)》《扬尘源颗粒物排放清单编制技术指南(试行)》《道路机动车大气污染物排放清单编制技术指南(试行)》《非道路移动源大气污染物排放清单编制技术指南(试行)》和《生物质燃烧源大气污染物排放清单编制技术指南(试行)》等 5 项技术指南，从而初步形成了我国大气污染物源排放清单编制技术支撑体系。

源排放清单法存在两个重大的缺陷：第一是需要估计排放量，而大气颗粒物的来源极其广泛，根本没有办法进行准确的估计，导致源清单分析的结果具有较大的不确定性，误差较大；第二是空气质量与污染排放源之间关系复杂，源与受体之间并不是简单的线性关系。随着社会的发展，污染源种类不断增多，排放源清单法已渐渐不能满足人类对于大气颗粒物源解析技术的要求。

（2）扩散模型

扩散模型就是描写大气属性或大气所含物质从其源地扩散的一组微分方程式，是通过模拟大气污染物的输送、扩散、迁移过程，预测在不同污染源条件、气象条件及下垫面条件下某污染物浓度时空分布的数学模型，是低层大气中污染物迁移和扩散规律的、简单化的数学描述。通过以污染源排放资料为基础进行污染物空间分布估算，来判断各种源对于目标区域内大气环境的污染的贡献，这对于小尺度区域内有组织的工业烟尘及粉尘源与区域大气颗粒物浓度间相应关系的建立有较好的效果。

扩散模型的种类很多，按模型理论的发展途径分类，可分为统计理论模型、K 理论模型和相似理论模型；按模拟的时间尺度分类，可分为短期平均及长期平均浓度模型；按污染源的形态分类，可分为点源、线源、面源、体源、多源或复合源模型。尽管大气扩散模型的种类繁多，但从应用角度出发，在实际工作中使用的大气扩散模型多属高斯模型及高斯模型的变形。如应用广泛的高斯烟流模型，适用于小尺度、定常流场中连续高架点源污染物浓度的估算；烟团模型也普遍使用，适用于非定常流场和微风条件；原始模型也使用较多，它将扩散微分方程变换成差分形式求数值解，适用于有光化学反应和降水冲洗过程；还有适用于区域或某些特殊地形条件下的模型、城市空气污染多源模型，以及不依赖于物理扩散过程的统计学模型。

基于各种大气扩散模型的源解析技术，可以广泛应用于一次及二次气态污染物和颗粒物的来源解析。但扩散模型的缺陷明显，需要收集较为详细的污染源的排放资料、气象资料、地形数据以及粒子在扩散输运过程中的主要特征参数，在面对较大尺度范围或无组织开放源问题时，这些参数的取得及对其规律性的把握给扩散模型的实际应用带来很大的困难；根据不同的建模理论体系、污染物迁移、扩散过程以及不同的描述对象，模型的形式也各不相同。

（3）受体模型

受体模型又称受体定位模型，是一种识别与解析受体处大气污染物不同来源及其贡献率的数字模型与方法。受体模型认为受体处污染物及其中元素的来源和质量，都是由周围不同污染源输送过来的污染物叠加的结果，因为污染物从发生源排出后，经扩散混合，在大气中的分布比较均匀，受体与源之间的污染物呈质量平衡关系，所以可用简单的数字表达式来表示。受体模型分为两大类，即源未知受体模型、源已知受体模型，前者无须知道污染源详细信息，后者需要知道源类及其详细的组成特征信息。

源未知的受体模型种类很多，其中比较有代表性的模型主要有多元线性回归（MLR）模型、正定矩阵因子分解（PMF）模型等。

PMF 模型是美国人在 1997 年提出的，此后不断被改进。PMF 模型是将原始矩阵 $\boldsymbol{X}$ 分解成两个因子矩阵 $\boldsymbol{F}$ 和 $\boldsymbol{G}$ 以及一个残差矩阵 $\boldsymbol{E}$，即 $\boldsymbol{X}=\boldsymbol{GF}+\boldsymbol{E}$。

$$\boldsymbol{E}=\boldsymbol{X}_{nm}-\sum_{j=1}^{p}\boldsymbol{G}_{nj}\boldsymbol{F}_{jm}$$

其中，$n$ 为样品数，$m$ 为化学成分数目，$\boldsymbol{X}_{nm}$ 为第 $n$ 个样品中第 $m$ 个化学成分，$p$ 为源数目，$\boldsymbol{G}_{nj}$ 为污染源贡献矩阵，$\boldsymbol{F}_{jm}$ 为污染源成分谱矩阵。矩阵 $\boldsymbol{G}$ 与 $\boldsymbol{F}$ 中的元素都是非负的，为得到最优的分析结果，定义一个目标函数 $Q$，可以得到使 $Q$ 值最小的 $\boldsymbol{G}$ 矩阵和 $\boldsymbol{F}$ 矩阵。

$$Q(\boldsymbol{E})=\sum_{i=1}^{m}\sum_{j=1}^{n}\boldsymbol{E}_{ji}/\sigma_{ji}$$

其中，$\boldsymbol{E}_{ji}$ 为残差矩阵，$\sigma_{ji}$ 为第 $j$ 个样品中第 $i$ 个化学组分的标准偏差。正定矩阵因子分解模型通过最小二乘法进行迭代计算，得到 $\boldsymbol{F}$ 与 $\boldsymbol{G}$，计算成功，$Q$ 的值近似于矩阵 $\boldsymbol{X}_{nm}$ 中的数据数目。

源已知受体模型最主要的代表模型是化学质量平衡法，其基本原理是质量守恒。化学质量平衡法就是假设若干污染源对受体都有明显影响且存在以下三个条件：一是各类污染源对受体所贡献的污染物的化学成分不同；二是各类污染物对受体造成危害的化学组成相对稳定；三是由各类污染物对受体所造成的危害相互之间没有影响，不能发生反应。由此得到各类污染物对受体的贡献度的线性总量就是所测得的受体所受到的总的污染物浓度。

受体模型是从受体出发来求各发生源对受体的贡献量，而物理扩散模型则是从各发生源出发来求得对受体的贡献量。由于源谱工作量大、不确定性高，我国尚未建立起基于行业、工艺和控制措施的排放源成分谱库，由于缺乏大样本数据的源谱库，源解析不能达到应有的效果。

受体模型从 20 世纪 60 年代后期发展起来后，一直用于对大气颗粒物的源的识别，并不断改进完善。受体模型源解析主要有物理法、显微法、化学法。物理法的主要原理是利用 X 射线衍射法确定颗粒物中的物相组成，根据物相组成及相关资料来分析、推断颗粒物的可能来源。显微法的实质是利用显微镜对颗粒污染物的大小、形貌等表面特征进行分析，以判断其可能的排放源。根据仪器的不同，显微法可分为光学显微镜法(OM)、电子扫描显微镜法(SEM)以及计算机控制电子扫描显微镜法(CC-SEM)等。显微法的基础是某些污染源排放的大气颗粒污染物往往具有特定的形态特征。显微法的优点是直观、简便，但其需要建立庞大的显微清单源数据库，而且分析时间长，费用昂贵，通常适用于定性或半定量分析。化学法实质上是化学与统计学相结合的方法，以质量守恒为基本假设，其基本原理是由受体采集的大气颗粒污染物样品的特征值(如浓度、组成等)，可以由受体区域内对大气颗粒污染物贡献值不为零的各污染源排放时的相应特征值利用线性叠加来表示。化学质量平衡法是源已知受体模型的典型代表。

目前，扩散模型和受体模型已经成为大气源解析技术的两大基本技术，由于这两种解析技术各有优点和不足，相互不能替代，在污染来源解析研究中，常常是将这两种方法联合起来，相互补充使用，出现将源清单、扩散模型和受体模型集成加以综合应用的趋势。在发达国家，已建立了比较完善的污染源清单及数据库、各种源的排放因子系列和源排放化学成分谱库、各类大气扩散模型系统以及各类受体模型，为研究和确定源与受体的关系奠定了基础。美国和一些欧洲国家在 $PM_{10}$ 和 $PM_{2.5}$ 源排放特征化学成分谱研究方面开展了大量的工作，建立了用于源解析研究的排放源特征谱库。[①]

随着污染物的种类不断扩展，源解析技术方法也在不断发展，发展了一些二重源解析技术和复合模型。解析方法出现了两个明显的趋势，即采用多种技术方法进行相互验证或进行不同方法的综合集成，以及实现污染源清单动态化以反映污染源的时间和空间变化规律。

综上所述，大气颗粒物的源解析研究越来越引起人们的关注，模型也越来越多，而关于如何选取模型的问题随之而来，各种模型算法基于原理不同、所需的条件不同，都有其特性和适用范围。

2. 主要大气污染源解析技术的进展

(1) 扩散模型解析技术的发展

大气污染源扩散模型解析技术是根据源排放量模拟污染物排放、迁移、扩散、化学转化等过程估算污染源对颗粒物质量浓度的贡献，具体可估算到每一个排放源的贡献情况。这种技术的发展经历了三代。

第一代扩散模型的典型代表是高斯扩散模型和拉格朗日烟团轨迹模型。这两类模型都是利用风的运动轨迹来模拟近地层大气层中复杂的物理和化学过程的，即模拟均匀混合的大气物质沿风向运动的情况。在大气物质从地面向高层运动的过程中，其运动规则受到垂直方向上风速以及温度的不均匀分布的影响而不断地发生变化。

高斯扩散模型适用于均一的大气条件，以及地面开阔平坦的地区。排放大量污染物的烟囱、放散管、通风口等，虽然其大小不一，但是只要不是讨论烟囱底部等近距离的污染问题，均可将其视为点源。高斯扩散模型的坐标系如图 3-4 所示，原点为排放点(无界点源或地面源)或高架源排放点在地面的投影点，$x$ 轴正向为平均风向，$y$ 轴在水平面上垂直于 $x$ 轴，正向在 $x$ 轴的左侧，$z$ 轴垂直于水平面 $xOy$，向上为正向，即为右手坐标系。

计算公式为

$$C(x,y,z)=\frac{q}{2\pi\bar{u}\sigma_y\sigma_z}\exp(-\frac{y^2}{2\sigma_y^2})\left\{\exp\left[-\frac{(z-H)^2}{2\sigma_y^2}\right]+\exp\left[-\frac{(z+H)^2}{2\sigma_z^2}\right]\right\}$$

① 常逸，刘乐君．大气颗粒物污染源解析技术与发展．企业技术开发，2008，27(4)：114-117.

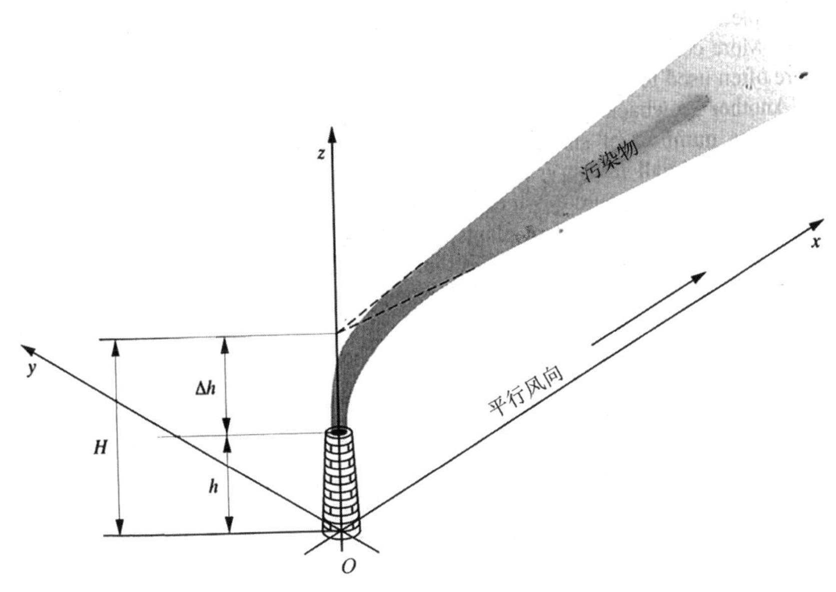


图 3-4　高斯扩散模型坐标系

其中，$C$ 代表某点污染物浓度；$q$ 代表单位时间内的污染物排放量；$\sigma_y$ 代表侧向扩散系数，污染物在 $y$ 方向分布的标准偏差是距离 $x$ 的函数；$\sigma_z$ 代表竖向扩散系数，污染物在 $z$ 方向分布的标准偏差是距离 $x$ 的函数；$\bar{u}$ 代表排放口的平均风速；$H$ 代表烟囱的有效高度；$x$ 代表污染源排放点至下风向上任一点的距离；$y$ 代表烟气的中心轴到直角水平方向上任一点的距离；$z$ 代表从地表到任一点的高度。

拉格朗日烟团轨迹模型是一个用来模拟不稳定状态的多层、多种污染的高斯型烟团扩散模型，它适用于模拟时空都在变化的气象条件下污染物的迁移、转化和消除。它考虑了复杂地形的影响、干湿沉降以及简单的化学转化，可以计算出在预设点的浓度和沉降量。

1984 年，美国国家环境保护局发布了《空气质量模型指南》，并提供了一批大气质量模型。这些模型只是指在有关环境下应当优先采用的模型，而现实中由于污染物在大气中的扩散、输送和转化与地区的排放源、气象、地形等特征有关，还涉及一系列物理化学过程，因此问题十分复杂。为此，在没有合适的推荐模型可用时，用户可以采纳经有关环保机构认可的模型和技术进行评价。近几十年来，美国国家环境保护局设定专门的程序,组织气象学会及环境学会专家对学者们提出的各种大气污染源解析技术方法进行评判和筛选,并做成大气质量模型汇编予以推荐,其中绝大多数模型是以高斯扩散模型为基础推导出来的。这些模型依据其应用尺度和范围的不同可分为:适用于平坦或略有起伏的乡村地形、连续排放的高架点源模型;适用于地形较平坦或略有起伏的工业复合源和城市地区的模型;适用于地形复杂地区的模型;适用于处理流动源污染的模型;城市大气质量模型。

我国于1983年颁布的《制定地方大气污染物排放标准的技术原则和方法》(GB 3840—1983)、于1991年重新颁布的《制定地方大气污染物排放标准的技术方法》(GB/T 3840—1991)、于1993年颁布的《环境影响评价技术导则　大气环境》(HJ/T 2.2—1993)是中国具有法规意义的大气扩散模型,基本上与美国的《空气质量模型指南》同属第一代大气扩散模型。

第一代模型模拟的物理过程比较简单,无法完整地描述大气运动状况,对沉积和化学过程的处理比较粗略,只能模拟一次污染源排放的污染物扩散和干湿沉积。

第二代是欧拉网格模型。20世纪末以来,一些学者在着手研究作为法规模型的第二代大气扩散模型。国外具有代表性的模型包括加拿大的AMS系统、美国的HPDM系统、丹麦的OML系统、英国的ADMS系统等,国内有南京大学的酸沉降模型(RegADM)、中科院的城市尺度空气质量预报模型(HRDM)等。第二代模型系统的主要特点是摒弃了传统的Passsuill-Gifford稳定度分类以及扩散参数体系,加入了较为复杂的化学反应机制,能对光化学反应的气态污染物或颗粒物具有针对性。在对流条件下,多采用非高斯型扩散模型,充分利用近些年来在大气边界层和大气扩散方面的研究结果,并且应用更多的失踪扩散试验及污染浓度观测资料对模型加以检验。一些模型系统还完善了特殊气象和地形条件下的大气质量模拟方法,使模拟的大气运动与实际更加吻合。由于这些模型只是单独为解决某一个空气污染问题设计的,其模拟的结果通常为单一介质的输出浓度,不能适应大气中各种污染物之间相当复杂的反应行为。

第三代模型是具有决策支持系统、大气物理和大气化学动力耦合研究功能的城市大气质量模型,典型代表是Models-3、WRF-chen等。20世纪90年代后，具有决策支持系统、大气物理和大气化学动力耦合研究功能的城市大气质量模型得到了广泛的研究和应用。1996年，美国国家环境保护局开始研究第三代模型Models-3。在开发该模型中，为使大气质量管理部门获得有效的决策支持系统，为支持模型和模拟系统的持续发展提供基本框架，借助了美国政府高性能计算与通信计划。Models-3于1998年6月首次公布，对复杂的空气污染情况如对流层的臭氧、颗粒物、毒化物、酸沉降及能见度等问题进行综合处理，设计为多层次网格模式，将仿真区域分成大小不同的网格范围来仿真。Models-3最大的特色是树立了大气的观念，而不是传统模式针对单一物种或单项物种进行仿真，充分考虑到了大气中所有物种之间的紧密相关性。例如，与臭氧积累具有高相关性的氮氧化物，其最终产物为硝酸，而硝酸实际上与酸沉降及悬浮微粒的硝酸盐成分的相关性甚高；另一个与臭氧积累有关的是挥发性有机物，在光化学过程中，它会产生有机固态碳，气固转换过程中，由于形成的粒状物粒径均甚小，因此容易阻碍光线而造成能见度问题，凡此均为一个复杂的大气所造成。①

目前，国内的扩散模型研究也到了第三代，已构建了从全球尺度、区域尺度到嵌套网格的大气环境质量模型系统。比较成熟的有南京大学的区域大气环境模型系统（RegAEMS）、中科院大气物理研究所的嵌套网格空气质量预报系统（NAQPMS）、中科院大气物理研究所的全球环境大气输送模型（GEATM），其中RegAEMS成功模拟了中国地区的气态物浓度、气溶胶浓度和硫、氮沉降分布。

(2) 受体模型解析技术的发展

受体模型自20世纪70年代问世以来发展迅速，国内有关学者从20世纪80年代起使用受体模型开展颗粒物来源解析的研究。在国内外大气颗粒物源解析中，受体模型经过30多年的发展，形成的种类很多，包括化学质量平衡（CMB）模型、因子分析（FA）模型、特征向量分析模型、富集因子法、投影寻踪回归法、粗集理论等，其中CMB模型和因子分析模型得到了较为广泛的应用。

CMB模型属于源已知受体模型，是开展大气污染物来源研究、为大

---

① 平措．大气污染扩散长期模型的应用研究．天津：天津大学，2006.

气污染防治决策提供科学依据的重要技术方法。由于该模型的物理意义明确、算法日趋成熟,已成为目前最重要、最实用的受体模型。在美国,它是国家环境保护局推荐的用于研究 $PM_{10}$、$PM_{2.5}$ 和 VOCs 等污染物来源及其贡献的一种重要方法,同时也是目前在实际工作中研究最多、应用最广的化学法受体模型。Miller 等于 1972 年第一次正式给出了化学元素法的计算等式,并将其命名为化学元素平衡法(CEB),其后 Cooper 和 Watson 将该法正式命名为化学质量平衡法(CMB)。

CMB 模型是根据质量平衡原理建立起来的,以物种丰富度和源贡献的乘积之和来表达环境化学浓度。CMB 模型基于以下假设:各类源排放出来的颗粒物的化学组成相对稳定;各类源排放出来的颗粒物之间没有相互作用;所有对受体有贡献的主要源都被确定,并且知道它们排放出来的颗粒物的化学组成;元素个数必须大于等于源的个数;各类源排放出来的颗粒物的化学组成有明显的差异,测样方法的误差是随机且符合正态分布的。基于以上假设,可知受体的总质量浓度就是每个源类贡献浓度值的线性加和。要确定各源类的贡献浓度值,需测定所有对受体有贡献的主要源和受体的成分谱。

CMB 模型从发现到现在,有很大的进展,特别是 Schauer 等研究者在 20 世纪 90 年代提出了有机示踪技术,这是对 CMB 受体模型的重要发展,该技术已在美国得到广泛应用。CMB 模型的发展主要体现在源和受体的研究、算法的优化、解析对象的丰富上。例如,针对扬尘共同污染的现实问题,目前发展了一些二重源解析技术,这种技术方法建立在三次不同的 CMB 模型计算结果基础上,用 CMB 计算出各单一源类对环境的贡献率,用烟尘替代与其共线严重的单一源,将扬尘作为受体,其他各单一尘源类作为对其有贡献的源,用 CMB 模型计算出各单一源类对扬尘的分担率。

因子分析模型(FA)属于源未知受体模型,是一种多元统计分析方法,是较为成熟和应用方便的主成分分析(PCA)方法。主成分分析法也称主分量分析法或矩阵数据分析法,其通过变量变换的方法把相关的变量变为若干不相关的综合指标变量。将因子分析模型应用到大气污染源解析中,是由 Blifford 等人在气溶胶研究中首先提出的,此后得到广泛应用。因子分析模型是从变量之间的相关关系出发求解公因子及因子载荷的,其基本原理是基于承认与污染源有关的变量间存在某种相关性,在不损失主要信息的前提下，将一些具有复杂关系的变量或样品归结为数量较少的几个综合因子，因子负载系数的大小反映了因子与变量间的相关程度，此法用颗粒物的实测元素浓度进行运算，再结合被测地区的具体情况进行分析，获得主要污染来源及其贡献率。① 因子分析模型的主要优点是不需要事先设想污染源的结构、数目和假定由一个源所排放出来的所有元素在达到采样点之前保持等同相关，而且因子分析模型不仅包括浓度参数，还可以包括非浓度参数，如粒径的大小、气象条件等，为污染源的识别提供了更多的信息。

因子分析模型成了颗粒物源解析的重要手段之一，尤其在污染源化学成分谱尚不完全的情况下，这种方法优势明显。因子分析模型目前已形成了主因子分析(PFA)、正矩阵因子分析(PMF)、目标转移因子分析(TTFA)和目标识别因子分析(TRFA)等各具特色的因子分析方法。PMF 是由 Paatero 和 Tapper 在 1993 年提出的一种有效的数据分析方法。该法首先利用权重确定颗粒物化学组分中的误差，然后通过最小二乘法得出颗粒物的主要污染源及其贡献比率。PFA 是比较经典和较为成熟的方法，杨丽萍等应用因子分析法对兰州市大气颗粒物的来源及其贡献率进行了研究，取得了令人满意的结果。

戴树桂等还对特征向量分析模型、多元线性回归、富集因子法、时间序列解析法和空间模式等方法进行了全面讨论。② 李祚泳等进一步对 B-P 网络权重分析模型、投影寻踪回归法(PPR)、蚁群算法和粗集理论法(RS)进行了详细的讨论和分析，并且将它们应用到了成都市环境大气颗粒物的源解析中。③

随着环境问题研究的深入，低浓度、混合污染的环境监测和源解析研究对传统的大气气溶胶解析方法提出了挑战，单颗粒大气气溶胶的表征研究则形成了环境化学研究的一个新动向。大气气溶胶单颗粒源识别与解析方法是在对大气污染物进行源识别和解析过程中，采用高分辨率、高

---

① 杨丽萍，陈发虎．兰州市大气降尘污染物来源研究.环境科学学报，2002，22(4)：499-502.

② 戴树桂，朱坦，白志鹏．受体模型在大气颗粒物源解析中的应用和进展．中国环境科学，1995(4)：252-257.

③ 李祚泳，彭荔红．基于粗集理论的大气颗粒物的排放源的重要性评价．环境科学学报，2003，23(1)：142-144.

灵敏度的质子微探针对大气气溶胶单颗粒物和可能的污染源颗粒物进行分析，得到它们的特征 Micro-PIXE 能谱，然后利用模式识别的方法直接对能谱进行比较和统计，以此来判定大气污染物的来源及其贡献率。[①] 由于单颗粒物源解析方法对数据的结构或特征无任何限制条件，没有引入任何人为假设条件，因此其不仅具有较好的客观性，而且由于充分利用了排放源的成分谱和大气样本元素分析数据信息，因此具有较强的源解析能力，精度较高，抗干扰性好。此外，还具有查找未知污染源、解析低浓度污染源的特点，为大气污染源识别与解析研究提供了新的途径。但是，该方法需要能够快速提供不同污染源颗粒物信息的大气气溶胶单颗粒指纹数据库，该数据库的建立技术要求较高，工作量较大。[②]

由于受体模型不依赖于气象资料和污染源清单，而主要基于污染源排放特征、源排放化学成分谱和受体大气的物理化学特征，因此是一种典型的基于环境浓度水平“自上而下”的源解析方法，能有效确定影响受体大气的主要污染源类，避免了重要污染源类型的遗漏。

除了扩散模型和受体模型这两种正向模型外，还有逆向模拟技术。逆向模拟技术是在三维立体的大气浓度水平观测的基础上，根据气象过程和化学过程，逆向运用空气质量模式，检验和测试建立的污染源清单。这一方法借助高质量的环境观测，可以获得污染源的时间和空间分布，但方法本身不具有将各类源进行区分的能力。目前，为了满足环境管理和污染控制的需要，将扩散模型、受体模型等多种技术结合进行综合使用，成为大气污染源解析的重要趋势。

### （二）几种主要大气污染源解析技术

#### 1. 化学质量平衡受体模型技术

##### (1) 原理

化学质量平衡法根据质量守恒原理，大气颗粒物中某元素的量是各

---

① 李晓琳，朱节清，郭盘林，等. 基于扫描核探针技术的大气气溶胶单颗粒物源识别与解析方法研究与应用. 核技术，2004，27(1)：27-34.

② 金蕾，华蕾. 大气颗粒物源解析受体模型应用研究及发展现状.中国环境监测，2007，23(1)：38-42.

类源对其贡献量的线性加和。

$$C=\sum_{j=1}^{J}S_j$$

其中，$C$ 为受体大气颗粒物总质量浓度；$S_j$ 为第 $j$ 种源类贡献的质量浓度；$J$ 为源的数目，$j=1,2,3,\cdots,J$。

$$C_i=\sum_{j=1}^{J}(F_{ji}S_j)$$

其中，$C_i$ 为受体颗粒物中的化学组分 $i$ 的浓度测量值；$F_{ji}$ 为第 $j$ 种源类颗粒物中化学组分 $i$ 的含量测量值；$S_j$ 为 $j$ 种源类贡献的浓度计算值；$J$ 为源类的数目，$j=1,2,3,\cdots,J$。

$$\eta=S_j/C\times100\%$$

其中，$\eta$ 为源类 $j$ 的贡献率。

只有当 $i\geqslant j$ 时，才有正解。

(2) 算法

CMB 模型的算法有示踪元素法、线性程序法、普通加权最小二乘法、岭回归加权最小二乘法、有效方差最小二乘法等。示踪元素法比较简单，但准确度不高，可用于粗略估计源的贡献值；线性程序法在提出后没有得到充分发展；普通加权最小二乘法考虑了环境受体处物质实测浓度的误差，为解析结果提供了置信区间；岭回归加权最小二乘法在解析共线性源方面体现了普通加权最小二乘法不具备的优点；有效方差最小二乘法不仅考虑了环境受体处物质实测浓度的误差，而且考虑了在确定源成分谱时的分析误差。其中，有效方差最小二乘法是最常采用的算法。具体算法在很多书籍中都有介绍，这里不再阐述。

(3) 诊断技术

采用 CMB 模型时，一般需要考虑以下问题：回归推断的估算与实际值的偏离程度，偏离程度一般用残差来检验；对回归推断有大影响的参数是哪些，影响程度如何衡量。用来解决这些问题的数学方法被称为回归诊断技术。在 CMB 模型中，需要通过相应诊断技术来验证源贡献估算值的有效性和模型拟合的优良程度。CMB 模型模拟优度的诊断技术包括源贡献值拟合优度的诊断技术、源的不定性/相似性组的诊断技术、元素浓度计算值拟合优度的诊断技术、其他诊断技术等。这里以源贡献值拟合优度的诊断技术为例，该技术主要包括统计、残差平方和、自由度、回归系数和百分质量等5个检验指标的计算，指标的定义和值的含义如表3-6所示。

**表3-6 源贡献值拟合优度的诊断技术**

| 指标 | 定义 | 指标值及含义 |
| --- | --- | --- |
| $T$（统计值） | $S_j$ 与 $\sigma_{S_j}$ 的比值 | 若 $T<2.0$，拟合差；<br>若 $T\geqslant 2.0$，拟合好 |
| $X^2$（残差平方和） | 拟合元素的测量值与计算值之差的平方的加权和 | $X^2<1$，拟合好；<br>$X^2>2$，拟合一般；<br>$X^2>4$，拟合差 |
| $N$（自由度） | 参与拟合的元素数目与源的数目差 | $n\geqslant 0$，方程组有解 |
| $R^2$（回归系数） | 浓度计算值的方差与测量值的方差之比 | $0.8<R^2\leqslant 1$，拟合好；<br>$R^2\leqslant 0.8$，拟合差 |
| $P_M$（百分质量） | 各源类贡献浓度计算值之和与受体总质量浓度测量值之比 | $P_M=100\%$，拟合好；<br>$80\%\leqslant P_M\leqslant 120\%$，可以接受 |

2. 二重源解析技术

CMB模型经过20多年的发展和完善，已发展成为重要的颗粒物来源解析模型，并已在颗粒物污染防治工作中发挥了重要作用。但是，大气颗粒物的来源十分复杂，同一种污染源可通过不同的途径进入环境受体中，如燃煤烟尘可以通过直接排放的形式进入空气中，也可以通过扬尘的形式进入空气中，即燃煤烟尘降落到地面后又在外力的作用下再次或者多次进入空气中，而目前的源解析技术还没有考虑到空气中颗粒物来源的这种复杂性。利用CMB模型进行解析时经常遇到一组数据多种结果的现象；同时，由于扬尘污染源的特殊性，其与各单一尘源类（燃煤烟尘、建筑水泥尘、海盐粒子等）存在较为严重的共线性，而目前还无法通过选择合适的标识元素将它们区分开，因此，很难用CMB模型同时准确地解析出它们对受体的分担率。针对扬尘污染较严重和扬尘污染源的特殊性，人们提出了二重源解析技术，以解决源解析计算中存在的一些问题，如扬尘和其他单一尘源类的共线性等问题。二重源解析的解法分如下几个步骤：

（1）初始源解析

将各单一尘源类成分谱和受体成分谱同时纳入CMB软件进行计算，得到各单一尘源类对受体的贡献值。该贡献值包括各单一尘源类以扬尘形式对受体的贡献值和直接对受体的贡献值两部分，这里称之为结果 $A$。用 $A_i$ 表示各单一尘源类对受体的贡献值。

（2）混合源解析

用扬尘代替与其共线性最严重的源类并纳入CMB软件进行计算，得到扬尘和除被代替源类外的各单一尘源类对受体的贡献值，这里称之为结果 $B$。用 $B_i$ 表示各源类对受体的贡献值。

（3）扬尘源解析

以扬尘为受体进行源解析计算，得到扬尘中各单一尘源类的百分含量，这里称之为结果 $C$。用 $C_i$ 表示各单一尘源类在受体中的百分含量。

（4）扬尘形式贡献值计算

用结果 $C$ 去分解结果 $B$ 中扬尘的贡献值，得到各单一尘源类以扬尘的形式对受体的贡献值，这里称之为结果 $D$。用 $D_i$ 表示各单一尘源类以扬尘形式对受体的贡献值。

（5）直接贡献值计算

各单一尘源对受体总的贡献（结果 $A_i$）减去以扬尘形式对受体的贡献值（结果 $D_i$），得到各单一尘源类直接对受体的贡献值，这里称之为结果 $E$。用 $E_i$ 表示各单一尘源类直接对受体的贡献值。

结果 $B$ 中扬尘的贡献值和结果 $E_i$ 共同组成了源解析的最后结果。[①]

3. 复合受体模型技术

受体模型的复合已经成为大气污染物源解析技术的一个发展趋势。在受体模型的应用过程中，普遍会遇到由受体的匹配、共线性等而产生的问题，给源解析带来了干扰。共线性问题是指参与模型计算的源类型中，有两种以上的源成分谱相似。当共线性问题存在时，使用CMB模型进行解析，会得到负值的解析结果；使用PCA/MLR（主成分分析/多元线性回归）或PMF模型解析时，共线源类会混在一个因子里被提取出来。对CMB模型而言，源与受体体系的不匹配性是导致共线性问题产生干扰的

① 矫淑卿．浅谈二重源解析技术．环境科学与管理，2007，32(4)：67-69.

根本原因。如果体系的匹配程度较高，那么即便有共线性源存在，也能得到理想的解析结果。基于上述思想，提出主成分分析/多元线性回归—化学质量平衡复合受体模型（PCA/MLR-CMB）和非负主成分回归化学质量平衡受体模型。这两种模型分别对受体和源的信息加以净化，从而降低共线性问题带来的干扰。

PCA/MLR-CMB复合受体模型首先将原始受体成分谱视为初级受体，用PCA/MLR模型进行解析。使用来自真实的源成分谱构建模拟数据。构建模拟数据的成分谱中，扬尘、土壤风尘、燃煤烟尘的成分谱共线性强烈，如果直接使用传统CMB模型，则无法得到理想结果，需要单独提取出来，通过PCA/MLR模型进行计算。其次，把第一步计算得到的混合源看作一个新的受体进行解析，这个新的受体被称为二级受体。通过因子的特征元素识别以及污染源排放清单调查，分析二级受体可能包含哪些源，然后进行CMB步骤。最后，得到PCA/MLR-CMB复合模型。学者史国良使用PCA/MLR-CMB复合受体模型对成都市和太原市受体进行了解析，并把解析结果同传统CMB模型的解析结果进行比较。结果表明，由于有共线性源类的存在，传统CMB模型的解析结果有负值产生，不可被接受，而PCA/MLR-CMB复合受体模型则得到了理想的结果。[①]

NCPCRCMB（非负主成分回归—化学质量平衡受体模型）在回归算法上对传统的CMB模型进行了改进，传统CMB模型在迭代过程中使用了有效方差最小二乘法，而NCPCRCMB则采用了有效方差主成分回归的算法，并将非负限制纳入了迭代算法当中，解决了共线性问题对传统CMB模型的干扰问题。史国良使用来自真实的源成分谱构建了100条受体成分谱，并对源和受体成分谱在一定范围内进行了扰动。接着对这100条受体成分谱进行解析，对拟合值和设定值的差异进行了评估，结果表明，NCPCRCMB复合受体模型是可行的。他应用NCPCRCMB复合受体模型分别对无锡、银川、天津和济南的受体样品进行了解析，结果表明，NCPCRCMB复合受体模型在实际应用中是可行的。史国良与朱坦、冯银厂等合作，通过NCPCRCMB对太原市的受体进行解析得出，燃煤烟尘是太原市$PM_{10}$最主要的污染源，贡献分担率为21%；其他重要污染源

① 史国良.大气颗粒物来源解析复合受体模型的研究和应用.天津：南开大学，2010.

的贡献分担率依次为机动车 18.46%、扬尘 17.40%、土壤风沙尘 15.59%、二次硫酸盐 11.20%、建筑水泥尘 10.70%、钢铁尘 6.77%、二次硝酸盐 4.01%。[①]

## 三、长三角城市群大气污染源解析

### （一）大气污染源解析技术选择

为了提高源解析结果的可靠性，我们主要采用集成受体模型技术，并通过多种源解析方法相互匹配和相互印证。受体模型有比值对照法、化学质量平衡法、多元统计分析法以及不需要测量源成分谱的正定矩阵分解法。比值对照法就是通过计算大气污染物结构（主要污染物比值），将比值大小与不同源污染物排放特征进行对照，确定污染源。比值对照法在确定大气中多环芳烃的来源中应用较多。方法为：选择多环芳烃中150多种化合物里有价值的苯并芘（BaP）、晕苯（Cor）、苯并（BghiP），分别计算其在大气中的比值。一般认为，当 BaP/Cor＞1 时污染源为燃煤；当 BaP/Cor＜1 时污染源为燃油。一些学者进一步分析得出，工作日交通废气对 BaP 的贡献率为 90%[②]，$PM_{2.5}$中 79%的烷烃来源于汽车尾气[③]。多元统计分析法是一种主成分分析法，是在受体样本较多的情况下，利用监测统计数据，运用因子分析和多元回归分析法，计算解析污染源的类型。这种方法在国外运用较多，例如 Swicik 成功地解析出芝加哥沿海地区1994—1995 年多环芳烃的四类污染源，其中燃煤贡献率为 48%（±5%），天然气燃烧贡献率为 26%（±2%），机动车贡献率为 14%（±3%），所得结果与所在地区能源消耗结构相吻合。[④] 化学质量平衡法就是建立受体

---

① 史国良，朱坦，冯银厂，等. 利用非负主成分回归—化学质量平衡受体模型对太原市$PM_{10}$进行颗粒物来源解析研究．中国环境科学学会学术年会，2010.

② Zheng M, Fang M, Wang F. Charaterization of the solvent extractable organic compounds in $PM_{2.5}$ aerosols in Hongkong. Atmos Environ, 2000, 34, 2691-2702.

③ Baek S O. Significance and behavior of polycyclic aromatic hydrocarbons in urban ambient air. Journal of Dalian University of Technology, 1988, 52(1): 613-635.

④ Swicik M F. Source apportionment and source/sink relation ships of PAHs in the costal atmosphere of Chicago and lake Michigan. Atomos Environ, 1999, 33: 5071-5079.

污染物总量与相关污染源的贡献量的线性模型来解析污染源，这种方法在我国应用较多。正定矩阵分解法是由芬兰学者 Paatero 设计的一种源解析受体模型，已发展到第三版。正定矩阵分解法已经广泛应用于大气颗粒物和挥发性有机物的源解析中。我国也有学者对局部地区大气污染源进行解析，如肖经汗等对武汉市夏季某 $PM_{2.5}$ 样品分析后认为，源及其贡献率分别是燃煤 18%、扬尘 27%、工业 7%、交通 29%、残油燃烧 19%。[①]

为了弥补数据缺陷和减少工作量，我们对部分污染物的源解析采用比较推算法。比较推算法就是在做过大气污染源解析的城市中，选择与城市群内城市相似的其他城市进行对比，根据源的规模推算其污染排放规模，进而计算出污染源的结构。

### （二）大气污染源解析技术创新

解析大气污染源的受体模型属于逆向推定方法，一般路径包括四个步骤。第一步是采样测试分析，选择某个时点或者连续时段，使用监测仪器在确定的点位上采集大气样本，通过一定的方法分析大气污染物结构和浓度。第二步是分析污染物的组成和分布特征，例如确定总悬浮颗粒物（TSP）的粒径构成与分布、富集离子的浓度与分布、重金属的构成与分布和多环芳烃的浓度与分布，并进行趋势分析。第三步是进行污染物的相关性分析，选择不同地点多次采样进行监测、统计、计算，结合周边环境数据，做相关性回归分析，确定污染源与污染物的相关性，进而确定大气主要污染源。第四步是分析污染源对大气的影响程度，按污染物种类，选择合适的源解释技术方法，分析污染源的影响程度，例如采用比值对照法分析机动车船尾气的影响，采用化学质量平衡法综合分析不同源的影响程度。化学质量平衡法就是假设受体污染物总量是相关污染源的贡献量的线性之和，用公式表示为：

$$C_i = \sum_{i=1}^{n} \sum_{j=1}^{n} (R_{ji} F_{ji}) + E_i$$

---

① 肖经汗，周家斌，郭浩天，等. 采用正定矩阵因子分解法对武汉市夏季某 $PM_{2.5}$ 样品的来源解析. 环境污染与防治，2013，35(5)：6-12.

其中，$C_i$ 为受体的第 $i$ 种污染物的浓度，$R_{ji}$ 为污染源 $j$ 对受体上第 $i$ 种污染物的贡献率，$F_{ji}$ 为污染源 $j$ 中 $i$ 污染物的浓度，$E_i$ 为相似不确定性的误差。

在大气污染源解析研究和实践探索中，运用受体模型的成果比较多，例如叶文波[①]、肖致美[②]、翁燕波[③]等采用受体模型对宁波大气中的 TSP、$PM_{2.5}$、$PM_{10}$进行了源解析。

我们这里以采用受体模型为主，在考虑扩散模型的基础上，形成比较推算法。比较推算法属于正向推算方法，长三角城市群污染源解释的比较推算法主要分为如下两个阶段九个步骤。

1. 第一阶段，单个城市的污染源解析

单个城市的污染源解析包括如下五个步骤。

第一步，参照已有研究成果和监测数据，确定大气污染物源及其主要来源。先将各个城市的大气污染源进行归类，例如，上海、宁波等城市的大气污染源可以归类为以下几个方面：一是产业污染，包括工业烟尘、粉尘、臭气和农业秸秆焚烧烟尘、化肥施用逸出氨以及服务业的油气、油烟、有机废气等；二是城市扬尘，包括建筑、交通、水利、市政等工程施工扬尘和码头、仓库、矿山等作业扬尘以及城市道路与工场浮尘，城市扬尘既是环境空气中悬浮颗粒物的供体，又是各单一源类排放的初始态颗粒物的沉降部分的混合物；三是机动车船尾气，主要包括汽车尾气、船舶尾气、非道路移动源排放；四是生活和其他污染，包括家庭餐厨油烟、燃煤烟尘、燃放烟花爆竹烟尘、海水中的盐喷溅等。宁波属于临港工业占比大、经济社会发展快的沿海港口城市，石化、冶炼、电力等高污染企业规模大，建筑工地多，机动车船数量多，这三大领域是宁波大气污染的主要来源。

第二步，分析主要大气污染源的污染路径，即"源—排放——次污

---

① 叶文波.宁波市大气可吸入颗粒物 $PM_{10}$ 和 $PM_{2.5}$ 的源解析研究.环境污染与防治，2011，33(9)：66-69.

② 肖致美，毕晓辉，冯银厂，等.宁波市环境空气中 $PM_{10}$ 和 $PM_{2.5}$ 来源解析.环境科学研究，2012，25(5)：549-555.

③ 翁燕波.环境应急监测技术与管理.北京：化学工业出版社，2014.

染—二次污染—复合污染—影响与危害”。

第三步,按源计算主要污染物规模。按照一定的方法推算出不同产业源产生的一次污染物数量。例如,计算机动车船源污染物数量,机动车船污染是发动机燃烧产生的废气排放污染,主要污染物包括一氧化碳、氮氧化物、碳氢化合物、铅、硫化物等。例如,根据宁波机动车保有量、过境车数量、接卸停靠船舶数量及车船结构推算,2014 年,宁波机动车船源产生的污染物分别为一氧化碳约 30 万吨、氮氧化物约 3 万吨、碳氢化合物约 1.5 万吨、铅约 0.05 万吨、硫化物约 0.03 万吨。[①]

第四步,确定不同污染源的影响程度。根据污染源产生的污染物数量,计算污染源的占比。计算公式为:

$$R_j = \frac{Q_{ji}}{\sum Q_i}, i = 1, 2, \cdots, m, j = 1, 2, 3, \cdots, n$$

其中,$R_j$ 为第 $j$ 个污染源的贡献率,$Q_{ji}$ 为第 $j$ 个污染源产生的第 $i$ 种污染物数量,$\sum Q_i$ 为该种污染物数量之和。污染源 $R_j$ 之和应该等于 1,如果大于或小于 1,说明污染物从域外输入或从域内输出,也可能是源统计不全。

第五步,选择城市进行对比计算,修正污染源的贡献率。参照北京、深圳、石家庄、南京等地对污染源的解析,对照各个城市的产业结构与分布、能源消耗总量和能源结构、建筑面积和工程结构、车辆保有量和车船

---

① 截至 2014 年年底,宁波机动车保有量约 222 万辆,宁波港接卸停靠和内河行驶船舶近 200 艘次/天,过境车辆约 1.5 万辆。根据国际环保组织自然资源保护协会(NRDC)的《船舶和港口空气污染防治白皮书》中的标准,将船舶折算成国四轻型汽车。根据石家庄环保部门测算的标准,按1∶465将柴油车折算成国四轻型汽车。考虑到宁波市黄标车淘汰工作即将完成,这里不考虑高污染黄标无标车数量。一辆汽车在一般行驶条件下,按平均每天要排放 3000 克一氧化碳、300 克碳氢化合物和 150 克氮氧化合物等有害气体推算。同时,为保证数量的有效性,按燃料燃烧废气构成进行修正,即每燃烧一升汽油,产生 10 立方米的尾气(12900 克),含有 145 克一氧化碳、15 克碳氢化合物、15 克氮氧化物、0.08 克铅(以氧化铅形式排出)、0.05 克硫化物,而宁波市 2014 年机动车消耗燃油约 100 万吨。

数量结构等状况。参照浙江省经济信息中心的分析数据[①]，推算并修正各个城市的污染源对大气中不同污染物的贡献率。

2. 第二阶段，复合解析城市群大气污染源

主要包括如下四个步骤。

第六步，加权计算各个城市某一污染源对城市群的贡献度。权数的选择主要考虑污染物的来源影响，例如，产业污染以能源消耗量为权数，扬尘以建设项目建筑面积为权数，交通尾气污染以汽车保有量为权数，货车按一定比例折算为汽车数，船舶按运输量和一定比例折算为汽车数。计算公式如下：

$$A_{kj}=\frac{R_{kj}a_k}{\sum_{k=1}^{14}a_k},j=1,2,3,\cdots,n$$

其中，$A_{kj}$ 为 $k$ 城市的第 $j$ 种污染源对城市群的影响程度，$a_k$ 为权数，$R_{kj}$ 为 $k$ 城市第 $j$ 个污染源对该城市的贡献率。

第七步，汇总各污染源的影响。计算公式如下：

$$B_j=\sum_{k=1}^{14}A_{kj}$$

其中，$B_j$ 为第 $j$ 污染源对城市群的影响之和，$A_{kj}$ 为 $k$ 城市第 $j$ 种污染源对城市群的影响程度。

第八步，计算各种污染源对城市群的整体影响程度。计算公式如下：

$$C_j=\frac{\sum_{k=1}^{14}A_{kj}}{\sum_{j=1}^{n}B_j},j=1,2,3,\cdots,n$$

其中，$C_j$ 为第 $j$ 种污染源对城市群的影响程度，$A_{kj}$ 为 $k$ 城市的第 $j$ 种污染源对城市群的影响程度，$B_j$ 为第 $j$ 污染源对城市群的影响之和，$n$ 为污染源的类别。

---

① 浙江省经济信息中心课题组在 2014 年发表的《灰霾治理：投资重点及效果分析》中认为，浙江省 $PM_{2.5}$ 来源中，各类污染源的贡献为：燃煤烟气占 30%以上，机动车尾气占 30%左右，挥发性有机废气、工地及道路扬尘、餐饮烟油等城市生活污染、农业污染占三分之一左右。

第九步,选择比较区域进行比较分析和修正。

(三) 样本采集和数据来源

在解析各城市污染源时,点位选择以各个城市的国控大气质量监测点、省控大气质量监测点、机动车辆环保监测站以及国、省和市重点监控废气企业为主。监测数据以上述机构公布的数据为主,并适当考虑其他机构发布的数据和相关学者研究成果数据。采用比较推算法时,选择石家庄、北京、南京、香港、深圳等五个城市以及珠江三角洲、京津冀两个区域数据进行比较计算。

(四) 结果与讨论

1. 大气污染物季节性变化趋势强

城市群中,$PM_{2.5}$、$PM_{10}$月均浓度呈现秋冬季高、春夏季低的特征,这里以 2013—2015 年上海各月 $PM_{2.5}$浓度变化为例说明大气污染物季节性变化趋势(见图 3-5)。氮氧化物浓度夏秋季较低,冬春季较高,与工业生产有一定的正相关性。臭氧在春末、夏季和初秋的浓度高,成了这一时期的主要污染物,主要是这一时期阳光灿烂,气温高,有利于氮氧化物、挥发性有机物与氧发生化学反应形成臭氧。

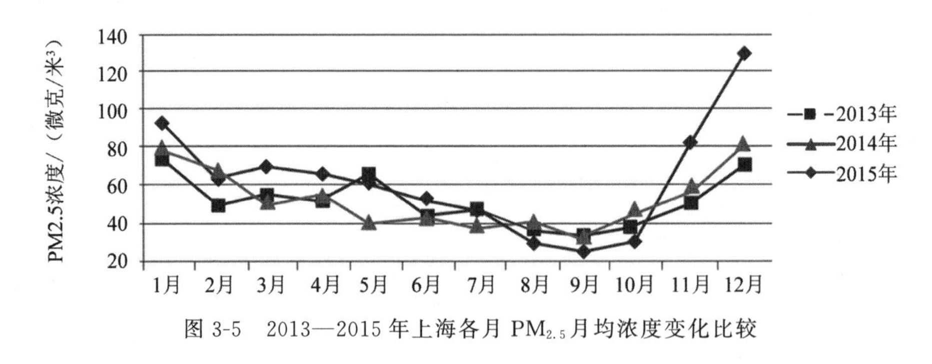


图 3-5 2013—2015 年上海各月 $PM_{2.5}$月均浓度变化比较

2. 大气质量的季节性变化趋势明显

2014 年 1 月至 2015 年 6 月,城市群的空气质量指数呈现 10 月到次年 1 月的秋冬季节高、3 月到 8 月的春夏季低的特征,如图 3-6 所示。这与春夏季雨水多、季风盛行、温度高有关,污染物容易扩散和沉降,特别是总悬浮颗粒；而秋冬季正好相反，秋冬季空气质量指数均值明显高于春夏季，城市群污染天气更多集中在秋冬季节。2014 年 1 月至 2015 年 6 月，城市群的大气污染天数与空气质量指数的走势基本相似，趋势如图 3-7 所示，在夏季容易出现臭氧污染天气。

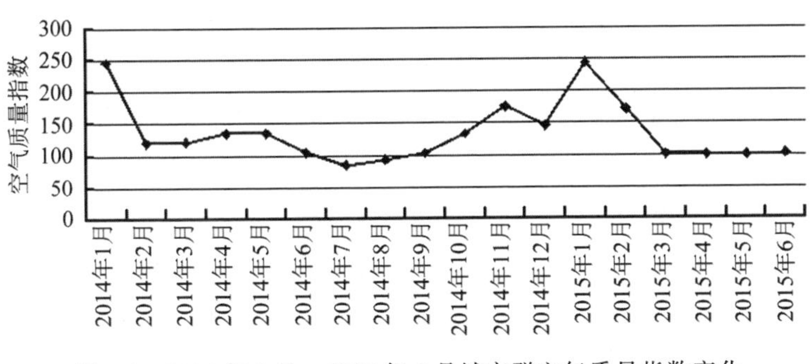


图 3-6　2014 年 1 月—2015 年 6 月城市群空气质量指数变化

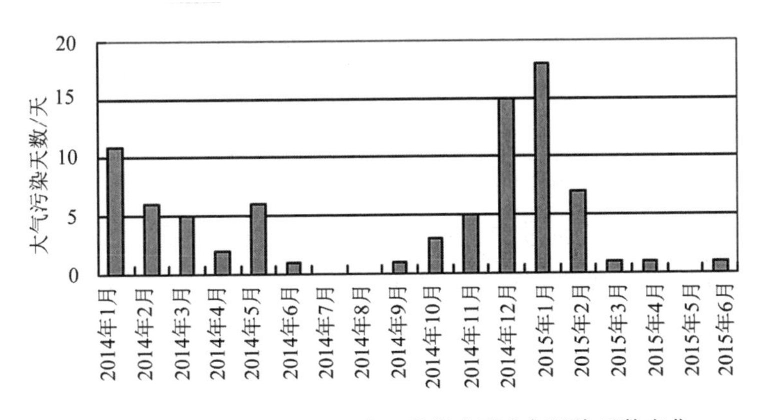


图 3-7　2014 年 1 月—2015 年 6 月城市群大气污染天数变化

3. 颗粒物的主要污染源为流动源、扬尘和工业生产

2013—2014 年，城市群的总悬浮颗粒物的主要成分是细颗粒物、可吸入颗粒物，分别占 52%、74%，说明大气中颗粒物以细粒子为主。在可吸入颗粒物中，机动车船排放（含间接的二次硝酸盐）、城市扬尘、产业排放的贡献率分别为 26%、31%、27%，其中汽车尾气对可吸入颗粒物的多环芳烃贡献率将近 65%，是多环芳烃的主要来源。在细颗粒物中，机动车船排放、城市扬尘、产业排放的贡献率分别为 29%、26%、32%。铅、砷、

锌、硒、氯、铜、硫、溴和二次离子等在细颗粒物和可吸入细颗粒物中都有富集,但细颗粒物的富集特征更加明显,多环芳烃、铅以及铵根离子、硫酸根离子等是细颗粒物的重要成分。除了包含细颗粒物的成分外,镁、铜以及氯离子也是可吸入细颗粒物的重要构成,而钙、铁、锰则主要存在于粒径大于10微米的颗粒物中。烧秸秆、餐饮、放鞭炮在特定时段和区域对污染有贡献,但不是污染形成的决定性因素。近年来,流动源和城市扬尘产生的污染占比上升,工业生产污染在大气颗粒物中的占比下降,工业技改和减排取得了明显的效果。

4. 臭氧的主要污染源为流动源和产业

近地面大气中的臭氧除少量是雷电产生的,绝大部分是由人类活动排放到大气中的二氧化硫、氮氧化物、挥发性有机物、一氧化氮等一次污染物,在阳光的作用下发生光化学反应生成的。2013—2014年,城市群的氮氧化物和挥发性有机物主要来自机动车船尾气,分别约占42%、36%;硫化物、氮氧化物、挥发性有机物主要来自产业,分别约占97%、47%、39%。随着机动车数量的增多,臭氧污染成了城市群的三大主要污染物之一。

5. 其他长三角城市污染源和北方源对城市群大气质量影响明显

大气污染物可以通过中远距离输送影响到下风向的地区,长三角城市群多东南风和西北风,外来污染源对城市群大气质量影响明显。通过计算输送轨迹和聚类分析,京津冀、黄海南部、浙西南、浙南和东海等区域的外来污染源对城市群大气质量有影响。

# 第四章　大气环境治理的国际比较与借鉴

环顾世界，大气污染是工业化和城市化过程中普遍存在的现象。那么城市化和工业化是不是不可避免地会导致大气污染？当一个国家或城市大气状况恶化时，它们是如何治理大气污染渡过难关的？长三角城市群可以借鉴哪些国际经验，以用最小的环境代价走出“先污染、后治理”的怪圈？针对这样的问题，结合课题研究需要，本书对世界范围内知名的大气污染重大历史案例进行了剖析，对其恶劣的大气环境的形成以及大气污染的来源、危害和治理措施、效果、所需时间进行了分析探究。同时对目前大气污染治理相对先进的德国、英国、美国、加拿大、日本、新加坡等六个国家的治理大气污染经验进行了梳理总结，揭示了一条可供长三角城市群借鉴的大气污染协同治理道路。

## 一、历史案例分析

欧美不少城市曾因为工业发展和不注重环境保护，深受大气污染之苦。历史上，发生过不少大气污染公害事件，如1930年的马斯河谷烟雾事件、1948年的多诺拉烟雾事件、1943年的洛杉矶光化学烟雾事件、1952年的伦敦烟雾事件、1961年的四日石化废气事件。

### （一）马斯河谷烟雾事件

#### 1. 事件回顾

马斯河谷烟雾事件是20世纪最早记录下的大气污染惨案，事件发生在比利时境内沿马斯河24千米长的一段河谷地带。1930年12月初，比利时气候反常，整个国家被大雾笼罩。由于马斯河谷两侧有约百米的高山，上空出现了很强的逆温层，雾层浓厚。而位于这一地区的马斯河谷工业区中，重型工厂和石灰窑炉排出的有害气体在逆温条件下无法扩散，在河谷上空积累弥漫，有害气体在大气层中越积越厚，其积存量接近危害健康的极限。在这种气候反常变化的第三天开始，在二氧化硫和其他几种有害气体以及粉尘污染的综合作用下，河谷工业区有上千人发生呼吸道疾病，发病症状是流泪、喉痛、声嘶、咳嗽、呼吸短促、胸口窒闷、恶心、呕吐，主要症状是咳嗽与呼吸短促。一个星期内有 63 人死亡，死亡人数为同期正常死亡人数的 10.5 倍，发病者包括不同年龄的男女，大多是年老和有慢性心脏病与肺病的患者。许多家禽也未能幸免于难，尸体解剖结果是刺激性化学物质损害呼吸道内壁致死。①

这次事件曾轰动一时，但并没有得到全球范围内的广泛重视，之后类似于这样的污染危害事件在世界很多地方都发生过。

2. 事件原因

比利时有关当局在事件发生以后立即进行了调查，调查结果显示，工业污染与反常的气候条件相互作用，引发了这次史无前例的灾难。虽然起初对具体致病物说法不一，但一致认为是工业排放的污染物所致。马斯河谷是一个重要的工业区，建有 3 家炼油厂、3 家金属冶炼厂、4 家玻璃厂和 3 家炼锌厂，还有电力、硫酸、化肥厂和石灰窑炉，工业区全部处于狭窄的盆地中。据费克特博士在 1931 年针对这一事件所写的报告中推测，在马斯河谷大气中二氧化硫的浓度约为 25～100 毫克/米$^3$。在马斯河谷烟雾事件中，地形和气候扮演了重要角色。从地形上看，该地区是狭窄的盆地，不利于污染物的流动扩散，气候反常出现的持续逆温和大雾，使得工业排放的污染物在河谷地区的大气中积累到有毒级别的浓度。

刚开始，人们推测致病物是氟化物和硫的氧化物，但随后对排入大气的各种气体和烟雾进行了研究分析，排除了氟化物致毒的可能性，普遍认为硫的氧化物是主要致害物质，即二氧化硫气体和三氧化硫烟雾的混合物。二氧化硫在常温下为无色有刺激性气味的有毒气体，密度比空气大，

---

① 自然之友. 20 世纪环境警示录.［2015-03-04］. http：//www.people.com.cn/GB/huanbao/259/6899/.

易液化，溶于水、乙醇和乙醚，主要是由煤、石油、天然气等化石燃料燃烧和生产过程中采用含硫原料所产生。二氧化硫对人体健康有危害，达到一定浓度后会刺激、抑制呼吸道纤毛运动影响黏膜的分泌功能，引起咳嗽，肺组织受损，呼吸困难，二氧化硫还可以加强致癌物苯并芘的致癌作用。二氧化硫与大气中的烟尘有协同作用，二氧化硫与飘尘一起被吸入，飘尘气溶胶微粒可把二氧化硫带到肺部使毒性增加 3～4 倍，若飘尘表面吸附金属微粒，在其催化作用下，能使二氧化硫氧化为硫酸雾，其刺激作用比二氧化硫增强约 1 倍。在这次事件中，在大气中的氧化氮和金属氧化物微粒等污染物的作用下，二氧化硫加速向三氧化硫转化，加剧对人体的刺激作用。另外，具有惰性的烟雾把刺激性气体带进肺部深处，也起了一定的致病作用。

3. 污染治理

这次灾难引起比利时政府和国际学术界的高度重视，让人们第一次认识到大气污染能导致疾病和死亡。欧洲国家经过研究后发现，当时欧洲大气污染主要是由工业排放导致的，于是欧洲各工业化国家纷纷采取措施，开始对工业生产进行限制，降低工业排放。在比利时，为了减少大气污染，出台了《反对大气污染法》等一系列法律法规，并且优化发展方式，提高环保标准，淘汰落后企业，采用先进技术改造传统产业，大力发展对外贸易等服务业。在监管方面，加大了工业污染物排放管控和惩处力度，力度如果发现企业违规排放，企业将面临关门的危险。成立跨区域环境合作署，建立协同治理和预警机制，一旦出现大气污染预警信号，将启动区域间合作协议，各区域针对各自污染源特点，采取机动车限行、减少公共建筑供暖、公共交通免费、倡导绿色出行等具体措施来减少污染。

欧盟其他国家也出台了一些意在减少排放的严格法规和污染应对措施，包括将烧木炭改为烧天然气、改良汽车发动机、采用含硫量更低的汽油等。1979 年，联合国欧洲经济委员会主导缔结了《远距离越境空气污染公约》，旨在通过各国科技合作与政策协调来控制污染物的排放，在这一公约的基础上每隔几年都会衍生出新的大气污染控制协议。1999 年，欧洲国家以及美国、加拿大共同签署《哥德堡协议》，为硫、氧化氮、挥发性有机化合物和氨等主要污染物设定排放上限。最近几年，面对日益突出的机动车尾气污染，比利时加大绿色公共交通发展，对机动车加装颗粒物过滤装置。随着一系列法律的实施和跨区域合作治理措施的推进,比利时空气中二氧化硫含量大大减少,夏季臭氧浓度得到了改善。据统计资料显示,比利时各项污染物排放总量自1990年以来逐年减少,大气质量也随之大大改善。在马斯河谷,空气清新,工厂浓烟滚滚的景象没有了。[①]

我们在城市规划、产业布局、工业减排、综合治理等方面要吸取马斯河谷烟雾事件的教训。产业布局和城市建设中,要重视大气流动和污染物的扩散,做好风道安排;在污染治理中,要强化地区间、部门间的协同治理,加强环保立法和执法。

### (二)多诺拉烟雾事件

#### 1. 事件回顾

事件发生在美国宾夕法尼亚州的多诺拉小镇,小镇坐落在一个马蹄形河湾内侧,两边百米高的山丘把小镇夹在山谷中。由于地理位置特殊,硫酸厂、冶炼厂的废气很难排出,常年烟雾缭绕。1948年10月26日,受逆温现象影响,一场大雾笼罩了这个山谷,空气潮湿寒冷,天空阴云密布,小镇出现了气候反常的"死风"状态,并持续数日。然而工厂的有毒烟尘却没有停止排放,工厂排放的二氧化硫等气体及金属微粒在山谷中不断聚集,不能扩散。这些物质附在悬浮颗粒物上,严重污染了大气,空气中弥漫着刺鼻的二氧化硫气味。后来,作家伯顿·罗彻(Berton Roueche)描述说:"10月26日这个周二的早晨,烟雾封锁了多诺拉。天气阴冷多云,一片死寂,烟雾不断堆积,这种状态持续了一整天,第二天继续。一直到周四,烟雾变得黏稠起来,成了静滞的黏结体。那天午后,只能看清街对面。除了高耸的烟囱,连工厂也消失在雾中。空气中开始有一种令人作呕的味道。"多诺拉的一位经历过第二次世界大战的退伍军人阿诺德·赫希(Arnold Hirsh)描述说:"空气看起来呈黄色,以前从未见过这种景象……黑烟挂在大气中,无处可去,一动不动。"[②]小镇的居民在短时间内

---

① 帅蓉. 比利时治霾胜在跨国合作. (2014-02-27) [2015-06-14]. http://science.cankaoxiaoxi.com/2014/0227/352804.shtml.

② 刘宏焘. 雾霾战争:谁在谋杀我们的空气. 新历史合作社数字杂志《我们的历史》, 2013-03-27.

大量吸入这些有害的气体，导致咳嗽不断、呼吸困难，10 月 30 日上午 10 点之前，多诺拉镇已有 9 人去世，24 小时内死亡人数上升到 18 人。只有 1.4 万人的小镇有 5911 人出现眼痛、喉咙痛、头痛胸闷、呕吐、腹泻等症状，两天之内 20 人死亡。镇上仅有的几名医生在救治病人的同时，劝说人们如果能够离开就尽快离开这个小镇。少数人看到外面糟糕的天气状况关上门窗，在屋里闷了 5 天，并逃过了这场灾难。直到 10 月 31 日，诺拉锌厂才关闭它的炉子，几个小时之后一场大雨彻底驱散了烟雾。多诺拉小镇因这起大气污染事件而闻名于世，多诺拉烟雾事件也作为特定历史事件而载入史册。

2. 事件原因

多诺拉原本是美国宾夕法尼亚州一个宁静的小镇，在莫农格希拉河河谷地带，四周环山，最初不过是一个小码头和小村庄，在被钢铁企业家威廉·唐纳（William H. Donner）看中前，这里是一派田园风光。由于这里水陆交通非常便捷，水资源非常丰富，离“钢铁之城”匹兹堡市的距离比较适中，是发展钢铁工业的理想之地。1898 年，唐纳与安德鲁·梅隆（Andrew Mellon）等人组建了联合进步公司。1901 年，一座新的工业小镇便在这里诞生了。钢铁厂吸引了大批就业移民来到这里，商业和服务业也随之建立，多诺拉镇在工业的带动下逐渐兴旺起来。

1902 年，钢铁厂建成，并不断增添了许多高炉。20 世纪初，多诺拉拥有当时世界上最大的制钉厂，生产的电线也销往世界各地，钢铁生产相当兴盛。根据当时多诺拉炼钢与钢丝厂的一本宣传册记载的情况，维持一天正常的开工需要 450 吨铁矿石、400 吨焦炭、60 吨石灰石和 60 吨辅料，工厂每天烧掉的煤相当于匹兹堡所有家庭的烧煤总量。在高炉炼铁的过程中，需要大量的焦炭。当时多诺拉的焦炉相当简单，当然也会产生大量的废气和烟尘，人们以为它们都留在了焦炉里，而实际上它们都逃逸出去，弥漫于四周的空气中。钢铁冶炼过程中不可避免地产生大量的废水、废气和废渣，人们也默默地接受了这些。1915 年，多诺拉新建一座当时世界上最大的锌厂，锌厂加重了多诺拉的空气污染问题。为了节省成本，锌厂采用了已经过时的体积庞大的烧煤卧式炉，排放的烟尘多，产生大量的含锌有毒废气，并且烟囱也很矮，无法将废气排到工厂周围近 200 米高的小山上空。冶金工业和原料工业的发展给多诺拉镇带来了繁荣，但同时也带来了严重的污染。鼓风炉、焦炉、煤炉和锌炉等排出的废气和烟尘经常被困在多诺拉周围山峦围成的这个山谷里，久久不能散去。1948 年 10 月，在逆温气候下，大气失去了上下的垂直移动，酿成了美国历史上最严重的工业烟尘污染灾害，甚至到 1958 年，多诺拉镇死亡率仍高于临近小镇。

3. 污染治理

多诺拉烟雾事件发生后，多诺拉镇消防局采取了积极的应对措施，将消防局仅有的 23 立方米氧气发放给居民，并不断从临近的麦基斯波特、莫内森、沙勒罗伊市政府借资源将伤亡减到最小。多诺拉镇政府还以最快的速度将居民疏散，并要求镇上的工厂全部停工。几年后，很多工厂都搬出了小镇，留下来的工厂需要进行整顿才可以“安家”。如今的多诺拉镇，绿水蓝天，空气清新，完全不见当年烟雾笼罩的样子。[①] 多诺拉事件将美国人的注意力吸引到大气污染上来，它的另一个“遗产”是促成了美国《联邦空气洁净法》的诞生。

多诺拉烟雾事件发生之前，人们对工业烟尘污染危害的认识不够。在烟雾事件刚刚结束的 11 月 2 日，烟雾中遇难者的葬礼大多还在举行，但此时的多诺拉镇又恢复了往日的活力，街道上到处是年轻人，橄榄球队继续训练，拉拉队员为他们呐喊加油。当然不是说多诺拉人不知道问题的存在，只是没有意识到问题的严重性。在多诺拉生活过的美国流行病学家戴芙拉·戴维斯博士曾询问过她的妈妈，她妈妈说：“当时没人知道污染，我们没有想得太多。还记得我们车身上的灰尘吗？记得我们下午开车就得打开前灯吗？记得有时白天见不到太阳吗？记得女人们每周都要挂出窗帘晾干吗？家里房子有 36 扇窗户，我们总是在擦洗它们。当我们洗到最后一扇时，第一扇窗户又脏了。”多诺拉人当时也知道问题的存在，但是他们要生活，不得不做选择，只有工厂开工，收入才有保障。没有人去问是否正是工业污染使许多人病倒，因为在当时工业排放只是谋生的过程。即使发生了可怕的让许多人得病和倒下的污染事件，他们仍然没有起来反抗，反倒是多诺拉镇之外的人发起了一场短暂的反对锌厂的运动。后来宾夕法尼亚州主管林业的副局长答复说，多诺拉可以要求锌

---

① 摘自生命时报《揭秘：震惊世界的“八大公害”污染事件》，2015-07-10.

厂在烟囱上安装烟尘过滤器，但是工厂主们对烟尘过滤器并不感兴趣，当地人特别是工人们竟大多跟他们站在了一边。[①]

多诺拉烟雾事件告诉我们，冶炼、化工、发电等高耗高排项目建设，不仅要考虑交通便利、供给方便，更要考虑空气的流通性。大气污染治理可能会牺牲企业、员工的经济利益，会遭到他们的反对，因此要处理好企业、个人利益与环境保护之间的矛盾，不能因为经济发展而不顾环境保护。

### （三）洛杉矶光化学烟雾事件

#### 1. 事件回顾

美国加利福尼亚州洛杉矶光化学烟雾事件是世界有名的公害事件之一，1943年、1952年、1955年、1970年洛杉矶分别发生了四次大的光化学烟雾事件，给人们的健康带来了巨大的损失。光化学烟雾是汽车尾气和工业废气中的碳氢化合物和二氧化氮在强烈的阳光照射下，吸收太阳光的能量，与空气中其他化学成分发生反应产生有毒气体而形成的烟雾污染现象。其中含有臭氧、氧化氮、乙醛和其他氧化剂的化学反应被称为光化学反应，光化学反应一般发生在湿度低，气温在24～32℃的夏季晴天的中午或午后。

据气象记录，1939年至1943年，工厂排放的烟雾使洛杉矶的能见度迅速下降，影响了人们的生产经营活动和生活，蒙罗维尔机场一度考虑搬离烟雾天气持续不断的洛杉矶。洛杉矶的居民越来越担忧密布于眼前、充斥于肺部的烟雾。一些人在附近烟雾笼罩的高速公路上开车时，眼睛会泪流不止，而且伴有撕裂般的疼痛。许多电影公司在胶片冲洗出来后发现，影片的每一个镜头都笼罩着一层浅蓝色的薄雾，如同幽灵一般，直到后来才弄明白这是洛杉矶的烟雾所为。在1943年7月洛杉矶的光化学烟雾事件中，烟雾导致400多人死亡。烟雾也造成家畜患病，妨碍农作物及植物的生长，尤其对多叶蔬菜有严重影响。1948年的某一天，炼油厂附近的农民发现，种植的菠菜叶子变成了银色或古铜色，而不再是绿色，当时加州理工学院教授J. 哈根·斯密特走访了事发现场，了解到这片地区经常会出现烟雾天，居民在烟雾天气里普遍能闻到一股漂白剂的

---

① 刘宏焘. 多诺拉：被烟雾掩埋的小镇. 新历史合作社数字杂志《我们的历史》，2013-03-27.

味道。光化学烟雾事件致远离城市 100 千米以外的海拔 2000 米的高山上的大片松林也因此枯死，柑橘减产。洛杉矶的烟雾使橡胶制品加速老化，使露天材料与建筑物受腐蚀而损坏，大气可见度降低，影响了汽车、飞机的安全运行，1950—1951 年美国因大气污染造成的损失就达 15 亿美元。1952 年，洛杉矶由于汽车漏油、汽油不完全燃烧和汽车排放尾气，城市上空聚积近千吨的石油废气、氮氧化物和一氧化碳，这些物质在阳光的照射下，形成了淡蓝色的光化学烟雾，刺激人的眼、鼻、喉，引起眼病、喉炎和头痛。1952 年 12 月份 65 岁及以上的老人因光化学烟雾死亡的人数就达 400 多人。1955 年 9 月，由于大气污染和高温，短短两天之内，65 岁及以上老人又死亡 400 余人，为平时的 3 倍多，许多人出现眼睛痛、头痛、呼吸困难等症状。1970 年，约有四分之三的市民患上了红眼病。

2. 事件原因

为了查找洛杉矶烟雾形成的原因，当地政府部门和环保专家进行了长期的探索。洛杉矶位于美国西海岸，气候温暖，风景优美，地理位置十分优越。由于早期开发金矿、运河等，洛杉矶经济发展非常迅速。19 世纪末，这里聚集了大量的排放废烟的厂房，早在 1903 年洛杉矶就出现了烟雾弥漫现象，但当地居民误以为是日食。随着 20 世纪 30 年代石油的开发，尤其是在第二次世界大战中军事工业的带动下，洛杉矶逐渐成为美国的重要海港和第三大城市，人口和机动车规模迅猛增长。当然，城市的繁荣也带来了大量的能源消耗和大气污染问题。洛杉矶在 20 世纪 40 年代就拥有 250 万辆汽车，每天大约消耗 1100 吨汽油，排出 1000 多吨碳氢化合物、300 多吨氮氧化合物、700 多吨一氧化碳，炼油厂、供油站等其他石油燃烧也排放大量的废气。不过，直到 1945 年以前，人们也没有对烟雾中的致害物质及其产生的原因真正弄清楚，以为工厂排放的二氧化硫是罪魁祸首。

随着调查的开展，人们对洛杉矶烟雾成因的认识逐渐发生变化。1945 年 8 月，洛杉矶主管卫生事务的斯沃托特在《帕萨迪纳星报》上发表了一系列文章，指出烟雾来源于多处，包括工厂的废气排放、蒸汽火车及柴油卡车的排烟、垃圾场的露天堆放、焚化炉的废气排放和废弃场废弃物的烧毁处理等。大气污染专家雷蒙德·塔克也持相同观点，1946 年他在《洛杉矶时报》上发表文章呼吁“将问题完全归罪于工业或工厂时应该慎重”。而美国加州理工学院教授斯密特凭借自己的经验，开始关注光化作用和氧化元素，通过实验，斯密特于 1950 年锁定可引起眼睛刺痛并损害呼吸道的臭氧。在那段时间，洛杉矶大气污染控制研究人员也在做实验，他们通过阳光照射汽车尾气制造烟雾，让志愿者眼睛暴露在有这种烟雾的玻璃房中，这一实验佐证了斯密特的观点。斯密特进一步在炼油厂收集了一些空气样本，借助这些样本制造出了烟雾，他在 1952 年宣布了自己的研究结论：洛杉矶烟雾与美国东海岸城市中出现的二氧化硫烟雾污染不同，东部的污染物主要由燃烧煤炭和重油产生的二氧化硫所构成，而洛杉矶烟雾的主要成分并非直接来自汽车尾气和工业废气，而是形成于大气中，洛杉矶烟雾与阳光的催化作用有关。由于当时汽车的汽化器汽化效率低，导致碳氢化合物大量进入大气，汽车排放的尾气中也含有烯烃类碳氢化合物和二氧化氮，这些物质进入大气后，在加州南部强烈的紫外线照射下，分子变得极为不稳定，原有的化学链也遭到破坏，进而形成臭氧、氧化氮、乙醛等危害健康的新物质，即形成光化学烟雾。

当然，洛杉矶光化学烟雾的形成与当地地形和气候条件密切相关，西面临海、三面环山的洛杉矶，常年吹的是微弱的西风或西南风，多为下沉气流，不利于城市污染物的扩散。同时，受加利福尼亚洋流影响，洛杉矶上空容易形成强大的逆温层，使城市污染物无法上升到越过山顶的高度。由于特殊的地形、气候条件和产业特性，洛杉矶在很长一段时间内成为美国的“烟雾城”。

光化学烟雾是汽车拥挤的大城市的一个隐患，20 世纪 50 年代以来世界上很多城市都发生过光化学烟雾事件。光化学污染在当今长三角城市群是常见的大气污染，宁波等城市的地形和产业结构与当时的洛杉矶相似，光化学污染需要引起足够的重视，应努力改善城市交通结构、提高燃油品质、推广新能源汽车，以防患于未然。

3. 污染治理

1943 年的洛杉矶光化学烟雾发生后，洛杉矶市政府便开始采取措施。时任市长的弗莱彻·鲍伦宣布，该市将在 4 年内消灭烟雾。洛杉矶于 1945 年 2 月颁布了禁止浓烟排放和空气污染控制规定，并着手管治洛杉矶工业和生活废气的排放，要求工厂严格按标准处理废气，尽量使用含硫量少的燃料，控制二氧化硫的排放。到 1947 年年初，洛杉矶工厂的二氧化硫排放减少。1947年，洛杉矶采取统一的大气污染控制区的法例草案，控制区强制实施了空气质量计划，要求公司必须拥有大气污染许可证，禁止在家庭后院的焚化炉和垃圾场焚烧垃圾，禁止使用冒烟的卡车。由于没有找到烟雾污染的罪魁祸首，控烟措施依然没有解决洛杉矶的烟雾问题，烟雾反而变得越来越浓重。

1952年，明晰了光化学烟雾的成因之后，洛杉矶市政府采取极为严厉的防治措施，妥善处理垃圾场的露天焚烧，减少了工厂烟气的排放，禁止家庭使用冒黑烟的焚化炉，控制碳氢化合物集中排放的石油企业，使碳氢化合物排放从1947年每天2100吨降为1957年每天250吨。然而，光化学烟雾依然大量存在，甚至呈愈演愈烈之势。1953年，化学家阿诺德·贝克曼组建了一个委员会，他们注意到了汽车尾气问题，并提出建立汽车尾气排放标准、采用丙烷取代柴油作为汽车燃料、发展快速运输系统等六条建议。当时，洛杉矶石油工业每天排放碳氢化合物500吨，而汽车每天所排放出来的碳氢化合物则有1300吨，到1957年车辆排放的碳氢化合物约占这个城市每天总排放量的80%。应该说汽车尾气才是导致洛杉矶光化学烟雾产生的最大“元凶”，控制汽车尾气成了治理洛杉矶空气污染的重中之重。不过，汽车工业与其相关的石油工业是当时美国军事和财政的主要保障，更在洛杉矶都市化过程中扮演了不可替代的角色，控制汽车尾气具有很强的挑战性。

随着烟雾污染不断持续，危害加剧，公众舆论压力越来越大，加州议会成立了加州机动车污染控制局，开始大规模地控制汽车排放，设立汽车尾气排放限制标准，新车安装尾气控制装置，强制改装或更换老旧车辆。在此期间，政府不顾当时汽车工业界的强烈反对，部分官员为了自己和民众的健康而据理力争，在洛杉矶烟雾治理过程中坚守了公民的职责。1965—1968年，洛杉矶机动车每天排放的碳氢化合物下降了200吨，一氧化碳和二氧化碳排放量也明显下降。在这些有害物质减少的同时，另一种有毒物质过氧化氮却呈增加趋势。为了解决这些问题，洛杉矶率先开始了汽油清洁化处理行动。1975年强制规定汽车安装催化转换器，以此减少碳氢化合物、碳化物以及产生过氧化氮的氧化氮排放。通过一系列的强制措施整治，洛杉矶的大气质量得到了改善。受1973年石油危机的影响和环保运动的推动，洛杉矶开始鼓励使用甲醇和天然气来代替汽油，以更好地解决空气污染问题。为了全面解决洛杉矶和周边地区的大气污染问题，加利福尼亚州于1977年成立了南海岸空气质量管理区，通过各县的协同管控、推广先进技术以及开展教育活动，影响了洛杉矶及周边地区的经济发展方式、居民的生活方式和居民区的布局，积极地推动了洛杉矶烟雾的治理，烟雾不断减轻。经过治理，洛杉矶尽管人口增长了3倍，机动车增长了4倍多，但该地区达到健康预警的天数却从1977年的184天下降到了2004年的4天，到2007年，洛杉矶终于达到了美国清洁空气标准，摘掉了“烟雾城”的帽子。

洛杉矶光化学烟雾事件及其治理给我们的启示有三：一是在城市化过程中，即使城市的人口快速增长、机动车规模成倍增加、经济持续发展，大气环境也是可以改善的；二是要想治理有成效，必须解析大气污染源，找准污染成因，采取针对性措施；三是大气污染治理中，科研投入和管理队伍建设是重要的保障，需要通过研究和管理找到污染源和路径，开发控污技术，设计评价标准，制定法律制度，执行治理政策；四是长三角城市群可以借鉴设立空气质量管理区、建立排放许可证制度、严格交通环境标准、开放环境交易市场等措施。[①]

### （四）伦敦烟雾事件

#### 1. 事件回顾

1952年12月5日的烟雾事件发生在正处于工业化中后期的伦敦，是伦敦历史上最惨痛的时刻之一，伦敦为经济发展付出了沉重的代价。1952年12月5日，逆温层笼罩伦敦，城市处于高气压中心位置，垂直和水平的空气流动均停止，连续数日空气寂静无风，大量工厂生产和居民燃煤取暖排出的废气积聚在城市上空不能扩散，街上行人的衣服和皮肤都沾满了肮脏的微尘，公共汽车的挡风玻璃蒙上烟灰。许多人都感到呼吸困难、眼睛刺痛、流泪不止，伦敦城内到处有咳嗽声，哮喘、肺炎、肺癌等呼吸系统疾病的发病率显著增加，医院也因患者剧增而爆满，救护车却因雾大无法出动。当时，歌剧院正在上演《茶花女》，因观众看不见舞台而中止，歌剧院里的人也被迫散场，出来却发现，伦敦城被黑暗的迷雾所笼罩，大

---

① 徐畅．洛杉矶：雾锁六十年．新历史合作社数学杂志《我们的历史》，2013-03-01．

白天伸手不见五指，水陆交通几近瘫痪，马路上几乎没有车，大街上的电灯在烟雾中若明若暗，犹如黑暗中的点点星光，警察不得不手持火把在街上执勤，人们小心翼翼地沿着人行道摸索前进，数百万人受影响。在伦敦举办的一场牛展览会上，当时参展的 350 头牛有 52 头因烟雾而严重中毒，14 头奄奄一息，1 头当场死亡。直至 12 月 10 日，强劲的西风吹散了笼罩在伦敦上空的恐怖烟雾。12 月 5 日到 8 日这 4 天里，死亡人数就高达 4000 人，一周内伦敦市民因支气管炎死亡 704 人，因冠心病死亡 281 人，因心脏衰竭死亡 244 人，因结核病死亡 77 人。两个月后，又有 8000 多人去世，45 岁及以上人群的死亡数是平时的 9.3 倍，1 岁及以下婴儿的死亡数是平时的 2 倍。①

2. 事件起因

英国是工业化的摇篮，是最早实现工业化的国家。作为英国工业化时期代表城市的伦敦，工业化带动了伦敦经济的腾飞，同时也带来了环境破坏引发的恶果。18 世纪 60 年代，第一次工业革命开始，机器代替了手工劳动，建立了以煤炭、冶金、化工等为基础的工业生产体系，煤炭成了主要能源，伦敦城市化飞速前进。煤炭的大量燃烧，释放出大量的二氧化硫、一氧化碳、烟尘和重金属等有害物质，伦敦的空气中始终弥漫着大量的煤烟，造成了严重的大气污染，使得伦敦进入了“雾都”模式，“雾都”“阴霾”“昏暗”等词在 19 世纪的英国名著中常常出现。

19 世纪 70 年代开始的以蒸汽技术和电力技术为代表的第二次工业革命，伦敦进入工业急速发展期，以内燃机为动力的汽车、拖拉机和机车在伦敦得以广泛发展起来，石油在人类能源使用中的比例大幅增加，石油的大量开发反过来又加速了汽车工业的兴起，汽车排放出大量的有害气体和颗粒物，从而形成了一种新型的大气污染现象。同时，汽车消费和城市化进一步带动了钢铁、化工、水泥工业的发展，对环境的破坏作用不断显现，新旧大气污染齐头并进，范围进一步扩大，污染形式更为复杂，环境的污染和破坏不断加深。20 世纪 50 年代，伦敦的工厂所产生的废气形成极浓的灰黄色烟雾，一年里灰霾天数平均多达 50 天左右，大气污染已成

① 杨津涛.治理雾霾，他们花了多少年？(2015-12-02)[2016-04-12].http://view.news.qq.com/original/legacyintouch/d428.html.

为伦敦一个重大的社会问题，公害事故频繁发生。伦敦的大气污染可以追溯到13世纪，那时伦敦就饱受煤烟之苦，不得不加强控制，并于1273年通过了伦敦的首个空气污染法。但大气污染并没有受到广泛的重视，随着工业化进程的推进，污染的范围也越来越大，即使是在烟雾事件发生期间，每天仍有1000吨烟尘粒子、2000吨二氧化碳、140吨盐酸和14吨氟化物和二氧化硫转换的800吨硫酸被排放到大气中。伦敦烟雾事件属于煤烟型污染，当时伦敦居民用烟煤取暖，排放的飘尘是工业用煤的3～4倍，导致大气中烟尘浓度达4.5毫米/米$^3$、二氧化硫达3.8毫克/米$^3$。燃煤粉尘表面大量吸附水而成为烟雾的凝聚核，进而形成浓雾。燃煤粉尘中的三氧化二铁催化二氧化硫氧化生成三氧化硫，进而与吸附在粉尘表面的水化合生成硫酸雾滴，人们吸入硫酸雾滴后会受到强烈的刺激作用，体弱者会发病甚至死亡。[①]

3. 污染治理

环境污染不仅给人类生活健康带来了危害，还给伦敦的工业化进程带来了极大阻力。烟雾事件以后，伦敦采取了阻隔、吸附、减排等一系列环境改善措施。伦敦外围建有面积达4000多平方千米的大型环状绿色屏障；尝试使用钙基黏合剂吸附大气中的尘埃，在人口嘈杂、污染严重的城区，清扫工将这种黏合剂投放到街道，使这些区域的大气微粒下降了14%左右。1954年，伦敦通过治理污染的特别法案，随后颁布了一系列空气污染防控法规，针对各种废气排放进行严格约束，并明确了处罚措施。这些措施的实施，有效减少了烟尘和颗粒物，1975年伦敦的年雾日减少到了15天，1980年则进一步降到5天，伦敦彻底摘掉了“雾都”帽子。

20世纪80年代后，交通污染取代工业污染成为伦敦大气质量的首要威胁。为此，政府出台了一系列措施来抑制交通污染，包括优先发展公共交通网络、抑制私车发展、鼓励新能源交通发展、整治交通拥堵等以减少汽车尾气排放。伦敦采取高额返利、免交碳排放税、免费停车等措施鼓励购买电动汽车；计划建设12条自行车高速公路，提倡自行车交通替代机动车出行；征收交通拥堵费，周一至周五早7点至晚6点半

① 胡思勇. 世界范围内的百年经济奇迹：荷兰、英国、美国、日本的经验与教训. 北京：中国社会科学出版社，2012.

进入市中心约20平方千米范围内的机动车每天征收5英镑，拥堵费收入全部用作改善伦敦公交系统，此后收费范围不断扩大，收费标准也提高到每日8英镑。

伦敦烟雾事件是“重经济、轻环保”导致的必然结果，我们必须引以为鉴。当时英国政府推行的是自由放任的市场经济，对企业行为的溢出效应认识不足，也有财政收入的考量，忽视了对大气环境的有效治理。企业家在利润最大化思想支配下，追求企业规模扩大、成本开支减少，一味降低环保设施设备建安成本和运行支出。社会公众虽然对燃煤污染有所抱怨，但也认为污染是获得财富必须接受的条件，甚至将污染带来的黄雾当成伦敦的象征，吸引旅游者到伦敦来看雾都景色。

### （五）四日石化废气事件

#### 1. 事件回顾

四日石化废气事件又称四日市哮喘事件，发生在1961年的日本三重县四日市。四日市位于日本东部伊势湾西岸，1955年这里相继兴建了十多家大的石油化工厂和百余家中小企业，每年排出大量的硫氧化物、碳氢化物、氮氧化物和飘尘等污染物，造成严重的大气污染。化工厂终日排放的气体和粉尘，使昔日晴朗的天空变得污浊不堪，工厂邻近地区恶臭刺鼻，人们即便在夏日也不能开窗。随着污染的日趋严重，支气管哮喘患者显著增加。1961年，空气污染引发的呼吸系统疾病开始在四日迅速蔓延，很多人患有支气管炎、哮喘、肺气肿、肺癌等呼吸系统疾病，患者中慢性支气管炎患者占25%、哮喘病患者占30%、肺气肿患者占15%。1964年，这里曾经有三天烟雾不散，哮喘病患者中不少人因此死去；1967年，一些患者因不堪忍受折磨而自杀；1970年，患者达500多人；1972年，全市哮喘病患者871人，死亡11人。这就是闻名中外的八大环境公害事件之一，大气污染导致的哮喘病因最早发生在四日市而被命名为“四日市哮喘”，它是以支气管哮喘为主要症状、以阻塞性呼吸道疾患为特征的一种公害病。后来，由于日本各大城市普遍烧用高硫重油，致使四日市哮喘病蔓延全国，如千叶、川崎、横滨、名古屋、水岛、岩国、大分等几十个城市都有哮喘病在蔓延。据日本环境厅统计，到1972年为止，日本全国患四日市哮喘病的患者多达6376人。[①]

2. 事件起因

作为日本京滨工业区的门户，四日市近海临河，交通方便，是发展石油工业的好地方，因而被日本的垄断资本选中。1955年，利用盐滨地区旧海军燃料厂旧址建成第一座炼油厂，从而奠定了这一地区的石油化学工业基础，前后相继兴建了三家石油化工联合企业。到1958年以后，有“石油联合企业城”之称的四日市成了日本重要的临海工业区，市内工业主体是盐滨地区和午起地区的联合企业。午起地区在四日市北部填海造地，区内建有电厂和午起联合企业。在三大石油联合企业的周围，又挤满了三菱油化等10多家大企业和100多家中小企业，四日市的石油产业占当时日本石油工业的四分之一。石油冶炼和工业燃油产生的废气，严重污染了城市空气，工厂粉尘、二氧化硫年排放量达13万吨，大气中二氧化硫浓度超出标准5～6倍，在四日市上空500米厚度的烟雾中飘着多种有毒气体和铝、锰、钴等有毒金属粉尘，重金属微粒与二氧化硫进一步形成有毒的烟雾。

伴随工厂带来的滚滚财源，可怕的环境病也悄然潜入了人们的生活中。有毒的烟雾进入人体内，强烈地刺激和腐蚀人的呼吸器官，引起气管和支气管的反射性挛缩。长年累月地吸入含有二氧化硫和金属粉尘污染的空气，呼吸器官会受到损害，使气管和支气管管腔缩小，黏膜分泌物增多，呼吸阻力加大，换气量减少，形成支气管炎、支气管哮喘以及肺气肿等呼吸道疾病，进入肺部会引起癌症，逐步削弱肺部排污能力。随着污染的日趋严重，支气管哮喘患者显著增加，1961年开始，哮喘病在四日市大发作。这种情况引起了各界的广泛注意，人们开始探索致喘原因。四日市医师会调查证明，患支气管哮喘的人数在受到严重污染的盐滨地区比非污染的对照区高2～3倍。对家族遗传因子调查和室内尘埃提取液皮内过敏试验的结果表明，室内尘埃和遗传因子不是四日市支气管哮喘高发的原因，同时新患者一旦脱离大气污染环境，就能取得良好的疗效，从而推断大气污染是主要的致喘因素。后来的观察又发现，哮喘病患者的发病和症状的加重都与大气中二氧化硫的浓度呈明显相关关系，进而认为

---

① 张庸. 日本四日市哮喘事件. 环境导报，2003(22)：31.

二氧化硫是与致喘密切相关的因素。日本三重大学吉田克己教授针对哮喘发生源的调查发现,哮喘高发的盐浜地区位于四日市石油联合企业废气排放源的下风向,从区位来看工厂的废气会集中于该地;由于石油燃烧不会产生黑烟,曾经一度被认为是优于煤炭的清洁能源,而这次事件证明,导致四日市哮喘的有害物质在石油中也大量存在。[①]

3. 污染治理

首先是日本民众进行了反击,四日市因企业公害而患哮喘病的 9 名居民,于 1967 年将电力公司、化学公司、石油提炼公司等 6 家企业告上法院,请求停止工厂运营和巨额损害赔偿。这是日本第一次因大气污染提起的公害诉讼,一场声势浩大的反公害运动由此引发,官司打了 4 年 10 个月,法院认定污染企业"共同的不法行为",支持了原告全体的损害赔偿请求,但未同意停止工厂运营的请求。判决出来后引发连锁反应,《公害健康被害补偿法》等相关法律出台。四日石化废气事件发生后,当时的日本政府很快理出了思路,清醒地判断出大气污染两大发生源,即固定污染源的工厂和移动污染源的机动车。随后有针对性地采取了两大污染治理措施,针对固定污染源采取安装脱硫脱氮装置的办法,降低工厂有害物质的排放;针对移动污染源,颁布法律法规限制车型与车辆。同时借助信息化手段开展有效监控,落实大气污染治理政策措施。

由于治理措施大多属于日本国家层面的,所以在后述内容中将结合日本大气污染治理行动加以阐明。不过在日本四日石化废气事件和后续污染治理中,我们有几点可以借鉴:一是公害疾病快速确定,免费治疗,发生的治疗费用由国家财政资金支付,这在我国环境公害病的处理中值得学习;二是监管到位,治理政策措施才能得到真正落实;三是民间公害诉讼是重要的推动力量,能够让企业重视污染治理,敦促污染防治立法。[②]

---

① 傅喆,寺西俊一. 日本大气污染问题的演变及其教训——对固定污染发生源治理的历史省察. 学术研究,2010(6):105-114.

② 陈强. 世纪之殇:日本史上的大气污染. 羊城晚报,2013-03-30.

## 二、觉醒与行动

回顾大气环境公害历史事件，发达国家防治大气污染的经验教训值得我们总结和借鉴。作为工业化的先驱者、生态友好国家的先行者，英国、德国、美国、日本等国家就像一面镜子，可以为我国制定大气环境治理措施和政策提供参考，它们也是一个榜样，可以增添我们战胜大气污染的信心。

### （一）英国：从老牌工业化国家到生态文明的典范

#### 1. 英国工业化与煤烟之苦

（1）英国工业化发展促进城市化进程

英国是人类历史上第一个进行和实现工业化及现代化的国家，开创了一条工业化的道路，形成了颇具先导性的发展模式。英国的工业化给我们留下了许多成功的经验，也留下了一些深刻的历史教训，这些教训将有助于后来者树立科学的工业化发展理念、寻找可持续的低碳发展道路。

15 世纪至 16 世纪，在发生黑死病之后，英国的毛纺织业在农村飞速地发展起来，由于受到行会的束缚，城市手工业则日益失去活力。农村手工业和商品经济的发展，吸引了众多的城市人员和工商资本转向农村，作为农产品交易市场和农副产品加工中心的集聚地，在乡村逐渐形成了许多新兴城镇，进而推动了乡村经济向资本主义商品经济过渡，带动和加速了工业原材料生产和商品化的发展。工业革命在加快了工业化的步伐的同时，又促使农业向深度和广度发展，由农业提供工业革命时期所需的人力、物力、财力及交易市场，进而促进了英国的城市化进程。随着产业革命的完成，英国资本主义经济有了巨大发展，这时的英国已经成为世界工厂，工商业资产阶级对此欢欣鼓舞，纷纷要求改变国策，极力主张自由贸易和资本主义的国际分工。“自由贸易意味着改革英国全部对内对外的贸易和财政政策，以适应工业资本家即现在代表着国家的阶级的利益。”①

---

① 马克思恩格斯全集(第 22 卷). 中共中央马克思恩格斯列宁斯大林著作编译局，译.北京：人民出版社，1965.

以工商业资产阶级的利益为出发点的政策的施行，牺牲了对本土具有重要意义但成本较大、经济利益较少的农业部门，导致了本国农业的逐渐萎缩，英国农业产值占比从 1801 年的 32.5％下降到 1901 年的 6.4％。[①] 当然，英国工业化过程中忽视农业的发展所带来的教训是极其深刻的，对国家的消极影响也极为久远，值得我们借鉴。

在工业化进程中，城市化趋势不可避免，乡村变成工业城镇，城镇变成大的工业城市。这虽然意想不到，但城市化既是英国工业化的结果，又是工业化发展的需要。第一次工业革命促使小城镇爆发式发展，推动了小城镇不断延伸，继而其发展成为各具特色的大城市。如格拉斯哥在 18 世纪末还是一个默默无闻的小乡村，但到 19 世纪 30 年代已经成为颇具规模的大工业城市。工业革命在促进工业发展的同时，也改变了英国的能源结构，煤炭成了工厂、交通、家庭的主要燃料。工业革命后，英国的交通运输繁荣发展，成了英国城市化的加速器。在 1836 年后的短短 20 年里，英国的铁路总里程超过了 1 万千米。第一次工业革命前，英国的城市化率不到 20％，1851 年英国的城市化率突破了 50％，1861 年更是超过了 60％，如今的英国城市人口比例已经达到 90％。[②]

（2）城市化带来了严重的大气污染

英国的工业化和城市化所引发的“城市病”也让人措手不及，英国“城市病”最突出的病症就是日益严重的城市环境污染问题，而水污染和大气污染是英国城市污染的主要表现。就大气污染而言，工业革命时期以煤为燃料，由于那时没有任何环境保护措施，各类工厂和家用炉灶烧煤时所排放的烟尘以及硫氧化物、碳氧化物等有害气体，成为英国主要的大气污染源。如煤炭的生产量和消费量在工业革命时期快速上升，英国的煤炭产量 1816 年为 1600 万吨，1826 年为 2100 万吨，1836 年为 3000 万吨，1846 年为 4400 万吨，1856 年为 6500 万吨；英国的煤炭消费量 1800 年只有 1000 万吨，1856 年增长到 6000 万吨，1869 年则达到 16700 万吨。[③]

一家家以煤作为燃料的大工厂连续不断排放出含有各种有害物质的

---

① 钱乘旦. 第一个工业化社会. 成都：四川人民出版社，1988.

② 叶林.空气污染治理的国际比较研究.北京：中央编译出版社，2014.

③ 刘金源.工业化时期英国城市环境问题及其成因.史学月刊，2006(10)：50-57.

浓烟，不仅对动植物和建筑物构成损害，而且直接或间接地伤害着人们的健康。历史学家保尔·芒图曾描写道："我们的大工业城市丑陋、黝黑，被烟雾包围着。曼彻斯特和附近的一些小城市，到处都弥漫着煤烟，在煤烟的侵蚀下，原来漂亮的红砖建筑物都变成了黑砖，给人一种特别阴暗的印象。在伯明翰地区，炼钢业的发展使城市上空整日锤声回荡，夜间则被熔炉的火光照得通红，整个地区成为了名副其实的'黑乡'。在伦敦，烟与雾相互混杂，形成浓浓的黄色烟雾，长年萦绕在城市上空。"[①]法国旅行家笛福曾经对新兴的炼铁业中心谢菲尔德有过这样的描写，"这里人口众多，街道狭窄，房屋黑暗，不停工作着的铁炉烟雾不断"，"谢菲尔德是我见到的最脏、最多烟的城市之一"，"人们不停地把尘埃吸入体内，人在城里待久了，就必然吸进煤烟，积在肺里，受到有害的影响"。[②] 老百姓深受大气污染之苦，他们的院子照不到阳光，没有新鲜空气，也不知干净的雨水为何物。19 世纪后期，英国最严重的公共健康问题之一就是呼吸系统疾病流行，公众舆论普遍认为这与英国的大气污染有直接关系。[③]

(3) 英国大气污染源的特征

是什么原因造成英国的大气如此之差呢？研究表明，1950 年以前，英国的大气污染物主要来源于各类工厂和家庭烧煤的煤烟，同时交通尾气的污染也不断增强。煤燃烧时除产生大量烟尘外，在燃烧过程中还会形成一氧化碳、二氧化碳、二氧化硫、氮氧化物、有机化合物及烟尘等一次污染物，这些有害物质在发生化学反应后又会产生硫酸、硫酸盐类气溶胶等二次污染物。产生的污染物的多少跟燃烧效率、燃烧工艺、烟尘处理技术、煤的品质等密切相关，一般燃烧效率越高，产生的污染物就越少，对大气的污染就低；反之亦然。由于当时燃炉结构简单、工艺落后，烟囱较矮，加上缺少除尘设备技术，因而排放的烟气中有毒物质含量高，污染物对大气质量的影响严重。

---

① 保尔·芒图. 十八世纪产业革命——英国近代大工业初期的概况. 杨人楩，陈希秦，等译. 北京：商务印书馆，1983.

② 伊斯顿·派克. 被遗忘的苦难：英国工业革命的人文实录. 蔡师雄，等译. 福州：福建人民出版社，1991.

③ 黄光耀，刘金源. 成功的代价：论英国工业化的历史教训 . 求是学刊，2003，30(4)：116.

燃煤污染源主要有两个方面。一是家庭生活烧煤。随着城市化进程的加快,城市人口快速增长,用煤量急剧增加,导致排出的废弃物也相应增加。1750年,伦敦是英国唯一一个人口超过5万人的城市,工业革命后,大小城市如雨后春笋般在英国各地涌现,城市人口规模也急速扩大。以伦敦为例,1801年城市人口达到109万人,1881年增加到470万人,1911年更是达到了700万人。由于家庭用煤更加粗放,比工业用煤产生的黑烟更多,对大气的破坏也更严重。二是工业用煤。工业革命特别是第一次工业革命,使英国的工业得到了空前的发展,工业产值突飞猛进。1870年,英国的工业产值在世界工业总产值中占32%,人均产值在1800—1900年的100年间翻了两番。[①] 工业的发展使得工业耗煤量快速增加,工业排放成了大气污染的主要力量。

交通污染源在英国的大气污染中也扮演着重要的角色。汽车给人们的生产和生活带来了便利,但也会给人们造成危害。在工业化过程中,英国居民的收入不断增加,为汽车进入生活提供了经济基础。而城市规模的扩大,需要快速的出行工具将人们及时带到需要去的地方。20世纪,英国的公共汽车保有量快速增加。以伦敦为例,1904年还只有30辆公共汽车,1907年就有900辆公共汽车,1933年更是达到了4656辆。之后,伦敦的公共汽车数量增速不大,但家庭小汽车拥有量急剧增加,1971年达到170多万辆,1980年增加到244万辆。[②] 此时英国全国小汽车达到2000多万辆,交通尾气对大气环境的压力越来越大。

2. 全社会协同清洁空气

工业化给英国带来福祉的同时,也带来了严重的污染。伦敦烟雾事件发生后,英国政府痛定思痛,决心扭转大气污染趋势。

(1) 立法作为治理大气污染的主要手段

在英国的大气污染治理过程中,体系完备、涵盖范围广泛的大气污染治理法律法规系统是保障。英国的大气污染防治法律以国家立法为主,

---

① 菲利斯·迪恩,W. A. 科尔. 英国经济增长:1688—1959年. 剑桥:剑桥大学出版社,1962.

② 许建飞. 浅析20世纪英国大气环境保护立法状况:以治理伦敦烟雾污染为例. 法制与社会,2014(13):91-93.

通过立法来健全大气污染防治体系，以至于环保专家们认为，英国的好空气是通过法律管出来的。早在1863年，英国就出台了《工业发展环境法》（也称《碱业法》），以控制制碱工艺所产生的有毒有害气体。1874年，修订出台了《工业发展环境法》（也称《碱业及化学工厂法》），首次对氯化氢的最高排放限值做出了规定。1926年，颁布了《公共卫生（烟害防治）法》，以防止烟尘危害。1930年，颁布了《道路交通法》，以限制机动车辆的行驶。

为了加强大气污染的综合治理，英国政府于1956年出台了世界上第一部大气污染防治法案，即《清洁空气法案》，这部法律在1970年、1977年和1990年根据形势的变化又进行过重要修订，该法已成为大气污染防治的主要法律依据。其主要目的是减少煤炭用量，主要措施包括：①在市区内设定"烟尘控制区"，禁止区内工厂燃煤，要求燃煤发电厂和重工业设施迁至郊外；②禁止排放黑烟，所排烟尘评判以林格曼黑度为标准，对燃烧工具的内部构造和燃料环保标准做了详细的解释；③限定烟囱高度，并允许地方社会团体有一定的裁量权，根据实际情况制定建筑标准规范；④控制使用烟煤，对达到一定规模的设备安装清尘装置，并对烟雾排放量进行监测；⑤改造居民传统壁炉，采用集中供暖的方式。

1956年、1957年和1962年又连续发生了多达12次严重的烟雾事件。1974年英国出台《控制公害法》，对空气、水域和土地的保护做了全面规定，对诸如工业燃料的含硫上限等制定了硬性标准。此后，政府先后颁布了《公共卫生法》《放射性物质法》《汽车使用条例》等多项法令，这些法令的严格执行与实施，对控制大气污染和保护城市环境发挥了重要作用。1993年1月开始，所有在英国出售的新车都必须加装催化器以减少氮氧化物污染。

1995年《环境法》应运而生，该法要求制定一个治理污染的全国战略。《国家空气质量战略》于1997年3月份出台，根据国内、欧盟及世界卫生组织的标准，设立了必须在2005年前实现污染控制定量目标，要求工业、交管和地方政府共同努力，减少一氧化碳、氮氧化合物、二氧化硫等常见污染物的排放量。该战略规定各个城市都要进行空气质量的评价与回顾，对达不到标准的地区，政府必须划出空气质量管理区域，并强制其在规定期限内达标。2007年修订《国家空气质量战略》，新增对细颗粒物的监控要求,提出到2020年前将大气中细颗粒物的年平均浓度控制在每立方米25微克以下,道路等高污染区域不能超出这一上限,而在乡村等空气较好的区域,还会实行更严格的监控规定。

1997年,《空气质量法》出台,用以控制交通污染。2003年,发布能源白皮书《我们能源的未来:创建低碳经济》,首次提出“低碳经济”概念,宣布英国将实现低碳经济,到2050年,要把英国建成低碳经济国家。2004年,出台了《伦敦市空气质量战略》,以更好地控制伦敦的大气污染和保护城市环境。2008年,通过了《气候变化法》,该法规定,到21世纪中期,英国温室气体排放量必须依法减少80%,还规定了控制能源的具体措施。之后,英国制定了详细的低碳转型国家战略方案,规定了“碳排量”和“碳预算”,设立了气候变化委员会,具体负责研究控制碳排量目标。2012年,英国开始运行经过修订、改善和细化的空气质量指数评价体系,其中最关键的改变是细颗粒物等若干评价标准也被纳入其中。

(2) 社会共治是英国大气污染治理的一大特色

首先是中央、地方、民间协同。从中央到地方、从皇家到民间,整个英国上下联合,共同治理大气污染。中央层面,进行机构改革,成立环境保护部门,采取专业治理模式,以改变之前在大气污染治理行动中的被动局面。1997年,英国政府将环境交通与区域部、农业部、渔业部和食品部合并,成立环境、食品与农村事务部,全面负责环境事务,并在地方政府中设立分支机构,确保纵向协调效率。该部门集中了环境保护中所需要的司法权、财政预算权和政策决定权,这种综合权减少了环保政策制定、实施和推广的阻力,保证了环境治理措施迅速有效的推进。2008年,为了更好地治理大气污染,英国政府成立了能源与大气变化部,对大气污染进行专门的管理。在环境、食品与农村事务部下面,建立了独立运行的环境署,合并了原河流局、污染监察局、废物管制局、环境事务部下设的一些分支机构,统一土地、大气、水资源管理体系,作为独立运行的公共机构,环境署的主要工作人员都是科学家和技术专家,保证了环保法规政策执行不受政治等因素的影响,确保政策效果。1970年,英国议会设立皇家环境污染防治委员会,负责监督各环境要素的综合治理,起高层次的协调作用。地方层面,政府应中央要求也设立了专门的环境保护部门,监控重点排污地区,管理大气污染等环境问题,执行环保法规,落实环保政策。民间层面，一些高校、研究机构和社团纷纷成立环保机构，出现了大量的环保组织。1975 年，英国的社会环境团体达 1400 多个，形成全面的网络化状况，对公共环境政策的影响力日趋显著。另外，民间环保科研力量也得到了政府的扶持，成立了许多环保研究机构，例如英国知名的自然环境研究委员会就是一个典型的非政府公共机构，每年从政府那里获得 3.7 亿英镑的财政拨款[①]，负责大气、土壤等的监测和研究工作，目前该机构已成立了十几个专业研究所。又如，华伦·斯普林实验室，根据全英国的1200多个监测站的测定结果，分析估计大气中烟尘和二氧化硫的含量，为各地制定有针对性的环保标准提供科学依据。[②] 民间科研力量的广泛参与，为大气污染治理提供了科学理论支撑。

其次是政府、企业、居民、社会组织协作。英国在大气污染治理中，通过有效的协商模式，让政府、企业、居民、社会组织共同参与。中央政府负责立法，地方政府、社会团体和相关群体负责监管和执行。不像其他工业化国家，英国政府不是环境保护政策的具体执行者，而是通过财政拨款、授予荣誉等多种方式鼓励社团或组织参与进来。例如，给予某些团体“准官方”地位，由英国皇室授予环保组织“皇家”称号，作为参加环保行动的荣誉。虽然英国的排放标准要求高，政策执行严，但企业与政府之间很少为大气污染的标准问题产生分歧，这主要是协商的结果。政府在制定环保政策和目标时，政府与企业协商已成为常态，政府会召集相关主要经营企业和环保组织负责人共同协商，听取多方意见，出台的法规政策也会综合各方利益，确保政策合理有效。对于居民，在环境问题的讨论、决策、监督、执行上积极参与，“改善大气质量从我做起”的理念深入人心，如果政府在治理空气方面稍有疏失，主流媒体和民众也不会替政府粉饰遮掩，而会通过不同途径和方式大胆抨击。1985 年通过的《地方政府法》和 1990 年通过的《城镇和乡村规划法》也规定有可能造成环境伤害的项目设施必须引入公众参与，公众有咨询和参与政府决策的法定权利。居民往往是大气污染受害者，政府采取居中调停的办法，通过严格的法律制度解决污

---

① 李峰. 英国环境政治的产生及其特点. 衡阳师范学院学报(社会科学)，1999(5)：14-18.

② 梅雪芹. 工业革命以来西方主要国家环境污染与治理的历史. 世界历史，2000(6)：20-28.

染企业与居民间的纠纷。环保组织也充分发挥其在政府和社会中的作用，经常作为社区和居民利益的表达机构，通过正式或非正式的政治和社会渠道进行游说，实现环境问题的解决，促进大气环境保护立法。政府还及时将大气治理信息向民众通报，通过网络向市民发布实时大气质量数据、污染物1小时浓度和周趋势图，缩短了大气质量信息与民众的距离。

在采取了一系列的综合治理措施之后，英国的大气污染得到了有效的控制，空气质量有了明显的好转，英国已成为世界空气质量最好的国家之一。在大气污染治理方面，英国很多方面值得我们学习，除了强化法律法规并适时更新、全社会协同合作治理外，遍布城乡设置大气监测网络、鼓励使用低排放车辆和电动汽车、设立污染区和燃炉改造、污染者付费、确保政策可行的协商机制等措施值得我们借鉴。

### （二）德国：经济效益与环境效益双赢的佼佼者

#### 1. 欧洲大陆的工业巨人与大气污染

德国是工业化程度很高的国家，在工业化进程中，曾经历了严重的大气污染。尤其是鲁尔煤铁重工业区，20世纪六七十年代空气污染严重，污染最严重时白昼如黑夜般，连生活在鲁尔区的蝴蝶的保护色都变成了黑色。

(1) 大企业引领德国工业后来居上

德国的工业虽然起步较早，但真正赶超英国、法国等最早起步的工业国家，是在第二次工业革命时期，德国抓住了工业革命契机，迅速发展成为欧洲大陆的工业巨人。早在德意志帝国建立之前，一些重要企业在德国就开始发展了。1818年，因负债而停产两年的德国克鲁伯铸钢厂，在创始人弗里德里希·克鲁伯努力下恢复生产。1826年，克鲁伯将工厂转交给他的儿子，但工厂的经营一直没有什么起色。在普鲁士等地的积极推动下，1834年，以普鲁士为首的38个德意志邦联的邦国组成德意志关税同盟，结成了一个紧密的贸易和经济区域，扫除了相互之间的贸易障碍，促进了19世纪德国工业革命的发展，这也是德国走向经济和政治统一的重要步骤。1834年，由于铁路的修建，克鲁伯铸钢厂接受第一批铸钢车轮的订货，工厂出现转机并迅速发展起来，工人从1831年的11人，增加到1849年的683人，19世纪60年代已经超过了1700人，1912年在埃森雇用了68300人。这时的克鲁伯铸钢厂在军事工业和机械工业方面取得了长足的发展,不但能生产供应车轮,而且还生产火炮,并大部分出口到外国。这一时期,与制造业相关的冶炼业和煤炭业也迅速发展。从1871年到1913年,石煤产量从2900万吨猛增到1.9亿吨,褐煤开采量从850万吨上升到8700万吨,[①]钢产量从17万吨增至1832万吨,铁产量从139万吨增至1931万吨。[②]

1866年,德国发明家威纳尔·冯·西门子制成了发电机,在1867年设计并制造了发电机并将其用于电气化铁路上,电力逐渐成为补充和取代以蒸汽机为动力的新能源,电器开始代替机器,电灯、电车、电影放映机相继问世,人类进入了电气时代,促进了经济的发展。19世纪70年代,第二次工业革命开始。在与西门子的合作下,德国人埃米尔·拉特瑙在1883年成立了德国爱迪生应用电气公司,后来逐渐脱离了西门子而成为独立的德国通用电气公司。通用电气和西门子公司推动了德国电气工业的发展,并形成了强大的技术创新能力。

德国很早就出现了很多小型化学企业。在德意志帝国时期,很多化学工业合并为德意志中央染料公司,这个染料公司在德国的化学工业中一直处于领先地位。在其影响下,德国的染料、化学制药以及其他的化工产品在此期间也得到了迅速发展,加上德国在基础科研方面的实力,使德国的化工产品享有了国际性的声誉。20世纪初,德国的合成染料工业占世界染料市场总常量的90%。[③] 正是由于大公司的规模性发展,德国的工业能够后来居上,迅速赶上并超过了先起步的英国、法国,德国生铁生产量1860年超过比利时、1870年超过法国、1903年超过英国、1913年超过美国,钢生产量1893年超过英国,1913年德国对外贸易居世界第二位,社会生产总值已居世界第三位。[④] 工业的进步和发展也带动了铁路、航运业的发展,德国在短时期内建立起了十分完整的铁路系统和庞大的商业贸易舰队,铁路长度从1870年的18887千米增至1912年的60521千米,

① 邢来顺.德国工业化经济——社会史.武汉:湖北人民出版社,2003.

② 张晓兰.一战前德国工业化的历史经验及其典型化事实.(2015-01-16)[2015-03-14]. http://www.sic.gov.cn/News/81/4112.htm.

③ 邢来顺.德国工业化经济——社会史.武汉:湖北人民出版社,2003.

④ 胡戈·奥托.经济史补遗.威尔茨堡,1984。

蒸汽动力船只从1871年的81994万吨增至1913年的4380348万吨。[①]

(2)德国工业化促进城市化的迅猛发展

德国的工业化推动了城市化,德国城市的兴起与工业化几乎同步进行。工业革命开始之后,农业人口向工业、商业和服务性行业流动,使德国大城市和中小城市在各地逐步繁荣。大批劳动力从农村转移到城市,又加速了德国工业化和城市化发展进程。

19世纪前期,农村富余劳动力尤其是东部农业区的人口逐渐向城市转移,城市经济获得较快发展。到1840年,德国一些城市已初具规模,十万人口以上的城市有两个,其中柏林17.2万人、汉堡13.0万人,德国的小城市也得到发展,分布比较广。

19世纪中期,大批农村劳动力转移到城市,德国西部城市发展很快,东部城市人口增长速度已经超过农村人口增长速度,鲁尔、莱因等新兴工业地区和萨克森、柏林等地区,成了工业、商业集中的地区,这些城市因公路、铁路建设向外扩展,城市面积不断扩大,人口迅速增加。1850年柏林人口已达41.9万人,慕尼黑达11.0万人,布勒斯劳达11.4万人。

19世纪中后期,德国城市化发展迅速,为了加强对外来农村人口的管理,很多城市着手城市功能布局,将城市划分为工厂区、住宅区、商业区等,城市逐渐发展成综合性的大都市,普鲁士的莱因和萨克森尤为突出。住在1万人城市里的人口比例从1871年的12.5%增加到1910年的34.7%。到1910年,德国基本实现了城市化,住在2000人以上的城市人口已经占全国人口的60%,其中21.3%的人生活在10万人以上的大城市,13.4%的人生活在1万~10万人的中等城市,25.4%的人生活在2000~10000人的城镇。与英国、法国、美国相比较,德国的经济发展较为均衡,工业化兴起晚,农业劳动力转移以近区流动为主,流向分散,所以德国的中小城市多,分布较均匀,人口过于集中的大城市少,各个城市的经济特色鲜明。城市化过程中,各类城市相对协调发展,布局较为合理,因而城市化对环境的破坏相对较小。当然,就德国全境看,也有像较早发展起来的工业城市西部鲁尔区,其经济发展、人口分布及城市布局就有过

---

① 陈晓律.影响德国经济发展的几个因素.杭州师范学院学报(社会科学版),2001,23(1):1-8.

度集中的现象。[①]

(3) 工业化与城市化过程中的大气污染问题

环境污染问题在西方发达国家工业化过程中都存在，德国也是如此。第一次世界大战之前，德国迅猛发展的工业化和城市化带来的环境问题和大气污染也逐步显现，特别是在大型的工业城市，严重的大气污染给人们的生活带来了极大的不便和危害。例如，作为全球重要制造业基地的德国鲁尔工业区，始自19世纪中叶的煤矿开采，是第二次世界大战后德国经济复苏的发动机，鲁尔区也因此成为德国大气污染重灾区。到20世纪60年代，鲁尔区的空气污染也达到前所未有的高度，1961年鲁尔区共有93座发电厂和82座冶炼高炉，每年向大气中排放150万吨烟尘和400万吨二氧化硫。化工厂排放的废气、不断增加的汽车尾气，持续不断地污染着大气。在那个时代，鲁尔区的许多城市是灰暗的。

1962年12月，鲁尔区首次遭遇雾霾危机，逆温层天气一连持续了5天，空气中的有害物质不断累积，部分地区大气中的二氧化硫浓度高达5000微克/米$^3$。当地居民呼吸道疾病、心脏疾病和癌症等发病率明显上升，当月死亡人数同比猛增了156人。据史料记载，鲁尔区的大气污染让人触目惊心，数千座烟囱夜以继日地排放着滚滚浓烟，灰霾严重时伸手不见五指；天降灰雨，城市好像被火山灰淹没了；洗涤后的衣物不能在室外晾晒，否则会变得更脏；长期生活在污染地区的居民出现呼吸道痉挛，白血病、癌症及其他疾病的发病率也明显上升。[②] 因为工业发展给人们带来了富足的生活，况且污染程度较小，危害不像英国伦敦那样明显，污染被视为伴随经济发展的必然现象，因而那时的人们很少抱怨。

2. 超前治理大气污染

(1) 用最严厉的法律和标准治理大气污染

德国的环保法律体系十分完善，是欧洲生态与环保的典范，德国制定了比欧盟更为严格的环境标准，是世界上环保措施最严格的国家之一。从20世纪60年代开始，德国开始重视环境保护，联邦政府和地方政府在与各方利益博弈的过程中，陆续出台了一系列污染防治法规。1961年，

---

① 肖辉英. 德国的城市化、人口流动与经济发展. 世界历史，1997(5)：62-72.

② 王志远. 德国鲁尔区污染警报是如何解除的. 经济日报，2014-02-10.

时任德国总理勃兰特在联邦议会大选中承诺要还给鲁尔区一片蓝天，在当时具有明显的超前意识。1964 年，鲁尔区所在的北威州出台了德国第一部地区污染防治法，设定了空气污染浓度的最高限值，最重要的大气污染防护防治措施是把烟囱加高到 300 米，此举虽然有效降低了鲁尔地区的空气污染，但欧洲其他地区却为此遭受酸雨之苦。

由于德国环境污染持续恶化，环境问题成了公众最关注的公共问题之一。1974 年，德国颁布《联邦污染防治法》，以执行更为严格的污染限值来控制工业企业的排放。1964 年到 1974 年，二氧化硫的年平均限值从 0.4 毫克/米$^3$ 下调到 0.14 毫克/米$^3$，硫化氢从 0.15 毫克/米$^3$ 下调到 0.005 毫克/米$^3$，二氧化氮从 1.0 毫克/米$^3$ 下调到 0.1 毫克/米$^3$，并对大气质量的监测和改善、排放登记册、公众知情权、空气净化计划及其行动计划等做出了详细的规定。后来联邦污染防治法又做了几次修订、补充，这成为德国制定大气污染治理法律政策的基础。

1990 年，德国颁布了《联邦废气排放法》，被授权的相关部门在全国建立了监测站，专门监控尾气排放。1993 年的《宪法》对环境保护这一目标也做出了专门规定，使大气污染上升到基本法的高度。之后，德国还出台了《联邦排放污染物控制法》《空气质量控制的补充技术说明》《德国钢铁工业空气质量控制》《大气环境监理专题目录》《臭氧减排政策》，还制定了《德国 21 世纪环保纲要》。目前，德国联邦和各州的环境法律、法规有 8000 部，加上实施的约 400 个欧盟相关法规，德国已建立起世界上完备、详细的环境保护法。

德国致力于联合国和欧盟的环保行动，是全球大气质量保护的主要发起国和参与者。1979 年，签署《关于远距离跨境空气污染的日内瓦条约》；1999 年，签署了《哥德堡协议》，德国承诺到 2005 年氮氧化物排放量比 1990 年减少 60%，到 2010 年完成二氧化硫排放减少 90%，氮氧化物排放减少 60%。自 2005 年起，德国实行统一的欧盟排放标准，即 $PM_{10}$ 年平均值低于 40 微克/米$^3$，日平均值低于 50 微克/米$^3$；2010 年起，德国将欧盟 $PM_{2.5}$ 标准引入本国，并争取到 2020 年 $PM_{2.5}$ 年平均浓度降至 20 微克/米$^3$ 以下。[①]

---

① 王志远. 德国鲁尔区污染警报是如何解除的. 经济日报，2014-02-10.

（2）重视大气环境治理的民间协同

德国在大气污染防治方面不仅仅只有完善的法律体系，德国人的环保意识也是全球领先的。德国联邦环保部公布的2013年民意调查结果显示，92%的人认为环境保护很重要，87%的人表示自己的行为必须有利于环保，75%的人希望德国的环境政策应该继续维持在欧盟的领先地位。[①] 大部分民众愿意为绿色能源付出更高的费用，这为大气污染治理提供了民众基础。德国民众不折不扣地执行环保法规，不使用超标的汽车，主动使用节能家电，出行多搭乘公共交通或骑行，主动选用可再生能源，尽量减少有害气体和颗粒物的排放，企业也会尽可能利用先进技术或者采用新能源来使排放达标，企业大部分员工会乘公共交通或者骑自行车上班。

德国高度重视对民众的环保教育，宣传环保理念。在德国城市街道上，环保广告随处可见，柏林有许多广告呼吁人们减少使用私人车。截至2013年德国有90多家汽车共享协会，拥有会员近7万人，一辆共享的汽车可取代6～10辆私人汽车。德国有上千个环保组织，人员达200万人左右，这些义务环保人员非常活跃，常常到处举行环境保护宣传活动。德国的环保教育从幼儿就开始进行，法律规定幼儿园要把教导儿童维护自己以及周围环境的卫生作为一项重要内容；孩子一上小学，就会领到一本环保记事本。德国民众有直接参与环境决策的可能性，积极参与大气污染的治理和监督。

民众也会积极参与环境立法或环评，提供意见。德国法律赋予了公民获知大气状况报告的权利，政府网站会及时公布大气质量监测数据，报纸也会发布每日大气质量指数，为公众参与大气防治提供方便。公民也有权督促政府对污染大气的行为进行制止或惩罚，一旦企业存在污染大气质量的问题，公民有权要求相关机构对企业进行调查，要求他们根据法律更新完善装置，如果企业不予解决，相关机构有权让企业停业。[②]

---

① 史建磊.德国持之以恒治理大气污染.(2015-03-02)[2016-03-12].http://finance.chinanews.com/ny/2015/03-02/7091970.shtml.

② 史建磊.德国持之以恒治理大气污染.(2015-03-02)[2016-03-12].http://finance.chinanews.com/ny/2015/03-02/7091970.shtml.

总的来说,德国的大气污染治理是全方位的和综合的,治理措施有几个要点,即严厉的质量标准、先进的技术、严格的监管、减排定上限。在执行中体现了以下几个特点:提倡公众参与,推行市场运作,重视环保技术,坚持预防为主,强化监督管理。在对德国的走访中,太阳能等新能源广泛利用、房屋节能方法、电厂烟尘处置技术、建筑工场扬尘控制等大气污染防治措施给了笔者深刻的印象。

经过数十年持之以恒的治理,德国防治大气污染取得了显著成效,特别是第二次世界大战后,实现了经济发展和环境保护的双赢。走进工业高度发达、电能净输出的德国,从北部到南部,从工矿区到乡村,所经之处景色迷人,空气清新,无不体现着由环境保护所带来的祥和与恬静。

### (三) 美国:不遗余力地追求经济发展和环境保护的平衡

#### 1. 工业化、城市化与环境问题

(1) 工业化、城市化使美国成为超级大国

18 世纪,工业革命从美国的北方开始,到 19 世纪初期,迅速席卷了整个美国。1860 年,已有 16%的美国人口居住在城市,以棉布生产为首的城市工业在美国东北部地区得到发展,制鞋业、毛纺生产和机械制造业也在扩张,许多欧洲人民移民来到美国成为新的工人,从 1845 年到 1855 年每年大约有 30 万欧洲移民。1856 年建立的共和党,致力于北方的工业化,1861 年成功出台了保护性关税政策,1862 年第一条太平洋沿岸的火车线路被特许设立。北方在工业化程度上相比于南方的优势确保了其在美国南北战争中的胜利。在战时和战后迅速扩张的北部工业则继续迅猛发展,并且南部和西部的铁路建设也加快了(见表 4-1),工业化逐渐延伸到美国各地,纺织、钢铁得到了快速发展,快速增长的汽车业刺激了石油、玻璃和公路等行业的发展,美国逐渐成为世界经济超级大国。第一次世界大战前夕,美国工业产值是英国、法国、德国三国的总和;到 1929 年,制造业总值超过了农业产品价值的 3 倍,美国的工农业产值跃居世界第一。第二次世界大战后,美国经济和城市进入了全新的发展阶段,2008 年美国 GDP 占世界总值的 23.4%。

表 4-1 1850—1890 年美国及其分区铁路里程 单位：千米

| 区域 | 1850 年 | 1860 年 | 1870 年 | 1880 年 | 1890 年 |
| --- | --- | --- | --- | --- | --- |
| 新英格兰 | 2507 | 3660 | 4494 | 5982 | 6831 |
| 中部各州 | 3202 | 6705 | 10964 | 15872 | 21536 |
| 南部各州 | 2036 | 8838 | 11192 | 14778 | 29209 |
| 西部各州及区域 | 1276 | 11400 | 24587 | 52589 | 62394 |
| 太平洋沿岸各州及区域 | | 23 | 51237 | 4080 | 9804 |
| 整个美国 | 9021 | 30626 | 52914 | 93301 | 129774 |

数据来源：Chauncey M D. One Hundred Years of American Commerce，1795—1895. Kessinger Publishing，2010.

汽车消费使有车族购物有了更大的活动范围，促进了小城市的蓬勃发展。随着商务楼、工厂以及住宅楼的大量建造，大城市发展迎来了最辉煌的 10 年。第二次世界大战后，电力的兴起给商业和日常生活带来了变革，农民迁徙到附近的城市，大大促进了城市化进程。美国的城市人口从 19 世纪初的 30 万人增加 21 世纪初的 2.2 亿人，其中超过 70%的人口住在大城市中。[①]

(2) 工业化和城市化也导致大气危害事件频发

美国快速的工业化、城市化和现代化，在很短的时间内对环境造成了严重的污染和破坏。第二次世界大战以后，美国工业、交通业迅猛发展，城市人口规模迅速扩大，能源消耗量激增，大气污染十分严重。19 世纪中期，美国就发生了世界五大大气污染大公害事件中的两起，即多诺拉烟雾事件和洛杉矶光化学烟雾事件。1953 年 11 月，一场雾霾使纽约这一美国最大的城市 200 人死亡。19 世纪 50 年代，因为滥施农药、化肥还导致美国大批人畜染上怪病，就连美国国鸟白头海雕也几近灭绝。1974 年 5 月，华盛顿特区的雾霾天气持续了将近 3 个月。1963 年，纽约出现严重雾霾，400 多人失去了生命，数千人患上严重的呼吸道疾病。1966 年，黑色的雾霾从 11 月 24 日感恩节开始，一直笼罩在纽约市上空，直到 11 月底还没有散去，期间 170 多人因雾霾而死亡。数次严重的雾霾使纽约被冠

① 摘自美国统计局公布的 2000 年统计数据。

以“雾都”之名。1973年7月，俄亥俄州的克里兰夫市，遮天蔽日的工业灰尘将克拉克大道完全掩盖。美国20世纪80年代以前的大气污染源主要有以下三个方面。

第一，工厂的排放是美国大气污染的重要来源，工业的集聚和专门化加剧了大气污染。美国工业规模庞大，高污染的重工业占比高，这些工厂在生产过程中，会产生大量的含有多种有害物质的灰尘、烟雾。到20世纪70年代，美国的钢铁产量占世界的五分之一，汽车产量占世界的四分之一，肉类产量占世界的五分之一，铝产量占世界的三分之一，机械、食品、金属制品、服装纺织品、化学品、纸张纸板、运输装备、电器与电子器材等制造业居世界领导地位。19世纪70年代后，美国的工业开始出现专门化和集中化趋势，例如东北部的钢铁基地、南部的石油基地、中西部的重工基地，这种趋势导致了污染源的集中，加剧了大气污染。

第二，原材料、能源和交通建设对矿产的需要进一步加重了大气环境污染。美国工业发展和铁路建设对矿产的需要量日渐迫切，美国每年的矿产总值约600亿美元，主要是石油、煤和天然气。从1900年开始，美国大量开采石油，德克萨斯州是美国主要的石油生产地。当时，德克萨斯州的石油产量占国内石油产量的40%，占世界产量的6%，石油产量仅次于德克萨斯州的是路易斯安那与加利福尼亚的石油生产地。美国也是天然气产量大国，德克萨斯州所生产的天然气约占国内总产量的40%。美国煤产量仅次于当时的苏联和沙特阿拉伯，密西西比河东部8省的煤矿产量约占全国产量的78%。密执安湖、明尼苏达州和威斯康星州是美国铁矿的主要产地，生产全国4/5以上的铁矿，这些软矿石经船运和铁路送到芝加哥、匹兹堡这些钢铁中心。美国还是世界上首要的产锌国，亚拉巴马州与乔治亚州开采的铁矾土矿大量运到纽约州，用于生产铝。密苏里州是最主要的锌矿石与铅矿石的产区，亚利桑那州、科罗拉多州、蒙大拿州、内华达州、南达科他州与犹他州是美国的金产地，亚利桑那州、爱达荷州、蒙大拿州与犹他州是美国的银产地。[①]

第三，出行方式的改变产生了大量的汽车尾气污染。美国被称为汽车轮子上的国家，已有近百年的历史，在2009年被中国取代前，美国一直

① 摘自《美国经济简述》. 财安网，2013-02-25.

是世界第一大汽车消费市场。1931 年，美国汽车销量为 223.1 万辆，其中，轿车销售 190.3 万辆，卡车销售 32.8 万辆；1950 年，美国的汽车数量达到近 4000 万辆，平均每四个人就拥有一辆汽车；1997 年，美国汽车保有量首次突破 2 亿辆，达到 2.01 亿辆，其中轿车 1.25 亿辆；2008 年汽车保有量突破 2.5 亿辆，达到 2.56 亿辆。[①] 汽车行驶不仅直接产生污染大气的有害有毒气体，还通过光化学反应产生臭氧等二次污染物，1943 年的洛杉矶光化学烟雾事件就是典型的例子。

2. 大气污染治理行动：联邦框架、市场激励与公民自发有机结合

(1) 全面构建大气污染治理的制度框架

总结美国环境治理走过的道路，首要的是政府出台政策法规和决策。虽然美国在西方国家中建国较晚，但环境立法就比较早，早在 19 世纪末，美国圣路易斯市就颁布美国第一部空气污染治理法，要求市域内所有烟囱的高度必须高于周边建筑 6 米以上。随后，美国许多大中城市建立了区域性的大气与环境保护法律条例。受能源开发限制，煤炭在工业生产和居民生活中无可替代，这些大中城市的大气治理法律条例没有达到理想的效果。多诺拉、洛杉矶等地发生污染事件后，美国认识到了污染的严重性，从这些环境事件中吸取了教训，迅速建立起包括法律、行政以及其他创新性管理手段在内的应对体系，包括制定严格的污染源排放标准、严格的空气质量监管、清洁能源鼓励政策等法规和决策。1955 年，美国颁布了《空气污染防治法》，这也是美国历史上第一部全国性的大气污染治理法律。由于该法没有具体的执行部门，地方州、市和相关机构执行不力，这部法律并未从根本上改变大气污染恶化的趋势。但是该法将大气污染作为公共危害，为后来的《清洁空气法》立法打下了基础，并逐渐构建起环境大气质量标准与排放总量控制相结合的大气污染防治策略体系。

迫于大气污染的压力，1963 年美国出台了《清洁空气法》，规定任何人均可对违反排放标准的任何人提起诉讼。美国《清洁空气法》建立了“州政府独立实施原则”，州政府作为《清洁空气法》的执行者，对治理大气污染起到至关重要的作用，美国加利福尼亚州的大气污染治理模式就是执法的一个典型。这部法律促进了美国经济的升级换代、产业转型，互联

① 根据美国统计局、能源局和交通统计局统计报告中的车辆数据和人口数据计算。

网、金融等服务业逐渐取代制造业成为美国的主要产业。美国于1967年在《清洁空气法》的基础上进一步出台了《空气质量法》，确定固定污染源和移动污染源的重要性，授权扩大污染物排放清单，广泛开展环境监测研究和固定污染源巡查。并成立环保署，处理跨境、跨地区的环境污染问题，落实执行大气污染防治法规政策，督促各地有效治理大气污染。

1970年修订《清洁空气法》，确定了国家大气质量标准、州实施计划、新能源执行标准、有毒污染物国家排放标准，对二氧化硫、氮氧化物（尤其是二氧化碳）、可吸入颗粒物、一氧化碳、臭氧、铅等六种污染物制定了两个级别的国家标准。通过修正案的实施，美国各州迅速建立了符合地方实际情况的大气质量管理体系，以严格的标准治理大气污染，这套系统的管理体系一直沿用至今。① 为了适应大气环境的变化，《清洁空气法》之后又经多轮修正，1997年，增加了细颗粒物的标准，要求各州年均值不超过15微克/米$^3$，日均值不超过65微克/米$^3$。2006年，细颗粒物的日均值收紧至35微克/米$^3$。与此同时，还建立起覆盖广泛的法律制度，重点在交通和能源领域。美国不仅注意吸取国内的环境污染教训，而且注意从世界环境污染案例中总结教训，加强立法。1984年12月3日，美国所有的联合碳化公司在印度波霸罗的化肥工厂发生了甲基异氰酸酯毒气进漏事件，毒气造成了2000多人死亡，在这一事件的影响下，美国于1986年通过了《紧急计划和公众知情权法》。②

（2）采取综合措施，协同治理大气污染

非政府组织和公众是大气污染治理与质量持续改善的主要推动力量。生态危机的加剧、民权运动的兴起让美国公众的环境保护意识空前高涨，公众通过法律诉讼和其他行动向政府施加压力，迫使政府机构正视大气问题的严重性并采取措施治理大气污染，《清洁空气法》的出台也是公众运动的结果，每一次大气质量监测标准的提升，背后都有民间组织和公众的推动。1970年4月22日，美国各地的2000万民众举行了声势浩大的环境保护游行，呼吁政府加强环境污染治理，后来美国政府将每年的

---

① 叶林．空气污染治理的国际比较研究．北京：中央编译出版社，2014．

② 云雅如，王淑兰，胡君，等．中国与欧美大气污染控制特点比较分析．环境与可持续发展，2012，37(4)：32-36．

4 月 22 日定为“地球日”，并催生了 1972 年联合国第一次人类环境会议。1990 年，在环保基金会的努力下，排污权交易写入《清洁空气法》修正案，通过排放权交易手段来控制二氧化硫排放。在美国，公众可以全面参与和监督空气质量标准的制定和实施，例如公民可以对细颗粒物的标准监控程序进行监督，参与所在州的环保机构举行的公共听证会。污染检测数据的及时、公开的发布又反过来提高了公众的环保意识和参与程度，对排污企业构成了强大压力，极大地推动了大气污染的治理。美国是一个普通法系国家，法院的判例也是法律的一部分。公民诉讼是非政府组织和公众参与环保立法的途径。

政府的环境管理行动必不可少。政府除了出台法律外，还必须采取切实可行的措施，保证法律得到执行。首先，成立国家环境保护署，构建完善的环境保护管理体系。环保署的成立结束了在国家层面没有联邦政府机构应对大气污染问题的状况，环保署的职责包括制定全国的环保法规，开展环保科学研究，制定产业排放标准和许可证制度，为地方政府提供治理资金和技术支持。美国环保管理体系如图 4-1 所示。[①]

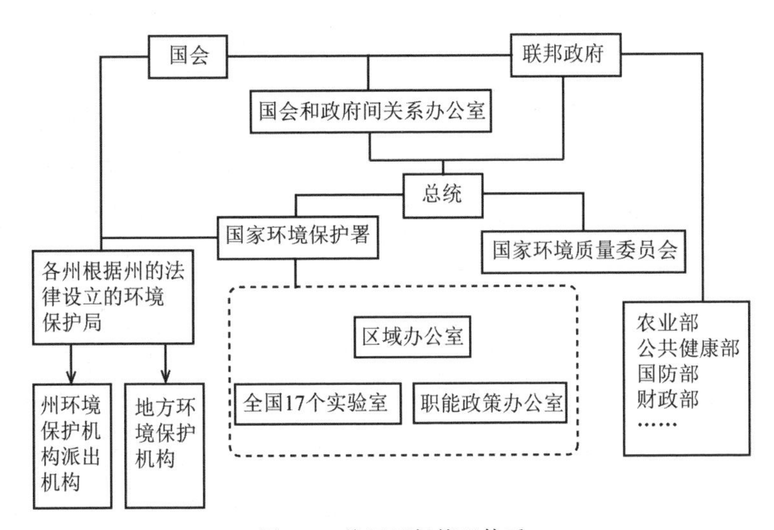


图 4-1　美国环保管理体系

其次，调整产业结构和布局。通过执行法律和高标准，使传统制造业

① 车国骊，田爱民，李杨，等. 美国环境管理体系研究. 农业世界，2012(2)：43-46.

和高污染企业的生产环节向国外转移,发展高科技新兴产业。20 世纪 90 年代后期,美国基本完成了低端产业和普通产品生产环节向国外(主要是发展中国家)转移,降低本国的污染物排放和治理难度。近年来,美国的电子计算机、通信、软件、生物技术、互联网、跨国物流等新兴产业蓬勃兴起,逐步替代了传统机械制造、能源和化工产品的生产,大大减少了污染物的排放量。

再次,鼓励清洁能源、可再生能源的开发利用。通过财政补贴,鼓励使用天然气替代石油或燃煤,鼓励使用风能、太阳能、生物能等可再生能源,加强可再生能源开发和能效提升研发,大力发展节能汽车、节能住房;发布发电站、汽车等微小颗粒物排放源规范,重点限制机动车及电厂排污,对柴油发动机执行多层次的废气排放标准,要求发动机生产商制造符合先进排放控制标准的产品。

最后,大力发展公共交通。扩建区内轻轨系统和地铁系统,在高速公路上设立两人以上车辆专用通道,淘汰高污染柴油车辆等;鼓励民众在工作地点附近购房,缩减上下班的距离。

虽然美国在 20 世纪 60 年代后,国内的大气污染治理成效还是非常显著的。经过多年自下而上、从政府到民间和企业的不懈努力,美国的大气质量得到了明显改善,除个别地区的臭氧、短时可吸入颗粒物和全年可吸入颗粒物的污染指标尚未完全达到联邦空气质量标准外,其他污染物指标均达到联邦标准。[①] 特别是美国实施《清洁空气法》后,大气环境质量得到了很大改善,1990 年至 2013 年每年减少 170 万吨有毒物质排放入大气中,六种常见污染物排放量下降了 41%。在《清洁空气法》实施的最初 20 年中,67.2 万人免患慢性支气管炎,1800 名儿童免除呼吸道疾病,20.5 万人免于过早死亡。[②] 从美国 100 多年的大气污染治理历史看,可以说更多的是在经济发展与环境保护之间寻找最佳的平衡点,非常值得我们借鉴。

---

① 美国掠影三——环境的污染与治理.(2014-10-14)[2016-05-12].http://ezheng.people.com.cn/proposalPostDetail.do?id=1660037&view=1&pageNo=1&boardId=1.

② 李佳慧.美国《清洁空气法》的创新性机制.(2014-10-23)[2015-12-03].http://www.chinadaily.com.cn/hqgj/jryw/2014-10-23/content_12580823.html.

### (四)日本:亚洲新兴工业化国家大气污染治理的楷模

你现在如果去日本,不管走到哪里,城市都是干干净净,天空也总是蔚蓝的。在晴朗的日子里,站在川崎的高处,可以看到100千米外的富士山。然而,日本的大气污染曾经也很严重,在20世纪六七十年代,不仅发了四日石化废气事件那样闻名世界的大气污染事件,还爆发过熊本县水俣病和富山县痛痛病等世界著名的环境污染公害事件。日本几乎所有的重要工业带都出现了类似情况,第二次世界大战前和20世纪60年代中后期,一些城市上空和周边到处都是黑烟,大气污染非常严重。日本地少人多,经济总量高,在大气污染防治方面有很多值得借鉴的做法,例如多建绿地公园、保持环境整洁、对工厂以及汽车尾气排放标准严格把关等。

1. 日本工业化进程与大气污染

日本江户时代后期,资本主义生产方式萌芽,商业和手工业较快发展,交通的建设也如火如荼,城市发展繁荣。到17世纪末,日本有大小城市300余座,其中江户、大阪、京都是全国最大的三个城市,江户人口总数有100余万人,超过当时世界上最繁华的伦敦。城市的发展带动煤炭需求节节攀升。19世纪中后期的日本明治维新时代,受到西方资本主义工业革命的冲击,蒸汽机和锅炉被引入很多行业,大大提高了日本的生产力,煤炭消耗量的迅速扩大,造成神奈川等地大气环境污染和破坏,当时这些工业城市的周边到处是黑烟,这种状况一直延续到第二次世界大战开始。

第二次世界大战后,美军的占领又给日本带来了所谓的战争特需,为日本带来了前所未有的高速经济增长,日本的能源需求呈爆发式增长。1950—1965年,日本的能源消耗增加了大约5倍,换算成石油,从1955年年消耗5130万吨增长到1965年的14580万吨,由此产生了严重的大气污染和其他形式的环境污染。能源消费结构也从原来的以煤炭为主逐步转化为以石油为主,1950年煤炭消耗占64%、石油占18%,1965年煤炭消耗占27.3%、石油占58%,大气污染从原来的颗粒状大气污染转变为硫黄酸化物污染,20世纪60年代中期硫氧化物的年排放总量达到约500万吨。污染范围迅速扩大,从原来的京阪神扩大到本州的太平洋区域、九州地区和四国等地。1955年前后,日本进行产业基础整备,实行国家性投资计划以扩大出口,在沿海地区建设重工、化工等重大项目,日本大项目越来越多。1962年,日本提出全国综合开发计划,日本所有的大气污染全部集中在名古屋南部、千叶县京叶沿线等,川崎、尼崎、北九州等因为建设了大规模的钢铁、火力、炼油等工厂,大气状况变得更加恶劣。①

1959年开始,四日市各工厂陆续开工投产,排出废气废水,到1961年就引发了四日市石化废气事件,四日市盐浜地区的中小学校即使在炎热的夏天也因恶臭不敢开窗户上课。在千叶县的京叶沿线、冈山县的水岛沿线、名古屋市南部地区等新建工业地带,污染也同样严重。1964年,投产才两年的水岛联合企业就发生了因排烟引发草木枯萎的事情。在川崎、尼崎、北九州等地,由于新建大型发电、石油精炼等工厂,大气污染引发了市民的慢性支气管炎和支气管哮喘病,从氧化炼铜炉排出的红烟使得太阳变成了红色,烟雾导致能见度降低。1964年9月,发生在富山市的化工厂氯气泄漏事故,导致5131人中毒。②

除了工业化导致大气污染外,日本的高度城市化也是大气污染的重要因素。如图4-2所示,第二次世界大战后日本的城市化水平飞速提高,城市人口占全国总人口的比例从1945年的27.8%上升至1975年的

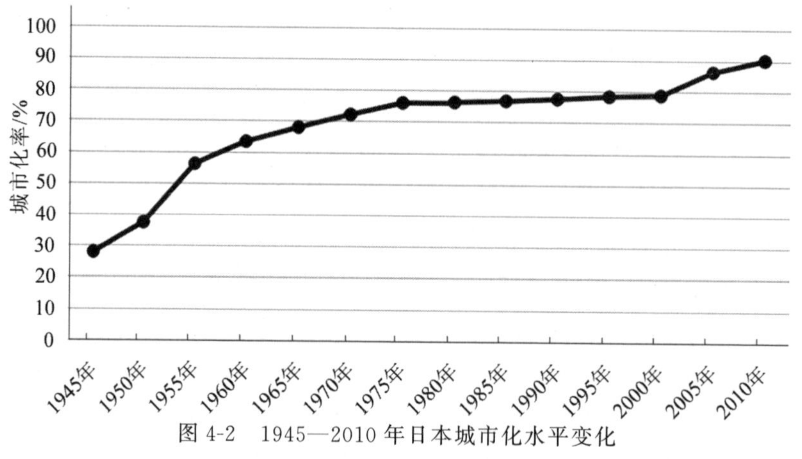


图4-2 1945—2010年日本城市化水平变化

(资料来源:除2010年外,其他年份的数据来自日本总务省统计局统计调查部国势统计课的《国势调查报告》;2010年数据,根据日本总务省公布的人口普查快报中截至2010年10月1日的人口数据估算。)

① 李蒙. 日本是如何治理大气污染的. 法人,2014(4):27-30.

② 桥本隆则. 日本大气污染的今昔谈. 今日国土,2012(1):28-29.

75.9%,2005 年更是达到了 86.3%。城市化的快速发展,使城市人口快速集聚,家庭能源消费量快速增加,特别是在 20 世纪 70 年代前,以煤炭作为家庭生活的主要燃料,大气污染非常严重,冬天取暖更加重了大气污染。1955 年,在东京高楼鳞次栉比的市中心,一到冬季从采暖锅炉排出的黑烟,使市民很难看见太阳。

汽车尾气是日本大气污染的重要源头。日本国土狭小,汽车尾气污染尤为严重。随着日本汽车工业的崛起,日本私家车拥有率高,20 世纪 80 年代开始,汽车尾气成了日本大气污染的主要源头。日本家庭的私家车保有量高,即使在石油危机时期和经济滞胀时期,也是如此。根据日本汽车检查与注册信息协会发布的数据,2010 年日本平均每户家庭拥有汽车 1.08 辆。[①] 2012 年,全国汽车保有量为 7400 万辆,而东京的汽车保有量达到 800 万辆,汽车对东京等城市的大气污染影响颇大。

2. 环保优于经济发展的治理行动

(1) 不断完善的法律体系

不断加重的大气污染和其他环境污染使日本认识到,当时的经济增长与环境保护是严重对立的,这种局面必须改变,否则将严重危害到日本人的健康和生存。但日本政府应对大气污染的措施起步很晚,实施不很积极。在日本,为大气污染治理出台法规的是大阪、东京、神奈川等地方政府,它们先后制定了各种公害防治条例,如东京在 1955 年就制定了《防止排烟条例》。可是这些条例不是全国性的,基本上没有什么约束力,效果也不明显。1958 年,针对工厂的排污问题,日本制定了《工厂排污规制法》;1962 年,日本出台了第一部全国性真正意义上的大气污染控制法——《烟尘排放规制法》,对烟尘排放进行规制;1967 年,日本制定了《公害对策基本法》,将大气污染列为公害之一;1970 年进行了大规模的法律修订和新法制定,公布了《公害对策基本法》《防止大气污染法》《道路交通法》《噪音管制法》《废弃物处理法》《下水道法》《防止公害项目费企业负担法》《防止海洋污染法》《农药管制法》《防止水质污浊法》《自然公园法》《有毒物及剧毒物管理法》等有关公害的法律,其中修订出台的《公害对策基本法》和《防止大气污染法》,成为日本大气污染治理重要的法律基

---

① 根据日本汽车检查与注册信息协会发布的数据计算。

础,《公害对策基本法》最关键的是删除了“环境保护要与经济发展相协调”的条款。1972 年、1974 年先后对《防止大气污染法》进行了修订。1972 年,出台了以节省能源为追求的《节能法》。1993 年,日本在《公害对策基本法》的基础上通过了《环境基本法》,对有关治理公害和保护环境的法律进行了进一步修改完善,这部法律把环境作为一个整体来考虑,要求在循环、共生、参与及国际合作四项原则下,使社会经济活动最大限度地减少对环境造成的负荷。1992 年,出台了《汽车氮氧化物法》,以控制汽车尾气中的氮氧化物含量。2001 年,修订《汽车氮氧化物法》,增加尾气中的颗粒物含量限值。除了法律外,1968 年,制定排放控制规定,并先后经过了八次修订;1969 年,制定了环境质量标准,并在 1973 年修订,明确了二氧化硫、二氧化氮、可吸入颗粒物、一氧化碳、光化学氧化剂等主要污染物的标准和测定方法;1974 年,制定总量控制规定。

日本政府还根据大气污染物、污染源和污染结构的变化,及时修订调整法律内容。为了提高地方性大气污染治理条例的法律约束力,先对地方详细规定了具体措施。1969 年,针对煤烟的硫化物危害,日本文部省与专门的研究机构合作调查,制定了硫黄酸化物的环境标准。为了适应能源结构的变化,1968 年在《排烟规制法》基础上颁布了《大气污染防治法》,增加了关于汽车尾气治理的内容;为了提高法律效力,1970 年又做了大幅修改,增加了各级政府对违法者的处罚权利;后来法律中又追加了关于挥发性有机物的规定,对大气中的浮游粒子状物质、光化学合成物的大气污染也有所重视,但限值规定很宽松。2009 年,日本又提出一个有关细颗粒物的规制提案。

归纳起来,日本的大气污染治理法规包括固定源污染治理、移动源污染治理、恶臭污染治理、气候变化对策和损害赔偿等几个方面。日本在大气污染治理方面的工作层层深入,不断调整和完善,标准不断提高,为大气污染治理和危害处理提供了法律保障。

立法后,严格执行法律也非常重要。1971 年,为了保证法律的执行,日本政府成立了环境厅,各都道府县、各市町村也都设置了政府环保机构。这些法律和机构,形成了直到今天仍高效运行的治理公害的框架。[①]

---

① 桥本隆则. 日本大气污染的今昔谈. 今日国土,2012(1):28-29.

（2）社会组织和民众的积极推动

在日本，最早发现大气污染并提出防治的不是当地的政府，而是受到这些大气污染侵害的当地居民，民众也对环境保护很重视。从20世纪50年代开始，各地就发生了关于大气污染的居民运动，居民找到当地的行政部门要求关注大气污染情况。群众运动促进了地方环保条例的出台。1963年，四日市在哮喘事件后又计划建设日本最大的石化精炼厂，本已深受大气污染之苦的四日市民，开始了一场要求停止建设石化精炼厂的环境运动，最后逼迫建设方不得不放弃了建设计划。

1970年之后，日本兴起了很多地方性非政府公共团体，这些团体每年向政府提出大量的公害建议意见，1970年公共团体提出的大气污染公害意见就达12911项。这些意见得到了政府的回应和依法处理，大气污染在许多地方都得到了比较好的治理，大气质量明显改善。

日本政府很多政策是在民众的推动下出台的。1969年制定的硫黄酸化物的环境标准，是在四日市的反对运动演变成一个全国性群众运动以后，日本政府才正视这个问题的严重性而研究出台的。1968年颁布《大气污染防治法》后日本的大气污染状况没有得到改观，也是在民众压力下被迫进行大幅度修改，成为全面性大气污染治理法规，并增加各级政府的处罚权，从而有效地限制了大气环境污染活动。2009年细颗粒物限值提案的颁布，也是因为东京国道沿线的633位哮喘等呼吸道疾病患者与国家打起了限制汽车尾气的官司，以及随后这类以政府和汽车厂家为被告、要求关注细颗粒物问题的诉讼越来越多。

正是有了社会团体、民众的舆论和反公害运动，才真正将日本推上了大气污染治理之路。在日本，一个企业如果对环保无动于衷，消费者就会不满意，市场就会淘汰其产品，迫使企业向环保方向努力。

（3）节能减排与增绿洁气相结合

日本在大气污染治理方面减排的具体措施包括两个方面：一是工业排放的大气污染防治对策，二是汽车尾气的减排措施。在工业排放治理方面，通过分区、分指标的总量控制方法，降低硫氧化物、氮氧化物、粉尘的含量。为了脱硫，通过规则指导工厂引进低硫油、引进重油脱硫装置，引导民间革新和投资于排烟脱硫装置等污染管理技术。为恢复环境、补偿损害和控制污染，对工业污染源收费。采取积极的节能措施和推进新能源的政策,加快工业结构从重工业为主向机械组装、信息等工业方向的转化。通过环保厅及其在各地的派出机构,加强环境方面的规划、立项和法规的执行。

在汽车尾气控制方面,《大气污染防治法》针对汽车污染防治做出了一般性原则规定,具体的控制政策及实施交由地方负责。在汽车污染防治方面,《道路运输车辆法》《道路交通法》与《大气污染防治法》并行发挥作用。主要措施包括新车的污染管理、在用车的污染管理、新能源汽车的产业扶持及报废汽车的污染管理。日本的新车排放法规是通过强制执行并以型式认证方式进行控制的,每辆新车在销售时都要附有汽车生产厂家出具的认证证书。制定了进口车处理办法及尾气排放物控制装置的型式认定制度,也规定了通过旧车的年检次数或相关检测费用的提高、新车免检期限的延长等措施来加快旧车淘汰。颁布了一系列鼓励扶持能源政策的法律法规,制定了新国家能源战略,实施汽油无铅化改造,普及混合动力技术,促进燃料电池汽车的技术开发,促进生物燃料的有效利用。对购买环保和新能源汽车的消费者减免税费,对导入环保和新能源的汽车给予补贴,要求政府必须采购环保和新能源汽车。日本为应对报废产品非法丢弃对环境的污染,早在 20 世纪 70 年代开始就建立起了循环型经济系统,2002 年审议通过了《汽车回收利用法》,明确汽车生产厂家及消费者的义务,建立政府与民间双途径的运行管理机制。

日本另一个治理大气污染的重要手段就是城市绿化。大量树木对城市空气具有净化作用,日本的国土交通省、环境省和经济产业省等都大力推行房顶、墙壁绿化,东京市政府也规定,新建大楼必须有绿地,楼顶必须绿化。东京的绿化很少种草,而是种树,不但要绿化面积,还追求绿化体积。鼓励企业开发价格低廉的轻型保水房顶建材,以便推广普及绿化。同时加大对绿化典型单位的宣传,发挥示范引导作用。国土交通省估算说,如果东京都市区通过在公园植树栽草、在河流两岸和建筑物前以及房顶加强绿化而增加约 1100 公顷的绿地,那么即使在盛夏,气温也将平均下降 0.3℃,出现“热带夜”的地区将减少 10.9%。[①]

日本解决大气环境污染问题走过了两个明显的阶段,即从治理工业

---

① 王大军. 日本采取多种措施努力减轻城市“热岛现象”. 新华网,2003-06-29.

污染入手，逐步向治理生活污染方面转变。日本工业污染从20世纪60年代至70年代被逐步解决，到80年代已经基本得到有效控制。硫氧化物的年排放总量从20世纪60年代中期的500万吨，到70年代的100万吨，再到90年代的50万吨，得到了很好的控制。通过全社会的综合治理，大气污染治理得到了明显成效，现在日本的清新空气、蓝天白云，就是大气治理工作的巨大成果。日本在大气环境治理中，民众力量的推动、市场机制作用的发挥、有效的环境规划、堵疏结合的综合治理、健康消费理念与生活方式的倡导等措施值得我们认真借鉴。

## 三、借鉴与启示

纵观大气污染历史事件的处理应对、西方发达国家在工业化和城市化过程中所采取的大气环境治理行动，以及取得的成效，归纳为以下几方面的启示，供我们借鉴，即行动是基础，法律是保障，治好要时间，政府、企业、社会组织和公众多方协同治理是关键。

### （一）大气污染治理在于行动

我国在大气污染治理方面的法规政策不健全，有法不依、违法不究、执法不严或者偶尔选择性地执法是我国各地的通病。我国在大气污染治理中，更多的只停留在法律文书上、规划计划上、政府工作报告上、各种会议上、口头上、新闻报道上，而缺少行动，缺少公平且严格的执行。在长三角地区乃至全国的很多城市的“十二五”规划和近年来的相关规划计划中就有环境治理改善的规定，出台了大气污染防治的法规政策，不少城市还制定了大气污染防治的行动计划，但是得到落实的内容不多。要想解决大气污染问题，关键不在于法规政策的充足，而在于贯彻落实并有条不紊地把这项工作开展下去。从发达国家的治理经验看，政府的行动、企业的行动、社团和公众的行动是大气污染治理取得成效的基础，他们有以下几点值得借鉴。

#### 1. 成立全国性的环保部门

环保部门是大气污染治理行动的中坚力量和保障。我国各级政府也成立了环保部门，但隶属于各级政府。1982年，国务院机构改革，成立环境保护局,归属当时的城乡建设环境保护部(即建设部);1984年,环境保护局更名为国家环保局,依旧在建设部下;1998年国家环境保护局更名为国家环境保护总局,升格为正部级国务院直属单位;2008年,国家环境保护总局更名为环境保护部,下设环保监测中心、宣教中心、执法中心、大气污染与自然环境生态中心等部门和咨询研究机构。在省、地(市)、县等三级地方政府中设有环保厅或局,乡级政府有环保办或所。除立法权外,各级政府环保机构的职能基本相同。这种各自为政的机构分设机制缺点明显,环保机关只对同级政府负责,不能保证执法的全国统一性,难以适应大气的流动性和外溢性,很难做到大气污染的联防联控,对跨界污染事件的处理能力不足,对污染源特别是外来源的分析判断准确性差,各地的大气污染治理目标和标准也不统一,进而导致环保部门产生惰性和相互间推责。

要改变各级政府分设机制执行力弱的缺陷,建议学习英国、德国、美国、日本的做法。一是采取德国、美国、日本等国家的总分支机构机制,设立全国性的环保部门,地方的环保部门作为环保部的派出机构,由环保部直接领导,形成大气污染治理全国"一盘棋"。总分支机制的优点很明显,能确保行动的高效性,我国的海关、银行等领域就是很好的例证。二是借鉴英国的做法,明确中央和地方各级环保部门权责的重叠性和交叉性,统一中央和地方环保机构的职责,中央和地方负责不同的治理对象。

2. 公正、严明地执行大气污染防治法规

行动包括立法,但更为重要的是法律的执行。有法必依、执法必严、违法必究是西方发达国家治理各项事务的最大特点,在大气污染治理中也是如此。只有当大气污染治理法律得到严格、规范的执行,环境执法者足够尊重法律,法律才能在大气污染治理行动中显示出威力和效果;也只有当这些法律得到公正执行,真正体现出法律面前人人平等的精神时,人们才会对法治产生信心,进而尊重和服从法律。环保部门要运用统一、科学、有效的标准,调整和约束环境监察执法行为,采用合理的运行机制、管理模式和先进的执法技术,使环境监察执法达到运行规范、管理高效状态,"零容忍"污染大气环境的违法行为。

现阶段我们要做好四个方面的工作:一是做好环境问题的日常督查。加强项目建设"三同时"管理,定期深入企业现场和建设工场监察各类污染源及其污染防治设施现场，及时发现和依规处理大气污染问题。二是做好环境信访投诉工作。规范信访投诉的受理、交办、办理、督办、报结、回访等环节，依靠群众打击违法排污行为；设立24小时值班的污染举报受理环保电话热线，构建环保微信平台，专人跟踪网络舆论和问题的解答及处理，方便群众举报和投诉；建立环境信访情况分析、会商制度，对环境信访问题早发现、早介入、早解决。三是发挥科技手段在环境监察中的作用。构建污染源在线监控系统，对行业企业的污染物排放指标实现在线实时监测，全面掌握企业排放情况，以便于及时公布大气质量数据和处理违法超标排放行为，有利于公众监督和参与大气污染治理。四是做到依法惩处。执法不仅要严，更要做到公平、公正、透明，不能以权代罚、以情代罚、以钱代罚，该停产的一律停产，该搬迁的及时搬迁，提高违法者的违法成本，树立法律的权威。

3. 实行全方位的综合治理举措

全方位综合治理是由大气污染的复杂性和流动性决定的，否则难以实现大气环境的根本改善。全方位就是大气污染治理要全、立体化，在各地、各部门、各单位和家庭以及每个区域进行，不留死角。大气污染综合治理体现在领导体制的综合性、运用手段的综合性、参与主体的综合性、治理对象的综合性、防治内容的综合性上。主要举措如下：①建立从上到下和部门联动的治理行动领导机制。从上到下，就是从中央到地方，甚至还包括国际协同机制；部门联动就是环保、建设、城管、交通、工商、卫监、产业、发改等相关部门联合作战，形成强大合力。②治理对象要全面。采取有效措施，综合开展针对扬尘污染、煤(油)气污染、工业排放污染、机动车尾气污染、秸秆焚烧污染等的治理行动，使大气污染整治领域全覆盖，治理不留盲点、黑点。③防治内容要全面。不仅要对传统的二氧化硫、一氧化碳、氮氧化物、悬浮颗粒物、铅等污染物进行检测控制，也要根据大气污染的变化，对挥发性有机物、细颗粒物、臭氧和其他重金属进行检测和控制。④政策措施要综合。政府干预与市场调节相结合，采用财政补贴、选择性税政、污染收费等治理手段，实施新能源推广开发和能源无害化改造，引进开发先进的大气污染治理技术设备，综合运用法律、经济、市场、技术等措施治理大气污染，英国、美国、德国、日本的经验可以借用。⑤政府、企业、社团和公众等治理主体要协同，日本、美国等国的协同治理大气污染的经验可以借鉴。

4. 突出阶段性治理重点

在强调大气污染统一性的同时,要注意到在不同阶段各地的大气污染程度和污染源的特点,持续循环地改进大气环境。大气污染治理过程中,需要消耗很多的人力、物力、财力,而目前我国能用于大气污染治理的资源有限。我们不能因为治理污染的资源不足或者治污妨碍经济增长而不行动,可以在不同的阶段抓住几个重点加以防治,年年有所突破,最终达到大气环境的根本性改观。在这里,美国管理学家戴明的全面质量管理理念对大气污染治理中的阶段性也有效。对于长三角城市群来说,产业偷排严重、快速增加的机动车导致尾气污染严重、建设扬尘控制监管不严,这也是目前最迫切需要解决的三大主要大气污染源,"十三五"期间可以重点来解决这三个问题。当然,区域内不同城市的产业结构、交通结构、建设状况各不相同,治理的进程也不一样,因而要在统一目标的前提下,设置各个城市的年度治理重点和目标。例如,在汽车尾气治理方面,限制机动车增长就可以作为近期的治理重点之一。又如,宁波作为国际港口城市,集装箱货车和船舶排放污染严重,治理集装箱货车和船舶排放污染可以作为尾气治理的重点。

### (二)大气污染治理需要法律来保障

在西方国家,很多大气污染的关注和政策出台是在民众运动推动下开始的,但政府的立法是成功治理大气污染的重要保障。从各国大气污染治理的经验看,无一例外地都有大气污染治理的重要立法。从这些国家立法的经验看,要使法律得以严格执行并取得预期的效果,以下几点可以借鉴。

1. 国家层面的立法可以吸取地方立法的经验和教训

因为大气污染具有跨界流动性,治理立法一般是国家层面的,但也有像英国、日本等国家先有地方立法,后来在地方立法的基础上出台全国性立法的。地方立法的尝试和实践为国家立法提供了宝贵的经验,使得国家的立法更容易和有效。[①] 例如，日本 1958 年出台的《工厂排污规制法》，乃至 1962 年出台的《烟尘排放规制法》就是在东京的《防止排烟条例》基础上制定的；英国 1956 年颁布的《清洁空气法案》也是以伦敦 1853 年的《控制烟雾条例》和 1891 年伦敦的《公共健康法》为重要参考的，在此基础上出台了《环境法》，而 1997 年的《国家空气质量战略》又是《环境法》所要求的。从环境立法的历史来看，其起步之早在世界各国中也是名列前茅的。美国也是如此，各州在大气污染控制方面的立法历史可追溯到 19 世纪 80 年代，而联邦性的立法则到 20 世纪三四十年代才开始受到重视，1955 年制定的《大气污染控制援助法》是在州条例的基础上制定的第一部联邦空气污染控制法。

2. 法律内容要详细且具体

法律内容只有详细具体，才便于操作执行，也可以避免人为的钻空子，从而提高法律效应。欧美国家的经验我们可以借鉴，例如 2008 年欧盟颁布的《欧洲环境空气质量和更加清洁空气指令》，条款既详细又具体，该指令主要分一般条款、大气质量评估、大气质量管理、大气质量规划、大气质量和污染信息报告制度等六个方面，对大气污染防治和维护大气环境质量做出了规制。在大气质量评估一章中，第一部分对二氧化硫、二氧化氮、氮氧化物、微粒物、铅、苯和一氧化碳等做出规制，第二部分对臭氧的评估做出规制；在每种污染物部分中，又有评估体制、评估准则、样本选择等内容。在大气质量管理一章中，首先对限值以下的污染物水平做出了规定，然后区分出保护人类健康所需要的限值、警报阈值和临界值；对以保护人类健康为目的的细颗粒物暴露削减目标、达标值和限值做出规定，划分区域和城市群，确定了不同的臭氧浓度超出限值和长期目标，并规定了超标时要采取的措施，还考虑到自然资源对污染治理的贡献，冬季沙化道路或盐碱道路对空气污染的影响，同时也考虑到各区域的特殊情况，规定了最后达标期限的延长以及遵守特定限值义务的免除。

3. 立法要主动与国际公约对接

目前，大气环境治理的国际合作已从科学研究阶段延伸至公约的谈

---

① 叶林．空气污染治理的国际比较研究．北京：中央编译出版社，2014.

判与履行阶段，国际社会围绕减排签署了《保护臭氧层维也纳公约》《蒙特利尔议定书》《联合国气候变化框架公约》《京都议定书》《巴厘岛路线图》《哥本哈根协议》《坎昆协议》等国际公约。国际合作中，缔约方从自身利益出发考虑大气这一公共物品的非排他性，在减排政策与减排行动上存在国家间的谈判博弈，不一定为增进集体利益采取一致的合作策略。但是包括中国在内的以欧洲国家为主的国家与地区非常重视大气污染治理的国际合作，以负责任的态度推动国际公约的达成和签署。一些国家还主动引进和加入国际公约，使国内的立法和标准与国际对接。例如，德国引进《关于远距离跨境空气污染的日内瓦条约》《哥德堡协议》等，加强大气污染治理的跨国合作。

马斯河谷烟雾事件和伦敦烟雾事件之后，欧盟对大气污染高度重视，制定了比较完善的大气污染防治法，作为区域性法，欧盟的大气污染治理法律得到了欧洲大部分国家的执行。主要包括三个部分，即《环境空气质量评估和管理指令》《关于环境空气中二氧化硫、二氧化氮、氮氧化物、微粒物和铅含量限值的指令》《关于环境空气中一氧化碳、苯含量限值的指令》《关于环境空气中臭氧含量限值的指令》《关于环境空气中砷、镉、汞、镍和多环芳烃含量限值的指令》《欧洲环境空气质量和更加清洁空气指令》等大气质量法，《欧盟关于限制大型火力发电厂排放特定空气污染物质的指令》《关于从汽油仓库和从终端到汽油站运送过程中导致的挥发性有机化合物控制指令》《关于限制在特定活动和设施中使用有机溶剂导致的挥发性有机化合物排放的指令》《关于降低在特定液体燃料中硫含量的指令》《废物焚化指令》《关于国家特定空气污染物质排放最高值的指令》《综合污染预防和控制指令》等欧盟固定污染排放源治理法，《关于汽柴油质量的指令》《关于修订 1998 年汽柴油质量的指令》等移动空气污染源治理法。为了便于成员国之间的区域合作，还出台了《成员国内环境监测网络和站点之间空气污染测量信息和数据交换指令》，使成员国能够及时获得大气质量和污染物的相关信息。[①]

4. 法律要体现公众参与的原则

法律的执行，协商必不可少，起草法律时需要多方协商，并更多地考

① 谢伟．欧盟大气污染防治法及对我国的启示．学理论(下)，2013(4)：118-119.

虑公众对大气环境的需求。当然，协商不是讨价还价。大气环境与人类的生存和发展休戚相关，作为人类的一分子，公众对与维持自身生存休戚相关的大气环境品质的改善当然享有决策的权利。公众参与环境立法源于美国密执安大学的约瑟夫·L.萨克斯教授的公共信托理论观点，该理论体现了公众对于可持续发展和未来利益应拥有的权利。1960年，萨克斯教授提出，水、空气等人类生活离不开的环境要素不是无主物，而是全体国民的共有财产，国民为了管理他们的共有财产可委托政府管理，政府应当为全体国民包括当代美国人及子孙后代管理好这个财产，未经委托人许可，政府不得自行处理这些财产。[①]

将公众参与作为大气环境法的一项基本原则，明确公民有权并平等地参与立法、决策、执法、司法等与权益相关的活动中，有利于监督政府依法立法，有利于大气污染治理法的良好实施，有利于推进环境保护活动的广泛开展。公众参与也是西方许多国家和国际性大气环境立法中的一项重要制度，如20世纪70年代，美国颁布的《清洁空气法》中对公众参与制度做出了详细的规定；1969年，美国出台的《国家环境政策法》规定，“每个人都应当享受健康的环境，同时每个人也有责任对维护和改善环境做出贡献”，与公民参与相关的环境影响评价制度占了该法的很大篇幅。1992年，联合国环境与发展大会通过的《里约宣言》明确规定：“环境问题最好是在全体市民的参与下，在有关级别上加以处理。每个人都应当能适当地获得公共当局所持有的关于环境的资料，包括在其社区内的危险物质和活动的资料，并应有机会参与各项决策，各国应通过广泛提供资料来鼓励公众认识和参与。”1993年，日本的《环境基本法》中也规定环境权是人类的福利。其他的法治国家纷纷效仿美国，在重大拟议中的环境行动方面实行环境影响评价，并规定保障公民行使自己对该拟议行动决策的质询权或否决权。

很多国家能及时地发布大气环境质量指标和污染物监测数据、公开相关污染源的排放信息，以便公众获取资料，更好地参与到治理活动中来。例如，欧盟通过建立清洁空气指令，明确公众可以通过包括互联网在

① 约瑟夫·L.萨克斯.保卫环境：公民诉讼战略.王小钢，译.北京：中国政法大学出版社，2011.

内的多种媒体免费获取大气质量信息、免除义务信息、延期遵守信息等大气信息,以及关于所有污染物的超出限值、目标值、长期目标、信息阈值和警告阈值水平等的大气污染控制年度报告。

我国《环境保护法》规定:“一切单位和个人都有保护环境的义务,并有权对污染和破坏环境的单位和个人进行检举和控告。”在我国《大气污染防治法》中也有类似的规定。1996 年,国务院的《关于环境保护若干问题的决定》规定:“建立公众参与机制,发挥社团的作用,鼓励公众参与环境保护工作,检举和揭发各种违反环境保护法律法规的行为。”2006 年,国家环保总局发布了《环境影响评价公众参与暂行办法》,使得公众参与原则的实施更有法律保障。但是我国大气环境保护法规对公众参与的规定过于笼统,缺乏具体措施;立法过程中,公共参与的权利不明确;公益诉讼制度尚未建成,无论是在立法上还是在司法实践中,公益诉讼目前而言还是一种奢望;公众能获得的真实信息很少,甚至被政绩影响下的报道所误导。[①]

### (三)治理需要持续较长时间才能根本改善大气环境

全球各国大气污染防治历程表明,解决严重的大气污染问题,是一项长期而艰巨的工作,会受到来自利益主体特别是企业乃至地方政府的阻力和干扰,也会对经济增长速度造成一定的压力。我们需要充分认识改善大气环境质量的艰巨性、复杂性与长期性,做好打持久战的思想准备。

1. 整体解决大气污染问题需要 30～50 年

欧美发达国家持续了 20～50 年时间才基本解决大气污染问题。由于欧洲国家、美国、日本等发达国家的工业化、城市化进程不同,大气污染对环境的破坏显现时间有早有晚,开始大气污染治理行动和持续的时间各不相同。英国伦敦自 1952 年的烟雾事件发生后,于 1954 年立法开始治理大气污染,到 1980 年伦敦的大气环境得到根本性改善,治理用了 27 年时间;整个英国自 1956 年出台《清洁空气法案》、强化大气污染的综合治理,到 20 世纪 80 年代大气污染问题基本解决,所耗费的时间为 30 多

---

① 范瑞迪．论我国环境法公众参与制度的缺陷及其完善．环球人文地理,2014(14):228-229.

年。德国基本解决大气污染问题的时间相对较短，从 20 世纪 60 年代就开始重视环境保护，北威州在 1964 就出台了第一部地区大气污染防治法，但到 1974 年，联邦德国才颁布全国性的《联邦污染防治法》。德国用了不到 30 年的时间大气环境就得到了根本性改善。美国花费的时间比较长，自 1955 年美国颁布《空气污染防治法》起，前后耗时近 50 年。而日本前后花了约 40 年的时间，大气污染公害问题基本解决。

2. 专项大气污染治理需要 15～20 年

先进国家和城市大气污染治理经验显示，经过 15～20 年的治理可以取得明显的效果。伦敦大气质量在 1956 年至 1975 年间显著改善，二氧化硫年均浓度下降 70%，烟雾浓度下降 80%，所经历的时间为 20 年。洛杉矶的大气质量在 1977 年至 1992 年间显著改善，改善程度约为 60%，所经历的时间为 16 年。东京 1968 年针对硫化物重点治理到硫氧化物排放总量下降 80%所经历的时间约为 12 年，1992 年重点治理氮氧化物和可悬浮颗粒物到全部达标所经历的时间约 16 年，整个日本的工业硫氧化物治理大约用时 15 年才得到有效控制。[①]

3. 长三角城市群大气污染治理需要长期规划

长三角城市群大气污染治理需要持续一段较长的时间，因而需要有长期的规划，明确不同时期的治理工作重点，分步骤、分阶段加以解决，持续改善环境空气质量。在制定大气污染治理目标时，要吸取欧美国家等先行国家的经验。制定长三角城市群的大气污染治理长期规划时，目标时间可以设定为 2030 年，与国家相关规划时间协同。主要基于以下考虑：①上海提出争取到 2027 年将 $PM_{2.5}$降低到 25 微克/米$^3$，我们建议长三角城市群的远期目标紧跟上海，因为上海是长三角城市群的核心城市，考虑到大气污染的流动性和长三角联防联控机制正在建立，大气污染防治目标需要与上海接轨。②考虑发达国家的治理经验和现状，上海人均收入将在 2027 年之前达到 2014 年的市场经济国家水平，而市场经济国家的 $PM_{2.5}$平均仅为 17 微克/米$^3$。2013 年，上海以常住人口计算的人均

---

① 复旦大学课题组，李治国，马骏，张艳. 上海 $PM_{2.5}$减排的经济政策. 科学发展，2014(4)：77-87.

GDP 已超过 14000 美元,到 2027 年上海的人均 GDP 将达到 40000 美元,超过市场经济国家 2014 年的平均水平。按常住人口计算,2015 年长三角城市群的人均 GDP 为 9.5 万元,按年平均汇率折算约为 15000 美元,与上海基本持平,因而整个长三角城市群是有条件紧跟上海目标的。③考虑世界卫生组织的标准,世界卫生组织认为,$PM_{2.5}$小于 10 微克/米$^3$ 是安全值,世界卫生组织为各国提出了非常严格的 $PM_{2.5}$标准,全球大部分城市都未能达到该标准。针对发展中国家,世界卫生组织也制定了三个不同阶段的限值,第一阶段为 35 微克/米$^3$,第二阶段为 25 微克/米$^3$,第三阶段为 10 微克/米$^3$。城市群到 2030 年将 $PM_{2.5}$ 年均浓度降低到 25 微克/米$^3$,也是为符合世界卫生组织提出的第二阶段安全标准(25 微克/米$^3$)的要求而提出的。④我们已有发达国家的经验可以借鉴,有很多现成的治理技术、法律法规、治理模式、管理经验可以应用,这样可以让我们少走弯路,降低代价,需要的治理时间可以缩短。相信长三角城市群经过努力,也能将大气治理好。

### (四) 政府、企业、社团和公众多方协同治理是关键

从各国大气污染治理的经验可以看出,发达国家走出了一条"公众行动—政府立法—技术创新—多方协同"的合作治理道路,政府与政府之间、政府与企业之间、政府与社会之间的多方参与和协作是大气污染治理成功的关键。大气污染的防控和治理成绩并不全归功于政府,企业和大众都是大气污染治理的践行者。

在英国,政府间的协同和民众参与是大气污染治理取得很大成功的重要原因。在分工上,中央政府的环保部门及其分支机构负责大气防治法规的制定和全国的环境保护的监督管理,议会负责监督和高层次的协调;地方政府负责协助环保政策的顺利实施和对重点排放地区的监控。在信息发布上,英国是最早将大气治理信息向民众实时通报的国家,各个城市通过官方网站向市民发布实时大气质量数据、污染物浓度数据和趋势图;伦敦国王学院于 2010 年在多个手机操作系统平台上推出了一款手机软件,该软件每小时向用户免费推送伦敦大气质量,方便公众了解城市大气质量;民间监测组织的大气污染监测、信息发布以及向政府索取大气质量数据资料等行为,政府不会也不敢干涉和拒绝。在大气环境问题的

讨论、决策、监督、执行上，英国的社会组织和民众的参与性很高，由此提高了公众对环境决策的监督水平。公众有咨询和参与政府决策的法定权利，媒体和民众会大胆地抨击政府在大气治理方面的疏忽和过失。例如，2012 年 7 月，《星期日泰晤士报》就引述了环保组织“清洁伦敦空气”所做的调查报告，质疑伦敦市政府只在监测点附近大洒化学溶剂，借以美化空气污染指数。开发商在准许项目建设开工之前，必须向主管部门提交环评报告，主管部门必须根据公众和咨询委员会意见做出决定。

在美国，《清洁空气法》的制定和执行过程可以说是政府间协同治理大气污染的典范。该法强调联邦部门、机构之间大气污染防治合作的必要性，将大气污染防治的区域协调机制体现在污染防治多个环节中，如在州际污染消除方面，要求所有计划新建或更改的污染源，在所在州许可的动工日期之前至少 60 天，向所有邻近的州提供一份书面的通告，通报可能会被这一污染源影响的空气污染级别。强调联邦财政有必要对积极合作的州、地区和社区的空气污染控制项目提供支持和领导，并且规定对于污染控制机构、院校、组织及个人，应当给予鼓励、支持和协作，并在技术服务和财务上提供帮助。经过半个世纪的修改完善，美国的《清洁空气法》确立了国家空气质量标准、州政府独立实施、污染源控制等一系列行之有效的原则，规定大气质量标准由联邦政府制定，各州和地区制定具体实施方案以实现联邦政府的标准；州政府在其辖区内，根据国家大气质量标准，独立行使大气质量监管职责，针对具体大气污染物制定管理计划，在本州内自设大气质量控制区。对于污染排放源的经营者和拥有者，美国国家环境保护局可以向其提起民事诉讼，请求法院对其违规行为进行民事制裁或者实施永久禁令；美国国家环境保护局和司法部可向法院提起刑事诉讼，追究造成严重空气污染或弄虚作假的企业、实体及其负责人的刑事责任；公民、地方政府或非政府组织可以起诉导致大气污染的公民、企业、政府部门等任何人或机构，也可以起诉享有管理权而不作为的执法管理机构。

在日本，从大气污染治理法规政策的出台到实施，协同治理特别是政府与民众、企业的协同得到高度重视。日本政府重视环境问题是从要求损害赔偿和禁止排污的一系列“公害诉讼”开始的，例如，东京大气污染诉讼推动了日本 $PM_{2.5}$ 环境标准的出台，该案最后诉讼和解的要求之一就是

环境省必须实施 $PM_{2.5}$ 健康影响调查,并组织专家对调查的评价结果进行专门研讨,从而研究切实可行的包括制定环境标准在内的对策。治理污染的前 20 年,日本政府针对工厂烟囱排放出来的气体硫化氢等有害物质进行治理,但没有搞“一刀切”,而是根据工厂烟囱高度、工厂所在区域大气污染状况等,制定相应的排放标准。考虑到企业的生存和城市化的需要,也没有要求一步到位,初始化目标定为“让区域内大气污染状况受到抑制,不再继续扩大”;日本政府出钱请专家替工厂想办法减排,让科研机构研发可以装在工厂烟囱上,能去除有害气体的装置,研发可代替工厂原料中硫黄成分的物质等;通过法律,使居民可以进入工厂监督污染物质的排放情况。工厂造成的大气污染治理取得阶段性胜利后,日本政府开始着手治理汽车尾气。在尾气治理上,政府不是强制人们不开车,而是请来科研机构与汽车厂商共同对汽车引擎进行降排改良升级,开发清洁能源汽车,立法要求汽车厂加装技术先进的尾气过滤器,这类措施的推出得到广大民众的拥护,环保、小排量汽车深受欢迎,成为日本汽车市场的主流。日本在解决大气污染的过程中,加强宣传教育,推出绿色环保标志制度,在全社会形成了“使用绿色环保产品为荣”的消费理念,政府鼓励消费者购买环保产品。经过数十年的努力,“环保”二字深入民心,在日本社会形成了一股对抗大气污染的合力。

# 第五章　国内城市(群)大气环境治理借鉴

不仅西方发达国家的大气污染治理经验可以借鉴,国内一些城市或城市群的大气污染治理也很有成效,值得借鉴的有治理手段和效果紧跟西方发达国家的我国香港地区,有系统化治理大气污染、空气质量保持领先的深圳,有专项治理效果显著、大气环境改善最快的兰州,还有目前正在遭受大气污染之苦、协同治理措施力度最大的京津冀地区城市群。

## 一、香港

香港属于我国的特别行政区,位于珠江出口之东,北接广东深圳,西邻澳门。1950 年以前,香港经济主要以转口贸易为主;20 世纪 50 年代初期香港的工业化开始起步,经过 20 年的努力,基本实现了工业化;到 20 世纪 70 年代初,工业出口已占出口总额的八成以上,一跃成为"亚洲四小龙"之一,实现了香港经济的一次转型。此时,香港推行经济多元化,经济从工业向服务业转型。20 世纪 80 年代开始,内地的改革开放促进了香港的制造业向内地转移,金融、房地产、贸易、旅游、航运等产业得到了快速发展。目前,香港已发展成为亚太地区的国际贸易中心、金融中心和航运中心,香港成功完成了经济的第二次转型。根据中国社会科学院公布的《2014 年中国城市竞争力报告》,香港连续 12 年在综合经济竞争力排名中位列第一。①

---

① 在中国社会科学院发布的《2015 年中国城市竞争力报告》中,香港竞争力已经被深圳超过,列第二位。

### （一）香港大气污染的演进

#### 1. 香港大气污染治理的历史

（1）第一次转型带来的大气污染严重

香港是第二次世界大战后世界经济发展最快的地区之一，从一个小小的转口贸易港，经历了从轻纺加工工业起步到建立出口导向型经济体系的过程，实现了工业多元化，带动了以金融、房地产和商业为代表的服务业的全面发展，成为一个经营多元化、功能多元化的国际化大都市。香港在城市化发展初期和工业化过程中，没有重视环境保护，香港特别是密集型工业区和密集型居住区出现了大气污染等环境污染的困扰，工业废水、废气等的大量排放，致使香港从20世纪60年代起就逐渐告别了碧水蓝天，污染导致成千上万人过早离世。[①] 据香港环保署空气质素监测站提供的1980年香港主要的8个市区大气质量监测数据，大气中二氧化硫年均浓度为130微克/米$^3$，最高达475微克/米$^3$，超标50%；总悬浮粒子超标严重，最高的达到150毫克/米$^3$（葵涌、观塘）；可吸入的悬浮粒子最高年均浓度为59～87微克/米$^3$，超过55微克/米$^3$的标准；氮氧化物整体年平均浓度为21～33微克/米$^3$，只有观塘超过标准；酸雨也时有发生，pH在4.3～5.5区间。[②]

（2）第一次转型时期的污染源是工业化和城市化引发的产业源、交通源

这一时期，造成严重大气污染的主要原因是工业化和城市化，主要污染源是产业源和交通源。加上英国对香港长期的殖民统治，奉行积极的不干预政策，导致香港对环境污染的控制和管理起步晚，大气污染治理缺乏长远的规划和打算。20世纪60年代，香港原有的轻纺工业如棉纺、织布、成衣等快速发展，同时，一些新兴工业如电子、钟表、玩具等也陆续建立起来了。加工业的发展，既促进了进出口贸易，扩大了就业，也带动了房地产及建筑、金融行业的发展，香港逐步成为亚洲地区轻工业制造中心之一。20世纪70年代后，香港的成衣、玩具、塑料花和钟表等许多工业产

---

① 胡中乐. 香港如何对重度污染下“狠”招. 环球网，2013-12-17.

② 田雅云. 香港的环境问题及管理. 中国环保产业，1997(3)：36-37.

品的出口金额或数量都已名列世界第一。香港制造业的原料和市场对外界有很大的依赖性,工业化中主要采用西方发达工业化国家淘汰的技术和设备,生产工艺落后,转移过来的产业也是这些国家的环境污染大工业行业。香港的地理环境特殊,四分之三是山地,真正开发的面积不多,快速增加的城市人口拥挤在较小的范围内,城市人口密集程度与日本东京市相似,超过其他发达国家的城市。根据 1981 年的普查统计显示:港岛、九龙及荃湾各地市区范围内的人口密度为28479人/千米$^2$,是新加坡 3921 人/千米$^2$ 的 7 倍多。[①] 城市化使汽车的需求量增加,而高密度的人口会加重汽车的密集程度,汽车尾气排放造成空气污染日益严重;高楼大厦林立,不利于大气流通,使大气污染物紧困于街道之中。

(3) 大气污染治理起步晚但有成效

香港大气环境保护工作起步较晚。随着全球环境保护呼声高涨,香港民众环保意识不断提高,1979 年 7 月正式成立环境保护组,着手治理大气污染。1983 年制定《空气污染管制条例》,1986 年 4 月成立香港环保署,1989 年 2 月起把全香港列为空气质量管制区,规定厂商在装置或改装燃烧设备前,必须获得环保批准,申领牌照;禁止使用含硫量超过 0.5%的工业燃油,提倡不使用含铅汽油,确保进口车辆符合有关管制排放黑烟的最严格标准,禁止生产损害大气臭氧层的物质。2009 年以后,香港实施多项措施,以管制车辆、船舶、发电厂及工商作业程序排放的空气污染物。

经过一系列的治理,工业污染源产生的典型污染物得到了有效的控制。1999 年,大气中的二氧化硫浓度大幅下降,各监测点二氧化硫年均浓度都在 30 微克/米$^3$ 以下,其中葵涌最高,年均浓度为 29 微克/米$^3$,远低于标准的 80 微克/米$^3$。二氧化氮全年平均值是 65 微克/米$^3$,低于标准的 80 微克/米$^3$,但不同地区监测到的二氧化氮年均水平差别很大。大气中及路边的一氧化碳浓度维持在非常低的水平,6 个监测站检测的 1 小时及 8 小时的空气质量指标均符合要求,其中铜锣湾路边监测站检测的 1 小时及 8 小时的最高平均值,分别为标准指标的六分之一、二分之一。可吸入颗粒物

① 詹奕涛. 六十年代以来香港人口再分布的研究. 南方人口,1988(2): 24-31.

的年均浓度为59微克/米$^3$,其他污染物也维持在较低水平。[①] 2014年与1999年相比,路边监测的可吸入颗粒物、二氧化硫和氮氧化物的浓度分别减少45%、67%和45%,路上遭检举的黑烟车辆数目亦减少了近九成;不过,路边的二氧化氮水平却上升了3%。[②]

2. 碧蓝的天空中污染依然严重

从长期看,香港的大气污染治理取得了很好的效果,大气整体质量明显优于内地,到过香港的内地居民,都会感受到香港的好空气。但是,自1987年香港发布大气污染限制指标以来,实际大气污染水平一直显著超出特区政府设定的目标上限,一些指标与大气质量好的国际城市相比,存在明显的差距。2011年,香港道路两旁的空气污染指标超过现行控制目标的20%,创下历史纪录,远远高于2005年时的2%;道路两旁的二氧化氮和可吸入颗粒物的全年平均浓度,分别较香港政府设定的空气质量目标上限高出了53%和11%,较世界卫生组织设定的上限均高出205%;[③]二氧化氮水平(路边空气污染的重要指标)在中国主要城市中排在倒数第二位,仅仅好于乌鲁木齐。当然,这与极高的人口密度、交通运输集中度以及高楼窄街的建筑模式不利于排放物散开这一香港特有因素密切相关。香港的可吸入颗粒物水平高出悉尼两倍多,高出伦敦和纽约一倍以上,大气污染问题也一直受到本地居民的诟病。[④]

近年来,香港特区政府在控制运输、船运等行业大气污染物排放方面采取了一些激励和惩罚措施,对排放源提出了新的标准要求,大气污染问题有所缓解,空气质量有所改善,多种污染物含量下降,一般监测站和路边监测站的二氧化氮、二氧化硫、一氧化碳及可吸入颗粒物等污染物浓度都下降。臭氧浓度虽然没有达到影响居民健康的程度,但上升了7%,二氧化氮指标所有监测点检测数据全部没有达标,还有铜锣湾等地区的一些指标也

---

① 数据来源于《1999年香港空气质素报告》.http://www.aqhi.gov.hk/api_history/tc_chi/report/files/aqr99c.pdf.

② 数据来源于香港特别行政区政府、香港环保署发布的资料.http://www.epd.gov.hk/epd/mobile/sc_chi/environmentinhk/air/air_maincontent.html.

③ 香港特区政府制定的目标、标准及世卫组织的标准,远高于国家标准和国内其他城市的目标和标准。

④ 保罗·J.戴维斯.香港空气污染控制不达标.马拉,译.金融时报,2012-11-15.

没有达标。臭氧超标主要是因为当年香港的日照强、雨量少、风速低，加上受区域性污染影响，当刮北风或西北风时，珠三角发电厂、汽车及工厂污染物便会影响香港。二氧化氮超标主要是因为汽车、电厂等排放的二氧化氮含量高。

2014年香港主要地区大气污染监测结果达标情况如表5-1所示。

**表5-1 2014年香港主要地区大气污染监测结果达标情况**

| 检测站 | | 二氧化氮 | 可吸入颗粒物 | 细颗粒物 | 铅 |
|---|---|---|---|---|---|
| 一般监测站 | 中西区 | × | √ | √ | √ |
| | 东区 | × | √ | √ | — |
| | 观塘 | × | × | √ | √ |
| | 深水埗 | × | √ | √ | — |
| | 葵涌 | × | √ | √ | √ |
| | 荃湾 | × | √ | √ | √ |
| | 元朗 | × | √ | √ | √ |
| | 屯门 | × | — | — | — |
| | 东涌 | × | √ | √ | √ |
| | 大埔 | × | √ | √ | — |
| | 沙田 | × | √ | √ | — |
| | 塔们 | √ | √ | √ | — |
| 路边监测站 | 铜锣湾 | × | × | × | — |
| | 中环 | × | √ | √ | — |
| | 旺角 | × | √ | √ | √ |

资料来源：香港特别行政区政府环保署、空气科学组发布的《2014年空气质素监测网络监测结果报告》。

注："√"表示符合大气质量标准；"×"表示不符合大气质量标准；"—"表示没有量度或有效可用数据不足或数据分布不均匀，不符合达标评估要求。

## （二）香港大气污染源分析

### 1. 大气污染物排放量及其行业分布

香港目前正面对两类大气污染问题，即路边大气污染问题和区域性的烟雾问题。路边大气污染主要来自车辆特别是柴油车的废气，区域性的烟雾则是由珠江三角洲地区的车辆、船舶、工业及发电厂排放的污染物引起的。由于受有关空气污染问题影响,二氧化氮、臭氧、可吸入颗粒物仍未能完全达到现行的空气质量指标,主要是由机动车尾气引发的,其中柴油车辆排放的废气更是这些污染物的主要来源。目前香港监测的大气污染物包括二氧化硫、二氧化氮、臭氧和一氧化碳等气体物和可吸入悬浮颗粒物、微细颗粒物、铅等固态物。

(1) 大气污染物排放总量及其变化

2013 年,香港的二氧化硫、氮氧化物、可吸入颗粒物、细颗粒物、挥发性有机物、一氧化碳等大气污染物排放量分别为 31280 吨、113220 吨、6040 吨、4740 吨、29420 吨、60790 吨。各污染物的具体排放量如表 5-2 所示。

**表 5-2 2013 年香港大气污染物排放量**

| 污染源 | 排放量/吨 | | | | | | |
|---|---|---|---|---|---|---|---|
| | 二氧化硫 | 氮氧化物 | 可吸入颗粒物 | 细颗粒物 | 挥发性有机物 | 一氧化碳 | 合计 |
| 公用发电 | 14680 | 34580 | 940 | 430 | 460 | 3930 | 55020 |
| 道路运输 | 50 | 25740 | 1090 | 1000 | 6650 | 35840 | 70370 |
| 水上运输 | 15740 | 35630 | 2160 | 2000 | 3360 | 11670 | 70560 |
| 民用航空 | 540 | 6240 | 60 | 60 | 580 | 3320 | 10800 |
| 其他燃料燃烧 | 280 | 11040 | 850 | 780 | 1170 | 6040 | 20160 |
| 非燃烧 | — | — | 950 | 480 | 17200 | — | 18630 |
| 总排放量 | 31280 | 113220 | 6040 | 4740 | 29420 | 60790 | 245490 |

资料来源:香港特别行政区政府、环境保护署、空气科学组发布的《2013 年香港空气污染物排放清单》。数据进位至最接近的十位数,因四舍五入关系,个别排放源的数据相加可能与总排放量数字略有出入。

1997 年至 2013 年,香港大气污染物排放量呈整体下降趋势(见图 5-1),特别是可吸入颗粒物、细颗粒物、挥发性有机物、一氧化碳等污染物排放量下降幅度大,均超过 50%,分别下降 59%、57%、64%、58%。二氧化硫下降幅度虽然也超过了 50%,达到 62%,但 2004 年以前呈上升趋势,2005 年开始下降,2010 年急速下降,此后几年保持相对稳定。而氮氧

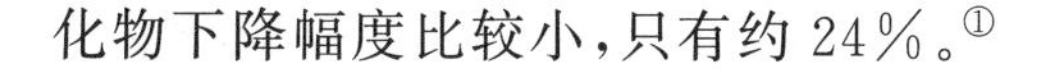

化物下降幅度比较小,只有约24%。①

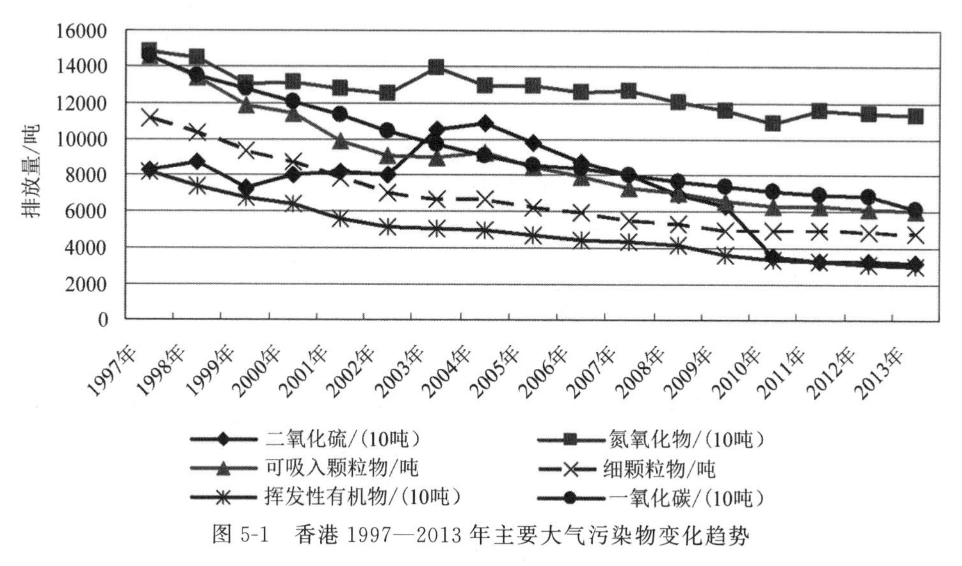


图5-1 香港1997—2013年主要大气污染物变化趋势

(资料来源:根据香港特别行政区政府、环境保护署、空气科学组发布的《2013年香港空气污染物排放清单》相关数据整理。)

(2) 大气污染源总体结构

香港的大气污染源主要包括三个方面,即交通工具、以发电为主的工业和外来源。其中交通工具产生的污染物最多,占总污染物的绝大部分;电力生产提供了大量的二氧化硫、氮氧化物和一氧化碳。

(3) 不同污染物源的结构

如图5-2所示,2013年香港大气中的二氧化硫主要来自水上运输的尾气和电厂的废气,分别占二氧化硫排放量的49%、48%;另外,航空运输占2%,道路运输及其他占1%。说明香港私家车尾气中含硫少,而电厂脱硫工作和船舶减排工作需要加强。

如图5-3所示,2013年香港大气中的氮氧化物主要来自交通运输的尾气和电厂的废气,分别占氮氧化物排放量的60%、30%;在交通运输中,水上运输、道路运输、航空运输分别占31%、23%、6%。另外,其他燃料燃烧排放占10%。说明油品在燃烧后,大量氮氧化物被排放到了大气中,需

① 根据香港特别行政区政府、环境保护署、空气科学组发布的《2013年香港空气污染物排放清单》相关数据整理。

要加大油品改革和尾气处理力度;电厂减排工作需要加强。氮氧化物光化作用下容易形成臭氧,对人的危害很大。

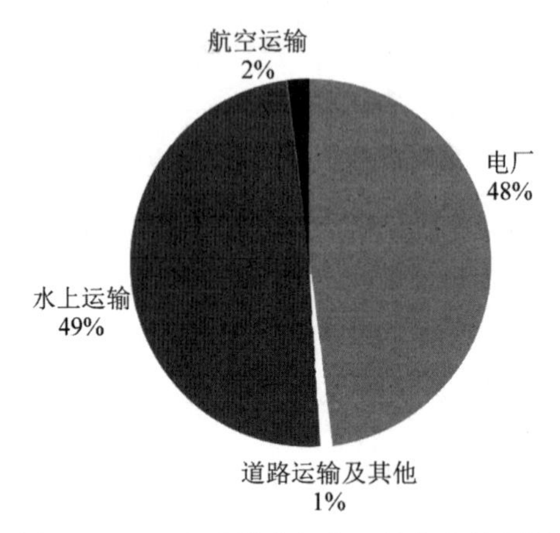


图 5-2 2013 年香港大气中二氧化硫的来源

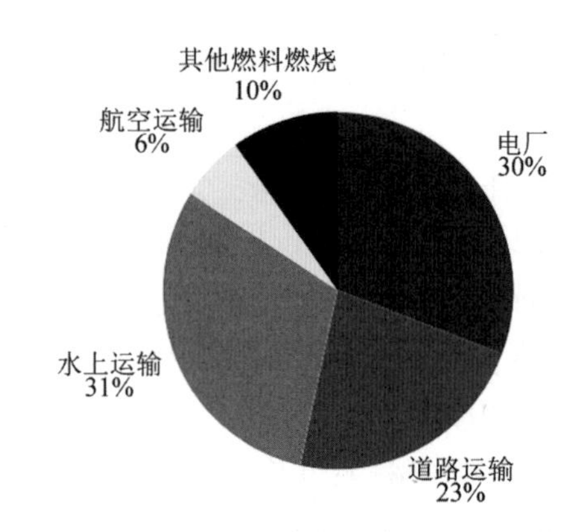


图 5-3 2013 年香港大气中氮氧化物的来源

如图 5-4 所示,2013 年香港大气中可吸入颗粒物的来源中来自交通运输的可吸入颗粒物最多,占总排放量的 55%,其中水上运输、道路运输和航空运输分别占 36%、18%、1%。来自电厂、非燃烧领域和其他燃料燃烧的可吸入颗粒物的比例也比较大,分别占总排放量的 15%、16%、14%。交通运输产生的可吸收颗粒物主要集中在水上运输和道路运输,因而需要加强船舶减排与装卸抑尘、汽车尾气控制、电厂烟尘控制、城市扬尘抑制。

如图 5-5 所示,2013 年香港大气中细颗粒物来源中来自交通运输的

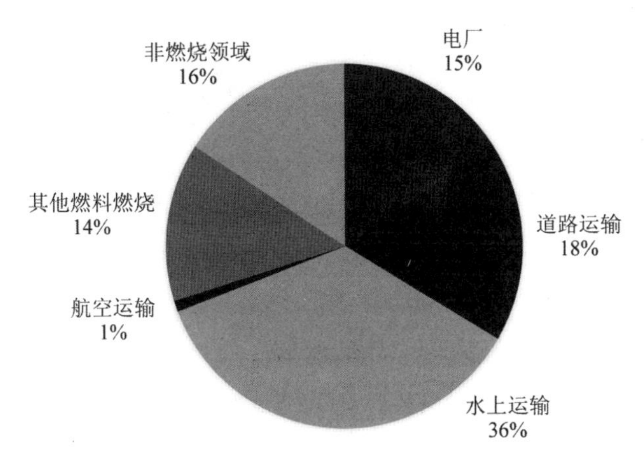


图 5-4　2013 年香港大气中可吸入颗粒物的来源

细颗粒物最多，占总排放量的 64%，其中水上运输、道路运输和航空运输分别占 42%、21%、1%。其他燃料燃烧、非燃烧领域、电厂，分别占 17%、10%、9%。

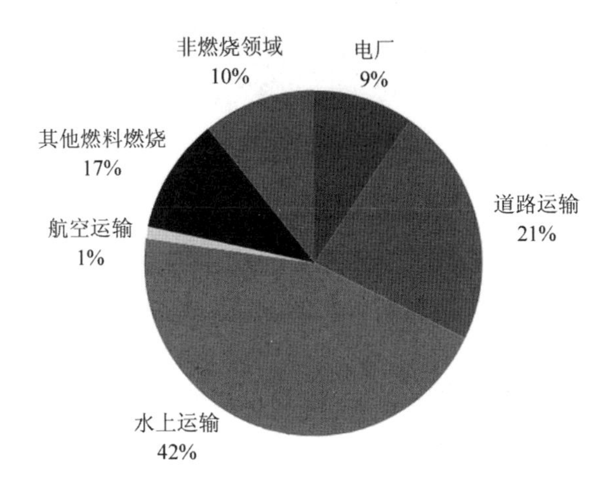


图 5-5　2013 年香港大气中细颗粒物的来源

如图 5-6 所示，2013 年香港大气中挥发性有机物主要来自非燃烧领域，占 58%；其次是道路运输，占 23%；第三是水上运输，占 11%。

如图 5-7 所示，2013 年香港大气中一氧化碳的首要来源是道路运输，占 59%；其次是水上运输，占 19%；其余是其他燃料燃烧、电厂、航空运输，分别占 11%、6%、5%。

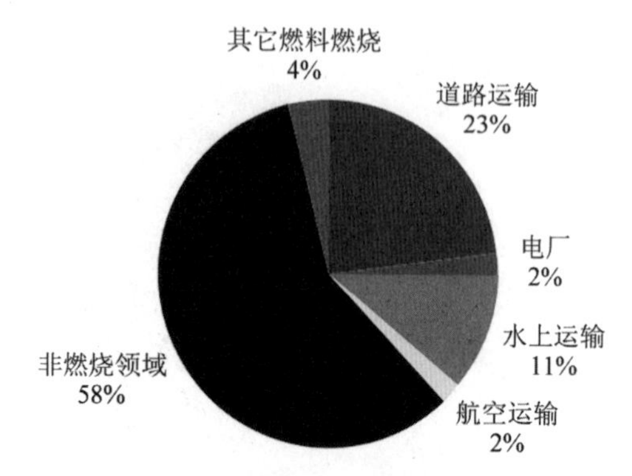


图 5-6　2013 年香港大气中挥发性有机物的来源

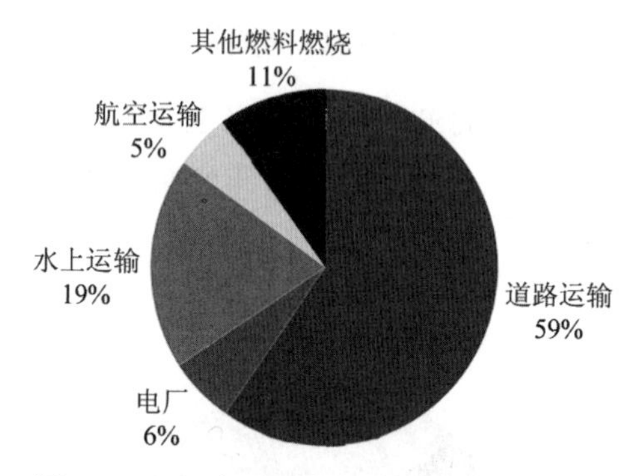


图 5-7　2013 年香港大气中一氧化碳的来源

2. 大气污染源变化趋势

电厂为二氧化硫、氮氧化物及可吸入颗粒物的主要排放源。1997—2013 年，香港的用电量上升了 32%，由于香港于 2010 年起逐步收紧电厂的排放上限，电厂的二氧化硫、氮氧化物及可吸入颗粒物排放量在同期分别大幅减少了 73%、38%、64%。

道路运输是氮氧化物、可吸入颗粒物、细颗粒物、挥发性有机物、一氧化碳的主要排放源。车辆行驶里程数于 1997 年至 2013 年上升了 13%，但道路运输的排放量在同期减少 36%至 98%。香港推行了一系列车辆排放管制措施，排放标准从 2001 年的欧三标准逐步收紧至 2012 年的欧五标准，资助的士和小巴车主更换催化器及含氧感知器。2010 年后，道路运输的氮氧化物、可吸入颗粒物、细颗粒物、挥发性有机物及一氧化碳的排放量持续下降。

船舶中,远洋船是最大的排放源。由于近年来电厂和道路运输的排放量减少,虽然水上运输的排放量从1997年到2013年变化不大,但水上运输也已成为最大的排放源,2013年,占二氧化硫、氮氧化物、可吸入颗粒物、细颗粒物总排放量的49%、31%、36%及42%。1997—2013年,污染物排放量与到港船次成正比,都略有下降;但这一时期的货物吞吐量大幅上升。

2013年,民用航空占本地大气污染物的总排放量少于6%。从1997年到2013年,航班升降量增长了121%,而二氧化硫和氮氧化物的排放量增幅不明显。

其他燃料燃烧是可吸入颗粒物、细颗粒物的重要排放源,2013年,占可吸入颗粒物、细颗粒物总排放量的14%、17%。1997年至2013年,其他燃料燃烧源的整体排放量减少19%至95%。这其中,非路面流动机械,特别是建筑机械,是其他燃料燃烧源的主要排放源,2013年,分别占可吸入颗粒物、细颗粒物及氮氧化物排放量的72%、77%、68%。2009年至2013年,建筑机械燃料使用量增加了76%,同期细颗粒物、可吸入颗粒物及氮氧化物的排放量均有所上升。

非燃烧领域排放的挥发性有机物在排放量中占相当大的比重,2013年,占总排放量的58%,非燃烧领域的可吸入颗粒物、细颗粒物的排放量分别占排放量的16%及10%。1997年至2013年,非燃烧领域的整体排放量减少44%至69%。2013年,75%的挥发性有机物排放主要来自漆料、印刷油墨和溶剂、消费品。2007年,香港开始实施《空气污染管制(挥发性有机化合物)规例》,2013年非燃烧领域排放的挥发性有机物比2008年已减少约37%。[①]

根据香港特别行政区政府、环境保护署、空气科学组发布的《2013年香港空气污染物排放清单》数据分析得出,剔除外来源后,香港的大气污染主要来自水上运输、道路运输、工业(包括发电、漆料、印刷油墨和溶剂等),航空运输、建筑业也是重要的大气污染源。

① 污染源分析数据和思路引自2015年6月香港特别行政区政府、环境保护署、空气科学组发布的《2013年香港空气污染物排放清单》。

## （三）香港大气污染治理与借鉴

### 1. 大气污染治理与成效

（1）立法与管制

香港在大气污染治理过程中，出台了不少政策法规和标准，如表 5-3 所示。

**表 5-3　香港大气污染治理法规**

| 政策法规和标准 | 管制范围 |
| --- | --- |
| 1983 年《空气污染管制条例》 | 管制固定源及车辆引起的空气污染，以及订定有关附例及技术备忘录的规范 |
| 1993 年《空气污染管制(空气管制区)(公告)(综合)令》 | 综合公布空气管制区 |
| 1983 年《空气污染管制(上诉委员会)规例 》 | 规定上诉程序及过程 |
| 1996 年《空气污染管制(石棉)(行政管理)规例》 | 列明石棉顾问、承办商、工程监督及化验所注册的资格及费用 |
| 1997 年《空气污染管制(建造工程尘埃)规例》 | 规定承建商在施工时采取的措施，减少尘埃散发 |
| 2001 年《空气污染管制(干洗机)(汽体回收)规例》 | 规定使用全氯乙烯的干洗机的干洗工场必须配备汽体回收系统及符合规定的排放标准 |
| 2007 年《空气污染管制(挥发性有机化合物)规例》及 2009 年修订规例 | 对受管制的建筑漆料、汽车修补漆料、船只和游乐船只漆料、黏合剂、密封剂、印墨及六大类指定消费品（即空气清新剂、喷发胶、多用途润滑剂、地蜡清除剂、除虫剂和驱虫剂)的挥发性有机化合物含量规定最高限值，并要求所有平版热固卷筒印刷机安装排放控制装置 |
| 1974 年《空气污染管制(尘埃及沙砾排放)规例》 | 制定固定燃烧源的粒子排放标准、检验程序及规定 |
| 2003 年《空气污染管制(车辆减少排放物器件)规例》及修订规例 | 规定在实施欧盟标准之前登记的柴油车辆，必须安装减少排放物器件，方可续牌 |
| 1997 年《空气污染管制(燃料限制)规例》及 2008 年修订规例 | 禁止在商业及工业设施中使用高含硫量固体及液体燃料(沙田区只可使用气体燃料) |

续　表

| 政策法规和标准 | 管制范围 |
| --- | --- |
| 1972年《空气污染管制(火炉、烘炉及烟囱)(安装及更改)规例》 | 规定在安装及更改火炉、烘炉及烟囱前必须获得批准，确保设计适当 |
| 1994年《空气污染管制(汽车燃料)规例》及修订规例 | 制定车辆使用的燃油规格，并禁止售卖含铅汽油，以及规管汽车生化柴油 |
| 1996年《空气污染管制(露天焚烧)规例》 | 禁止露天焚烧建造废物、轮胎及可回收金属废料的电线，以及实施许可证制度，管制其他露天焚烧活动 |
| 1999年《空气污染管制(油站)(汽体回收)规例》及2004年修订规例 | 规定加油站的加油机及贮油缸，以及汽油运输车辆要装配有效的汽体回收系统，同时在卸油及汽车加油时遵从良好的实务守则 |
| 1983年《空气污染管制(烟雾)规例》 | 管制固定燃烧源所排放的黑烟 |
| 1987年《空气污染管制(指明工序)规例》及2009年修订规例 | 制定指明工序的发牌行政规定 |
| 1993年、1994年及1996年《空气污染管制(指明工序)(撤除豁免)令》 | 撤除某些指明工序的工厂东主的豁免 |
| 1993年及1994年《空气污染管制(指明工序)(所需详情及资料的指明)令》 | 规定某些指明工序的工厂东主向空气污染管制部门提供资料及规格 |
| 1992年《空气污染管制(车辆设计标准)(排放)规例》 | 制定新登记车辆的排废标准 |
| 2008年《指明牌照分配排放限额技术备忘录》 | 订明电力行业在2010年及以后年度三类指明污染物的排放限额，以及各发电厂就排放限额的分配方法 |
| 2010年《指明牌照分配排放限额第二份技术备忘录》 | 把电力行业自2015年起的排放总量上限再进一步收紧，减幅为首份技术备忘录的34%至50% |
| 1962年《建筑物(拆卸工程)规例》 | 规管建筑物的拆卸，包括预防尘屑所引致的滋扰 |
| 1989年《保护臭氧层条例》及2009年修订附表 | 根据1985年《维也纳公约》、1987年《蒙特利尔议定书》及有关修订本，履行香港的国际义务，对消耗臭氧层物质的制造和进出口实施管制 |
| 1994年《保护臭氧层(受管制制冷剂)规例》 | 禁止将大型冷冻装置及汽车使用的受管制制冷剂排放到大气中 |

**续 表**

| 政策法规和标准 | 管制范围 |
| --- | --- |
| 1993年《保护臭氧层(含受管制物质产品)(禁止进口)规例》及2009年修订规例 | 规例于2010年1月1日起分阶段实施,禁止进口含氟氯烃的受管制产品(例如空调机、手提式灭火器、隔热板),及含氟氯化碳的喷雾剂产品(例如计量吸入器等) |
| 1960年《公众卫生及市政条例》 | 规定提供市政服务及保障公众卫生,包括抑制废气排放引致的滋扰 |
| 1984年《道路交通条例》 | 规管道路交通、路面车辆、道路使用人士及有关事宜,包括限制车辆喷出黑烟 |
| 1984年《道路交通(车辆构造及保养)规例》 | 具体指定现役车辆的排废标准 |
| 1978年《船舶及港口管制条例》 | 规管及管制港口、船只及航行,包括管制废气的排放 |
| 1933年《简易程序治罪条例》 | 管制在公众地方丢弃污物,例如污物从货车掉落到公共道路上 |
| 2010年《汽车引擎空转(定额罚款)条例》 | 禁止司机在车辆停定时,让车辆引擎于任何60分钟时段内合计运作超过3分钟 |

资料来源:香港特别行政区环保署网站公布的截至2010年12月31日已实施的空气污染管制环保法例,http://www.epd.gov.hk/。

1983年,香港颁布《空气污染管制条例》,条例赋予环保署权力,管制工商业的运作及建筑工序所产生的空气污染;并协助施行《道路交通条例》,监管汽车废气排放;明确禁止使用高含硫量和含铅量燃料,以及露天焚烧建筑废物、车胎及金属废料电线。《空气污染管制(挥发性有机化合物)规例》禁止输入及生产挥发性有机化合物含量超过订明限制的受规管产品;受规管产品包括建筑漆料、汽车修补漆料、船只和游乐船只漆料、黏合剂、密封剂、印墨及六类消费品(即空气清新剂、喷发胶、多用途润滑剂、地蜡清除剂、除虫剂及驱虫剂)。《空气污染管制(远洋船只)(停泊期间所用燃料)规例》禁止远洋船在香港水域停泊岸时使用含硫量超过0.5%的燃料。

《保护臭氧层(含受管制物质产品)(禁止进口)规例》管制含损害臭氧物质产品的生产及出入口,以及损害臭氧物质的回收再造,让香港履行1985年《维也纳公约》及1987年《蒙特利尔议定书》订明的国际义务。《环境影响评估条例》规定所有大型工程必须进行环境影响评估研究,以评估工程对环境可能造成的影响，并且说明可能需要实施的纾缓措施。《汽车引擎空转(定额罚款)条例》规定禁止司机于任何60分钟时段内，让停定车辆的引擎运作合计超过3分钟；执法人员可向违反规定的司机发出罚款通知书，要求该司机缴纳定额罚款。[①]

环保署自2005年开始逐步收紧电厂的排放上限，于2008年订立、2010年起实施三类污染物的排放总量上限及各电厂排放限额分配的方法备忘录；在2010年、2012年和2014年分别修订另外三份备忘录，分别于2015、2017年和2019年起进一步收紧排放上限。2001年起收紧汽车排放标准，至2012年达到欧五排放标准，并自2007年12月引入达到欧五标准的柴油(含硫量低于0.001%)。2007年，《空气污染管制(挥发性有机化合物)规例》施行，禁止进口和管制6类指定消费品、51种建筑漆料、7种印刷油墨、14种汽车修补漆料、36种船舶漆料，以及47种黏合剂和密封剂。2008年10月起施行《空气污染管制(燃料限制)规例》，限制商用柴油的含硫量上限，从0.5%大幅下降至0.005%，其他燃料燃烧源的二氧化硫排放量已下降至更低水平。2014年9月起，利用路边遥测仪器检测排放过量废气的车辆，以加强对这些车辆的检查及维修；计划到2019年年底前逐步淘汰全部非欧五标准的商用柴油车。2015年7月1日起《空气污染管制(远洋船只)(停泊期间所用燃料)规例》生效，规定靠泊船只使用燃料的含硫量不得超过0.5%。2015年9月1日起，《空气污染管制(非道路移动机械)(排放)规例》生效。[②]

(2) 珠三角城市群的协同

香港特区政府和广东省政府多年来一直紧密合作，以改善珠江三角洲地区的大气质量。早在2002年，香港特区政府与广东省政府联合发布了《关于改善珠江三角洲空气质素的联合声明(2002—2010年)》，并共同制定了《珠江三角洲地区空气质素管理计划(2002—2010年)》，这也是我国第一个跨境大气质量管理计划。该计划明确了大气污染治理的2010年目标，即以1997年的排放为参照基础，将二氧化硫、氮氧化物、可吸入

---

① 引自香港特别行政区环保署网站的《香港环保法例一览》，http://www.epd.gov.hk。

② 参考香港特别行政区环保署网站的《2020年空气污染物减排计划》，http://www.epd.gov.hk。

大气颗粒物及挥发性有机物等四种大气污染物分别减少40%、20%、55%、55%。[①] 构建了粤港澳珠三角区域空气监测网络,并于2005年开始发布区域内月度空气质量报告。2007年,粤港共同公布《珠三角火电厂排污交易实验计划》实施方案。2008年,开展为期五年的"清洁生产伙伴计划",鼓励珠三角地区的港资企业采取清洁生产技术和工艺,以减排和节能。2010年,粤港双方同意继续实施空气质量管理计划,并明确了2020年减排意向。在2012年11月举行的粤港持续发展与环保合作小组会议上,粤港双方以2010年的排放量为基准,制定了珠江三角洲地区直至2020年新的大气污染物减排目表和幅度。2014年9月,广东、香港、澳门三地的环保部门签署了《粤港澳区域大气污染联防联治合作协议书》,积极推进粤港澳大气污染防治的区域协同。

粤港澳三地紧密合作,采取了一系列有力措施削减大气污染物排放,包括要求电厂安装脱硫装置、淘汰珠三角高污染设施、引入更环保的车用燃料及低污染车种等,二氧化硫、氮氧化物、可吸入悬浮粒子和挥发性有机物的排放大幅削减,区域空气质量明显改善。粤港澳珠三角区域空气监测网络的监测结果显示,2006年至2013年,区内监测到的二氧化硫、二氧化氮和可吸入颗粒物的年均值分别下降62%、13%和15%,区域空气质量指数值符合国家环境空气质量二级水平的全年日数,亦由2006年的68%增至2013年的82%。2014年珠三角地区细颗粒物、可吸入颗粒物浓度都下降了11%,平均达标天数为298天,比京津冀、长三角地区分别多142天和44天,大气整体质量明显优于京津冀、长三角地区。

2. 启示与借鉴

主要有三个方面:①法律体系的完善性。香港的各项大气污染治理法规既完善,又具体,还细致,充分考虑了政策措施的可行性,便于执行。政策出台需要经过征求意见、专家咨询和可行性研究等程序,政策的实施还要考虑条件是否具备,例如汽车减排中的燃油更换,需要车辆的设计和装置、加油站的设置等都跟上后才能实施。②公开信息的可读性。香港特区环保署网站和其他政府部门公布的大气污染监测与治

---

① 李大勇,张学才. 论粤港大气污染联合减排的可能性及其理论意义. 理论月刊,2006(4):114-115.

理的信息非常丰富，即时监测数据、年报、分析报告、法规等非常全面，这些资料简明扼要、通俗易懂，资料的架构和口径、方法也保持了连续性，为企业和公众参与提供了很大的便利。③与周边地区的协同性。香港的污染源很大一部分是外来源，如果周边的城市不协同治理，很难彻底改变大气环境质量。

## 二、深圳

深圳，作为我国改革开放建立的第一个经济特区，经过近 40 年的发展，已从一个小渔村发展成为常住人口超过千万、年产值超过 1700 亿元的国际化大都市，创造了举世瞩目的“深圳速度”。同时，良好的大气环境也成了深圳人最为之自豪的城市软实力，2015 年我国 338 个地级及以上城市大气质量排名中，深圳位列第 7，是上榜的唯一的一线城市，也是国内大气环境质量达标罕见的千万级人口经济大都市。深圳的细颗粒物污染在国内城市中已处于较低水平，2015 年年平均浓度已经降至 29.6 微克/米$^3$，不仅提前实现了《深圳市大气环境质量提升计划》目标，也达到了世界卫生组织制定的第一阶段 35 微克/米$^3$ 的限值目标。作为人口、产业高度集聚的深圳，大气污染综合治理经验值得长三角城市借鉴和学习。

### (一) 深圳发展过程中也出现过较为严重的大气环境问题

回首深圳特区建立的近 40 年，在发展上深圳与其他城市一样，走过了一个急速工业化、城市化的过程，在环境方面也付出了巨大代价。20 世纪 90 年代，深圳的灰霾天年平均为 82.4 天，到 2005 年后更是连续 3 年出现灰霾在 130 天以上。[①]

1. 深圳的工业化和城市化历程

深圳工业化是在一片空白的基础上起步，通过“三来一补”引进劳动密集加工工业快速发展起来的。20 世纪 80 年代初，劳动密集型产业向东亚国家特别是中国珠三角大规模转移，深圳凭借地理优势和政策优势，其农地很快与香港的资本、技术、管理和产品以及本地和内地的农村劳动

---

① 鲁力. 深圳：从“大运蓝”到“深圳蓝” 城市环境实力得显现. 南方日报，2015-08-26.

力等要素结合起来。在短短的几年时间内,仅香港地区的资本就在珠三角地区建立起了八万余家“三来一补”企业,包括纺织服装、家具、钟表、箱包、玩具、珠宝首饰、机械、皮革、印刷等劳动密集型企业。到1987年年底,深圳利用外资协议投资总额达46.20亿美元,实际到位18.99亿美元,当年利用外资的工业项目占94%。深圳等珠三角城市的产业结构发生了巨大变化,从农业社会形态转变为工业社会形态,生产的日用消费品涌向全国,并在很长一段时间内领导了全国的消费潮流,饮料、饼干、方便面、洗涤用品、家电、家具、办公用品等广东货比比皆是,甚至将广东话、广东菜以及商品意识、市场意识、竞争意识带向了全国。在国外,这些产品也以价格优势进入并占领了发达国家的日用消费品市场。1987年,深圳实现规模以上工业总产值54.77亿元,比上年增长66%,其中出口产品产值为30.70亿元,占工业总产值的56%。这一阶段,深圳抓住了国际分工、国际竞争和产业转移的机遇,完成了一般工业化进程中以轻工业为主的初期发展阶段目标,2000年第二产业产值的比重提高到了54%,第一产业下降到1%。

2001年,我国加入世界贸易组织,中国的投资环境特别是在东南沿海地区不断成熟,劳动者素质也在提高。由于发达国家劳动力成本始终居高不下,他们的电子信息、家用电器、汽车、石化等技术密集、资本密集产业向中国转移,在中国制造后,向全世界销售。国内和国际的市场经济环境已经在深圳较早地建立起来,使得深圳成为发达国家产业转移的重要目的地。在产业转移中,深圳并没有选择重化工业,而是选择了深加工和信息化产业,这使深圳的工业结构跃上了新的台阶,跨进了高新技术产业行列,走上了新型工业化道路。深圳的工业化直接从以轻工业为主的初期阶段,跨越了以重工业化为主的中期阶段,进入以深加工和高新技术产业为主的中后期阶段。2002年,深圳规模以上工业总产值中,高新技术产品产值占48%,其中,电子信息产业又占高新技术产业产值的90%,生物工程、新材料约占10%;2004年以后,深圳规模以上工业总产值中,高新技术产品产值占比上升到50%以上,高新技术产业成为深圳的亮点。经过先进技术的改造和企业的兼并重组,传统产业的国际竞争力得到提升,形成纺织服装、家具、钟表、玩具、珠宝首饰、机械、皮革、印刷八大优势传统产业,钟表、玩具等产量均居世界前列,一些产品已成为全国乃至世界的生产基地、供应基地和配套基地。伴随工业的发展,深圳的生产性服务业和社会服务业得到蓬勃发展,2002 年的经济总量中,第三产业占 44%。

"十二五"期间,深圳的产业结构进一步优化,产业转型升级进一步加快,制造业核心竞争力显著提升,加速向后工业化的后期阶段迈进。五年间淘汰转型低端落后企业 1.7 万家,全市规模以上工业增加值接连突破 4000 亿元、5000 亿元、6000 亿元大关。2015 年,一般贸易占货物贸易的比重从 2010 年的 31.6%提高到 41.5%,技术贸易更是增长 241%,委托设计和自主品牌混合生产出口比重由 2014 年的 67%增至 72%,服务贸易占贸易总额的比重由 2010 年的 5.5%提高到 20.7%,电子信息制造业规模占全国的七分之一,信息基础设施国内领先。①

在经济跨越式发展的同时,全国各地乃至世界各地成千上万的人口聚集到深圳,使深圳的城市化水平快速提高。1979 年,深圳城区面积仅为 3 平方千米,人口近 2 万人,职工年均收入 759 元,农民年均纯收入 152 元;1990 年,深圳常住人口达到 69 万人;2000 年,常住人口达到 701 万人;2010 年,常住人口达到 1035 万人;2014 年,深圳常住人口达到 1078 万人,加上流动人口,深圳人口超过 2000 万人,人口密度达 5398 人/千米$^2$,高于北京、上海、天津等城市。要满足城市的运转,需要大量的房屋、交通等市政设施,会消耗大量的能源。

2. 大气问题也曾困扰深圳

设立特区前,深圳地区罕有灰霾天气;20 世纪 80 年代,随着城市的开发,深圳的灰霾天数开始多起来,但年均也不到 6 天;1989 年,深圳灰霾天数开始上升,1989—2002 年深圳的灰霾天数年均达到了约 80 天;2003 年,深圳的灰霾天数快速上升,突破了 120 天;2004 年,灰霾天数达到最高点 187 天,创历史最高水平,2003—2007 年深圳的灰霾天数年均接近 160 天。随着大气污染治理措施的实施,2009 年开始,深圳的灰霾情况有所好转,灰霾天数为 115 天;2012 年开始,深圳灰霾天数下降到 100 天以下,回到了 20 世纪 90 年代的水平;2014 年灰霾天数降到了 68 天,2015 年降到了 35 天。

---

① 根据深圳市经济贸易和信息化委员会网站信息数据整理。

20 世纪 80 年代末期,深圳开始出现人为污染天气,90 年代开始大气污染天数增加。2004 年污染天数达到 21 天,2012 年大气污染天数达到 44 天,2013 年大气污染天数更是达到 41 天。2014 年开始好转,污染天数降到 17 天,2015 年进一步减少。目前深圳的大气质量基本达到了 20 世纪 90 年代的水平,但大气污染情况依然存在,特别是臭氧污染治理效果不太显著,这与深圳的机动车高保有量以及国家的机动车船燃油品质低密切相关。[①]

## (二)深圳大气污染源分析

### 1. 主要大气污染物

如图 5-8 所示,2014 年,深圳大气中首要的污染物为细颗粒物,其次为二氧化氮,第三为臭氧,第四为可吸入颗粒物。被监测的六大大气污染物中,二氧化硫、二氧化氮、可吸入颗粒物、细颗粒物、一氧化碳、臭氧的年均浓度分别为 9 微克/米$^3$、35 微克/米$^3$、53 微克/米$^3$、34 微克/米$^3$、1.1 毫克/米$^3$、57 微克/米$^3$。与 2013 年相比,除臭氧外,其他污染物浓度都在下降,只有臭氧上升了 5 微克/米$^3$。二氧化硫、二氧化氮、可吸入颗粒物、细颗粒物、一氧化碳的日平均浓度和臭氧的日最大 8 小时平均浓度达到二级标准天数的比例分别为 100%、99.2%、99.7%、96.7%、100% 和 98.9%。全市年平均降尘量为 3.8 吨/(千米$^2$ · 月),比上年上升 0.3

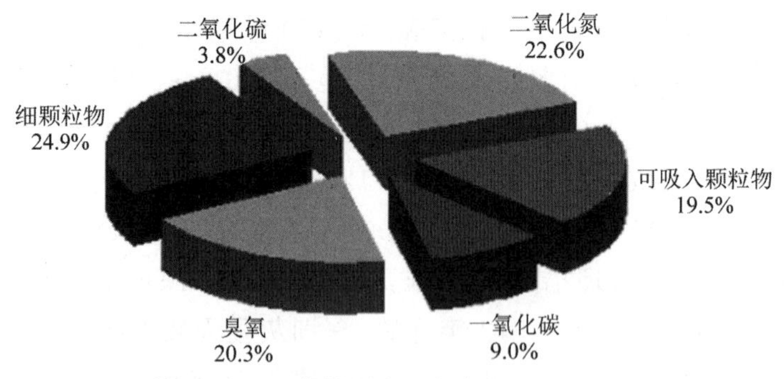


图 5-8 2014 年深圳市六大大气污染物占比

(资料来源:《2014 年度深圳市环境状况公报》。)

① 来源于深圳市各年度环境状况公报。

吨/(千米$^2$·月),达到广东省推荐标准。[①] 这里需要说明的是,深圳的降尘量得到了明显控制,2014年的年均降尘量比2001年的5.35吨/(千米$^2$·月)下降了近三分之一。降水pH值年平均值为4.92,酸雨频率为52.7%。

2. 大气污染源的结构

深圳的大气污染源主要是交通运输、工业、城市建设等,这三个来源占90%以上。以细颗粒物为例,如图5-9所示,来自交通运输的占52%,其中,以柴油货车为主的机动车尾气占41%,远洋船舶占11%;工业源占23%,其中,非电力工业占15%,电力生产占8%;城市建设源(扬尘)占12%,其他源仅占8%,另外还有5%的外来净输入。

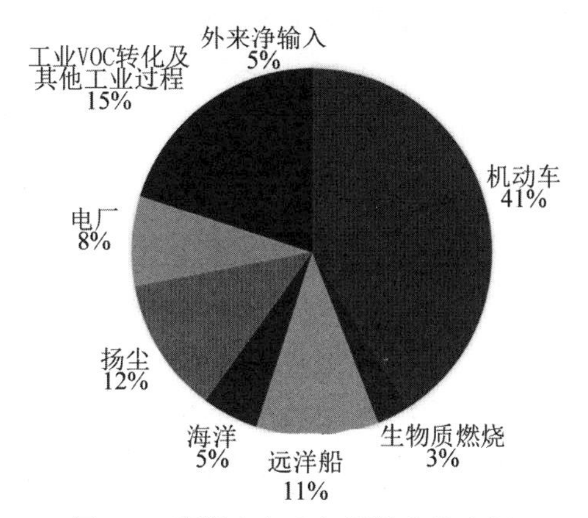


图5-9　深圳大气中细颗粒物的来源

(资料来源:根据深圳市人居环境网2015年4月8日公布的数据绘制,源解析基于2013—2014年深圳市大气环境监测数据。)

从图5-9可以看出,机动车尾气是深圳大气污染的主要来源,占深圳细颗粒物本地排放源的41%,这与深圳超过300万辆的机动车保有量密切相关。

机动车尾气污染中,在人口集中和港口物流集中的西部地区更为显著,西部地区机动车尾气的贡献水平是东部的2.8倍。在冬季重污染天气中,机动车、工业挥发性有机物转化和生物质燃烧对大气的影响最大。

① 数据来自《2014年度深圳市环境状况公报》。

深圳的大气污染源的海港城市特征明显，柴油大货车是深圳市机动车中的首要污染源，约占机动车细颗粒物总贡献的48%；远洋船舶的大气污染物排放水平也很高，是深圳市二氧化硫的首要来源（占57%）和细颗粒物的重要来源（占11%）；大海海盐释放对深圳的细颗粒物也贡献了5%。深圳市产业结构调整和能源结构优化起步较早，高能耗、高污染的重工业很少，工业大气污染物排放主要是电子、家具、塑胶、印刷和集装箱制造等行业的挥发性有机物排放。

### （三）深圳市大气污染治理的措施与启示

#### 1. 比较完善的法规政策体系

深圳市非常重视大气污染防治立法，2005年以来，深圳市逐步建立起了比较完善的大气污染防治法规体系。早在2005年，《关于加强环境保护建设生态市的决定》中，就明确了大气污染物减排目标，提出了比较系统的治理措施："排放二氧化硫的重点企业必须配套建设脱硫装置和除尘设施，逐步建设脱氮装置。加快能源结构调整，提高清洁能源比重。大力发展城市公共交通，全面实施严于现行国家标准的机动车排放标准，淘汰污染严重的机动车。开展对储油库、加油站、油罐车的油气回收工作。以采石场、市政设施、房地产开发等施工工地为重点，全面加强城市道路扬尘和建筑施工扬尘防治。"2005年以来深圳市大气污染治理相关法规及其主要内容如表5-4所示。

**表5-4　2005年以来深圳市大气污染治理相关法规及其主要内容**

| 法规 | 相关内容 | 发布时间 |
| --- | --- | --- |
| 《深圳市机动车环保检验机构监督管理规定》 | 对机动车环检机构的行为及对其的监管做出了规定 | 2015年5月 |
| 《深圳市住房和建设局商事登记制度改革后续监管办法》 | 燃气企业及其分支设立经营许可和燃气器具安装维修许可（含延续）监管办法，物业服务企业资质许可后续监管办法，工程勘察、设计企业资质许可后续监管办法，建筑业企业资质许可后续监管办法，建设工程质量检测机构资质许可后续监管办法 | 2014年12月 |

续　表

| 法规 | 相关内容 | 发布时间 |
| --- | --- | --- |
| 《商事登记制度改革相配套的环保审批监管制度》 | 《深圳市人居环境委员会关于推进建设项目环保审批和验收制度改革的意见》《深圳市建设项目环境影响登记表备案实施办法》《深圳市建设项目竣工环境保护验收管理办法》《深圳市工业污染源分类管理办法》《深圳市重点污染源环保信用管理办法》《深圳市重点污染源环境监管信息公开办法》 | 2015 年 1 月 |
| 《关于做好环境污染犯罪案件联合调查和移送工作意见》 | 对环境行政执法与环境司法“两法”衔接、环保部门与公安机关联合调查和移送环境污染犯罪案件工作机制等做出规定 | 2014 年 3 月 |
| 《深圳经济特区建设项目环境保护条例》(2012 年修正) | 对环境保护禁止项目和限制项目目录的制定、污染物排放总量控制计划、建设项目环境影响评价与审批、建设项目配套环境保护设施与监控装置等做出了规定 | 2012 年 10 月 |
| 《深圳经济特区机动车排气污染防治条例》(2012 修订) | 对在用机动车实行排气污染定期检测与强制维护制度，鼓励清洁能源利用 | 2012 年 9 月 |
| 部分深圳经济特区环保法规修改决定 | 修订了《深圳经济特区机动车排气污染防治条例》《大亚湾核电厂周围限制区安全保障与环境管理条例》《深圳经济特区建设项目环境保护条例》《深圳经济特区饮用水源保护条例》 | 2012 年 7 月 |
| 《深圳经济特区市容和环境卫生管理条例》(2011 年修正) | 禁止乱开挖、乱搭建、乱堆放；要求无暴露垃圾、无污水、无污迹、无余泥渣土 | 2011 年 9 月 |
| 《深圳经济特区服务行业环境保护管理办法》(2010 年修改) | 禁止在住宅区等地设立会产生油烟、恶臭等的服务项目；未设立专用烟道的商用和综合楼宇禁止设立产生油烟的饮食服务项目；提倡服务企业使用管道燃气、液化气、电能等清洁能源。 | 2011 年 1 月 |
| 《深圳经济特区环境保护条例》(2009 年修订) | 实行排污权交易制度和许可制度；加快生态治理、恢复和建设；鼓励公众参与环境保护；鼓励发展循环经济和低碳经济，促进清洁生产和绿色消费，建设资源节约型、环境友好型社会 | 2009 年 9 月 |
| 深圳市规范行政处罚裁量权若干规定 | 赋予相关部门行政处罚裁量权 | 2008 年 12 月 |

续　表

| 法规 | 相关内容 | 发布时间 |
| --- | --- | --- |
| 《深圳经济特区海域污染防治条例》 | 防治船舶及其相关作业污染海域的监督管理 | 2007 年 7 月 |
| 《深圳经济特区在用机动车排气污染检测与强制维护实施办法》 | 在深圳市登记注册的在用机动车以及在深圳经济特区内行驶的异地号牌机动车排气污染实施检测与强制维护管理 | 2007 年 6 月 |
| 《深圳经济特区污染物排放许可证管理办法》 | 对生产经营活动中产生废水、废气、废渣、粉尘、恶臭、噪声、振动、放射性物质的单位实行污染物排放许可证管理 | 2007 年 4 月 |
| 《深圳经济特区循环经济促进条例》 | 降低资源消耗、减少废弃物的产生的政策规定 | 2006 年 3 月 |
| 关于加强环境保护建设生态市的决定 | 提出到 2010 年二氧化硫和化学需氧量排放总量在 2005 年基础上削减 20%的目标,并较为系统地提出大气污染防治方面的措施 | 2005 年 9 月 |
| 深圳市基本生态控制线管理规定 | 基本生态控制线划定 | 2005 年 7 月 |

为了使大气污染防治有法可依,让深圳的大气污染防治工作更加规范,2014 年深圳启动了《深圳市大气污染防治条例》立法的前期工作,并在 2015 年形成了《深圳经济特区大气污染防治条例(草案)》。该草案规定:建设单位应当将防治扬尘污染的费用列入工程造价,建设用地面积大于 5 万平方米的建设工程施工现场应当配套安装总悬浮颗粒物自动监测仪器,运输垃圾、渣土、砂石、土方、灰浆等散装、流体物料的车辆,应当安装卫星定位系统,密闭运输。

深圳市政府还重视规划的引导作用,编制了《深圳生态市建设规划》《深圳市环境保护规划纲要(2007—2020 年)》《深圳市人居环境保护和建设"十二五"规划》《深圳市节能环保产业发展规划(2014—2020 年)》《深圳市低碳发展中长期规划(2011—2020 年)》《深圳市大气环境质量提升计划(2017—2020 年)》等。

2. 有效的综合治理措施

(1) 产业结构跨越式优化

深圳市以科技创新驱动经济结构优化和产业升级,先后出台规划和政策,鼓励互联网、生物医药、新能源、新材料、文化创意和新一代信息技术等战略性新兴产业的发展,加大高能耗、高污染企业的整治,使深圳的经济发展质量实现突破。近年以来,深圳市战略性新兴产业得到快速发展,第三产业在国民经济中的比重自2008年超过第二产业以来,持续提升,2015年深圳的二、三产业结构为41.2∶58.8;战略性新兴产业增加值连续保持2位数的增长率,2015年,战略性新兴产业增加值超过六千亿元,占区域GDP比重近四成,对区域GDP增长的贡献率超过五成,是深圳经济发展的主引擎。近几年,深圳淘汰和转型低端企业超过一万家,淘汰和改造高污染锅炉一千多台,钢铁、水泥、电解铝、煤炭等重污染行业基本退出,在深圳城市里基本看不到冒烟的烟囱。实施火电、印染等重污染行业的"油改气"措施,每年减排细颗粒物约430吨;截至2015年年底,电厂完成机组深度脱硫除尘改造,硫氧化物排放水平低于欧美发达国家标准,2014年妈湾发电厂3号机组实施的低氮燃烧器改造使深圳成了全国首个电机组全面实现低氮燃烧的城市;搬迁五百多家大中型家具企业,关停一百多条无牌、无证涂装生产线,完成300家企业废气治理,全市共1000余家餐饮企业安装油烟排放在线监控装置,大量减少了挥发性有机物和细颗粒物的排放。可以说,当中国还在工业化的时候,深圳已经步入了后工业时代。[①]

(2) 交通污染治理手段一体化

机动车船是深圳大气环境的第一大污染源。针对深圳机动车保有量高、大货车多、港口作业船舶多的特点,深圳采取了综合治理措施来降低机动车船对大气的污染。一是淘汰黄标车和无标车。2013年以来,通过财政补贴方式淘汰更新黄标车,截至2015年年底全部20万余辆黄标车已淘汰完毕,2015年7月1日起深圳所有路段所有时间禁行黄标车。二是逐步推进机动车船排放低污染化。推广新能源公交大巴、纯电动出租车和公车,推广使用液化天然气(LNG)货车,给所有在用柴油车辆逐步安装颗粒物捕集器,累计推广应用新能源汽车近2万辆,是全国在公交领域推广新能源汽车数量最多的城市,电动出租和警车成了深圳一道亮丽的风景线;出台《深圳市港口、船舶岸电设施和船用低硫油补贴资金管理暂

---

① 数据选自《2014年度深圳市环境状况公报》。

行办法》,推进船舶泊岸使用低硫燃料及岸电。三是提高车船运行速度。交通道路立交化,减少车辆路口等待时间;市区道路取消非机动车道,减少非机动车对车辆行驶的干扰,从而降低机动车单位行驶里程排放;优化港口和口岸作业条件,提高船舶装卸速度,减少靠泊船只的排放。四是城市和道路绿化。深圳的路桥绿化和绿道建设全国领先,绿地占比、林木密闭指标值高,有效地阻挡和弱化了车辆尾气和城市浮尘对大气环境的污染。

(3) 建筑扬尘治理执法严厉化

在我国,关于文明施工的要求很多,法规规定得也比较具体,但由于执法力量不足而没有得到很好的执行,因而建筑扬尘是许多城市的主要大气污染物源之一。与其他大中城市相比,深圳在建筑施工扬尘控制执法方面更为严厉,效果也更好。深圳市通过高压查处泥头车违法违规行为、提高市政道路机扫力度、在建筑工地全部安装车辆自动喷淋系统、在建工地覆盖整治裸土地等措施严格控制城市扬尘污染。2013 年 9 月,深圳市对全市扬尘污染源进行了拉网式排查整治;2013 年 10 月,市政府专门印发扬尘污染整治工作方案,对城市扬尘开展专项整治。在整治过程中,建筑工地实施六个,即施工现场标准化围蔽 100%、工地砂土不用时覆盖 100%、工地路面硬地化 100%、拆除工程洒水压尘 100%、出工地车辆冲净车轮车身 100%、施工现场长期裸土覆盖或绿化 100%,并加大了处罚力度。

(4) 大气污染治理模式协同化

大气污染治理不是只是政府的事情,而是全社会的责任,需要运用市场机制,使社会各界共同参与。2013 年 6 月,深圳成立碳排放交易市场,先行先试碳排放交易,成为我国第一个正式启动碳排放交易试点的城市,深圳碳排放交易市场也是全国首个总成交额突破亿元大关的碳排放市场。截至 2014 年 7 月 1 日,深圳 635 家首批纳入管控的企业中,631 家如期完成碳排放履约,其中的 621 家制造业企业工业增加值比 2010 年增长 29%,而碳排放总量下降 11.7%。深圳市推广市场化运作的合同能源管理机制,通过节能贴息和税收优惠鼓励企业利用合同能源管理进行节能改造。2014 年上半年,深圳市公共机构采用合同能源管理模式对既有建筑完成节能改造的面积达到 700 万平方米,年节电 7600 万度,相当于减少标准煤9340吨,减少二氧化碳排放2.3万吨。另外,深圳市大气污染受区域传输影响较大,在大气污染治理方面与周边城市的联防联控不断深入。例如,推动建立珠三角船舶排放控制区、与粤东对生物质燃烧等方面的联防联控等。三十多家国际港航企业签署了《绿色航运深圳宣言》,推广使用岸电和低硫油,在亚洲范围内率先实质性地全面治理港口船舶污染。

当然,深圳在深化大气污染治理过程中,也面临着一些自身不能解决的困难,例如,机动车尾气处理装置、成品油质量标准、船舶岸电接口标准、周边区域的产业减排等方面的问题,需要在国家层面或区域层面加以重视与解决。

## 三、兰州

兰州,地处黄河上游,南北群山对峙,东西黄河穿城而过,具有带状盆地城市的特征。由于兰州深居西北内陆,海洋温湿气流不易到达,成雨机会少,气候干燥。兰州的这种地理位置和气候不利于大气污染物向外扩散,加上兰州自身的生态环境脆弱,大气自净能力低,人类活动很容易造成大气污染。作为以重化工业为主的老工业基地,兰州的能源结构单一,高污染产业的比重大,城市扬尘易生,致使20世纪90年代以来,大气污染成为这个西部城市久治不愈的顽疾。“晴天和阴天一个样,太阳和月亮一个样,鼻孔和烟囱一个样,麻雀和乌鸦一个样”是兰州曾经的写照,然而,这一情景已经成为过去。

### (一)曾经被污染物笼罩的兰州

#### 1.快速成长起来的重化工业城市

新中国成立前,兰州以机器生产的小规模工厂有28家,全部大小工厂、作坊仅有36家。新中国成立后,作为工业优先布局的城市,兰州经过大规模的工业建设和城市建设,很快成为新兴工业城市。“一五”时期,国家非常注重对兰州的投资建设,新建了兰新铁路、包兰铁路等铁路干线,以及连接各地、县的公路网络,建成了兰州郑家庄电厂和西固热电厂,并架设了郑家庄至河口的第一条35千伏高压输电线路,一个以兰州为中心的电力网开始形成。能源、交通的兴建为兰州重工业的发展创造了良好的条件,苏联援建的重大重工业项目兰州炼油厂、兰州热电站、兰州合成橡胶厂、兰州氮肥厂、兰州石油机械厂、兰州炼油化工机械厂以及兰州沙井驿砖瓦厂等大型骨干企业开始兴建,奠定了兰州的重工业城市中心地位,重工业主要产品产量都得到大幅度的增长。在兰州炼油厂建设过程中,有来自苏联的专家,有从上海、大连、玉门等地抽调的建设人员。1958年9月,兰州炼油厂一期工程顺利竣工,电脱盐、常减压、热裂化、氧化沥青等装备分批投入试生产,生产出了汽油、柴油、煤油等6种油品。在苏联专家撤走后,为了满足国内石油产品需要,兰州炼油厂顶着极大困难实施了改革,采用新工艺,研制新产品,生产出的石油产品由原来的16种达到了1962年的70种,逐渐成为以炼油为主,拥有石油炼制及化工生产、炼油催化剂和添加剂生产、炼油机械和仪表制造、建筑安装等生产经营能力的综合型联合企业。兰州炼油厂的建成和发展推动了我国炼油设备的标准化、系统化,加快了我国炼厂建设施工技术标准规范建设,促进了我国炼油厂建设程序的科学化,也使兰州的重工业闻名于全国。兰州炼油化工机械厂全厂占地面积139万平方米,拥有2000多台设备、3个商品制造分厂、5个毛坯分厂、4个辅助车间、10个动力站房及铁路、公路运输系统,建成后,生产的石油钻机占国内钻机总数的80%以上,除了满足国内需要外,还远销欧美、南亚等的10多个国家和地区。

1958年,在兰州市西固区西柳河乡黄河南岸建设了铅锭冶炼厂——兰州铝厂,7月选址,8月开始施工,仅用一年零三个月,就完成了建筑安装实现投产,年产铅锭2.3万吨。1961年后,在中央"调整一线、建设三线、改善工业布局、加强国防、进行备战"的战略方针指导下,国家在兰州投资扩建和新建了一批大型骨干企业,主要有兰州化学工业公司、兰州无线电厂、兰州炭素厂、连城铝厂、西北铁合金厂、兰州三毛厂等,这些项目的建设中,从一线、二线地区调用了大批干部、技术人员,建成的企业也具有较高的水平。这些企业是兰州工业的骨干和基础,1991年工业总产值达到31.35亿元,占全兰州市工业总产值的22%,为兰州的现代化建设奠定了基本的工业格局。1964年下半年开始,从北京、上海、青岛、大连、沈阳等城市迁入兰州的企业有14家。1966年,"三线建设计划"得到了落实,在"三五"期间,这些支援兰州的各类工矿企业发展很快,原有的一批工程技术人员在兰州落户,为兰州创造了巨大财富。许多工矿企业也创制了一批新产品、新技术、新工艺、新材料，其中有些项目达到了国内外先进水平。1978 年，在甘肃省委要求下，相应地扩大兰州炼油厂、兰州化工厂等企业的生产线，上马了一批新的冶炼生产线。通过兴建大型骨干企业，从一线、二线地区迁来了一批企业，兰州市形成了钢铁、电力、煤炭、石油、有色金属和机械制造等工业门类，成了名副其实的重化工业城市。①

工业化的发展加速了城市化的进程，兰州的城市人口也从新中国成立时的 19.5 万人，增加到 1980 年的 100.17 万人；2013 年年底，兰州市区常住人口已达到 240 万人。②

2. 兰州的大气污染曾经很严重

重工业集中在兰州安家落户和快速的城市化进程，给兰州带来了比较严重的大气污染。由于兰州市地处狭长的河谷盆地，静风频率高，全年出现逆温日数高达 300 天左右，贴地逆温最大厚度约为 700 米，大气中污染物不能很快稀释扩散，加重了空气污染。兰州市曾经是大气污染最严重的几个主要城市之一，其大气污染居于世界城市前列。

据《1991 中国环境状况公报》记载，兰州的大气污染物浓度超标，特别是降尘量和氮氧化物超标严重，分别列全国超标城市排名的第 12 位和第 3 位。《1999 中国环境状况公报》也记载，总悬浮颗粒物是中国城市空气中的主要污染物，60.0%的城市总悬浮颗粒物浓度年均值超过国家二级标准，28.4%的城市二氧化硫浓度年均值超过国家二级标准，氮氧化物污染较重的多为人口超过百万的大城市。在 47 个环保重点城市大气污染排名中兰州位列第 4 位，兰州大气污染较严重，大气环境污染仍然以煤烟型为主。

兰州市为了改善大气质量，有针对性地实施了城区冬季大气污染特殊防治工程，加上经济发展加快和居民消费方式改变，到 2000 年，大气污染特征发生了变化，由原来的煤烟型污染为主转变为煤烟、汽车尾气和二次扬尘混合型污染，冬季污染严重，总悬浮颗粒物污染突出，工业污染比重下降，二次扬尘和机动车尾气污染加重。总体来说，兰州的大气污染恶

---

① 《新兴的工业城市——兰州》编写组. 新兴的工业城市——兰州. 兰州：甘肃人民出版社，1987.

② 人口数据摘自兰州年鉴。

化态势得到了一定的控制，大气质量在2001年有所好转。从2001年兰州市空气质量日报情况看，Ⅲ级和好于Ⅲ级的天数共有301天，其中，Ⅰ级6天、Ⅱ级113天、Ⅲ级182天。[①] 当年主要污染物为总悬浮颗粒物，其浓度年均值超过国家三级标准，二氧化硫浓度年均值高，冬、春两季的污染形势仍很严峻。[②]

2002年以后，兰州的大气污染更为严重，西固区出现过较为严重的光化学污染，也是我国首先发现光化学烟雾的地区。由于煤烟、扬尘和机动车尾气的污染，加之静风天气多、风速小、逆温层厚的气象条件，形成了严重的煤烟、机动车尾气复合型大气污染，臭氧等光化学污染物浓度严重超标，这对周围人群和生态造成了严重的影响。2003年至2012年的十年间，空气优良天数徘徊在200～270天，在全国城市排名中一直靠后。到2006年，全年空气优良天数只有205天，并于2006年12月16日开始出现了严重污染天气，在随后的19天中就有15天为严重污染。根据自然之友发布的《环境绿皮书：中国环境发展报告（2013）》，兰州在全国31个城市的空气质量排名中，2009—2012年连续4年排名垫底。已经连续举办多年的兰州元旦环城跑，2013年开始不得不改期，不再在新年第一天举行，而是调整到一年中空气质量相对较好的8月8日。1986—2012年，兰州的大气中，总悬浮颗粒物年均浓度每年都超标，二氧化硫和氮氧化物年均浓度大部分年份都超标。[③]

### （二）兰州大气污染源的结构与成因

#### 1. 兰州大气污染源的结构

（1）大气污染变得更为复杂

2000年以前，兰州市大气污染以煤烟型污染为主，主要污染物为二氧化硫、氮氧化物和总悬浮颗粒物，主要污染源为工业排放、生活取暖排放和沙尘。随着城市的开发建设，建筑扬尘又成了一个重要的污染源。

---

① 当时的大气质量标准与目前的标准有差异。

② 参考2000年和2001年的甘肃省环境状况公报。

③ 廖琴，张志强，曲建升，等. 1986—2012年兰州市空气质量变化趋势分析. 环境与健康，2014，31(8)：699-701.

21世纪以来,随着机动车的增加,机动车尾气污染加重,二次污染和混合污染特征明显。主要污染物除了二氧化硫、氮氧化物、可吸入悬浮颗粒物外,还有细颗粒物、臭氧等,污染源主要是工业排放、生活取暖排放、机动车和城市扬尘与沙尘,属于扬尘、煤烟、工业污染和机动车尾气混合型污染。从2000—2015年的长期趋势来看,二氧化硫、可吸入颗粒物年均浓度呈下降趋势,二氧化氮浓度年降幅约为2.7%,可吸入颗粒物浓度下降明显,但沙尘及浮尘天气出现频次增多,强度更大;二氧化氮浓度和细颗粒物浓度呈现前升后降的态势,2013年以后有较明显的下降。目前,兰州城区可吸入颗粒物、二氧化硫、氮氧化物等三项空气污染物负荷分别为51.0%、29.6%和19.4%。

(2) 自然源与人为源叠加的大气污染源结构

西北城市与我国其他地区的城市相比,沙尘暴对大气的影响大,是大气污染的重要污染源,而兰州特殊的地形地貌使得自然污染更加突出,特别是在春季,沙尘浮尘等输入性污染是兰州的主要污染源之一。而在人为污染源中,首要污染源是工业,其次为交通和生活,而且污染点源分布广、面源范围大、流动源增长快。

兰州在"一五""二五"和"三线"建设时期发展形成的工业基础,以能源、石油化工、有色冶金等原材料工业为主,重化工业占整个工业的比重近80%,"三高一低"型企业占一半以上,大气污染物排放规模大。而企业能源消费结构单一,煤耗占80%,且需求量快速增长,致使兰州的工业污染居高不下。机动车数量增长快,截至2015年6月20日,兰州市机动车超过65万辆,机动车尾气污染近年来增幅明显;加上兰州市区交通不畅,机动车低速或怠速行驶,尾气排放量增大,在主要交通干道形成了明显的污染带,大气中氮氧化物所占比重呈加速上升趋势。近年来,随着城市化步伐加快和城市建设力度加大,人为因素造成的扬尘污染日益严重,且建筑扬尘的防控和管理存在许多薄弱环节,建筑扬尘成了兰州大气的重要污染源之一。兰州市区分布有燃煤供暖锅炉,城区周边有10万户城乡居民的小火炉和200余台供热立式小锅炉,还有较多的沿街烧烤摊点,这使得冬季采暖期燃煤结构性污染尤为突出。

如图5-10所示,在2014年兰州大气的人为污染源中,工业占35%,机动车尾气占20%,建筑扬尘占18%,外来输入性扬尘及其他类型扬尘占16%,燃煤生活面源占11%。

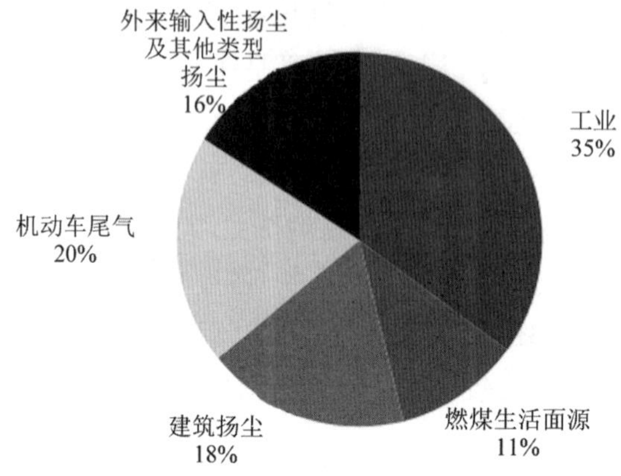


图5-10 2014年兰州大气中人为污染源

(资料来源:兰州市环保局提供的兰州市环保局与中国环科院合作的研究课题"兰州大气污染成因及防治对策研究"部分成果。2015年4月3日《兰州晨报》以《兰州大气污染成因呈混合型特征 工业污染为首祸》为题,发布部分研究成果内容。)

如图5-11所示,2014年,兰州大气的可吸入颗粒物来源中,燃煤占21%,扬尘占33%,机动车尾气占14%,外来输入性扬尘及其他类型扬尘占32%。

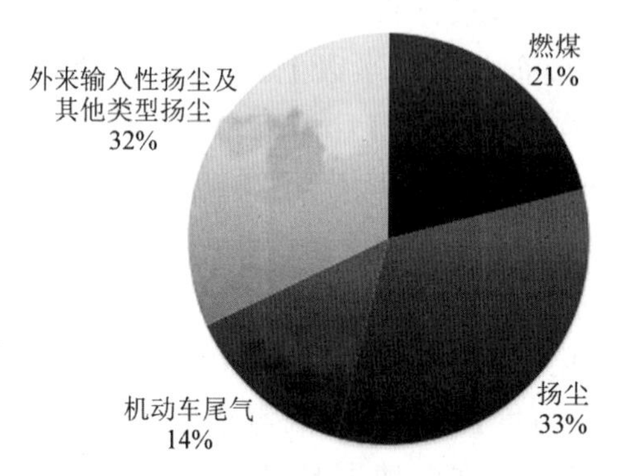


图5-11 2014年兰州大气中可吸入颗粒物的来源

(资料来源:兰州市环保局提供的兰州市环保局与中国环科院合作的研究课题"兰州大气污染成因及防治对策研究"部分成果。2015年4月3日《兰州晨报》以《兰州大气污染成因呈混合型特征 工业污染为首祸》为题,发布部分研究成果内容。)

如图5-12所示,2014年,兰州大气的二氧化硫来源中,工业占76%,

燃煤生活面源占19%，机动车尾气占5%。

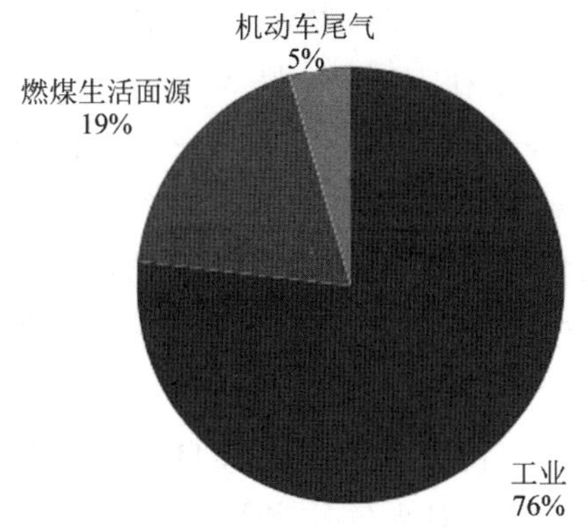


图5-12　2014年兰州大气中二氧化硫的来源

（资料来源：兰州市环保局提供的兰州市环保局与中国环科院合作的研究课题“兰州大气污染成因及防治对策研究”部分成果。2015年4月3日《兰州晨报》以《兰州大气污染成因呈混合型特征 工业污染为首祸》为题，发布部分研究成果内容。）

如图5-13所示，2014年，兰州大气的氮氧化物来源中，工业占35%，燃煤生活面源占4%，机动车尾气占61%。

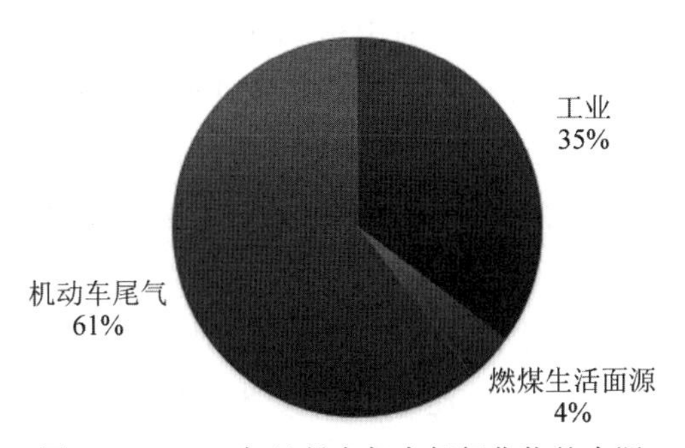


图5-13　2014年兰州大气中氮氧化物的来源

（资料来源：兰州市环保局提供的兰州市环保局与中国环科院合作的研究课题“兰州大气污染成因及防治对策研究”部分成果。2015年4月3日《兰州晨报》以《兰州大气污染成因呈混合型特征 工业污染为首祸》为题，发布部分研究成果内容。）

2. 兰州市大气污染特征

(1) 大气污染季节性特征明显

春季以从巴丹吉林沙漠刮过来的沙尘和城市浮尘污染为主，夏、秋季以城区扬尘产生的泥尘污染为主,冬季则以工业和民用产生的烟尘污染为主。主要污染物中,可吸入颗粒物浓度一季度、四季度最高,二季度次之,三季度最低,峰值一般在一季度,呈 V 形季度变化;二氧化硫和二氧化氮浓度在一季度、四季度较高,并在这两个季节出现峰值,二季度、三季度较低,均呈 U 形季度变化。这种季节性特征主要是因为春、秋季采暖时供热企业的锅炉满负荷运转,燃煤量急剧增加,二氧化硫和烟尘污染物排放大量增加,加之这段时间静风频率和逆温频率甚高,不利于污染物的稀释和扩散;而在夏、秋季不需要采暖,污染排放相对较少,良好的气象条件和植被状况有利于大气污染物的扩散和自净。

(2) 特殊的地形和气候对大气质量影响大

兰州市特殊的地形地貌和气象条件,不利于大气污染物的稀释和扩散。兰州市位于青藏高原东北侧的黄河河谷盆地内,盆地呈椭圆形,河谷盆地分东、西两部分,中间是狭窄的连接地段,南面的皋兰山和北面的九州台比市区中心高出 200～600 米,这样的地形阻碍了大气污染物向城区外围扩散,污染物在城市上空聚集,造成严重的大气污染。兰州附近盛行下沉气流,九州台又是全国风成黄土层最厚的地区,周围生态环境很脆弱,极易造成自然降尘。市区周围山地植被稀少,土地疏松,春季风大时,扬尘肆虐,酿成沙尘暴。夏季多雨时,泥土随雨水从周围山地灌进地势低洼的市区,雨过天晴后,来不及清理的泥土成为车辆和人员活动生成二次扬尘的来源。兰州周围有乌鞘岭、华家岭、兴隆山、马衔山、冷龙岭等大山,大风经常被阻挡和屏蔽,内气流闭塞,这种特殊的闭塞地形导致静风现象,全年静风和小风日数占 60% 以上,特别是在冬季,大气边界层内静风频率高达 87%以上,日均风速小于 0.8 米/秒,工业、生活排放的大量污染物因缺乏大气流动,不仅不易扩散出去,而且容易在城区内积累形成高浓度污染物,从而在盆地中形成昼夜不消散的烟雾。烟雾层顶高度为 500～800 米,严重影响大气质量。兰州市逆温现象较为严重,逆温天气强,厚厚的逆温层笼罩在兰州上空,使上空出现了高空比近空气温更高的逆温现象。兰州一年四季均有逆温层存在,全年约有 80%的天数出现逆温,冬季逆温频率高达 99 %,逆温层厚,平均厚度为 700 米以上。逆温现象持续时间长,抑制了兰州大气污染物的扩散与稀释。

兰州大陆性季风气候明显,常年干旱少雨,春、冬季降水少,年均降雨量不足300毫米,不利于污染物的稀释和沉降。同时,干旱的气候不利于植物生长,城区生态植被覆盖率较低,土地裸露严重,沙尘暴和浮尘天气极易形成。兰州地处的黄土高原,植被稀疏,河西地区沙尘暴频发,自然降尘量大,导致可吸入颗粒物浓度偏高,特别是春季,沙尘暴和浮尘天气频发,总悬浮颗粒物成分中风沙所占比例较大,从而严重影响兰州的空气质量。

### (三) 大气污染治理的"兰州模式"与借鉴

#### 1. 兰州治理大气污染的早期行动

作为重化工业城市和西北城市,大气污染发生早、污染重,兰州市政府和人民对污染的治理也比较早。早期以国家为主导的治沙和三北防护林工程,就是大气污染治理的开端。20世纪八九十年代的工业节能减排,是兰州较早治理大气污染的典型行动。进入21世纪以来,兰州加紧了治理大气污染的行动。2001年,兰州编制了城市空气环境质量功能区达标方案,兰州第二热电厂的3/4侧简易脱硫工程以及金川公司焦亚硫酸钠综合利用二氧化硫工程等相继完成。2006年,兰州市就大气环境问题采取了一系列措施和行动,推进清洁能源改造"123计划",全年下拨2636万元环保专项资金,对87台锅炉、窑炉的环保设施进行了治理改造,依法搬迁工业企业5家,新增城市绿地面积591公顷,退耕还林3371公顷,三北造林2000公顷,建设绿色通道51千米,并取得了较好的治理成效。2006年二氧化硫得到进一步控制,年均浓度比上年有所下降,从0.068毫克/米$^3$下降到0.057毫克/米$^3$。

2007年,环保部门加强了对污染源的整治,督促甘肃连城发电公司完成了2×300兆瓦机组烟气脱硫工程,改造燃煤锅炉148台,建成年产25万吨的水煤浆生产线,完成了1017家餐饮企业的1787项餐饮业污染整治项目,限期关闭了大部分石灰土窑;设立了9个尾气排放检测点,加强机动车尾气抽检,抽检的5538辆机动车尾气达标率为84.2%;执行新入户柴油车准入制度,建成5座加气站配合汽车油改气;加强对建筑施工、道路开挖、房屋拆迁和环卫清扫等二次扬尘污染的防治和管理,落实洒水、遮盖等防尘措施;启动了防范冬季大气污染应急预案,应对大气污染,缓解污染严重的状况。2007年、2008年的空气优良天数明显增多,

2006年的空气优良天数为205天,2008年的空气优良天数达到268天。[①]

2008年开始,在国家应对全球金融经济危机、保证经济增速的大环境下,大气污染防治没有跟上形势的变化,兰州的污染进一步加重。2009年的空气优良天数下降到236天,2010年更是下降到223天,大气质量出现连续四年全国垫底的现象。[②]

2. 强力治污染的"兰州模式"

污染严重的大气环境,持续排名全国后十的空气质量,给社会生产和居民生活带来了严重的影响,也给政府带来了巨大的压力。痛定思痛,兰州市决定采取强力措施治理大气污染,以彻底改变大气质量落后的局面,兰州市于2012年开始实施"蓝天工程"计划,强力治理大气污染。2012年,兰州市政府和相关部门颁布了《大气污染综合治理工业污染治理方案》等五个专项治理方案,开展大气污染治理整体战、攻坚战。以燃煤锅炉治理改造为突破口,全力消减燃煤总量,当年完成市区近一半燃煤锅炉治理改造,减少煤炭120万吨,削减污染物排放2万吨;以实施工业治污项目为重点,市区56家工业企业启动"出城入园"搬迁改造,拆除城区周边30家砖瓦企业,167家工业企业实行冬季停产减污,完成8项重大涉气治污项目,减少空气污染物排放1.77万吨;突出源头监管,24小时驻厂监察重点工业污染源,24小时卡口管控超标车辆和劣质煤炭;城区热电厂限煤量、限煤质、限排放,减少燃煤近100万吨;对市区扬尘污染开展无盲点精细化治理,对低收入家庭发放优质煤炭取暖补贴,有效减轻扬尘和燃煤两大低空面源污染。一系列的综合治理行动取得了阶段性成果,2012年,兰州的二氧化硫排放量为8.04万吨,比上年减少2.42万吨;烟粉尘排放量为3.60万吨,比上年减少0.62万吨;二氧化硫年平均浓度为0.041毫克/米$^3$,比上年下降14.58%;二氧化氮年平均浓度为0.039毫克/米$^3$,比上年下降7.14%;可吸入颗粒物年平均浓度为0.136毫克/米$^3$,比上年下降1.45%;降尘量为20.6吨/千米$^2$·月,比上年下降0.3%;但由于机动车规模快速扩大,氮氧化物排放量有所增加,比上年增

① 参考2001年、2006年、2007年的甘肃省环境状况公报和2006—2010年的兰州市环境状况公报。

② 根据自然之友的相关统计比较。

加 0.52 万吨，达到 10.70 万吨。[①] 2013 年，大气质量明显好转，优良天数达到 299 天，摘掉了“全国十大空气污染城市之一”的帽子。

2013 年以来，兰州不断创新大气污染治理模式，大气污染治理态势持续向好。首先是组织创新与强力执法。2013 年 12 月 31 日，兰州市公安局环境保护分局正式挂牌成立，这是全国第三个、西北地区首个成立的公安环保分局，形成了行政执法和司法的无缝对接，提高了环境保护集中专项整治力度。截至 2015 年年底，已经对 152 家违法企业进行了行政处罚，判处 1 人环境污染罪，7 人因环境违法行政被拘留，20 家企业因环境违法被限停产、查封扣押或移交取缔。其次是管理手段创新。兰州市开展了国家环境审计试点工作，建立了排污权交易制度，开展了插卡排污、燃煤电厂超低排放试点工作，在机动车尾气、扬尘污染和网格空气质量监控方面实行了政府购买第三方环境服务。三是执法监管创新。采取航拍取证、驻区包抓、驻厂执法、流动监测、平台监控、视频监视、工况监督等监管手段，深入推行城市网格化和信息化管理，将市区划分为 1482 个覆盖全城的网格，实行全天候巡查、数字化调度；全面公开企业排污状况、环境空气质量状况等环境信息，接受社会公众监督。四是实行奖惩结合的约束机制。大力表彰治污工作出色的干部，严肃问责治污不力的干部，市级财政每年预算 4000 万元的治污奖励资金，2015 年效能问责了 70 名治污不力的干部，其中包括 2 名县级干部，促进了干部作风的转变。五是社会参与环境创新，通过舆论宣传和定期案例曝光，营造良好的社会环境。每半月集中曝光典型案例，2015 年对包括央企、省企在内的 43 家环境违法企业进行媒体公开曝光和处罚；大气污染防治已从“负效应”成为宣传推介城市形象的“正名片”，兰州的治污模式也得到了党中央、国务院及国家相关部委的高度肯定，联防联治成为各级各部门的自觉行为，“保蓝”行动和治污理念已经深入广大市民的心中，形成了社会公众积极参与的全民治污氛围。[②]

多年的不懈努力取得了明显的成效，兰州的大气质量得到快速改善，月度和年度排名稳定退出全国十大重污染城市行列。2012 年至 2015 年，

---

① 参考《兰州市 2012 年环境状况公报》。

② 资料来自《2015 年度兰州市环境空气质量状况通报》。

大气达标天数逐年递增,每年空气优良天数分别为 270 天、299 天、313 天、358 天,2015 年兰州市的空气优良天数比 2013 年增加了 59 天[①],2015 年的重度以上污染天气比 2013 年减少 14 天,2015 年的 3 天重度以上污染天气均为外来沙尘所致,无人为因素导致的重度以上污染天气发生。2015 年,兰州市的主要污染物 $PM_{10}$ 和 $PM_{2.5}$ 年均浓度下降显著,二氧化硫、臭氧和一氧化碳等污染物浓度值达标;$PM_{10}$ 年均浓度 120 微克/米$^3$,比 2013 年下降 21.6%;$PM_{2.5}$ 年均浓度 52 微克/米$^3$,比 2013 年下降 13.3%。2015 年年底,在全球瞩目的巴黎气候大会上,兰州市作为应邀参会的全国唯一的非低碳试点城市,荣获由联合国气候变化框架公约组织、中国低碳联盟、美国环保协会和中国低碳减排专委会联合颁发的"今日变革进步奖"。作为大气环境改善最快的城市,兰州市治理大气污染的典型经验由环境保护部向全国推广。[②]

## 四、京津冀城市群

京津冀城市群包括北京、天津以及河北省的保定、张家口、秦皇岛、唐山、石家庄、廊坊、邢台、邯郸、衡水、沧州、承德共 13 个城市。2015 年 12 月,国家发改委和环保部会同有关部门共同发布的《京津冀协同发展生态环境保护规划》提出,2020 年京津冀地区 $PM_{2.5}$ 浓度要比 2013 年下降 40%左右,到时京津冀城市群可以初步摆脱雾霾的困扰。近年来,京津冀城市群大气污染严重,在三大经济圈中,京津冀空气质量最差,区域内大部分城市的污染程度在全国排名前列。根据环保部发布的 2014 年重点区域和 74 个城市空气质量状况通报,空气质量相对较差的前 10 位城市分别是保定、邢台、石家庄、唐山、邯郸、衡水、济南、廊坊、郑州和天津,其中有 8 个是京津冀城市,其余 2 个是京津冀周边城市。

### (一) 京津冀都市圈的演进与协作

京津冀都市圈是由我国的四大工业基地之一的京津唐工业基地发展

---

① 2015 年兰州市开始实施新的国家大气质量标准,当年大气优良天数按新标准计算为 252 天,2013 年、2014 年大气优良天数按新标准计算分别为 193 天、247 天。

② 参考 2015 年度《兰州市环境状况公报》。

而来的，是指以北京、天津两座直辖市以及河北省的保定、廊坊、唐山、邯郸、邢台、秦皇岛、沧州、衡水、承德、张家口、石家庄为中心的区域。改革开放之前，我国实施的是计划经济，要素资源的流动性受到限制，加之各个城市的规模相对比较小，集聚性不强，辐射范围小，对于其他城市，各自的城市建设和发展基本不具有外溢性，区域内的大气环境污染问题主要局限在各自的城区和矿区范围内，城市间的相互影响少。

1. 京津冀都市圈的演进

十一届三中全会以后，国家实施改革开放战略，京津冀城市间的合作加强。1981 年 10 月，北京、天津、河北、陕西、内蒙古 5 个省(区、市)合作成立了中国第一个区域合作经济组织——华北经济技术协作区，通过高层会商解决地区间的物资调剂问题，随后北京与河北环京地市合作建立了肉、蛋、菜等生活资料基地和纯碱、生铁等生产资料基地。1981 年年底，国家建委与北京、天津、河北商议，试点京津唐地区区域性国土规划，包含当时的北京、天津、唐山市、唐山地区(含秦皇岛)和廊坊地区。1982 年，《北京城市建设总体规划方案》中提出“首都圈”概念，由北京、天津和河北的唐山、廊坊和秦皇岛组成内圈，承德、张家口、保定和沧州 4 个与京津邻近的城市组成外圈。

1986 年，环渤海地区 15 个城市共同发起成立了环渤海地区市长联席会，定期召开联席会议，商议区域合作事宜，这是京津冀地区最早的区域合作机制，但当时的合作是宣传意义大于实际操作。2004 年 2 月，在国家发改委的主持下，京津冀有关城市的负责人在廊坊召开会议，就推进京津冀经济一体化达成原则性共识。2004 年 6 月，国家发改委、商务部和京、津、冀、晋等 7 个省(区、市)领导在廊坊达成《环渤海区域合作框架协议》，决定成立环渤海合作机制组织架构，标志着环渤海地区合作机制已从构想、探索进入全面启动和实践阶段。2004 年 11 月，国家发改委正式启动京津冀都市圈区域规划的编制工作。2005 年 1 月，国务院常务会议通过的《北京城市总体规划(2004—2020)》明确提出：“积极推进环渤海地区的经济合作与协调发展，加强京津冀地区的协调发展。”2008 年 2 月，京津冀发改委区域工作联席会议召开，京津冀的发改部门共同签署了《北京市、天津市、河北省发改委建立“促进京津冀都市圈发展协调沟通机制”的意见》。

2010年8月,国家发改委起草的《京津冀都市圈区域规划》上报国务院,作为国家"十一五"规划中的一个重要区域规划。京津冀都市圈区域规划起初是按照北京、天津两个直辖市加河北省的8个地市的"2+8"模式来规划发展的,并不包括距离北京较远的河北省的邯郸、衡水、邢台三市。后来,为了更好地衔接河北规划,新的京津冀都市圈发展规划将河北省全部11个地市都涵盖进来了。2010年10月,河北省政府研究通过的《关于加快河北省环首都经济圈产业发展的实施意见》提出,在规划体系建设、交通体系建设、通信体系建设、信息体系建设、金融体系建设、服务保障体系建设等方面启动与北京的对接工程。2011年,国家发改委启动首都经济圈的规划和编制工作。2011年3月,国家"十二五"规划纲要发布,提出"打造首都经济圈","京津冀一体化""首都经济圈"的概念被写入国家"十二五"规划,成为国家战略。2014年1月,北京市政府工作报告提出,落实国家区域发展战略,积极配合编制首都经济圈发展规划,主动融入京津冀城市群发展。

2. 京津冀协同发展已上升为国家战略

2014年2月26日,习近平主持召开京津冀三地协同发展座谈会,并提出了三地协作的具体要求,标志着京津冀协同发展上升为国家战略。2014年3月,李克强在政府工作报告中提出"加强环渤海及京津冀地区经济协作"。当月,河北省委、省政府颁布《关于推进新型城镇化的意见》,明确提出,将"落实京津冀协同发展国家战略,以建设京津冀城市群为载体,充分发挥保定和廊坊首都功能疏解及生态建设的服务作用,进一步强化石家庄、唐山在京津冀区域中的两翼辐射带动功能,增强区域中心城市及新兴中心城市多点支撑作用"。

至此,京津冀都市圈及各城市的发展定位基本确定,即京津冀的整体定位为"以首都为核心的世界级城市群、区域整体协同发展改革引领区、全国创新驱动经济增长新引擎、生态修复环境改善示范区",北京市的定位为"全国政治中心、文化中心、国际交往中心、科技创新中心",天津市的定位为"全国先进制造研发基地、北方国际航运核心区、金融创新运营示范区、改革开放先行区",河北省的定位为"全国现代商贸物流重要基地、产业转型升级试验区、新型城镇化与城乡统筹示范区、京津冀生态环境支撑区"。河北省11个地市的发展定位分别是:保定和廊坊为疏解首都功能及生态建设服务,石家庄为京津冀城市群南部副中心城市,唐山为东北部副中心城市，张家口、承德、秦皇岛为服务首都的生态或海滨特色功能城市，邯郸为晋冀鲁豫接壤地区中心城市，沧州为沿海港城，邢台、衡水为京津冀城市群中具有重要带动作用的节点城市。

经过十几年的发展，京津冀都市圈形成了比较完整的产业体系和梯度结构，拥有信息传媒、科技创新、金融服务、文化体育等高端产业，通信设备、计算机及其他电子设备制造业，汽车制造、医药制造等现代制造业，铁矿、煤矿、石油开采，黑色冶金、石油加工、综合化工以及农业生产等基础产业。北京市已经形成了三、二、一的国际化都市型产业格局，处于工业化的高级阶段；天津市形成了二、三、一的工业城市产业格局，处于工业化中级阶段；而河北各市的产业格局差异较大，但整体处于工业化初期阶段。京津冀城市群的这种比较完善的产业体系和梯度结构为城市间的协同发展提供了基础条件。

2014 年 5 月，海关总署公布《京津冀海关区域通关一体化改革方案》，至 9 月 22 日石家庄海关正式加入京津冀区域一体化通关，三地之间的通关壁垒正式被打破。2014 年 7 月，河北省与北京签署《共同打造曹妃甸协同发展示范区框架协议》《共建北京新机场临空经济合作区协议》《共同推进中关村与河北科技园区合作协议》《共同加快张承地区生态环境建设协议》《交通一体化合作备忘录》《共同加快推进市场一体化进程协议》《共同推进物流业协同发展合作协议》七项协议。2014 年 8 月，国务院成立京津冀协同发展领导小组以及相应办公室，中共中央政治局常委、国务院副总理张高丽担任该小组组长。京津两市签署了《贯彻落实京津冀协同发展重大国家战略推进实施重点工作协议》《共建滨海—中关村科技园合作框架协议》《关于进一步加强环境保护合作的协议》《关于加强推进市场一体化进程的协议》《关于共同推进天津未来科技城京津合作示范区建设的合作框架协议》《交通一体化合作备忘录》。由此，京津冀三地双边合作框架协议初步搭建完成，深度对接的协同发展路线图逐渐清晰。

2015 年 4 月，中央发布了《京津冀协同发展规划纲要》，对协同发展目标、定位以及交通、环保、产业等领域的协同发展进行了部署，确定了京津冀“一核双城三轴四区多节点”的空间布局，打造协同发展的交通通信基础设施硬件条件，着力解决三地在发展政策、公共服务等方面的不合理配置，打造一些协同发展的平台和机制，统一严格维护市场秩序、保护环境等方面的执法。

### (二)京津冀城市群的大气污染状况

#### 1.严峻的大气污染形势

京津冀地区的大气污染严重,与其他城市群相比空气环境质量较差,城市间的相互影响大。2014年,在74个监测城市中,京津冀区域13个城市中有11个城市排在污染最严重的前20位,其中有8个城市排在前10位,京津冀13个城市的月平均污染天数几乎为长三角、珠三角地区的两倍。2014年,京津冀13个城市的空气质量平均达标天数为156天,相当于一年中有近200天处在污染当中,比74个城市的平均达标天数少85天;13个城市达标天数比例在21.9%~86.4%,平均为42.8%;重度及以上污染天数比例为17%,高于74个城市11.4百分点。在京津冀都市圈中,靠山和沿海的城市大气质量相对较好,中心城市污染严重。其中,张家口的年优良天数达315天,排在长江以北城市的第一位。空气质量由好到差依次为张家口、承德、秦皇岛、北京、天津、廊坊、沧州、唐山、石家庄、邯郸、邢台、保定、衡水,具体优良天气数如表5-5所示。

**表5-5 2014年京津冀13个城市的优良天气数及其排名**

| 优良天数及排名 | 张家口 | 承德 | 秦皇岛 | 北京 | 天津 | 廊坊 | 沧州 | 唐山 | 石家庄 | 邯郸 | 邢台 | 保定 | 衡水 |
|---|---|---|---|---|---|---|---|---|---|---|---|---|---|
| 优良天数 | 315 | 249 | 239 | 186 | 175 | 153 | 144 | 133 | 114 | 88 | 87 | 84 | 82 |
| 排名 | 1 | 2 | 3 | 4 | 5 | 6 | 7 | 8 | 9 | 10 | 11 | 12 | 13 |

数据来源:相关城市的2014年度环境状况公报。

2014年,京津冀区域13个城市的超标天数中以$PM_{2.5}$为首要污染物的天数最多,其次是$PM_{10}$和臭氧。京津冀区域的$PM_{2.5}$年均浓度为93微克/米$^3$,除张家口外的其他城市均超标,区域内$PM_{2.5}$年均浓度平均超标1.6倍以上。其中,北京的$PM_{2.5}$年均浓度为85.9微克/米$^3$,天津的$PM_{2.5}$年均浓度为83微克/米$^3$,石家庄的$PM_{2.5}$年均浓度为124微克/米$^3$。京津冀区域的$PM_{10}$年均浓度为158微克/米$^3$,13个城市均超标。

二氧化硫年均浓度为52微克/米$^3$,有4个城市超标。二氧化氮年均浓度为49微克/米$^3$,有10个城市超标。一氧化碳日均值第95百分位浓度为3.5毫克/米$^3$,有3个城市超标;臭氧日最大8小时均值第90百分位浓度为162微克/米$^3$,有8个城市超标。[①] 京津冀区域是空气污染相对较重的区域,复合型污染特征突出,传统的煤烟型污染、汽车尾气污染与二次污染相互叠加,部分城市不仅$PM_{2.5}$和$PM_{10}$超标,而且臭氧污染也日益凸显。重污染天气也未得到有效遏制,重污染天气频发势头没有根本改善,进入供暖季后,京津冀及其周边地区更是连续出现5次重污染过程,影响范围大、持续时间长、污染程度重。

从趋势来看,北京奥运会之前,京津冀地区的大气污染一直处于高位,奥运会期间的临时强力措施使京津冀地区大气质量得到暂时性改观,但由于奥运年的强力措施没有持续,大气污染出现反弹。王跃思关于"京津塘区域环境污染调控技术与示范"的研究成果显示,北京、天津、河北各地的观测点监测到京津冀区域内污染物干、湿沉降[②]总量呈日益增加趋势。[③] 近十多年来,京津塘区域沙尘减少了,降尘量有所下降,但是污染气体的干沉降有逐年增加趋势,大气中的人为有害污染物的沉降增多,说明京津塘地区污染人为排放量正在增加。2012年,京津塘地区年平均降尘量大约为1.2吨/公顷;降尘中包含大量的污染物质,将气体干沉降计算在内,京津塘区域平均硫(包括硫酸盐、二氧化硫)年沉降量为65公斤/公顷、氮(包括铵态氮、硝态氮、气态氮氧化物)为60公斤/公顷、有害重金属为3.3公斤/公顷、致癌物质多环芳烃(16种)为0.6公斤/公顷,是发达国家或地区监测结果的十倍到几十倍。2000年以来整个京津塘区域的$PM_{10}$在下降,但$PM_{2.5}$一直处于高位,原因是$PM_{2.5}$在$PM_{10}$中的比例大幅度上升。2000年前后,$PM_{2.5}$仅占$PM_{10}$浓度的45%;2010年前后,$PM_{2.5}$在$PM_{10}$中的比例已经上升到60%,推算出来$PM_{2.5}$仍然是72微克/米$^3$,$PM_{2.5}$并没有显著降低,近年来$PM_{2.5}$在$PM_{10}$中的比例仍在上升,在严重

① 段丽茜.京津冀13城市空气质量平均达标天数为156天.河北新闻网,2015-06-04.

② 干沉降指大气污染物在没有降水的条件下向地表的输送过程,包括颗粒物干沉降和污染气体干沉降;湿沉降则指通过雨、雪、雾等形式降落到地面的过程。

③ 王跃思,姚利,刘子锐,等.京津冀大气霾污染及控制策略思考.中国科学院院刊,2013(3):353-363.

灰霾天,$PM_{2.5}$占$PM_{10}$的比例往往能超过70%。除了$PM_{2.5}$浓度上升,奥运会之后氮氧化物和挥发性有机物上升也很快,这一部分污染与汽车数量增加有相当大的关系。根据观测,2000年到2005年挥发性有机物上升,此后一直到2009年是下降的,近三年又呈现上升势头。氮氧化物和挥发性有机物的上升导致了京津塘区域臭氧浓度的增加,在京津塘区域相对比较干净的城市边缘地区臭氧的8小时最高浓度经常会超过200微克/米$^3$,2009年、2010年和2011年每年夏季臭氧的8小时最高浓度平均值分别为172微克/米$^3$、196微克/米$^3$和203微克/米$^3$,均接近或超过国家现行臭氧二级标准。①

目前,京津冀地区形成了由北京、天津、唐山、秦皇岛、廊坊、保定构成的重污染圈和由石家庄、邢台、邯郸构成的重污染带,污染区域呈现出豆芽图状,污染范围沿着“豆芽”外沿向周边地区进一步扩散。

2. 大气污染的协同效应加强

京津冀城市群大气污染的协同效应明显,每逢大气重污染过程,京津冀地区往往会形成区域性污染,三地的城市都难以独善其身。无论是空气质量指数,还是主要污染物浓度,京津冀地区的趋同性强,如图5-14至图5-19所示。

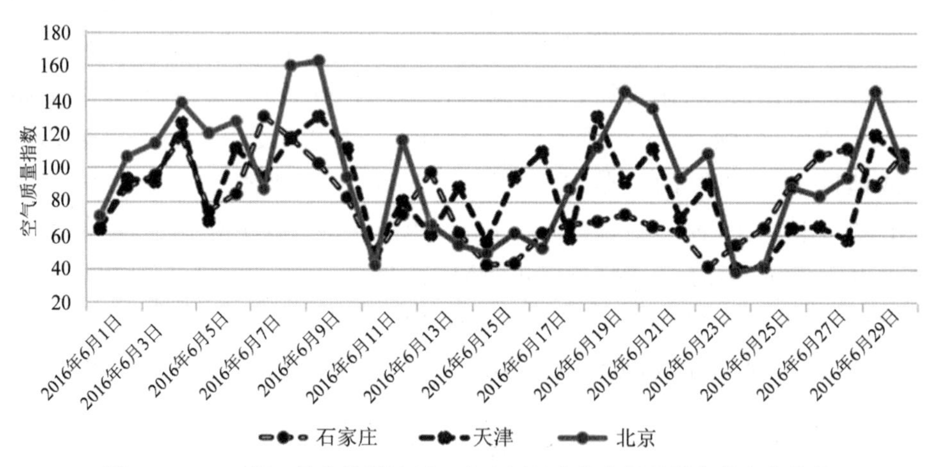


图5-14 2016年6月京津冀地区三个主要城市的空气质量指数变化趋势

① 资料来自王思跃主持的中科院重大项目“京津塘区域环境污染调控技术与示范”和“区域环境污染立体监测技术及应用”。

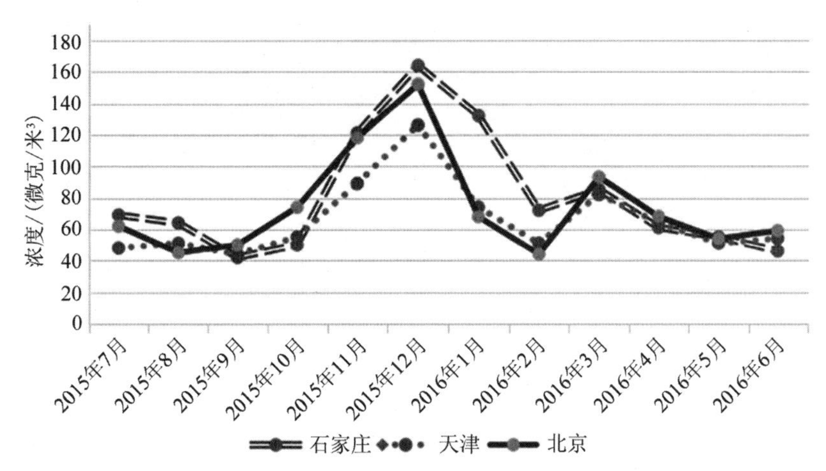


图 5-15　2015 年 7 月至 2016 年 6 月京津冀地区三个主要城市的 $PM_{2.5}$ 浓度变化趋势

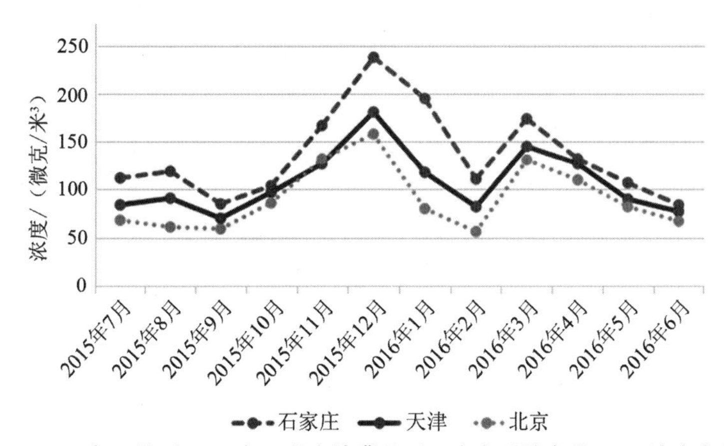


图 5-16　2015 年 7 月至 2016 年 6 月京津冀地区三个主要城市的 $PM_{10}$ 浓度变化趋势

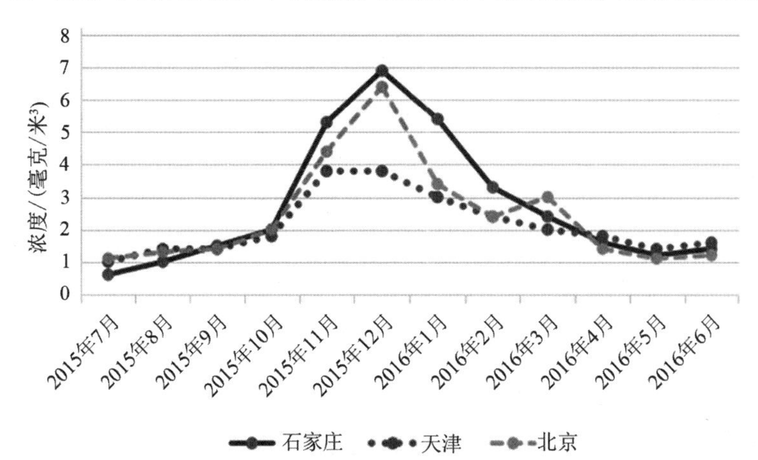


图 5-17　2015 年 7 月至 2016 年 6 月京津冀地区三个主要城市的一氧化碳浓度变化趋势

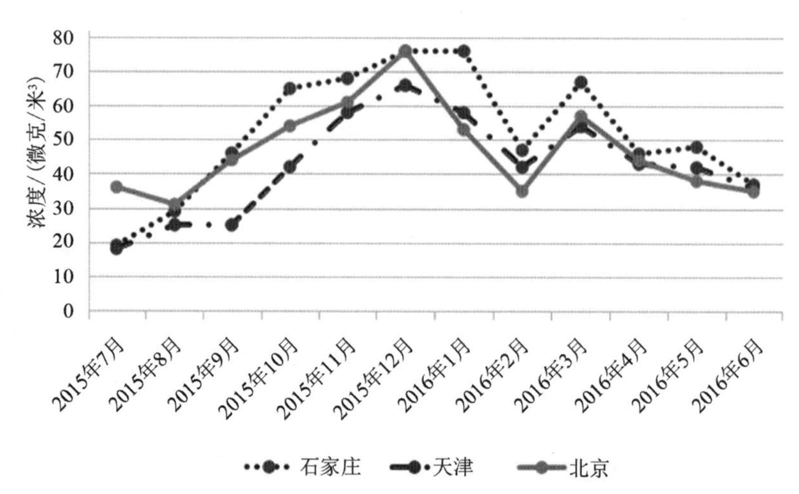


图 5-18　2015 年 7 月至 2016 年 6 月京津冀地区三个主要城市的二氧化氮浓度变化趋势

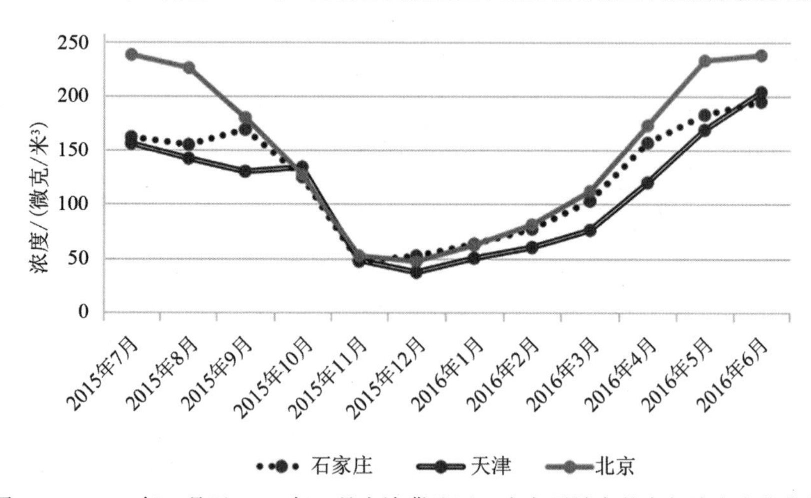


图 5-19　2015 年 7 月至 2016 年 6 月京津冀地区三个主要城市的臭氧浓度变化趋势

在京津冀都市圈，环绕北京的天津、唐山、沧州、衡水、保定、石家庄、邢台、邯郸等八个城市，布满了大大小小的采矿、焦炭、钢铁、水泥、有色冶金等重化工业和港口集疏运企业。这些企业有的是城市发展过程中自行投资建设的，有的是承接北京产业转移而来的，这些城市重化工业所产生的废水废气成为京津冀污染的主要来源。

3. 复杂的大气污染源

京津冀大气污染物来源复杂，二次污染、复合污染特征明显，给治理带来了难度。京津冀地区的悬浮颗粒物主要来自地面扬尘、建筑扬尘、机动车、生活燃煤、工业过程等，作为首要污染物 $PM_{2.5}$ 的主要来源是工业。综合环保部门发布的环境状况公报和绿色和平环保组织、中国清洁空气联盟、英国利兹大学、清华大学、中科院等发布的研究成果，在京津冀地区一次污染中，工业对 $PM_{2.5}$ 贡献了 54%，民用燃气贡献了 29%，电力、供热、工业锅炉和交通分别贡献了 4%、3%、6%和 4%，如图 5-20 所示。

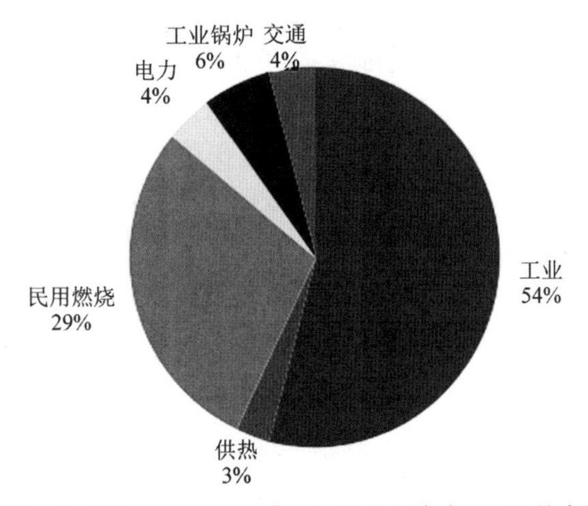


图 5-20　2015 年京津冀地区一次污染中 $PM_{2.5}$ 的来源

二次污染中，机动车及其相关产业约占 $PM_{2.5}$ 来源的 50%，一方面是由于发动机的燃烧效率不高，缺少必要的尾气处理装置；另一方面是由于我国的油品含硫量偏高，燃烧过程中产生的超细粒子数浓度大，超细粒子物中含有吸湿性很强的硫酸盐和硝酸盐，遇到湿度较大的天气立即吸收水汽膨胀，进而产生灰霾。这些超细粒子和形成它们的气态物质在大气中漂浮的时间长，传输距离远，是 $PM_{2.5}$ 治理的最大障碍。

氮沉降主要来自机动车尾气中的氮氧化物和氨气、农业排放中的氨气、工业脱硝过程和垃圾堆放排放的氨气。其中，机动车排放氮氧化物比重最大，主要原因是京津冀地区机动车保有量大、柴油消费占比高、利用率低的小型轿车多。2012 年，京津冀地区柴油消费量是汽油的 1.4 倍；汽油消费中居民所占比重为 46%，比长三角、珠三角约高 15 百分点。2012 年，京津冀地区机动车氮氧化物排放量为 68.2 万吨，占氮氧化物排放总量的 30%。其中，北京机动车氮氧化物排放量占比较大，主要是因为北京生活汽油消费占汽油终端消费的比例大，达 63%，而天津为 53%，河北为

50%。北京大气质量受机动车尾气的影响最为明显,天津、河北的大气受工业二氧化硫、二氧化氮和粉尘排放的影响最突出。

除自然源和外来源外,京津冀地区大气中的硫沉降主要来源于电厂、工业和居民取暖时燃煤排放的二氧化硫及其转化的硫酸盐以及汽车尾气。2012 年,京津冀地区工业源二氧化硫排放量占二氧化硫排放总量的 91.2%,其中,北京、天津、河北来自工业的二氧化硫比重分别为 63.2%、96.0%、92.4%。河北二氧化硫排放量占京津冀总量的 80.8%,主要是因为河北煤炭消费量占其能源消费总量的 88.8%,远高于北京的 25.4%和天津的 59.6%。煤炭消费排放出大量二氧化硫,对大气环境造成影响。

氮氧化物和挥发性有机物的上升导致了京津冀区域臭氧浓度的增加,京津冀大气中的臭氧污染间接源主要是机动车,其次是工业。大气中有害重金属则主要来源于区域黑色金属冶炼和燃煤;多环芳烃则来源于煤、重油和生物质燃烧,尤其冬季取暖期间,京津冀大气中 $PM_{2.5}$ 中多环芳烃的富集量高于其他季节 2~3 倍。[①]

京津冀大气污染重的原因主要是产业结构不合理、城市化程度高、机动车保有量大和气象条件不利。首先是产业结构不合理加重了京津冀大气污染。京津冀地区 2013 年第二产业产值占比达到 44%,特别是天津、河北,其产业以工业为主,单位能耗高。天津、河北的工业综合用能比重均超过 69%,天津和河北的单位工业增加值能耗分别为 0.95 吨标煤/万元和 1.64 吨标煤/万元,明显过高。京津冀地区城市化程度高。到 2015 年 6 月,京津冀及周边地区机动车保有量为 6000 万辆左右,柴油比重大。京津冀的大气质量受气候影响而表现出明显的季节特征,春季沙尘、浮尘严重,夏季光化学污染多发,秋季灰霾天气多,冬季重污染天气时有发生,而京津冀地区一般三到四天才有一个清除污染的天气——下雨或刮风,因而容易造成持续污染天气。

### (三) 京津冀大气污染协同治理与借鉴

改革开放以前,跟全国其他地区一样,京津冀地区工业化水平比较低,产业污染不是很突出。城市大气污染比较明显的主要是冬季采暖废

① 周敬启. 北京空气受机动车影响最大. 北京青年报,2014-04-13(A04).

气污染和工业烟囱排放污染，城市大气质量整体上较好，加上高度集中的权力制度，大气污染治理没有得到高度重视，这一时期地方政府间的大气治理政策协调基本上处于空白状态。改革开放后的很长一段时间，京津冀地区各个城市十分重视经济发展和城市建设，招商引资中强调投资规模，把 GDP 作为风向标，忽视了环境保护，大气污染等环境问题日渐突出。在自上而下的政策要求下，各地采取一些大气污染治理措施，但各自为政，效果也不是很理想。1979 年我国颁布了《环境保护法(试行)》，1982 年颁布《环境空气质量标准》，1987 年颁布《大气污染防治法》，各省(区、市)也相继出台了相应的地方法规条例。虽有自上而下的法律标准协调，但在当时的大环境下，城市间治污协调性不强，相关大气污染治理法规没有得到很好的执行，京津冀地区大气污染呈加重的趋势。国家经济快速发展过程中产生对重化工业产品的刚性需求，因此天津和河北的工业结构开始呈现重工业为主的态势，两地在制造业方面产业同构现象严重，天津的重化工业占工业产值的比重由 1990 年的 47.9%上升为 1998 的 54.8%，京津冀地区工业污染越来越突出，京津冀地区的二氧化硫排放量处于上升态势，直到 2007 年二氧化硫排放量的上升趋势才得到遏制。

在奥运会的要求下，以北京为主开展了跨地区大气污染防治协作。2005 年，由北京市政府与国家环保总局牵头组建了“北京 2008 年奥运会空气质量保障工作协调小组”，该小组由北京、天津、河北、山西、内蒙古等五个省(区、市)组成，联合开展大气防治工作。2008 年 1 月，由北京市、国家环保总局牵头，会同天津、河北、山西、内蒙古、山东和北京奥组委、总后勤部基建营房部等相关省(区、市)和部门，制定公布了《第 29 届奥运会北京空气质量保障措施》，该方案获国务院批复，主要以扬尘污染、机动车污染、工业污染、燃煤污染为控制对象，通过区域联动，在奥运会前实施环境综合治理，在奥运会举办期间采取临时污染减排措施。组建观测站点覆盖北京、天津、河北和山西的京津冀大气环境监测网，开展大气监测，同时还通过飞机或无人机搭载仪器在大气边界层和自由大气层内对大气进行垂直观测。一系列的大气污染综合治理措施取得了显著效果，奥运会期间大气质量天天达标，北京大气质量达十年来最好水平，这种效果延续到了次年，2009 年北京实现 285 个大气质量达标天，是最近 20 年中达标天数最多的一年。北京奥运会大气污染专项协同治理的成功经验,为京津冀乃至全国的大气污染协同治理提供了宝贵的经验。

为奥运服务的大气污染协同治理具有临时性和集中性,这种高度集权的行政命令性的协同治理模式,还存在一些问题,例如,利益补偿和成本分摊的协调问题、城市间和部门间的协调问题、企业和公众的协同问题等,高效的协同治理机制并没有建立起来,奥运过后大气污染治理又恢复了常态,强雾霾污染在京津冀又长时间、大范围地不断爆发。京津冀全面开展大气污染协同治理是从2012年开始的,中央出台了一系列规划政策,在中央的指导下,京津冀开始进行大气治理政策的协调。2012年2月,国家发布了《环境空气质量标准》(GB 3095—2012),并要求京津冀区域2012年开始执行。2012年10月,环境保护部、国家发改委、财政部联合发布了《重点区域大气污染防治“十二五”规划》,在全国划定了13个大气污染重点区域,其中将京津冀划为同一区域。2013年9月,国务院印发《大气污染防治行动计划》,明确要求京津冀区域到2014年底前建立区域、省级、市级重污染天气监测预警系统。同月,环保部、国家发改委等6个部门联合印发了《京津冀及周边地区落实大气污染防治行动计划实施细则》,标志着京津冀向大气污染协同治理法制化、制度化和规范化迈出了可喜的一步。2014年7月,为推进重点行业大气污染治理,环保部组织制定了《京津冀及周边地区重点行业大气污染限期治理方案》。2015年11月,京津冀三地环保厅(局)签署了《京津冀区域环境保护率先突破合作框架协议》。目前,京津冀及周边地区大气污染防治协作机制已初步建立,确立了“责任共担、信息共享、协商统筹、联防联控”的工作原则,制定了重污染应急、监测预警、信息共享等工作制度。在这一机制下,北京与河北、天津分别进行了对接,将大气污染联防联控作为重要内容纳入京津、京冀合作框架予以具体落实。京津冀及周边地区大气污染联防联控完善了空气重污染预警会商机制,建立应急联动的长效机制,建立统一的重污染天气预警会商和应急联动指挥协调机构,逐步实现了三地大气重污染预警分级标准和应急措施力度的统一,共同提前采取措施,应对区域性、大范围大气重污染,最大限度地减缓污染物的累积速度。[①] 在一系列协同治理措施下,京津冀的大气质量有所改善,污染物浓度有所下降。

京津冀的大气污染治理策略中,有三个方面值得借鉴:①为奥运服务的大力度的集中整治是有效的,但必须有长效机制才能持续。②协同治理要以法律政策以及行动方案作为基础,或者由上级主导,仅仅依靠区域内各行政主体的自觉治理是不够的。③大气环境协同治理要服从区域的整体协同发展,包括城市定位与规划、产业调整与布局等。

---

① 谢雨,余荣华,朱虹,等.让蓝天多起来:京津冀大气污染防治综述.人民日报,2015-05-29(06).

# 第六章 长三角城市群大气环境治理基础

## 一、法律政策基础

### （一）国家法律政策基础

自新中国成立以来，我国在环境法制的建设上一直都很注重有关大气污染的防治，早在1956年我国就出台了《关于防止厂矿企业中硅尘危害的决定》。自20世纪70年代以来，我国防治大气污染的相关部门也在不断地加大大气环境保护的力度，颁布了很多防治大气污染的法律法规，也采取了一些以消除烟尘保护大气环境为目的的防治措施，这也是我国较早的具有环保意义的大气污染防治行动。这些行动主要包括陆续发布《工业企业设计卫生标准》和《工业"三废"排放试行标准》，我国在实行改革开放后，颁布了《环境保护法》，该法规定了一些基本性和纲领性的问题。

1987年我国制定了《大气污染防治法》，这部法律较为详细地规定了大气污染的监测制度、申报排污登记制度和超标排污收费制度。2000年第九届全国人民代表大会常务委员会第十五次会议第一次修订了《大气污染防治法》，对大气污染的防治法律体系进行了改进，并根据我国工业发展和城市发展情况增加了防治大气污染的法律条文和制度措施。除此之外，我国环境保护相关部门还完善了与此相关的防治大气污染的国家标准，以及相应行业的行政规章制度。2015年第十二届全国人民代表大会常务委员会第十六次会议第二次修订《大气污染防治法》，并于2016年1月1日起施行。2016年的《大气污染防治法》是新环保法通过以后修改的第一部单项法，主要体现了四个方面的进步。

第一是以改善大气环境质量为目标，强化了地方政府的责任，加强了对地方政府的监督。《大气污染防治法》明确规定，国务院环境保护主管部门可以对省级政府进行考核，省级政府可以制定办法对地方大气环境质量改善目标、大气污染防治重点任务完成情况实施考核。同时，未达标的城市要制定限期达标规划，向同级人大报告，加强了地方政府在环境保护、改善大气质量方面的责任。

第二是坚持源头治理，从推动转变经济发展方式、优化产业结构、调整能源结构的角度完善相关的制度。

第三是抓主要矛盾，解决突出问题。现在大气污染的主要污染源源于燃煤、工业、机动车，而该法对这些方面都做了有针对性的具体规定，尤其是对重点区域联防联治、重污染天气的应对措施也做了明确要求。

第四是加大了处罚的力度。新修订的《大气污染防治法》的条款有129条，其中单法律责任条款就有30条，制定了大量具体的有针对性的措施，并配以相应的处罚措施。而具体的处罚行为和种类接近90种，提高了这部法的可操作性和针对性。

该法取消了现行法律中对造成大气污染事故企业事业单位罚款“最高不超过50万元”的封顶限额，增加了“按日计罚”的规定。同时，该法还明确规定，造成大气污染事故的，对直接负责的主管人员和其他直接责任人员可以处上一年度从本企业事业单位取得收入50%以下的罚款。对造成一般或者较大大气污染事故的，按照污染事故造成直接损失的1倍以上3倍以下计算罚款；对造成重大或者特大大气污染事故的，按污染事故造成的直接损失的3倍以上5倍以下计罚。

此外，对于新修订的《大气污染防治法》的亮点，国务院发展研究中心资源与环境政策研究所副所长常纪文还曾公开指出，其理顺了大气环境质量和污染物排放总量的关系，体现了立法逻辑的科学性。他认为，大气环境管理应当以空气质量目标管理为核心，而以前的大气污染物总量控制指标的分配按年度进行，没有考虑大气环境的实时质量、实时容量和大气污染物的实时排放流量。此次修订的《大气污染防治法》还是采纳了这一思想，规定“防治大气污染，应当以改善大气环境质量为目标”，理顺了大气污染防治的科学逻辑。

对于很多城市而言,机动车尾气排放是空气污染的重要来源,为此,是否应对机动车限行进行授权,也是本次修订审议中的一个热点问题。《大气污染防治法》修订草案二审稿曾规定,省级政府根据大气污染防治的需要和机动车排放污染状况,可以规定限制机动车通行的类型、区域和时间。对于此条规定,不少专家曾热议并指出,目前虽有一些地方限制机动车通行,但范围限于城市区域,授权省、自治区、直辖市人民政府规定限制机动车通行,范围太大,会影响流通,分割统一市场。同时,对机动车采取限行、禁行的措施,涉及对公民财产权的限制。

而在新修订的《大气污染防治法》中,此项规定被删除。取而代之的是鼓励燃油机动车驾驶人在不影响道路通行且需停车三分钟以上的情况下熄灭发动机,减少大气污染物的排放。

此外,为从源头解决机动车大气污染问题,新修订的《大气污染防治法》还增加了两项规定:一是燃油质量标准应当符合国家大气污染物控制要求;二是石油炼制企业应当按照燃油质量标准生产燃油。

对此,公众环境研究中心主任马军指出,各个地区之间的大气污染很容易相互影响,不统一燃油质量标准,一些大型重型货车很可能会受到利益驱动而到加油成本相对较低的地区加油。标准不同,排放污染物的水平也就不同,通过统一各地油品标准,“全国一盘棋”才更有利于治理。

2015 年 7 月,环保部发布的《环境保护公众参与办法》指出,环境保护主管部门应当在其职责范围内加强宣传教育工作,普及环境科学知识,增强公众的环保意识、节约意识;鼓励公众自觉践行绿色生活、绿色消费,形成低碳节约、保护环境的社会风尚。

2012 年 3 月,我国颁布了新的《环境空气质量标准》,确定了近阶段我国大气污染防治的重点是 $PM_{2.5}$ 的污染。同年 4 月,我国又发布了《重点区域大气污染防治规划(2011—2015 年)》。到 2012 年年底,环保部、财政部、国家发改委联合发布了《重点区域大气污染防治“十二五”规划》,要求至 2015 年,重点区域的二氧化硫、氮氧化物、工业烟粉尘排放量在现有基础上分别下降 12%、13%、10%。2013 年,国务院发布的《大气污染防治行动计划》明确指出,未来五年内,我国大气污染防治总投资的预算约 1.7 万亿元。

按照法律层次的高低排列来说,我国现行大气污染防治的法律体系主要涵盖以下几个:首先是国家的根本大法《宪法》,其次是环境保护基本法律《环境保护法》,然后是各项能源类单行法律,以及有关环境与资源保护的单行性法规、行政法规和国务院等部门出台的行政规章中针对温室气体减量排放的法律规范。

1.《宪法》

《宪法》是我国的根本大法,我国《宪法》第26条规定:"国家保护和改善生活环境和生态环境,防治污染和其他公害。国家组织和鼓励植树造林,保护林木。"这是我国《宪法》中有关保护环境的概括性规定,其中既有保护也有改善,说明立法者已经意识到环境保护不仅需要确保我们现在所处的环境水平不下降,而且应该主动地去完成我国环境总体质量的提升。

2.《环境保护法》

在我国环境保护学界的定义里,《环境保护法》是一部为了保护和改善生活环境与生态环境、防治污染和其他公害、保障人体健康、促进社会主义现代化建设与发展的法律。它不仅要保护影响我们生存和发展的环境要素,更要将环境的定义外延,将其看成一个整体,合理地、科学地去利用我们的自然资源,尽可能地减少有害物质的排放,同时还要防治我们所产生的污染和可能产生的其他公害,维护环境自身的净化能力,使环境整体更适合人类生存与发展。

因此,我国《环境保护法》主要调整两类社会关系:一类是同保护、合理开发和利用自然资源有关的各种社会关系;一类是同防治工业废气、废水、固体废物、放射性物质、恶臭物质、有毒化学物质、生活垃圾等有害物质和废弃物对环境的污染,以及与防治噪声、振动、电磁辐射、地面沉降等公害有关的各种社会关系。

3.能源资源类单行法律

1984年9月,我国颁布了《森林法》,这部法律强调了森林在我们生活中的重要性,规范了保护森林、改善环境的标准。森林对于大气环境来说,其重要的功能是吸收二氧化碳并释放人类所必需的氧气,吸附空气中的微尘等,对维护大气的成分均衡有着重要的调节作用。1997年11月,我国颁布了《节约能源法》,以法律的形式确立了节约能源在发展中的战略地位，时隔十年之后，我国修订了《节约能源法》，开始以人为本、节能减排，坚持推广科学发展观，呼吁全社会节约能源，减少能耗，保护环境，让经济社会的发展全面协调可持续。新《节约能源法》的颁布，有效地提升了我国能源使用的效率，加快了新能源的使用比例，减少了传统能源的能耗，从而降低了污染。

4. 大气污染防治类规章

主要包括大气污染物总量控制制度、大气排污许可证制度、大气污染监测制度、大气环境使用权交易制度和移动污染源的防治制度等。

(1) 大气污染物总量控制制度

大气污染物总量控制制度是指先确定某一区域内环境所能承载污染物的最大总量，然后将区域内污染物的允许排放量控制在这一总量之内，以及如何将有限的环境承载容量公平、高效、合理地配置给这一区域内的所有污染源。但在实施过程中，环境保护部门不仅要确定排放污染物的总量，还应该考虑到排放污染物的时间以及总量测定中的单位时间等问题。

20 世纪 80 年代末期，我国引进了"污染物总量控制"这一理念，开始了我国大气污染物总量控制的实践。1996 年，我国出台了《国务院关于环境保护若干问题的决定》，要求至 2000 年，我国直辖市和省会城市的污染物排放总量应控制在国家的指标内。这标志着我国的环境保护由一般化管理迈向了专业化、目标化管理。

2000 年，我国对《大气污染防治法》的污染物总量控制制度进一步做了修改，明确了污染物总量控制制度是我国的一项法律制度，确定了我国实施总量控制制度的重点区域。2000 年修订后的《大气污染防治法》第 15 条规定："国务院和省、自治区、直辖市人民政府对尚未达到规定的大气环境质量标准的区域和国务院批准划定的酸雨控制区、二氧化硫污染控制区，可以划定为主要大气污染物排放总量控制区。主要大气污染物排放总量控制的具体办法由国务院规定。"与此同时，完善了污染物总量控制制度的配套制度，如排污许可证制度。

(2) 大气排污许可证制度

大气排污许可证制度是指环境保护部门根据有排污需求的排污单位提出的申请或者申报，通过法定程序的审查或审核，以排污单位申请排放的污染物、污染物的排放量、污染物排放后的去向等为审查或者审核的内容，在通过法定程序的审查后，由环境保护部门批准许可，并将这种许可以颁发许可证的形式交由申请人，准予申请人按照许可证内所批准的相关要求，去从事既定的排污活动的制度。

大气排污许可证制度是为了进一步防治我国大气污染而设定的行政许可制度。排污许可证在一定意义上是大气污染排放总量控制制度在不同地区实践的基础，许可证制度推广的程度将直接影响污染物排放总量控制制度的实际效果。因为大气污染物总量控制的所要达到的是区域内环境质量的整体提升和区域内的排污量不超过环境能够承载的最大值，而排污许可证则将总量控制制度进行细化，具体到所限制的区域内每一个污染源的排污种类、浓度，以及该单个污染源所不得超过的污染物总量。

1985 年，排污许可证制度首先在上海进行试点，2000 年修订的《大气污染防治法》，第 15 条明确规定了“大气污染物总量控制区内有关地方人民政府依照国务院规定的条件和程序，按照公开、公平、公正的原则，核定企事业单位的主要大气污染物排放总量，核发主要大气污染物排放许可证。有大气污染物总量控制任务的企事业单位，必须按照核定的主要大气污染物排放总量和许可证规定的排放条件排放污染物”。

2011 年，我国《重点区域大气污染联防联控“十二五”规划》(征求意见稿)提出，要全面推行大气排污许可证制度，排放二氧化硫、氮氧化物、工业烟粉尘、挥发性有机物的重点企业，应在 2014 年年底前向环保部门申领排污许可证。排污许可证内应规定该企业所允许排放的污染物名称、种类、数量、排放方式、治理措施及监测要求，并以此许可标准作为行政部门监测其总量控制、排污收费、进行环境执法的依据。未取得排污许可证的企业，不得排放污染物。

2010 年发布的《浙江省排污许可证管理暂行办法》规定排污许可证有效期最长不得超过 5 年，有效期届满，未延续的，应当依法注销排污许可证。2012 年，上海在实施主要的污染物排放的排污许可证基础上，开始进行排污权交易的试点工作。

(3) 大气污染监测制度

大气污染监测制度，是指检测机构为了特定的环境保护目的，采用一定的监测设备和监测方法,在预定的单位时段里调查一个区域内的大气污染情况,并根据相关的环境信息和资料,对一种或者多种有可能影响该区域内环境指标的构成因素进行测定,并根据测定结果分析污染物的来源和排放规律的法律制度。这种监测制度能够有效地反映一定区域内在预订时段内的环境质量和污染物排放的规律,是我国环境保护的基础性工作。

2000 年修订的《大气污染防治法》第 22 条和第 23 条提出了有关固定污染源监测的规定,要求大、中型城市主管环保工作的相关部门应制定标准统一的监测方法,建立高效的监测网络,完善城市内大气污染监测制度,定期向公众发布大气环境质量状况公报,公报中应向公众公开城市内大气环境污染物的种类、主要特征和污染物已达到的危害程度,并在此信息公开的基础上逐步开展大气环境的质量预报工作。

2005 年 9 月,我国颁布了《污染源自动监控管理办法》,这是我国关于大气污染监测制度的一部较为详细的法律。除此之外,我国环保主管部门还制定了在固定污染源监测方面的许多关于污染物判定的标准,用于规范大气污染的监测。

大气污染监测信息的及时性和准确性从一定程度上来说,就是大气污染物排放总量控制制度和大气排污许可证制度的基本保障。因为排污许可证内必须包括的排污的数量、种类、浓度等,关系到环保部门排污费的征收和许可证的审查复核过程,而监测数据中显示的一定区域内污染物的总量和环境数据的统计则是大气污染物排放总量控制制度最直接的参照标准。

从另一个层面来说,监测到的数据信息应建立相关的数学模型,对排放量较大、危害较为严重的污染源进行控制型监测,提前做好预防工作,在突发天气或其他不可预见的因素造成污染物不易自然扩散时,可以迅速在短时间内根据监测数据模型所提供的规律信息通过其他手段进行扩散,避免大气污染事故的发生。长期而有效的监测可以准确地判断一定区域内是否产生了新的污染源,以及新生的污染源对区域内大气环境质量的影响,这些数据的提供为相关主管部门制定区域内环境问题的决策提供了参考的信息。

(4) 大气环境使用权交易制度

大气环境使用权交易制度最先由美国提出并实施,这种制度作为美国大气环境资源管理的一种经济手段，在通过《清洁空气法》的立法后，被作为一项法律制度而得到确定。大气环境使用权交易是一种以经济手段为前提，以大气污染物排放的总量控制制度和政府发放大气排污许可证的制度作为铺垫，通过交易的手段将排污企业允许排放的污染物的相关指标进行分配的宏观经济政策和市场资源配置手段。现阶段我国具体的大气环境使用权交易制度尚未真正建立，所以国内学者将这种交易也称为“排污权交易”。吕忠梅教授认为在论述环境使用权交易和排污权交易时可以表达相同的意思。大气环境使用权交易制度所期望达到的目的是保证一定区域在既定单位的时段内的大气污染物排放总量不超过已测定的环境承载，从而可以充分使用该区域内的大气环境资源；并鼓励该区域内的排污企业通过改造生产方式、研究排污技术等手段来治理大气污染，催动重污染企业转型升级的速度；污染企业之间产生的大气排污的供求关系，对于供求双方来说，对排污方面经济的纯支出或收入也有助于提高企业治理污染的效率。

大气污染使用权交易是一种资源配置方式，由环境管理相关部门根据区域内环境总量的监测数据来制定大气环境使用权的基础性分配，公平地在现有污染源之间对环境资源进行配置；当污染源取得排污指标后，根据环保部门的规定确定减排目标，在企业生产经营的各个环节实施减排，并确定各个环节的减排费用和难易程度，由此确定企业减排的整体投入，可以将减排后产生的剩余排污指标进行市场交易，这也是大气环境使用权的决定性分配。这样就有效地弥补了行政手段调节较为单一的缺陷，以市场为辅助手段来优化大气环境资源的优化配置，这种优越性也表现在以下两个方面。

一是提升宏观调控的效率。大气环境使用权交易制度的推行，意味着环境管理机构可以通过发放许可证调节区域内的环境总量变动，也可以通过购买大气环境使用权来实现区域内大气污染物总量的控制，进一步影响交易内大气环境使用权的价格，从而更加精准地控制污染排放，维护区域内生态环境的平衡。

二是催动排污企业产业升级和技术更新。在大气环境使用权交易制度下，排污企业如果能够通过产业升级和生产技术创新来降低污染物的排放，就可以进入大气环境使用权交易市场进行排污权的交易并获得收益，或者可以在扩大产值的基础上也不必另外购买大气环境的使用权，相当于减少了成本。对于排污需求供求关系之外的第三方企业来说，这种交易行为属于其贸易行为的范畴，新生减排技术和适合不同企业的定制减排方案将成为更有附加值的商品，这种利益驱动无疑会催生环境保护相关产业的快速发展。1999 年，我国将美国大气环境使用权交易引入了中国，在中美合作的大框架下，我国以南通和本溪两个城市作为试点，开展了“运用市场机制减少二氧化硫排放研究”的合作项目。

2002 年，国家环保总局为了尽可能地选择具有代表性和典型性的地域，选取了山东省、山西省、江苏省、河南省、上海市、天津市、柳州市等作为试点，开始推动二氧化硫排放总量控制及排污交易政策实施试点。

2007 年 11 月 10 日，浙江省嘉兴市建立了我国首个“排污权银行”——“嘉兴排污权储备交易中心”，第一次明确提出主要污染物的排污权要实行市场化交易模式，同时也提出了兴建排污权储备中心的设想。这一举措表明我国污染物的减排开始着手引入市场机制。

（5）移动污染源的防治制度

2000 年修订的《大气污染防治法》对移动污染源、对大气污染防治提出了较为详细的规定。其中第 32 条规定了机动车船排放的大气污染物不得超过规定的标准。第 33 条规定机动车不符合机动车污染物排放标准的不得上路行驶。第 34 条、第 35 条分别规定了关于机动车船燃料和检测检修的要求，并鼓励生产和消费使用清洁能源的机动车船。第 53 条规定，制造、销售或者进口超过污染物排放标准的机动车船，由依法行使监督管理权的部门责令停止违法行为，没收违法所得并进行罚款；对无法达到规定标准的机动车船，可予以没收销毁。

2013 年，环保部出台了《环境空气细颗粒物污染综合防治技术政策》，其中详细说明了移动污染源的治理方案，包括提高全国车用燃油的清洁化水平，淘汰高排放机动车辆，制定排放新标准，规定颗粒物排放限值，加快城市公共交通发展，鼓励新能源汽车和电动汽车的更新换代。同年 9 月，国务院颁布了《大气污染防治行动计划》，对全国地级以上城市提出了减排的具体目标，特别针对长三角、珠三角和京津冀地区的雾霾治理工作提出了较高的要求，移动污染源的防治已经成为大气污染防治的重点工作。

## （二）区域法规政策基础

### 1. 长三角地区大气污染治理法规出台的背景依据

目前，我国区域大气污染联动防治实践主要以重大活动的举办为契机，由于缺乏持续实施的配套保障机制，重大区域联动防治活动仅仅是一定时期的短期行为，缺乏持续性、延伸性，加之后续的大气污染防治工作跟进不足，不能够长期、持续改善大气环境，最终治标不治本。

区域内合作主体过分依赖临时性的防治措施，忽略长效机制的建立，不能充分利用重大活动带来的契机探寻长久的区域大气污染防治区域协调机制、监督管理机制、评价考核机制等，导致联动防治所取得的成效只是昙花一现。例如，上海世博会期间长三角地区 9 个城市的 53 个空气质量自动监测站联合构建起大气环境质量监测网络和大气环境质量信息共享会商平台，首次实现跨省、市进行大气环境的联合预报。然而，随着世博会的落幕，这些数据共享及预报会商制度也停止使用。世博会后长三角两省一市的机动车环保绿色标志互认制度虽仍在继续实施，但是实施力度也已经明显减弱。

重点区域的联动防治措施不具备普遍适用性，我国的大气污染状况越来越严峻，大气污染的区域性、复合型特征日益明显，因此在全国范围内推行区域大气污染联动防治已经成为一种趋势。然而到目前为止，我国联动防治大气污染的区域还仅限于京津冀、长三角和珠三角，大部分地区尚未进行实质性的尝试。这些地区的区域联动防治实践取得的成果不容置疑，值得今后在全国范围内推广和借鉴，但这三个地区的大气污染联动防治实践均是从本地区的实际出发的，地方特色明显，不具备普遍适用性。因此，在已有实践经验的基础之上，探索具有普遍适用性的区域联动防治模式，确保区域大气污染联动防治在全国范围内顺利推行是需要我们今后所为之努力的。

我国处在区域大气污染联动防治的初步探索阶段，目前有关区域大气污染联动防治的法规较少，缺少强有力的法律支撑。《大气污染防治法》作为我国大气污染防治的重要法律依据，于 2000 年进行了第一次修订，虽然没有明确提出区域联动防治，但是对于防治区域性大气污染已经有所规定，并逐步进行区域划分，为近年来提出的区域大气污染联动防治

实践的开展奠定了基础。体现在:

一是划定主要大气污染物的重点控制区。针对越来越严重的酸雨问题,该法第 18 条规定,环保部与国务院其他相关部门,在综合考察、分析全国各个地区的土壤、地形、气象等不同自然条件的基础上,经过国务院的批准,对于已经产生或者将来有可能产生严重二氧化硫和酸雨污染的地区,分别划定为二氧化硫和酸雨污染控制区,也即"两控区"。至此,我国"区域大气污染控制"的概念形成。第 15 条规定,将第 18 条中的"两控区"和尚未达到大气环境质量标准的区域,划定为主要大气污染物的排放总量控制区。同时规定在总量控制区内建立排污许可制度,由地方政府对当地企事业单位大气污染物的排放量进行审核、评估后颁发排放许可证,企事业单位则必须依照许可证的规定依法进行排放。对超过规定标准进行排放的企业,将依照 48 条的规定对其进行限期治理。这不仅可以将各种大气污染物排放严格地限制在总量控制范围,还可以促进企事业单位加强技术改造,推行清洁生产。除划定"两控区"以外,第 16 条还对那些由国务院和省级地方政府划定的自然保护区、风景名胜区、文物保护单位附近地区以及其他需特殊保护的区域做出了专门性保护规定,特别强调不得在这些区域内建设污染严重的工业企业,违规建设者将承担相应责任;基于公共需要建设非工业企业外的设施时,严格要求所排放的污染物不得超过规定标准;对已经建成但污染物排放超标的企事业单位,责令限期治理。第 25 条指出,为尽快改进城市的能源结构,部分城市的地方政府可以在本辖区内适当划定部分区域,在该区域内明确禁止使用和销售高污染燃料,区域内单位、个人应当改用电、天然气等清洁能源替代高污染燃料。

二是划定了大气污染防治重点城市。该法将我国重点城市的大气污染防治摆在了突出位置,依据环境保护规划目标、城市总体规划及大气质量不同,国务院明确将沿海开放城市、省会城市、直辖市及重点旅游城市等纳入大气污染防治的重点城市范围。第 17 条规定,尚未达到大气环境质量标准的重点城市必须在规定期限内达标。此外,各重点城市还可以结合本市的大气质量实际状况制定更加严格的限期达标规划。由于重点城市的污染防治面积很大,因此,可以优先选择治理重点城市中的重污染地区,在首先保证高污染地区空气质量达标的前提下,逐步将治理范围扩大到其他地区。第25条提出要推广清洁能源代替高污染燃料。

大气污染的区域性、复合型特点日益凸显，区域内经济、社会和环境的持续发展面临新的挑战，各个区域和城市的联防共治立法不断建立，长三角作为我国重要的经济发展区域，在不断进行区域大气污染联动防治实践探索的同时，也在为区域联动防治探索建立法律依据。最早从区域联防共治立法的是珠三角，2009年2月，广东省政府颁布《广东省珠江三角洲大气污染防治办法》，是我国第一个将区域大气污染的联动防治写入地方政府规章的省份。

2012年10月，环保部、国家发改委、财政部联合发布《重点区域大气污染防治"十二五"规划》(以下简称《规划》)，该《规划》是我国首个综合性的大气污染防治规划。在综合考虑地理特征、经济发展水平、城市空间分布以及大气污染物在区域内的传输规律等因素的基础上，在全国划分了13个大气污染防治重点区。指出京津冀、长三角、珠三角与山东城市群为复合型污染严重区，尤其要加强对臭氧、细颗粒物的控制。针对备受关注的雾霾天气，《规划》做了专门规定：到2015年，重点区域细颗粒物的年均浓度下降5%。而对于复合型大气污染特别严重的京津冀、长三角、珠三角地区，则提高控制标准，要求其浓度必须下降6%。《规划》对区域大气质量管理机制进行突破性创新，并从五个方面提出建立区域大气污染联动防治机制。

一是建立区域联席会议制度。在京津冀、甘宁、成渝、长三角等跨省区域内，由环保部和各省级政府相关部门共同成立联动防治工作小组，其他城市群由所属各省级政府及相关部门负责领导，区域内定期召开联席会议，通报上一年区域大气污染联动防治工作进展，总结、交流各地方的大气污染防治经验，以更好地制定下一阶段的工作任务和目标。

二是建立区域内重大项目的环境影响评价会商机制。对于那些可能对区域造成严重污染的重大项目，在其设立之前必须进行区域重点产业和区域规划环境影响评价，并将评价结果公之于众，综合分析其对区域大气环境的影响，最终决定项目能否设立。

三是建立区域大气环境信息的共享机制。在已有网站设施基础上，集成区域内各地方的大气质量监测点、重点建设项目、重点污染源等信息，以供区域内各地区之间交流和共享。

四是建立区域大气污染的预警应急机制。构建区域、省和市联动的重污染应急响应体系，并将各项工作层层分配，一旦出现极端不利气象条件，所在区域应当及时启动应急预案，采取紧急控制措施。

五是建立区域联动防治执法监管机制。加强对重点城市和区域大气污染防治工作的联合执法监督，对重点行业开展专项检查，确定、公布区域内重点企业的名单，并采取措施进行集中整治。

2013年9月，国务院印发《大气污染防治行动计划》(以下简称《计划》)，提出统筹区域大气环境的治理工作，在京津冀和长三角建立区域大气污染联动防治协作机制。国务院相关部门、省级地方政府协调解决重点区域突出的环境问题，组织实施区域联合执法、环评会商、信息共享等联动防治措施，对联动防治工作进展进行及时通报，充分重视对重点城市和区域的$PM_{2.5}$的治理，分解区域联动防治任务。各省级政府和国务院共同签订联动防治的目标责任书，目的是将防治任务分解并落实到各个企业和政府。此外，国务院还制定了联动防治大气污染考核办法，在每年的年初，考核上一年度各省大气污染防治工作的完成情况。上述考核过程中不合格的企业和地区，相关政府和部门负责人必须接受环保部门和监察部门提出的整改意见，并且要在规定期限内进行整改。《计划》再一次明确了区域联动防治在我国进行大气污染防治工作中的重要意义，同时为我国现阶段加快实施区域大气污染联动防治进程提供了新的契机。

2. 长三角城市群大气污染治理法规

2008年12月，江浙沪签订了《长江三角洲地区环境保护合作协议(2009—2010年)》(以下简称《协议》)，制定了长三角大气污染联动防治的具体实施方案，提出在提高污染物排放标准、区域环境准入、联合监测以及世博会期间应急保障方面发挥区域联动效应。为了保障世博会期间大气环境质量，2009年江浙沪以《协议》为平台，编制启动了《2010年上海世博会长三角区域环境空气质量保障联防联控措施》，提出在区域内合作开展监测预报，对长三角区域的高污染车辆实行环保互认，建立区域大气质量预报会商小组，开展技术会商。

为严格落实《关于推进大气污染联防联控工作改善区域空气质量的指导意见》中有关区域大气污染联动防治的要求，2010年上海市环保局与市建设交通委、市经济信息化委等共同编制了《上海市推进大气污染联防联控工作改善区域空气质量实施方案》，以促进上海市实施区域大气污染联动防治进程，确保到2015年，在传统大气污染物指标有所下降的基础上，雾霾、酸雨等污染得到显著改善，提高全市空气质量。

2010年6月，浙江省政府印发的《浙江省清洁空气行动方案》提出，以增强防治长三角大气污染合作力量，逐渐向全方位、多因子、区域协同防治方向转变为指导思想，到2015年区域大气污染联动防治管理机制在全省基本形成，区域联动防治光化学烟雾及雾霾等天气的能力明显提高，居民每天呼吸到清洁空气不再是奢望。将清洁空气行动分解为三个阶段，逐步在所辖地区具体落实：第一阶段是初步建立区域大气污染联动防治协调制度，启动对区域大气复合型污染的特征、治理技术形成机制的基础性研究，制定具体的复合型污染监测实施方案；第二阶段是推进阶段，重点在于对主要大气污染物的控制以及对重点城市复合型污染监测体系的构建，使区域联动防治能力提高一个新的台阶；第三阶段是深化阶段，巩固已有的区域大气污染防治成果，各地方的主要大气污染问题基本得到解决，城市和农村居民均能呼吸到清洁空气。

2010年8月，江苏省出台的《关于实施蓝天工程改善大气环境的意见》中提出，江苏省将于2011年在全省建立覆盖范围较广的大气污染联动防治机制。规定在区域范围内建立重点实验室，组织开展对区域性、复合型大气污染的成因和综合防治方法的专项研究，设立省一级的决策、咨询专家委员会，负责协助区域内决策、咨询工作，提升决策水平。同时提高对雾霾等主要污染物的监测水平和能力，构建一个能够覆盖所有城市、乡镇及农村偏远地区的区域大气监测网络。

2013年2月，为保障2013年南京亚青会期间和2014年南京青奥会期间的大气环境质量，南京市政府与常州市、镇江市、淮安市、扬州市、泰州市以及安徽省的滁州市、马鞍山市等相邻的七个地级市政府，打破省份之间以及地市之间的行政区划壁垒，签订《“绿色奥运”区域大气环境保障合作协议》，实施“区域蓝天行动”，联动防治大气污染。同时还建立了区域大气环境信息共享和发布制度，所有监测数据由八市共享。亚青会和青奥会期间，其余七市必须每天与南京市“保持通话”，及时通报各市大气污染状况，南京市专门组织专家进行研判，并会商联动防治之策。

2014 年 7 月,上海市通过《上海市大气污染防治条例》,并于当年 10 月 1 日起正式实施。该条例明确提出要推动建立长三角区域大气污染立法协作,并大幅度提高罚款限额,将无证排污的罚款幅度从原来的 1 万元以上 10 万元以下提高到 5 万元以上 50 万元以下;推出按日连续罚和"双罚制"的新制度,不仅对违法单位要处罚,对单位的责任人员也要处罚;扩大行为处罚范围,将可见黑烟行为处罚的适用范围从机动车排放扩大到无组织排放及机动船、锅炉和窑炉冒黑烟等行为。

2016 年 3 月,宁波市通过《宁波市大气污染防治条例》,条例强化了对污染源的监管和港口船舶污染防治,对港口码头的岸电设施建设和使用,远洋船舶进出港用油,港区内运输的集装箱车辆、作业设备和社会集装箱车辆使用新能源或者清洁能源等做了相应规定,对餐饮油烟、露天烧烤、秸秆焚烧、垃圾焚烧等违法行为的处罚主体进行了明确。

另外,生态补偿制度在长三角得以建立。生态补偿制度指的是那些利用和开发资源环境的相关受益者,有义务和责任提供合适的经济利益作为相关的补偿给环境优良的地区、单位和个人。同时在经济社会活动破坏和污染了生态环境后,责任的主体有责任对生态环境进行改善,并且有责任对受害者给予合适的经济补偿。浙江省在全国范围内首先实行生态补偿机制。早在 2005 年 8 月,浙江省首次突破性地通过发布《关于进一步完善生态补偿机制的若干意见》,对此机制进行了标准化、制度化。2008 年,针对上海市环保局的请示,环保部向长三角两省一市下发了《关于长江三角洲地区流域生态补偿机制研究的复函》,明确表示支持长三角地区开展流域生态补偿机制研究和试点。此外,长三角各省、市自身也在流域生态补偿机制方面积累了一定的实践经验,为长三角整体流域生态补偿机制奠定了良好的工作基础。

### (三)长三角区域大气污染防治地方法规的差异

#### 1. 大气污染物违规排放处罚方面的差异

浙江和上海规定的处罚虽相同,但是与江苏的规定却存在较大差异,对违法行为的罚款力度不同,相差较悬殊。如表 6-1 所示,浙江和上海两地对于排污单位违反排放许可证规定的处罚的下限是 1 万元,而江苏的下限是 5 万元;浙江和上海对违规排放主要大气污染物罚款的上限是 10

万元,而江苏的上限是 20 万元,相差 10 万元;上海对无证排放也做了明确的处罚规定。同事项、同责任在同一区域内的处罚力度不同,会导致处罚不公的情况,有处罚不当之嫌疑,不利于区域规则一体化的发展。罚款额过低,惩罚的威慑作用不能充分发挥;而罚款额过高,又会过度损害企业的经济利益。因此,在大气污染防治立法协调中有必要根据实际情况统一协调区域罚款力度。

**表 6-1　江苏省、浙江省、上海市大气污染物违规排放处罚方面的差异**

| 法规 | 相关规定 |
| --- | --- |
| 《江苏省大气污染防治条例(草案征求意见稿)》 | 第七十五条　违反本条例第二十四条第一款规定,向大气排放污染物不符合大气污染排放标准或者超过排放污染物总量控制总量的,由环境保护行政主管部门责令限期治理,处五万元以上二十万元以下罚款 |
| 《浙江省大气污染防治条例》 | 第四十四条　违反条例第十三条第一款规定,排污单位违反排放许可证规定的条件排放主要大气污染的,由环境保护行政主管部门责令限期改正,并处一万元以上十万元以下罚款 |
| 《上海市大气污染防治条例》 | 第七十五条　违反本条例第十八条规定,无排放许可证排放主要大气污染物的,由市或者区、县环保部门责令停止生产,并处五万元以上五十万元以下罚款;有排放许可证,排放主要大气污染超过核对排放总量指标的,由环保部门责令限制生产或者停产整治,处一万元以上十万元以下的罚款 |

2. 城市餐饮油烟排放处罚方面的差异

城市饮食服务业的经营者未采取有效污染防治措施,排放的油烟对附近居民的居住环境造成污染的,上海市规定的处罚幅度为 2000 元以上 1 万元以下(见表 6-2),但是与浙江的规定却存在较大差异。上海规定排放的油烟对附近居民的居住环境造成污染的处罚下限是 2000 元,而浙江规定的下限是 500 元,两地相差 3 倍;上海对违规排放油烟罚款的上限是 1 万元,而浙江规定的上限是 5000 元,两地相差 5000 元。情节严重的,浙江规定处以 5000 元以上 5 万元以下罚款,而上海规定可处以 1 万元以上 3 万元以下的罚款,下限相差 5000 元,上限相差 2 万元。这种同事不同罚将导致环境污染处罚的不公。

调查表明,在城市餐饮油烟排放方面,两省一市在城市饮食服务业的经营者排放的油烟、烟尘超过规定标准的规定上均存在差异。上海涉及的惩罚事项比江苏的具体详细,江苏的规定只是限期治理,逾期未完成治理任务的,由县级人民政府责令停产、停业或关闭,没有具体的惩罚幅度标准,建议江苏完善其相关规定。

**表 6-2 江苏省、浙江省、上海市餐饮油烟排放处罚方面的差异**

| 法规 | 相关规定 |
| --- | --- |
| 《江苏省大气污染防治条例(草案征求意见稿)》 | 第九十条 排放油烟、烟尘、粉尘、恶臭气体等大气污染物,严重影响周边居民正常生活的,由环境保护行政主管部门责令限期治理;逾期未完成治理任务的,由县级人民政府责令停产、停业或关闭 |
| 《浙江省大气污染防治条例》 | 第四十九条 排放的油烟对附近居民的居住环境造成污染的,由环境保护行政主管部门责令限期改正,可以处以五百元以上五千元以下的罚款;情节严重的,处以五千元以上五万元以下罚款 |
| 《上海市饮食服务业环境污染防治管理办法》 | 第十九条 城市饮食服务业的经营者未采取有效污染防治措施的,由市或者区、县环保部门责令限期改正,并可处以二千元以上一万元以下的罚款;情节严重的,可处以一万元以上三万元以下的罚款 |

3. 机动车尾气污染处罚方面的差异

两省一市的地方性法规一致规定,对于排气污染检测机构在检验过程中不按规定的检测方法和技术规范进行检测的行为,由县、市人民政府环境保护行政主管部门处理。然而长三角各省市法规对其处罚的金额却大相径庭(见表 6-3):上海可以处 3000 元以上 3 万元以下罚款;浙江可处 1 万元以上 5 万元以下罚款,江苏可处 2 万元以上 5 万元以下罚款。比较各地处罚的起点额:上海是处 3000 元罚款,浙江是处 1 万元罚款,江苏是处 2 万元罚款。由此可见,江苏的处罚起点额是浙江的 2 倍,是上海的近 7 倍,浙江的处罚起点额是上海的 3 倍多。对于同一事项,即使是联系紧密的两省一市也差异较大。惩处力度的不同,一方面会影响长三角跨区域大气污染的统一治理和处罚;另一方面,在同一区域内也会导致出现同事不同罚的不公平现象,影响长三角区域一体化的法治进程。需要尽快改变这种现状,使处罚公正合理。

表 6-3　江苏省、浙江省、上海市机动车尾气污染处罚方面的差异

| 法规 | 相关规定 |
| --- | --- |
| 《江苏省机动车排气污染防治条例》 | 第四十条　违反本条例第二十二条第一款规定，机动车环保检查机构有下列行为之一的，由环境保护行政主管部门责令停止违法行为，限期改正，并予以处罚：(1)未按照委托证书规定的业务范围、有效期开展机动车环保检查的，没收收取的检验费用，并处一万元以上五万元以下罚款。(2)未按照国家和省规定的环保检验方法、技术规范进行检验，或者采用其他方法弄虚作假，不如实提供检验报告的，没收收取的检验费用，并处二万元以上五万元以下罚款 |
| 《浙江省动车排放气污染防治条例》 | 第三十六条　违反本条例第二十条规定，由环境保护主管部门责令改正，处一万元以上五万元以下罚款 |
| 《上海市大气污染防治条例》 | 第八十九条　违反本条例第二款规定，接受委托从事机动车排气污染定期检测的单位不按规定的检测方法和技术进行检测，由市环保部门责令改正，可以处三千元以上三万元以下罚款 |

4. 排污费征收标准的差异

根据国家《大气污染防治法》的规定，上海、浙江、江苏对大气污染防治均制定了相应的地方性法规，但其对污染物排放总量控制和所规定的污染物种类却并未形成统一协调的防治体系。对于排污费征收标准，江苏和浙江都已经将标准进行了上调，上海制定的排污费征收标准相对浙江、江苏两省较高，如表 6-4 所示。长三角收费标准差异较大，其结果一是容易出现一些化工中小企业为了降低经营成本而搬迁到收费低的地方生产经营，导致产业污染源转移，污染问题最终还是无法解决；二是导致区域大气污染防治费征收规则不统一，影响区域大气污染跨区域治理的协同管理，也影响了法治一体化的实现。因此，在大气污染防治区域立法协调中有必要根据实际情况统一区域排污费征收，制定科学合理的标准。

表 6-4　江苏省、浙江省、上海市排污费征收标准的差异

| 法规 | 相关规定 |
| --- | --- |
| 江苏省《关于调整排污费征收标准的通知》 | 废气排污费征收标准为 1.2 元/污染当量，其中二氧化碳为 1.26 元/公斤 |

续 表

| 法规 | 相关规定 |
| --- | --- |
| 浙江省《关于我省排污费征收标准的通知》 | 大气污染物中除五类重金属因子排污费外的各种因子排污费征收标准为1.2元/公斤,大气污染物中五类重金属因子的排污费征收标准为1.8元/公斤 |
| 上海市《关于调整本市排污费征收标准等有关问题的通知》 | 自2015年1月1日起,二氧化硫、氮氧化物、化学需氧量、氨氮的排污费收费标准分别调整为4元/公斤、4元/公斤、3元/公斤、3元/公斤 |

## 二、经济技术基础

### (一)经济基础

长三角经济圈作为我国综合实力最强的经济中心、亚太地区的重要国际门户,它的一体化发展是我国区域经济协调发展的重要组成部分。长三角城市群、都市圈是以上海为龙头,主要由浙江的杭州、宁波、湖州、嘉兴、绍兴和江苏的南京、苏州、扬州、镇江、泰州、无锡、常州、南通等城市组成的城市带。

1. 经济总量规模大,区域人均GDP水平高

2014年,长三角城市群14个城市的GDP总量达到99304.04亿元(见表6-5),占全国GDP的15.62%,远高于其他经济区,这为大气污染治理提供了经济基础。

**表6-5 2010—2014年长三角城市群GDP总量** 单位:亿元

| | 2010年 | 2011年 | 2012年 | 2013年 | 2014年 |
| --- | --- | --- | --- | --- | --- |
| 上海市 | 17165.98 | 19195.69 | 20181.72 | 21818.15 | 23567.70 |
| 南京市 | 5130.65 | 6145.52 | 7201.57 | 8011.80 | 8205.31 |
| 无锡市 | 5793.30 | 6880.15 | 7568.15 | 8070.20 | 8205.31 |
| 常州市 | 3044.89 | 3580.99 | 3969.87 | 4360.90 | 4901.87 |
| 苏州市 | 9228.91 | 10716.99 | 12011.65 | 13015.70 | 13760.89 |

续　表

| | 2010 年 | 2011 年 | 2012 年 | 2013 年 | 2014 年 |
|---|---|---|---|---|---|
| 南通市 | 3465.67 | 4080.22 | 4558.67 | 5038.90 | 5652.69 |
| 扬州市 | 2229.49 | 2630.30 | 2933.20 | 3252.00 | 3697.91 |
| 镇江市 | 1987.64 | 2311.45 | 2630.42 | 2927.30 | 3252.44 |
| 泰州市 | 2048.72 | 2422.61 | 2701.67 | 3006.90 | 3370.89 |
| 杭州市 | 5949.17 | 7019.06 | 7802.01 | 8343.50 | 8343.52 |
| 嘉兴市 | 2300.20 | 2677.09 | 2890.57 | 3147.70 | 3147.66 |
| 湖州市 | 1301.73 | 1520.06 | 1664.30 | 1803.20 | 1803.15 |
| 绍兴市 | 2795.20 | 3332.00 | 3654.03 | 3967.30 | 4265.83 |
| 宁波市 | 5163.00 | 6059.24 | 6582.21 | 7128.90 | 7128.87 |
| 城市群 | 67604.55 | 78271.37 | 86350.04 | 93892.45 | 99304.04 |
| 全国 | 408903.00 | 484123.50 | 534123.00 | 588018.80 | 635910.20 |

数据来源：相关城市发布的国民经济和社会发展统计公报。城市群是指 14 个城市的合计数据。

2014 年，长三角城市群 14 个城市人均 GDP 达到 99272.00 元(见表 6-6)，整体接近中等发达国家水平，是全国人均 GDP 的 2.13 倍。但上海与浙江、江苏的城市之间还存在不平衡现象，2014 年，南京、无锡、常州、苏州、镇江、宁波、杭州等 7 个城市的人均 GDP 高于 10 万元，南通、扬州、泰州、湖州、绍兴等 5 个城市的人均 GDP 低于 9 万元。人均 GDP 水平提高，说明劳动生产率提高，人均创造财富的能力提高，单位 GDP 消耗的人力资源减少，进而减少了单位 GDP 的各类资源消耗和污染排放。

**表 6-6　2010—2014 年长三角城市群人均 GDP**　　单位：元

| | 2010 年 | 2011 年 | 2012 年 | 2013 年 | 2014 年 |
|---|---|---|---|---|---|
| 上海市 | 76074.00 | 82560.00 | 85373.00 | 90993.00 | 97370.00 |
| 南京市 | 65273.00 | 76262.00 | 88525.00 | 98011.00 | 107545.00 |
| 无锡市 | 92167.00 | 107437.00 | 117357.00 | 124640.00 | 126389.00 |

续 表

| | 2010 年 | 2011 年 | 2012 年 | 2013 年 | 2014 年 |
|---|---|---|---|---|---|
| 常州市 | 67327.00 | 77485.00 | 85040.00 | 92995.00 | 104423.00 |
| 苏州市 | 93043.00 | 102129.00 | 114029.00 | 123209.00 | 129925.00 |
| 南通市 | 48083.00 | 56005.00 | 62506.00 | 69049.00 | 77457.00 |
| 扬州市 | 49786.00 | 58950.00 | 65691.00 | 72775.00 | 82654.00 |
| 镇江市 | 64284.00 | 73981.00 | 83651.00 | 92633.00 | 102652.00 |
| 泰州市 | 44118.00 | 52396.00 | 58378.00 | 64917.00 | 72706.00 |
| 杭州市 | 69828.00 | 101370.00 | 111758.00 | 94566.00 | 118589.00 |
| 嘉兴市 | 52143.00 | 78202.00 | 84080.00 | 69164.00 | 91177.00 |
| 湖州市 | 45323.00 | 58349.00 | 63714.00 | 61953.00 | 65871.00 |
| 绍兴市 | 57580.00 | 75820.00 | 82966.00 | 80212.00 | 89911.00 |
| 宁波市 | 69368.00 | 105334.00 | 114065.00 | 93176.00 | 123139.00 |
| 城市群 | 63885.00 | 79020.07 | 86938.07 | 87735.21 | 99272.00 |
| 全国 | 30567.00 | 36018.00 | 39544.00 | 43320.00 | 46612.00 |

数据来源：相关城市发布的国民经济和社会发展统计公报。城市群是指 14 个城市的合计数据。

2. 产业结构进一步优化，出口继续萎缩

一个国家或地区的三次产业增加值占 GDP 的比重状况是综合反映国民经济结构的重要指标，特别是以服务业为主的第三产业的增加值占 GDP 的比重是反映经济发展水平和社会发达程度的重要指标，也是影响大气污染防治的重要因素。长三角城市群 14 个城市产业结构整体上比较合理，2014 年第一产业、第二产业、第三产业的产值比为 4.73∶44.90∶52.45，第三产业产值的比重超过了 50%，高于全国 11.25 百分点，说明产业结构调整取得了成绩，为大气污染治理创造了有利的条件。2014 年长三角城市群三次产业结构如表 6-7 所示。

**表 6-7　2014 年长三角城市群三次产业结构**

| | 国内生产总值/亿元 | 第一产业绝对值/亿元 | 比重/% | 第二产业绝对值/亿元 | 比重/% | 第三产业绝对值/亿元 | 比重/% |
|---|---|---|---|---|---|---|---|
| 上海市 | 23560.94 | 2167.60 | 9.20 | 7362.84 | 31.25 | 15271.89 | 64.82 |
| 南京市 | 8820.75 | 214.25 | 2.43 | 3623.48 | 41.08 | 4983.02 | 56.49 |
| 无锡市 | 8205.31 | 138.13 | 1.68 | 4095.89 | 49.92 | 3971.29 | 48.40 |
| 常州市 | 4901.87 | 138.46 | 2.82 | 2408.11 | 49.13 | 2355.30 | 48.05 |
| 苏州市 | 13760.89 | 203.98 | 1.48 | 6892.98 | 50.09 | 6663.93 | 48.43 |
| 南通市 | 5652.69 | 339.57 | 6.01 | 2812.34 | 49.75 | 2500.78 | 44.24 |
| 扬州市 | 3697.91 | 227.36 | 6.15 | 1885.75 | 51.00 | 1584.80 | 42.86 |
| 镇江市 | 3252.44 | 121.45 | 3.73 | 1631.10 | 51.15 | 1499.89 | 46.12 |
| 泰州市 | 3370.89 | 209.25 | 6.21 | 1697.45 | 50.36 | 1464.19 | 43.44 |
| 杭州市 | 8343.52 | 274.36 | 3.29 | 3858.90 | 46.25 | 5067.90 | 60.74 |
| 嘉兴市 | 3352.80 | 145.14 | 4.33 | 1811.31 | 54.02 | 1396.35 | 41.65 |
| 湖州市 | 1956.00 | 121.00 | 6.19 | 1001.60 | 51.21 | 833.40 | 42.61 |
| 绍兴市 | 4265.83 | 194.25 | 4.55 | 2213.51 | 51.89 | 1858.07 | 43.56 |
| 宁波市 | 7602.51 | 275.18 | 3.62 | 3935.57 | 51.77 | 3391.76 | 44.61 |
| 城市群 | 100744.35 | 4769.98 | 4.73 | 45230.83 | 44.90 | 52842.57 | 52.45 |
| 全国 | 636463.00 | 58332.00 | 9.17 | 271392.00 | 42.64 | 262204.00 | 41.20 |

数据来源：相关城市发布的国民经济和社会发展统计公报。城市群是指 14 个城市的合计数据。

从表 6-7 可以看出，长三角城市群内部产业结构不平衡现象明显，上海、杭州、南京的第三产业产值比重都超过了 55%，苏州、无锡、常州、镇江等 4 个城市第三产业产值比重超过了 45%但未达到 50%，其余城市的第三产业产值比重都在 45%以下。细分产业结构，宁波等城市重化工、高能耗、高污染产业占比高，给城市群协同治理大气污染带来了困难。

2015 年，长三角城市群产业结构在转型升级中取得了积极进展，三次产业结构调整为2.8∶43.4∶53.8，第三产业占比进一步提高，产业结构稳定在“三二一”状态。14个城市第三产业占比均在43%以上，上海已经达到67.80%，苏州（49.90%）、常州（49.50%）、无锡（49.10%）也超过了49%，上海、南京、杭州、苏州、常州等5个城市都呈现出“三二一”的产业结构。

错综复杂的国际形势、国内外需求紧缩等不利因素继续困扰着长三角地区经济，出口对经济增长的拉动作用明显减弱。2015年，长三角地区出口下降，出口总额为6972亿美元，比上年下降2.7%。

3. 经济收入稳步增长

经济收入的增长，有利于环境治理投入。2015年，长三角城市群14个城市财政收入继续较快增长，公共财政预算收入为1.4万亿元，同比增长10.8%，增速比上年提高0.9百分点。在经济增长回落的情况下财政收入保持两位数增长，总量超过千亿元的有上海（5520亿元）、苏州（1561亿元）、杭州（1234亿元）、南京（1020亿元）和宁波（1006亿元）等5个城市。公共财政预算收入占GDP比重达到12.9%，较上年提高1.0百分点，半数城市财政收入增长快于上年，其中南京、南通、扬州、泰州和上海增速在12%以上。

长三角城市群14个城市城乡居民收入稳步增加，呈现出城乡居民收入与经济同步增长、农村居民收入增长快于城镇居民、城乡居民收入差距缩小的良好态势。2015年，城镇居民人均可支配收入均值突破4万元，农村居民人均可支配收入均值突破2万元，上海、苏州、杭州、宁波、绍兴等城市城镇居民人均可支配收入靠前，嘉兴、宁波、杭州、绍兴等城市农村居民人均可支配收入均值靠前，城乡居民收入差距明显低于全国平均水平。

企业经济效益保持稳定，盈利继续增长。2015年，长三角地区规模以上工业企业实现利润总额1.2万亿元，较上年增长6.1%，增幅较上年回落4.4百分点。所有城市工业利润均保持增长，江苏企业利润增长略快于浙江，江苏八市利润总额为6869.3亿元，较上年增长8.6%，增速较上年回落3.8百分点。其中南京、南通、镇江、泰州增长较快，分别比上年增长11.3%、10.2%、12.4%、19.2%。浙江五市利润增长6.9%，增速较上年提高0.9百分点，其中宁波扭转2014年盈利下滑的局面，实现低基数较快增长，增长 19.6%。上海规模以上工业企业实现利润 2651 亿元，比上年下降 0.9%。[①]

4. 经济协同发展进入新阶段

上海经济在经历了 20 世纪 90 年代的持续高速增长之后，重新确立了在长三角地区的龙头地位。江苏、浙江两省开始调整自己的经济发展策略，从 20 世纪 90 年代初期并不重视与上海的协作，转变到相继主动和上海接轨，以积极的姿态参与到长三角经济合作与协同发展中来。特别是 1997 年后，上海浦东的开发开放进入功能系统化构建阶段，使长三角从封闭的国内经济体系彻底地转向了开放的全球经济体系，促使江苏、浙江“接轨上海、接轨浦东”，以更好地利用上海的机场、港口、贸易、金融等资源参与国际竞争，长三角经济融合前所未有地展开了。2010 年以后，长三角一体化发展过程中，遇到了一些问题，政府间博弈行为突出，严重阻碍了区域经济协同发展。江苏、浙江的城市间经济重构问题严重，产品的科技含量和附加值低，劳动密集型的制造业比例高，外贸依存度高，出口产品中高耗能、高污染、资源性产品及劳动密集型、低附加值产品还占很大比重。为了应对 2008 年的国际金融危机，全国上下采取以投资拉动为主的保增长措施，重复建设加剧，资源浪费严重，环境污染加剧，长三角城市也不例外。相关研究表明，江苏与浙江的产业结构相似系数高达 0.90[②]。2008—2015 年，长三角城市群的经济增速不及全国平均水平，并且差距不小。特别是上海，经济增速递减趋势明显，如图 6-1 所示。在国际竞争日趋激烈、土地和环保成本不断上升以及原材料和劳动力价格不断上涨的情况下，长三角经济所面临的结构调整和产业升级的压力较大。2010 年，处在城市群中的江浙 13 个城市的第三产业占比，只有南京和杭州稍高，分别为 50.7%、48.7%，其他城市都不到 45%，总体表现为“二三一”的产业发展格局，处于工业化中后期阶段。这一阶段，长三角城市群 14 个城市实现的生产总值占全国的比重略有下降，从 2010 年的 17.5% 下降到 2015 年的 16.0%。

---

① 数据根据嘉兴市政府发布的《2015 年长三角地区经济发展情况简析》中去掉舟山、台州的数据后计算而来。

② 萧新桥，余吉安. 再认识长三角区域经济一体化. 中国集体经济，2009(28)：24-25.

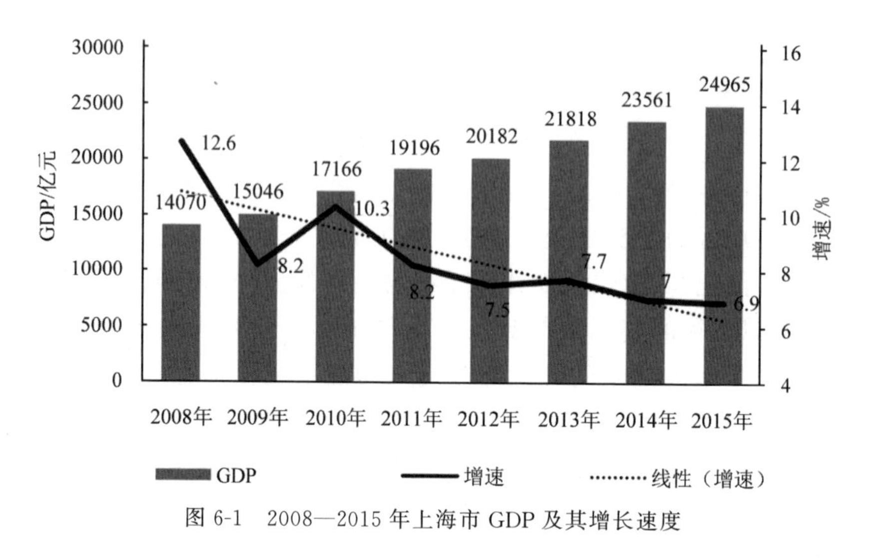


图 6-1　2008—2015 年上海市 GDP 及其增长速度

为了促进长三角地区的协同发展,国务院于 2008 年 9 月发布了《国务院关于进一步推进长江三角洲地区改革开放和经济社会发展的指导意见》,高度重视长三角内部协调问题,认为推进长三角地区改革开放和经济社会发展是一项系统工程,上海、江苏、浙江和中央有关部门要加强统筹协调,完善合作机制。2010 年 6 月,国家发改委印发了《长江三角洲地区区域规划》,对长三角的产业发展与布局等做出了安排,以促进长江三角洲地区的协调发展和产业转型升级,进一步提升地区整体实力和国际竞争力。建立于 1992 年的长三角城市经济协作办主任联席会议制度,1997 年升格为长三角城市经济协调会,2008 年为了响应中央的号召构建了政府层面的长三角合作机制。合作机制实行决策层、协调层和执行层三级运作的区域合作机制,确立了"主要领导座谈会明确任务方向、联席会议协调推进、联席会议办公室和重点合作专题组具体落实"的机制框架。决策层即"长三角地区主要领导座谈会",沪、苏、浙、皖三省一市的省(市)委书记、省(市)长出席,三省一市的常务副省(市)长、党委和政府秘书长、党委和政府研究室主任、发展改革委主任和副主任列席;协调层指由沪、苏、浙、皖三省一市的常务副省(市)长参加的"长三角地区合作与发展联席会议";执行层包括"联席会议办公室"和"重点合作专题组",三省一市分别在发改委(或合作交流办)设立"联席会议办公室",发改委分管副主任兼任联席会议办公室主任,目前设立了交通、能源、信息、科技、环保、信用、社保、金融、涉外服务、城市合作、产业、食品安全等 12 个重点合作专题。城市合作专题固定由上海市牵头，上海市政府合作交流办具体负责，其他专题由当年轮值方牵头。

在近几年召开的合作会议中，协同发展是主要议题。2013 年度的长三角地区主要领导座谈会，其主题是“加快转型升级、共同打造长三角经济‘升级版’”，提出在合作联动中进一步形成资源共享、优势互补的发展格局。2014 年度的长三角地区主要领导座谈会，围绕“积极参与‘一带一路’倡议和长江经济带国家战略，在新的起点上推进长三角地区协同发展”的主题，就深化重点领域改革、深入推进经济结构调整、加强重点专题合作、完善区域合作协调机制等事项进行了交流。2015 年 12 月举行的长三角地区主要领导座谈会，重点围绕“共同谋划‘十三五’长三角协同发展新篇章”的主题，就深度融入国家战略、推动经济转型升级、深化重点专题合作、完善合作发展机制等事项进行了深入沟通。“互联网＋”将成为长三角地区经济社会创新发展的重要驱动力量。在 2016 年 3 月召开的长三角城市经济协调会第十六次市长联席会议上，初步商定长三角城市群“互联网＋”的协同发展路径，打造区域内“互联网＋”产业融合新模式和“大众创业、万众创新”的生态环境，实现长三角区域经济提质增效和转型升级，形成对全国的产业辐射带动能力。

2016 年 1 月，上海市规划和国土资源管理局正式发布了《上海市城市总体规划（2015—2040）纲要》，提出上海将发展四大战略协同区，以促进长三角区域协同发展。加强沿海、沿江、沿湾，集航空、水运、铁路、公路等多方式联运、高效畅通的区域交通廊道建设，重点提升上海与沿海城市联系的南北向通道，建设沿海交通廊道。在空港、海港重大基础设施方面，上海将注重通过长三角区域港口群的功能协同布局满足吞吐能力的新增需求。注重近沪地区的协同发展，包括浦东滨江沿海战略协同区、杭州湾北岸战略协同区、长江口战略协同区和环淀山湖战略协同区，并提出了各个协同区的目标定位。浦东滨江沿海战略协同区，发挥上海自贸区的引领作用，对接“一带一路”，形成面向全球和亚太的战略空间；杭州湾北岸战略协同区，推进奉贤、金山、嘉善、平湖等海湾地区协作发展，增强江海、陆海、海空多式联运能力，加强生态环境修复和保护，合理利用滨海岸线、杭州湾海洋资源；长江口战略协同区，打造衔接“一带一路”和长江经济带的战略空间，聚焦宝山、崇明、海门、启东等跨界地区的协作发展。环淀山湖战略协同区，整合湖泊、古镇、生态等要素，加强淀山湖及周边河网联保共治，推动环湖地区工业点源污染治理和原有工业逐步退出，保护江南水乡历史文化和自然风貌，形成文化生态休闲的战略空间。在这一时期，中央和省级政府层面的着力推动和市级政府层面的全面融入特征非常明显。

### （二）技术基础

在一个特定区域内，把大气环境看作一个整体，统一规划能源结构、工业发展、城市建设布局等，综合运用各种防治污染的技术措施，充分利用环境的自净能力，改善大气质量。地区性污染和广域污染是多种污染源造成的，并受该地区的地形、气象、绿化面积、能源结构、工业结构、交通管理、人口密度等多种自然因素和社会因素的影响。大气污染物又不可能集中起来进行统一处理，因此只靠单项治理措施解决不了区域性的大气污染问题。实践证明，只有从整个区域大气污染状况出发，统一规划并综合运用各种防治措施，才可能有效地控制大气污染。

目前，电站锅炉烟气排放控制、工业锅炉及炉窑烟气排放控制、典型有毒有害工业废气净化、机动车尾气排放控制、居室及公共场所典型空气污染物净化、无组织排放源控制、大气复合污染监测模拟与决策支持、清洁生产等领域的关键技术已趋于成熟，这些技术大多源于“十一五”以来国家相关科技计划项目或自主创新的研究成果。

主要技术包括：①电站锅炉烟气排放控制关键技术，如燃煤电站锅炉石灰石/石灰—石膏湿法烟气脱硫技术、火电厂双相整流湿法烟气脱硫技术、燃煤锅炉电石渣—石膏湿法烟气脱硫技术、循环流化床干法/半干法烟气脱硫除尘及多污染物协同净化技术等；②工业锅炉及炉窑烟气排放控制关键技术，如石灰石—石膏湿法脱硫技术、电石渣—石膏湿法烟气脱硫技术、白泥—石膏湿法烟气脱硫技术、钢铁烧结烟气循环流化床法脱硫技术、新型催化法烟气脱硫技术等；③典型有毒有害工业废气净化关键技术，如挥发性有机气体（VOCs）循环脱附分流回收吸附净化技术、高效吸附—脱附—（蓄热）催化燃烧 VOCs 治理技术、活性炭吸附回收 VOCs 技术等；④居室及公共场所典型空气污染物净化关键技术，如中央空调空气净化单元及室内空气净化技术、室内空气中有害微生物净化技术等；⑤大气复合污染监测、模拟与决策支持关键技术，如大气挥发性有机物快速在线监测系统、大气细粒子及其气态前体物一体化在线监测技术、大气中氮氧化物及其光化产物一体化在线监测仪器及标定技术、大气细粒子和超细粒子的快速在线监测技术等。

### （三）长三角城市群应采取的技术措施

（1）减少污染物的排放

①改革能源结构，采用无污染能源（如太阳能、风力、水力）和低污染能源（如天然气、沼气、酒精）。②对燃料进行预处理（如燃料脱硫、对煤进行液化和气化），以减少燃烧时产生污染大气的物质。③改进燃烧装置和燃烧技术（如改革炉灶、采用沸腾炉燃烧等）以提高燃烧效率和降低有害气体排放量。④采用无污染或低污染的工业生产工艺（如不用和少用易引起污染的原料，采用闭路循环工艺等）。⑤节约能源和开展资源综合利用。⑥加强企业管理，减少事故性排放和逸散。⑦及时清理和妥善处置工业、生活和建筑废渣，减少地面扬尘。

（2）治理排放的主要污染物

燃烧过程和工业生产过程在采取上述措施后，仍有一些污染物排入大气，应控制其排放浓度和排放总量，使之不超过该地区的环境容量。主要方法有：①利用各种除尘器去除烟尘和各种工业粉尘。②采用气体吸收塔处理有害气体（如用氨水、氢氧化钠、碳酸钠等碱性溶液吸收废气中的二氧化硫；用碱吸收法处理排烟中的氮氧化物）。③应用其他物理的（如冷凝）、化学的（如催化转化）、物理化学的（如分子筛、活性炭吸附、膜分离）方法回收利用废气中的有用物质或使有害气体无害化。

（3）植物净化

植物具有美化环境、调节气候、截留粉尘、吸收大气中有害气体等功能，可以在大面积的范围内，长时间地、连续地净化大气。尤其是在大气中污染物影响范围广、浓度比较低的情况下，植物净化是行之有效的方法。在城市和工业区有计划地、有选择地扩大绿地面积是大气污染综合防治具有长效能和多功能的措施。大气环境的自净有物理、化学作用（扩散、稀释、氧化、还原、降水洗涤等）和生物作用。在排出的污染物总量恒定的情况下,污染物浓度在时间和空间上的分布同气象条件有关,认识和掌握气象变化规律,充分利用大气自净能力,可以降低大气中污染物浓度,避免或减少大气污染危害。例如,以不同地区、不同高度的大气层的空气动力学和热力学的变化规律为依据,可以合理地确定不同地区的烟囱高度,使经烟囱排放的大气污染物能在大气中迅速地扩散稀释。

## 三、人文社会基础

### (一)长三角地区城市化水平不断提升

焦若静等在研究人口规模、城市化与环境污染的关系后发现,人口规模小的国家的城市化率与环境污染呈正向线性关系,小城镇发展有利于改善环境质量;中型国家的城市化率与环境污染呈U形关系,中型国家的小城镇与城市群的发展均有助于降低环境污染;人口大国的城市化率与环境污染呈倒U形关系,人口大国的小城镇与城市群都会对环境造成严重压力。[①]

1. 城市群人口不断增加

20世纪八九十年代,在全球产业分工中,制造业环节不断向中国东部沿海转移,中西部大量劳动力由西向东的大量汇集,造就了长三角城市群发展的基本动力。作为中国最大的外资直接投资区域之一,长三角地区就业机会的迅速增加带动了移民和人口流动,并带来人口总量的巨大变化和人口结构的巨大调整。据估计,平均每年有1500万~2000万流动人口涌入这一地区,平均每年人口净增加150万~200万人,为区域经济发展带来充沛的劳动力,同时也使长三角地区成为我国人口密度最大的区域之一。

全球化也影响长三角地区内人口结构的空间布局,以上海为主要的枢纽性城市,长三角地区逐步嵌入全球产业链和世界城市体系,产业

① 焦若静.人口规模、城市化与环境污染的关系:基于新兴经济体国家面板数据的分析.城市问题,2015(5):8-14.

网络依托物流和交通体系，在整个区域内逐步延伸，构筑了富有等级性的城市体系。有学者提出在长三角内部存在显著的产业同构和恶性竞争的现象，而具体在同一产业的内部，长三角不同地区的产品具有相当强的合作性和承接性，这种区域内产业网络的逐步形成，也使人口空间布局逐步实现网络化。2005—2013 年长三角城市群常住人口变化如图 6-2 所示。

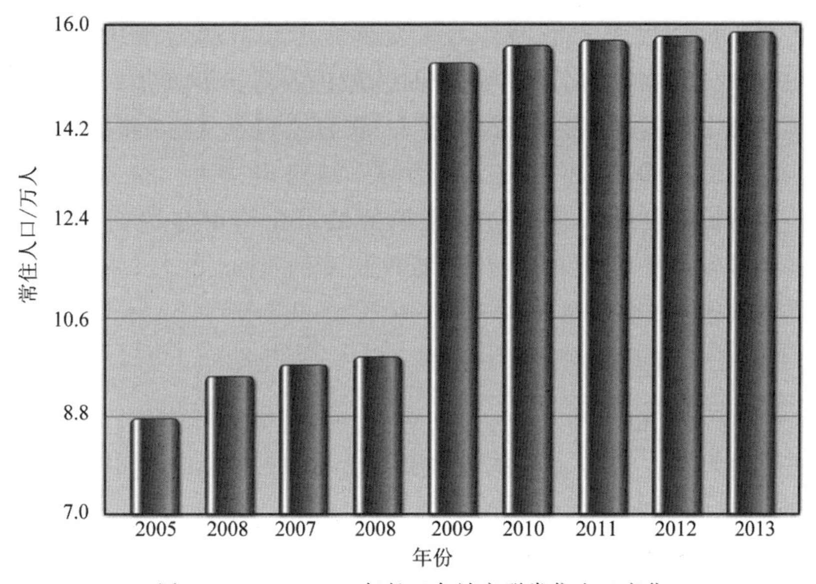


图 6-2　2005—2013 年长三角城市群常住人口变化

全球化不仅有利于吸纳庞大的低端就业产业工人，也意味着更多的现代服务业集聚，意味着人口结构逐步向高素质和中产阶层转变。特别是在一些国际性城市，人口结构的向上转变表现得非常明显。虽然大量流动人口实际上居于城市的边缘，但这本身也意味着社会结构的向上转变，人口流动本身就是我国的社会结构逐步从金字塔形向纺锤形转变的过程。

全球化带动了人口的国际联系，使长三角地区成为我国主要的国际移民发生地区，人口的国际性移出、移入和国际移民的回流在相当大程度上改变着城市发展和基层生活。上海等城市已经出现了一些国际性的社区，国外人口日益增加，他们进行商务活动和学习。跨国公司的日益发展，使跨国界的就业成为一种全球劳动力市场的突出现象。在作为国际性大都市的上海的领导下,长三角地区所经历的这种全球化表现得尤其深刻,对区域人口发展的影响也尤为突出。

2. 城市化水平不断提高

经济的腾飞带动了城市化进程快速发展,长三角城市群是我国城市化发展最快、最具发展潜力的地区。城市群各个城市的城市化发展模式存在差异,出现以上海和南京为代表的自我发展和自我更新城市化模式,以宁波和苏州为代表的借助外力来发展城市经济的城市化模式。近年来,长三角地区的城市化速度明显加快,城镇人口不断增加,从 1990 年的 3012 万人增长到 2012 年的 9548 万人,农村人口从 1990 年的 9000 多万人减少到 2012 年的不足 5000 万人,城市化率由 24.58% 增加到 67.50%,增长速度惊人。[①] 其中,上海的城市化率更是达到了 89.80%,处于世界领先水平,江苏和浙江的城市化率约为 63.00%,明显高于全国的平均城市化水平。

3. 形成了分层的协同系统

目前,形成了以上海为龙头,以南京、杭州、宁波为次中心的城市群经济系统。在对长三角各城市经济等级及城市间经济联系现状分析的基础上,依据空间临近和经济辐射能力等原则,将长三角城市群经济协同发展系统总体上划分为一个核心子系统(上海子系统),三个次级子系统(南京、杭州、宁波次级子系统),具体如图 6-3 所示。

### (二) 环境承载压力大

相对于中西部较多的生态脆弱地区,从土地资源、水资源等的空间分布看,东部长三角地区生态环境的可支撑能力相对较强。这不能不说是几千年先辈对自然环境改造的结果,长三角地区历史上是一片水乡泽国,但随着对水环境的改造,形成了一个水网密布、交通便利的地区。生态可持续能力的提高促进了农业和地方工商业经济的发展。随着对自然环境的改造,我国的人口不断向这个地方集聚,在当前缓解我国尖锐的人地矛盾和重新进行人口空间布局的过程中,可以预见东部地区的人口数量和

---

① 数据为长三角两省一市的人口统计数据。

比重将越来越高，且将在相当长时期内继续增加。从生态环境支撑能力看，长三角地区是我国少数几个能够承载大量人口的发展区域，这也要求国家和地方政府要特别珍惜长三角来之不易的生态基础环境，努力促进可持续的发展。

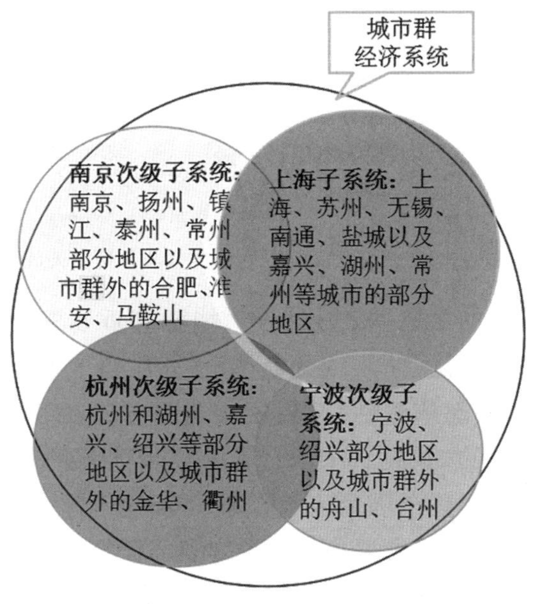


图 6-3　长三角城市群经济系统构成

长三角地区人口密度较高，经济增长水平较高，带动了人们生活方式的现代化。人类活动对于生态环境的压力比其他地区更加显著，用全国的平均水平来衡量，长三角地区是我国生态赤字较为突出的地区。同时长三角地区作为中国经济发展速度较快的地区，也是资源和能源消耗量增长较快的地区，人口总量、经济总量与废水、废气、生活垃圾存在密切的关联。一个似乎矛盾的结论是，正是因为长三角生态环境的可支撑性和弹性比较强，反而给长三角地区带来更为严重的对生态环境的破坏，并可能导致生态系统逐步恶化。这已经从近年来淮海水质污染、太湖全流域的水体污染上表现出来。在经济增长方式没有得到根本改变之前，长三角地区的人口增加越多，对环境的破坏就越严重。从图 6-4 可以看出，2004—2015 年城市群中以上海、南京、杭州为代表的空气优良天数在减少，环境压力越来越大。

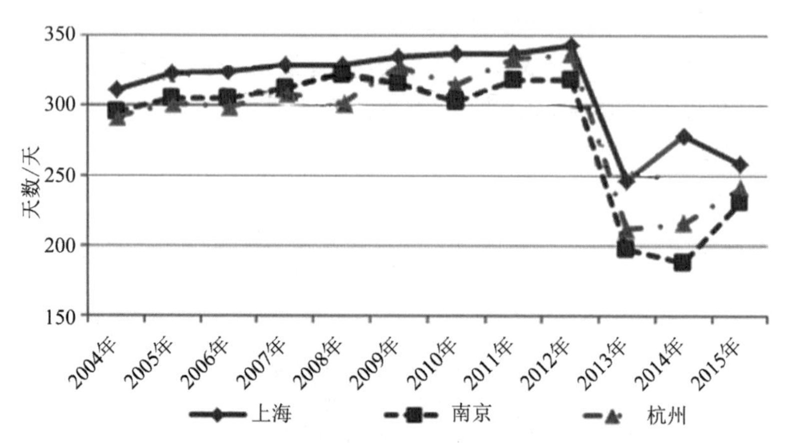


图 6-4 2004—2015 年上海、南京、杭州空气质量优良天数变化趋势

长三角城市群的粮食、肉类、矿产、能源等重要资源均存在不足,区域的发展需要大量依靠对区域外资源的进口以实现区域的平衡和运转,增强了资源的外部依赖性,又对宏观经济系统的可支持能力带来压力。能否获得稳定的、长期的资源、消费品和能源的供给,已经成为影响长三角经济发展和整个国家安全的重要问题。虽然长三角地区可以从区域外,甚至国外购买发展所需要的资源,但资源的获取需要付出成本和代价。而且一些非流动资源如水资源、货物运输服务能力、交通设施服务能力等仍制约了长三角地区对人口的集聚能力。如果人口继续快速集聚,经济增长模式不能得到很好的调整,则会造成长三角地区的生态退化,降低地区生活福利和发展的质量,削弱其未来可持续发展的长远能力。

### (三) 城市环境协同治理不断深入

长三角城市群空气质量下降较快,大气污染治理已刻不容缓。目前,区域对接和联防联控工作得到重视,区域法规标准对接、执法联动、政策协同和技术协作得到加强。上海、江苏分别出台了大气污染防治条例,明确了强化大气污染防治区域协作,开展应急联动、信息共享、沟通协调、联合执法等法制保障。浙江省立法工作也在加快推进,力争防治要求、防治措施和法律责任等方面和区域内其他地区基本保持一致。在标准对接上,沪、苏、浙、皖三省一市将建立环保标准制修订的区域协商和征询工作机制，落实区域重点行业执行基本相同的大气污染物排放标准，逐步探索相关产业准入、淘汰、节能环保指标要求的对接。在执法监管上，三省一市将建立完善的区域联合执法和监管信息通报机制，推进重点领域协同监管和联合执法，探索推进交叉执法。在规划对接上，四地将结合“十三五”规划、长三角城市群规划编制以及有关城市总体规划修改修编，加强区域能源、产业、城镇、交通、生态等发展规划与大气污染防治的协同，以及省市间相关规划的对接，强化大气污染源头防治。

区域大气污染防治技术合作也将在三省一市全面开展。2016 年，完成长三角区域空气质量预测预报中心及各分中心一期建设，启动二期工程；实施环保与气象部门之间、省市之间的监测预警信息共享和会商联动。区域内设区以上城市均要制定完善的重污染天气应急预案，加强重污染天气协同应对。科研协作方面，环境保护部的“长三角大气质量改善与综合管理关键技术研究”项目进入中期，基本完成了科学观测网设计，区域污染物排放清单等也取得初步进展；科技部的“长三角区域大气污染联防联控支撑技术研发及应用”项目也正式启动。

针对长三角区域交通污染贡献率较高、流动源监管亟待加强的问题，长三角将协同推进区域高污染车辆环保治理和港口船舶大气污染防治工作。长三角协作机制办公室细化形成了《长三角区域协同推进高污染车辆环保治理的行动计划》和《长三角区域协同推进港口船舶大气污染防治工作方案》，报请会议审议。在推进高污染车辆环保治理上，三省一市拟在加强治理、淘汰工作的基础上，通过实施异地协同监管等措施，整体提前一年完成高污染车辆的淘汰。根据规划，2015 年，上海市、江苏省沿江八市以及浙江省的杭州、宁波等要全部淘汰黄标车。2017 年，长三角区域全面淘汰黄标车，并加快推进国一、国二等老旧车辆淘汰。

三省一市将依托长三角区域大气污染防治协作平台和专项工作机制，落实地方政府责任，扩大高污染车辆限行，加强排放检测，强化数据共享，实施异地协同监管执法。根据计划，各省、市公安、交通、环保部门将加强协作，建成本省、市统一的黄标车和老旧车数据库；长三角区域内限行的主要城市间要启动黄标车和老旧车数据库信息定期交换工作。

港口船舶大气污染防治工作方面，则要建立区域协作的专项工作机制,以港口和内河船舶为重点,针对新船、在用船、油品、港口污染防治等各个环节,加快先行先试,推动水运行业绿色发展。在船舶排放控制上,重点加强船舶大气排放标准管理和提高油品标准,推进靠泊船舶岸基供电的实施、新能源和清洁能源船舶应用、内河船舶标准化和老旧船舶淘汰,强化船舶油品和污染排放的监管。在港口污染防治上,重点推进港作机械新能源和清洁能源替代,加强码头扬尘和油气污染综合整治。三省一市还同步把非道路移动机械纳入污染监管体系,推进对冒黑烟非道路移动机械的执法和油品质量监管,探索非道路移动机械跨省转移的登记管理和信息共享,并研究提前实施非道路移动机械第四阶段排放标准。

在监管方面,城市群也采取了不少措施加强监管和整治,但目前的监管总体表现不力。①我国《大气污染防治法》严重落后于社会经济发展的实际。该法于1987年制定,1995年进行了修正,2000年和2015年分别进行了修订。21世纪初的十多年是我国大气污染高频率、高强度爆发期,《大气污染防治法》存在责任不明确、处罚力度过轻、条款过于抽象、偏重行政弱民事和刑事等缺陷,很难适应当前具有复杂性、区域性和高频率性的大气污染防范与治理的需要。②环境预警机制滞后。预警机制的滞后主要体现为许多环境政策、法律没有体现预判性,往往是问题出来后才去解决。大气污染事故发生后,有些部门会寻找借口弱化事态,如以大气污染是世界性问题、历史性问题为借口来减轻或推卸责任。当年伦敦、东京等地的烟雾事件不应作为推卸责任的借口,而应吸取他们的经验,少走弯路。事实上有些国家大气污染程度比较轻,持续时间比较短,而且今天许多国家的生态良好大都不是先污染后治理的结果。③群众参与环保的机制、途径、方式等有待于尊重与完善。调动群众积极性的条款却存在偏抽象轻具体、偏事后轻事前、偏可行性讨论轻政策的制定性、偏形式性轻实际内容、偏少数性轻广泛性、偏经济效益论证轻民事权利诉求等总体上缺乏实际可操作性的问题。④环保部门与环保组织存在义务的主体性与权利的受制性的矛盾。环保机构与环保资金都隶属于各级政府,导致环保部门的工作主要限于事后的末端处置和生态修复等善后工作或严防死守环境风险等应急工作。

### （四）其他影响因素

#### 1. 环境领域的公德心缺失

层出不穷的恶性社会事件无不拷问着当代中国社会公德脆弱的神经。环境问题只是社会公德缺失在环境领域里的表现，而大气污染更能体现这种公德心的缺失。大气环境是人类生存与发展必不可少的条件之一，但从长期来看，大气污染的治理费用远远高于预防大气污染的经济成本。预防大气污染为先的理念长期以来并没有得到政府相关部门和民众的有效贯彻，相反空气价值的公共性与自身的净化性却成为社会普遍共识。在招商引资的利益驱动下，政府制定的产业政策、经济政策以及城市规划有意或无意地弱化了环境评估与环境保护，只考虑短期收益最大化，以牺牲当地生态环境为代价获取经济的快速发展。重复建设、高污染、高能耗、高排放，在某个时间点上取得了一定的经济效益，但生态环境所欠下的历史债务却积重难返，而且令人忧虑的是这样的趋势并未得到有效遏制。

#### 2. 政治亚文化影响

GDP 是当前国际上普遍用于评价和衡量一个国家或地区综合实力的指标体系，也是衡量该国或地区当年相对于往年经济生活水平上升或下降的最主要的参考指数。一种心照不宣的政治亚文化形成了，即官员升迁与 GDP 数据高低呈正比例关系，领导干部政绩考核机制中环境保护指标的权重偏低。

## 四、长三角城市群大气环境治理的制约因素

### （一）经济发展约束

#### 1. 长三角城市群大气质量与经济增长关系密切

经过改革开放近四十年的发展，我国的综合实力得到显著提高，特别是在经济方面更是为世界瞩目。长三角地区经济更是全速发展，成为我国经济最为发达的地区之一。但高速的、不计成本的经济增长也给生态

环境也带来了不可挽回的损失。国内外学者研究不同国家的经济发展史后发现,经济发展是有不同阶段的,且每一阶段总会呈现出不同的产业结构特点,最开始劳动力多是从第一产业(农业)移动至第二产业(工业),随着经济的深入发展,劳动力更多地向第三产业(服务业)流动。不同类型的产业结构在不同的经济发展阶段对生态环境质量的影响有着显著差异,农业生产过程中对能源、资源的需求相对较小,造成的环境污染主要为农药和化肥残留,对环境的影响相对较小。作为第二产业的工业,其发展依赖于能源,产品的生产过程往往就是一个大量耗能的过程,对能源的消耗强度严重高于农业以及服务业,同时大量的资源废弃物也在工业生产过程中产生,工业的产业模式无疑是高耗能的,这也势必会大大增加环境的负担。同农业一样,服务业也是一个低耗能的产业,对环境的影响不那么明显,这主要是因为服务业为市场提供的是诸如金融、教育、咨询这样的无形产品,对能源、资源的需求小,所以服务业对环境来说是更友好的。综上所述,工业是三大产业中对环境污染最严重的产业,且明显高于农业和服务业。第二产业(工业)的快速发展在为我国创造出巨大经济效益的同时,也使得社会效益受到损伤,我们的环境承受着越来越多的来自工业发展的压力。

改革开放以前,我国推行重工业化战略,这导致城市群的产业发展极度不平衡。1978 年改革开放前夕,上海的第二产业比重达到 77.4%,而江苏和浙江也分别达 52.6%和 43.3%,这是与当时的人均收入水平不匹配的。改革开放之后的十年,我国开始提倡产业结构调整,这种调整不仅针对整个产业结构,而且也针对第二产业内部。江苏、浙江两省在保持第二产业相对稳定的同时逐步降低第一产业的比重而增加第三产业比重。浙江第二产业比重上升至 1988 年的 46%,后又逐步降至 1990 年的 45.4%。江苏的第二产业也出现这种先涨后落的态势,1987 年达到 53.5%,到 1990 年却又降至 48.9%。不同的是,上海的第二产业比重呈持续下降的趋势,1978 年上海的三大产业结构极为不平衡,一、二、三产业所占比例分别是 4.0%、77.4%和 18.6%,但是 1990 年,上海第二产业的比重降至 63.8%,降幅达到 13.6 百分点。我国新一轮的经济高速增长开始于 20 世纪 90 年代,江苏和浙江两省的第二产业得到快速发展,比重也不断上升,浙江的第二产业比重从 1990 年的 45.4%上升至 1998 年的

54.35%，达到最高峰。江苏的峰值则出现在1994年，在1990年的基础上上升了5.0百分点，达到53.9%。但之后两省的第二产业所占比重都出现了不同程度的下降，2001年，浙江和江苏两省第二产业所占比重分别为51.1%和51.6%。在20世纪的最后十年间，江苏、浙江两省的经济发展模式与20世纪80年代存在明显差异，工业化的加速发展不仅促进了第二产业整体比重的上升，还促使其产业内部结构也发生重大的变化，即重工业较轻工业得到了更好、更快的发展。相反地，上海的第二产业比重却依然持续下降，2000年降至46.3%，这也促使上海经济整体上朝更加健康的产业结构发展，正如前面所说，上海经济深化发展，促使劳动力更多地向第三产业流动，第三产业得到快速发展，1990年上海的第三产业比重为31.9%，2001年为52.1%。

2000年之后，浙江、江苏、上海三省一市产业结构变化形式大致相同，第二产业比重至2005、2006年升至峰值后逐步下降至2011年的51.2%、51.3%及41.3%，分别比2000年下降了2.2、0.6、5.0百分点。与此同时，第一产业比重逐步下降，第三产业比重逐年递升至40%以上，上海的第三产业比重则持续保持在50%并逐步上升至58%，占主导地位。第二产业内部而言，重工业的增长明显快于轻工业，经过十年的发展，轻、重工业的比重已拉开了相当大的距离。轻工业的比重为52%，但经过十年的产业结构调整，其比例下降为41%，这显然不利于环境改善工程的开展。于是上海形成了两者不同的对环境产生影响的经济结构，前者是积极的，减轻了环境的压力，而后者则增加了污染物的排放，使环境日趋恶化。

江苏、浙江两省的经济发展情况与产业结构相近，污染物排放情况也十分相似。从污染物排放而言，十几年来，工业固体废弃物的排放量在两省都快速地增长，增幅达到两倍以上。上海虽然变化幅度不大，但总体上也在增加，1997年到2009年期间，两省工业废水排放量呈起伏增长趋势，其中浙江的情况更为严重，其增长量翻了一番有余。值得高兴的是，上海在工业废水的治理上投入了大量资金，并取得了不错的成效。1997年开始，其排放量就一直处在下降趋势中，特别是到2009年工业废水的排放量较1997年减少了一半以上。但是另一方面，上海的工业废气排放量和江苏、浙江两省一样总体上在上升，尽管中间也会出现上下变动。

2008 年至 2015 年,长三角城市群的经济规模与空气质量关系密切,从图 6-5、图 6-6、图 6-7 可以看出,上海、南京、杭州的空气质量随着区域 GDP 规模的扩大而下降。

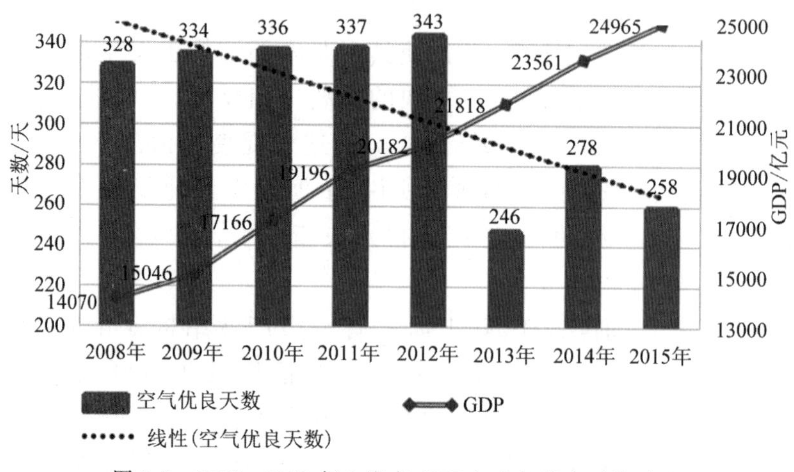


图 6-5 2008—2015 年上海市 GDP 与空气优良天数对比

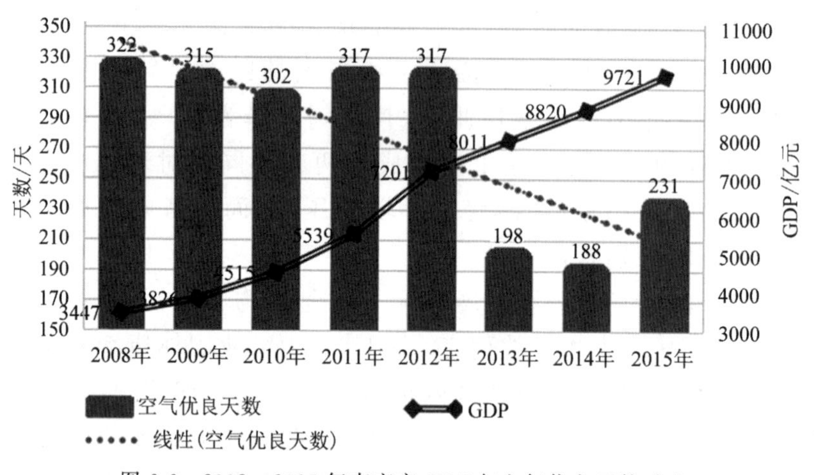


图 6-6 2008—2015 年南京市 GDP 与空气优良天数对比

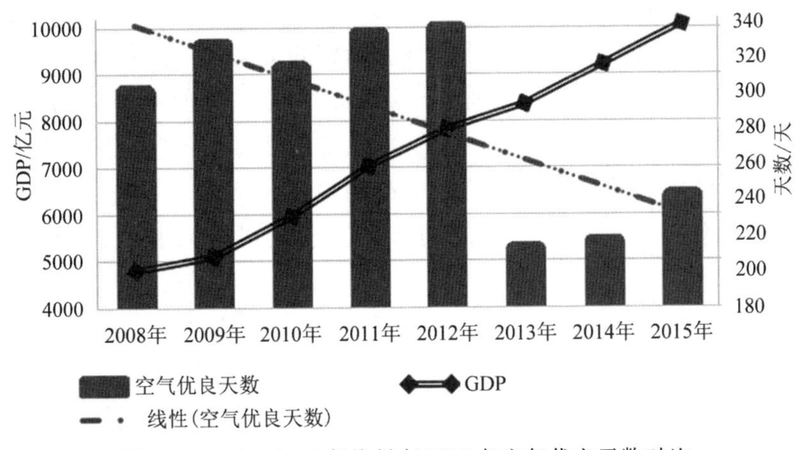


图 6-7　2008—2015 年杭州市 GDP 与空气优良天数对比

长三角区域在经济高速增长的同时,其环境质量也面临着日趋恶化的巨大压力,长三角城市群整体的生态现状不容乐观。根据近几年的检测报告,长三角的部分区域水生态出现了不同级别的恶化,具有代表性的是 2007 年无锡市"蓝藻"问题。与此同时,由地下水的掘取与污染而导致的生态恶化同样不容忽视,在上海和苏州等相关区域,出现了分布很广的漏斗地形,这是该区域地上水取用过度致使水位下降而造成的。这种漏斗地形对地下水的补给造成不良影响,使得该区域地下水的长期利用面临困难。另外,酸雨也对长三角的生态环境构成威胁,上海、浙江、苏南地区所受的影响更是严重,更有生态用地面积缩小、生物无处栖息、物种速减等问题伴随着城市化的加速一一出现。正是当前经济发展模式导致了长三角的生态恶化,其丰富的资源能源已不能满足现有发展模式的无竭需求,因而长三角成了人为因素造成的生态脆弱区域,长三角走上绿色发展之路也成为迫切需要。目前,长三角城市群经济增长出现滞缓态势,未来既要保持城市的经济社会稳定发展,又要保证环境的改善,这将是城市群各个城市面临的一道难题。

2. 长三角城市群经济将继续保持较快增长

根据江苏"十三五"规划,江苏的经济将保持中高速增长,提前实现生产总值和城乡居民人均收入比 2010 年翻一番,地区生产总值达到 10 万亿元左右,年均增长达到 7.5%左右。在这一目标指引下,城市群中的江苏8个城市出台的“十三五”规划,都明确到2020年城市地区生产总值和城乡居民人均收入比2010年翻一番。浙江也是如此,在浙江的“十三五”规划中,提出经济保持中高速增长,到2020年生产总值、人均生产总值、城乡居民收入均比2010年翻一番,经济发展质量和效益稳步提升;城市群的5个浙江城市在这一目标下,也都相应提出到2020年生产总值和城乡居民收入翻一番的目标。上海的“十三五”规划目标则是,到2020年全市生产总值预期年均增长达6.5%以上,人均生产总值达到15万元左右,居民人均可支配收入比2010年翻一番。按人口控制在2500万人,则上海生产总值在2020年将达到37500亿元。根据城市群14个城市的规划目标,到2020年城市群的生产总值将达到138377亿元,将是2010年的2.05倍,是2015年的1.29倍。实现这一规划目标,将给大气环境带来巨大的压力。

城市群经济在保持30多年持续快速增长后,目前正步入增速换挡、经济转型的新常态时期。在国际经济形势依然严峻、外需难以有效改善的宏观背景下,保持经济平稳健康发展压力较大。“十三五”期间,城市群要加大协同发展力度,改变“十二五”及以前各自为政的状态,扬长避短,共同发展。“十二五”期间,长三角城市群14个城市在规划中虽有对地方优势的考虑,但主导产业定位雷同较多,产业发展目标缺乏细化的定位支撑,缺少求同存异,使上海难以全方位发展,江苏经济发展缺乏新意,浙江产业发展优势不足。

从城市群中的江苏几个城市看,经济增长存在传统动力逐渐减弱、新生动力尚显不足、经济结构不够合理、能源资源约束强化等问题。面对旧动力的弱化,要尽快转换经济增长的动力系统,从要素驱动、投资驱动转向创新驱动,凝聚、培育和增强新常态的持久动能,从内需增长、产业结构调整、科技创新和深化改革开放等方面寻找经济增长新动力,从现代服务业、战略性新兴产业、绿色环保产业、传统产业改造升级、城镇化和网络经济等领域铸造经济增长新引擎。浙江也是如此,呈现出阶梯式的由高速增长换挡为中速增长的趋势,浙江经济已告别高速增长的时期,转而步入增速换挡、结构调整、改革攻坚的新常态时期。“十三五”时期,浙江要主动适应新常态,寻找新动力,把握稳中求进的发展节奏,努力保持经济平稳较快发展。从“三驾马车”的动力上看,投资增速逐年降低,消费增速基本平稳,出口增速波动剧烈。由于世界经济复苏状态的不均衡性和易变性,可以预见“十三五”时期出口将难以成为拉动浙江经济增长的主力。“十三五”时期,供给端的规模以上工业将代替需求端的“三驾马车”成为推动浙江经济增长的新动力。“十三五”时期,GDP 的增长速度与质量将取决于规模以上工业的增长速度与质量。近年来,上海经济已逐步进入新常态,经济增长保持中速,经济结构趋于优化,经济动力发生转变,经济效益继续提升,共享发展充分展现。“十三五”期间,上海要从以资金、劳动力、土地等生产要素驱动经济发展的方式向以知识、人才、科技等创新要素驱动的方式转型,从以出口导向拉动经济发展的方式向以内需为主导的“三驾马车”协调拉动的方式转型,从粗放型的发展方式向集约型的发展方式转型,从以传统制造业为主力推动经济发展的方式向以战略性新兴产业、服务业双引擎推动的方式转型,从单纯追求 GDP 增长的发展方式向包容性增长的发展方式转型,从效率优先、兼顾公平的发展方式向效率公平并重、更加强调保障和改善民生的发展方式转型,从先污染、后治理的发展方式向发展循环经济、推广低碳技术的可持续发展方式转型。

### (二) 人们生活需要

#### 1. 人口规模将继续扩大

首先,实施单独二孩放开政策将使人口增长提速。据测算,放开单独二孩政策每年将为我国带来 500 万～600 万新增人口,加上目前 1600 万左右的年出生人口,年出生人口峰值在 2200 万人左右,峰值总和生育率有 1.9～2.1。长三角城市群居民家庭经济条件较好,要二孩的意愿比较强,即使按家庭平均计算,城市群将新增人口 230 万人。根据中国社科院的一项研究成果,中国父母把孩子带大到 16 岁的抚养总成本平均已达 25 万元,平均每年的花费是 1.6 万元。由于长三角的物价水平和消费水平高,人均年花费将达到 2 万元左右,每年新出生人口将消费 460 亿元左右,需要大量的资源消耗来满足需求,消费过程中还会产生大量的污染物。

其次,日趋严重的人口老龄化也会使人口增加。长三角地区是中国经济发达的地区,也是中国人口老龄化程度最严重的地区之一,具有中国老龄化的典型性和率先性,14 个城市的人均寿命超过了 80 岁,平均 5 个人中就有一位老人。人口老龄化一方面将改变社会需求结构,进而改变供给结构,对资源和环境产生不利影响;另一方面将提高社会抚养负担,减少劳动力供给,给经济增长带来负面影响,给整个社会带来沉重的养老负担。

2. 居民收入将进一步增加

人类活动从环境中获取物质能量时,也会通过消费活动以废气、废液、固体废弃物等形式,把物质和能量输出给环境。长三角城市群 14 个城市的"十三五"规划,都提出到 2020 年居民收入翻一番的目标。也就是说,到 2020 年城市群城镇居民人均收入将接近 7 万元左右。随着居民收入的增长,人们的消费结构发生改变,人们对环境的要求越来越高,对环境带来的压力也将增大。根据罗斯托的经济增长阶段理论,长三角城市群将整体进入大众消费阶段,并向超越大众消费阶段(又称追求质量阶段)迈进,奢侈品消费向上攀升,居民在休闲、教育、保健、国家安全、社会保障项目上的花费将增加。[①]

随着居民收入的增加,汽车、住宅等一些高价值、高消耗、高污染产品消费增加。城市群汽车保有量快速增长,"十二五"期间,汽车保有量年增幅超过 15%。2015 年年底,城市群每 10 人拥有汽车 1.5 辆,汽车保有总量超过 2300 万辆,汽车尾气已经成了城市群的主要大气污染源之一。汽车保有率与发达国家相比还存在很大差距,美国 10 人保有量超过 8 辆,也就是说,经济发达的长三角城市群汽车保有量在很长一段时间内还将保持快速增长。另外,根据江苏省交通厅公布的数据推算,每辆车平均每年维修 3 次,机动车维修产生的油气污染也不可忽视。[②]

3. 居民环保呼声越来越高

长三角城市群生态越来越脆弱,大气污染对人类生产和生活造成的危害超出了预期,居民对环境的诉求也越来越多,长三角已成为我国环境敏感事件高发区域和环境健康问题集中凸显区域。长三角城市群人口高度集聚,因环境污染导致的人群健康问题突出。2010 年起,该区域因灰

① 罗斯托. 经济增长的阶段. 郭熙保,王松茂,译. 北京:中国社会科学出版社,2001.

② 苟理彬. 江苏汽车保有量超 1100 万辆 汽修企业将设"红黑榜". 中国新闻网,2015-09-29。

霾频发而导致呼吸系统及心血管系统疾病的人群数量显著增长，与生态环境相关的肺癌、肝癌、肠癌的死亡人数占比也呈明显上升趋势。此外，多起水污染事件造成了大面积饮水危机，多次触及公众心理底线，局部环境污染事件的影响范围正在不断扩大。

长三角城市群跨界环境污染事件也应引起重视，一是区域内风向传输易形成交互型大气污染，如上海、苏州、无锡等地排放强度大，在冬季西北风的影响下将污染物南下传输，影响浙北的嘉兴、湖州、杭州和绍兴等城市，导致该地区外来二氧化硫、氮氧化物、可吸入颗粒物的比例分别达到 56%、40%和 44%以上，近年来频繁爆发的覆盖整个长三角的雾霾就是这类跨界污染的典型例证。二是流域上、下游不同地区之间易出现跨界水环境污染，如 2013 年太湖流域省界河流 32 个监测断面水质无一达到地表水Ⅲ级标准，流域跨界污染导致Ⅳ类、Ⅴ类、劣Ⅴ类水质分别占 37.5%、12.5%和 50%。三是跨界调水等工程引发的水源地资源环境恶化，如“引江济太”“钱塘江河口调水”等工程影响了水源地资源平衡，区域、流域间跨界环境公平问题成为影响区域一体化和联防联控的关键因素。

## （三）行政区域限制

在经济腾飞、城市化与经济一体化进程不断推进的良好背景下，长三角地区却面临着愈来愈烈的生态危机，并且已经跨越扩展到多个区域。区域环境具有整体性强、关联度高等特点，然而，行政区域由人为考虑而界定，其界线显然不能阻绝生态的恶化与失衡，更不用说阻绝环境污染的扩展。这就注定了长三角地区各政府在各自区域内，“关起门”来搞环保，想要“独善其身”是不可能的。要解决跨区域环境问题，仅靠单一政府的力量是难以彻底解决的，地方政府必须要进行有效的合作。然而，不同区域经济体分管自属地区的现实情况，意味着各区域体重点甚至只关注自我需求，力求自我利益达到最高，于是无节制地使用生态资源，造成生态恶化与失衡，整个区域最终都得承受整体生态破坏的恶果。同样地，这些区域体也习惯于尽全力满足自我需求，从而将生态恶化的恶果推及给其他区域体。特别是面对涉及多个城市的生态破坏时，各地政府通常都抱着“以邻为壑”的态度，出于对本地区经济与生态需求的满足，肆意地把污染源头推及附近区域,对污染的扩展视若无睹。而当遇到划分不确定的地区生态问题时,各地政府往往推脱责任,这又使得生态问题愈来愈烈。诸多生态恶化的残酷现实都是由区域内所有城市共同面对的,这就意味着,因为某一城市经济、政治等各类活动所造成的生态破坏,通常都会影响到区域内其他城市,有时还会扩展到全国范围。譬如,河流与大气这些生态组成部分,其整体性很强,区域相关性很高,因此,河流上段与下段、上风区与下风区等也因其极高的相关性而大大影响着区域整体生态。河流上段污水横流,下段通常也难以幸免;某区域植被砍伐肆虐,相邻区域往往会遭遇漫天沙尘;上风区大气浑浊,下风区恐怕也不会清新。因为经济、自然因素不同,不同性质的生态破坏所导致的各个区域的损害也有轻重之分,每单位污染中的污染级别也有区别,此种差异性也成了跨区域的典型特点。

1. 城市间的经济博弈行为导致重复建设问题突出

博弈是指在一定的游戏规则约束下,基于直接相互作用的环境条件,各参与人依靠所掌握的信息,选择各自策略和行动,以实现利益最大化和风险成本最小化的过程。自己在与对手竞争的时候要实现效益最大化,不但要考虑自己的策略,还要考虑其他人的选择。只要有涉及人群的互动,就有博弈。在长三角城市群的经济一体化过程中,政府、企业、公众等参与主体之间的博弈行为,导致重复建设现象突出,拉低了资源的使用效率。地方政府在“比政绩”动机驱使下,短期的非合作博弈行为突出,抑制了长三角城市群的协同发展。

招商引资中的过度竞争,导致资源低效企业众多。地方政府招商时更重视短、平、快项目,而且容易陷入倾销式竞争循环,并以比照政策优惠的方式来吸引投资。加上长三角城市群的城市之间在战略性产业、重点招商项目、引资导向等方面有一定相似之处,难免在一些项目上存在竞相争夺,因而会制定出一些不利于经济区域整体利益实现的招商引资的行政立法,主要表现为竞相推出优惠招商条件,竞相压价,降低进入门槛条件,甚至忽视环境保护。当各地区给出优厚的招商条件时,地区总回报恰恰是最低的,并不能使本地区的经济实现最大化发展。这种非合作博弈会带来一连串社会效应,如招商条件可能包括政策的倾斜因素,使税收减少和土地使用政策放宽;企业不重视技术创新,进而出现数量多但质量差的企业，导致整个产业技术水平不高，不利于经济现代化发展。

基础设施重复建设，导致资源浪费。由于行政壁垒的存在，区域共荣的大目标与地方利益的“小算盘”之间时常存在矛盾冲突，导致统一的市场体系被行政区划所割裂，行政区产业结构呈现趋同态势，公共基础设施难以完全实现共建共享。基础设施本身就是一个需要相互衔接、相互配合的运作整体，但长江三角洲在港口、机场等区域基础设施的建设中，依然存在强烈的地方化特点，缺乏统一规划与协调配合，存在明显的重复建设和不适当竞争，互联互通的程度较低。如在港口建设方面，宁波北仑港原本就是为上海准备的，上海不充分利用北仑港资源，反而自己建了成本要远远高于宁波北仑港的洋山港，这种恶性竞争造成了极大的重复建设。长三角城市群本来就是一个资源能源短缺的地区，资源能源的需求量大，缺地、缺电、缺资源的三大瓶颈制约问题突出，改革开放后的人口集聚和经济发展，加剧了日益严重的资源能源短缺。长三角城市群人均土地面积只有全国平均水平的六分之一，加上近年来不断加速的工业化和城市化进程，各项经济社会建设事业与农业争地的矛盾十分尖锐，土地资源缺口巨大；矿产资源匮乏，煤、铁、铜、铅、锡等各类矿产均需从区外调运和国外进口，经济社会发展的资源瓶颈状况十分严重；电力资源也相当紧张，特别是在夏季用电高峰时期，各地拉闸限电现象时有发生，严重影响人民生活，并给工农业生产带来了损失。[①]

值得注意的是，中国与其他新兴经济体的博弈也是长三角城市群经济协同的重要影响因素。2001 年中国加入世贸组织时，就非市场经济国家地位做了 15 年的约定，2016 年年底该约定到期，中国认为会自动取得市场经济地位，而欧美日则倾向于不承认这一地位，这是中国与发达国家间的贸易博弈。如果我国没有取得市场经济国家地位，反倾销博弈时，欧美日在确定中国企业的公允生产成本方面拥有很大的自由度，可以很轻松地发起针对中国的反倾销调查。在这 15 年里，中国遭遇的反倾销案越来越多，严重削弱了我国产品的竞争力。而长三角城市群的外贸依存度高，出口对经济增长有明显的拉动作用，贸易壁垒对城市群的出口影响大，2015 年长三角城市群的外贸出口呈现负增长趋势。中国与发达国家

---

① 萧新桥，余吉安. 再认识长三角区域经济一体化. 中国集体经济，2009(28)：24-25.

的贸易摩擦情况如图 6-8、图 6-9 所示。[①]

图 6-8 2011—2015 年中国钢材产量、出口量及遭遇的贸易摩擦立案数

(资料来源:国家统计局、海关总署、商务部)

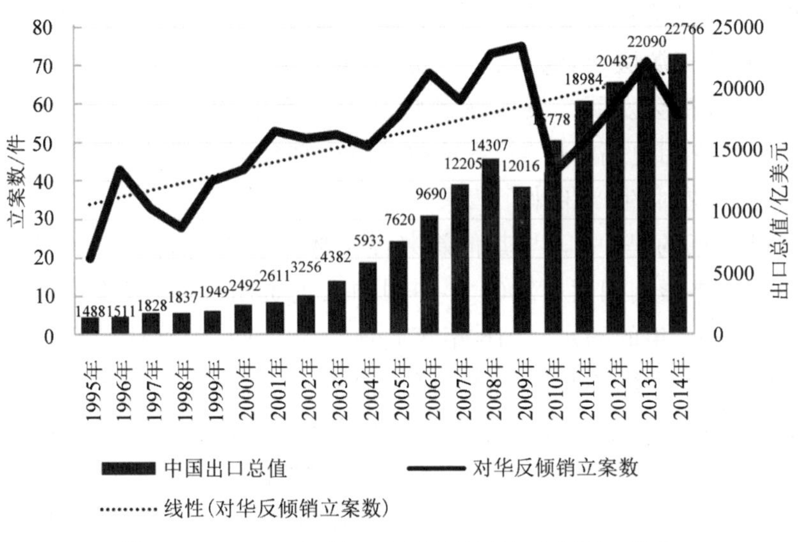


图 6-9 1995—2014 年中国出口额及遭遇反倾销立案数

(资料来源:国家海关总署)

① 夏旭田."入世"十五年:中欧博弈市场经济地位.21 世纪经济报道,2016-03-03.

行政壁垒的存在导致统一的市场体系被行政区划所割裂。长三角地区各级行政区政府仍然作为经济发展主体发挥着作用，导致行政区域的经济发展战略不协调，地方政府的组织行为和管理行为也存在不协调现象，区域壁垒使资源在不断地浪费。区域格局、地方垄断造成了资金的投资门槛，民营资本、民间资本出现了结构过剩、相互垄断，在城市政府分治模式下，区域经济发展的战略目标和战略重点雷同，缺乏特色，经济运行带有明显的行政区域利益特征，不仅省级中心城市(上海、南京、杭州)缺乏合理的职能分工，而且同一省区范围内的各城市之间产业结构趋同现象更为明显。由此导致各城市都不同程度地存在"大而全""小而全"的布局倾向，对外集聚与辐射功能严重受阻。加上城市间缺乏合理的垂直分工和水平分工，区域合作和摩擦始终并存，重复建设、资源大战、贸易壁垒等顽疾久治不愈。

同时，区域共荣与地方利益存在矛盾冲突，尽管目前各地都认识到一体化将会是一个多赢的局面，是一个不可逆转的趋势，但要融合经济，首先区域各方要判断互相开放市场后，如何分配因开放带来的总体收益及补偿少数地方因开放带来的局部利益的阶段性受损，要判断从长期来看互通有无、扬长避短是否符合各自利益，即使各自认同从长远利益来看是个双赢的结果，从短期看要达到经济一体化也是需要支付成本的，短期内必须放弃一些产业。但是"分灶吃饭"财政体制使得每个地方都要扩大税绩，增加 GDP，这又需要大量的产业发展，需要地方经济的保护及限制资源和市场要素自由流动。近年来，长三角区域内各地在招商引资等方面呈恶性竞争态势，特别是引进外资企业方面，不论其从属产业和专长是什么，都一概成为各地政府激烈争夺的对象。一些地方推出压价等诸多政策，导致价格信号扭曲，造成过度竞争和资源浪费。本应是成本导向的企业投资行为，因受到追求地方利益的政府短期行为的干扰，影响了产业链的分工协作关系。现阶段长三角在不同程度上仍然存在地区封锁和经济割据的现象，各地出台的政策和法规有些是以有利于本地区的经济发展为出发点的。受行政区域影响，长三角目前还不是一个统一的经济区域，资源配置受到诸多人为因素干扰，巨大的潜能得不到充分发挥。这类低层次的竞争方式，无论从长三角的整体利益看，还是从该地区的长远利益看，都是不利于长三角的整体发展的。长三角不同于珠三角，在不同的行政区域内,在现行的体制下,地方利益不可能被完全排除。无论是分配收益还是补偿损失,我们都没有理由指责地方政府,因为地方政府要把本地就业、税收放在重要位置来考虑,有其一定的合理性。

2. 城市间的法规不统一妨碍城市群协同发展

在协同治理大气污染过程中,不仅要具备全局意识与有关机制,还要保证立于对应政治举措与法律条文之下的必要科学方法和运行体制。公共事务是影响多方的事务,不应该被切分给各个行政机构单独施行,而应该是各个区域体之间相互协调与整合,从而使其得到正确处理。对于诸如公民权利义务、行政收费等方面的法规不统一,资源在各城市之间转移时,会因为这种规定的不统一而产生诸多矛盾,不利于城市群资源的合理流动和高效配置,不利于打击违法行为。

由于城市间对于一些经济行为违法与否的规定不同,致使同一行为在一个城市违法,在另一个城市却不算违法。例如,南京市的《南京市环境噪声污染防治条例》第 33 条规定"严禁在夜间和午间使用电钻、电锯、电刨等产生噪声污染的工具",第 29 条对空调器和冷却塔的噪声超标做出了规定。而杭州市的《杭州市环境噪声管理条例》对空调器和冷却塔的噪声超标做出了规定,但没有对午间使用产生噪声污染的工具进行限制。上海市既没有对空调器和冷却塔的噪声超标进行规定,也没有规定限制午间使用产生噪声污染的工具。又如,上海、杭州实行机动车限牌制度,而其他城市则不限牌。

各城市对违法行为的处罚力度也不相同,对同一违法行为一些城市的惩罚力度较小,而其他城市的惩罚力度较大,这给不法分子提供了规避法规的机会,成为区域内经济社会不稳定的因素。例如,2014 年通过的《上海市大气污染防治条例》和 2016 年通过的《宁波市大气污染防治条例》处罚力度大多是不一样的,例如对未取得排污许可证排放大气污染物的行为的处罚,宁波的罚款是处 10 万元以上 100 万元以下的罚款,而上海则是处 5 万元以上 50 万元以下罚款。又如,南京对商业娱乐噪声污染中不听劝阻的现象处 50 元以下罚款,杭州则规定责令改正并处 100 元以上 1000 元以下的罚款,上海则无相关规定。法规的不统一使人力资本和资金由高标准地区向低标准地区移动,增加了社会成本,也不利于跨地区问题的解决，更破坏了地方性立法的严肃性。[①]

长三角城市群区域排污权交易和行政收费标准也存在差异。根据中国中小企业发展促进中心发布的《2015 年全国企业负担调查评价报告》，长三角地区中，江苏的行政收费中企业负担最轻，排名位于全国前列。即使是包括税收、缴费、财务费用、人工成本等四个因素以及政务环境计算的企业负担总指数，江苏也名列前茅，指数为 0.584，位于全国第二。近年来，长三角城市群中江苏的城市经济增速远大于沪浙的城市，行政收费等企业负担较低也是重要的原因。市场行为主体会依据行政收费和其他费用负担高低做出最有利于自身利益的选择，将项目从收费较高的地区转移到收费较低的地区，从而使资本在各城市间游走；或者通过转移定价和转移利润的手段人为操纵规避收费，造成经济信息的不真实和国家税收的流失。排污权交易作为一项内部调节手段，实现以环境总量控制为基础的自然资源与排污权分拨，有效地改善自然资源的分配问题，使自然资源的分配情况更加合理。但现实是，长三角地区要在一个相对较短的时间之内形成具备统一性特征的资源交易的市场，总体来说有三大障碍：

第一，缺乏规范并且统一的交易对象。例如，环境主管部门对污染物总量的控制是排污权作为交易对象得以用来买卖的基础与前提，但是，如果相关机关不采取对排污权在不同区域的监督、跟踪和控制，放松对超过标准排放的行为的执法，排污权的权利根基就会因此而遭受挑战。因而，区域之间的权利的交易的实现是以具备统一性的机关对污染的排出的权利实行分配、买卖及保护为前提要件的。

第二，缺乏统一的交易价格设定机制。统一定价规则的欠缺，使得自然资源的权利及污染排出的权利在各省市之间的交易很难成为现实。这主要体现在两个方面：一是长江三角洲地区的两省一市，在环境费用的收取上有着较大的不同之处，如日常生活的垃圾及污水的处理费的标准、水资源的费用收取标准等；二是各地之间的费用收取方式也存在不同，有的地方实行的是排放许可证的刚性控制规定，而有的地方实行的却是排放的数量与收费的多少成正比的污染有偿性收费措施，这使得自然资源

---

① 陈琛. 我国经济区域内地方立法间的博弈论分析：以长三角经济区域为例. 江苏警官学院学报，2011(1)：31-41.

及排放指标在各省市之间的交易上存在规则差异。

第三,各省市之间的交易平台尚未建立起来。若要使环境资源的买卖进行得顺畅,规范化、统一化的交易平台的形成是不可或缺的条件,这也是世界范围内环境权利的交易市场中的惯例。

3. 污染防治中难以形成有效的府际合作

中国长期以来行政主导力量强势,使得依附于行政区域背后的行政壁垒成了长三角区域一体化发展的最大瓶颈。长三角有苏、浙、沪三条省界和不计其数的市界、县界。长期以来形成的行政壁垒,已经成为长三角未来发展的最大的制约因素。在这个区域空间里,行政隶属关系非常复杂,地区之间的协调难度很大,区域政策环境不平等,区域统一市场形成难度较大,在一些政策领域内存在的跨区界溢出效应与行政辖区的利益边界不一致,影响着资源的合理配置,导致一些区域性交通基础设施和环境治理工程因各地缺乏协调而进展缓慢。

首先,以往对于各行政区域硬性传统的划分,无法使各地方政府、各政府各个部门之间进行有效的沟通,更加无法达到跨区域综合治理的资源的合理利用。环境是一个整体,无法分割,同时污染又是相互叠加的,这些都会造成污染所在的政府必须投入大的资本对其进行治理,但是因为单个政府无法对区域进行整体策划和全部治理,每个地方对于环境认定的标准又不尽相同,这都让环境的治理在一个整体的统一水平上无法得到提高,进而环境污染的严峻形势也无法得到本质的改变。

其次,因为科层制管理在划分管理任务分配上一直都具有严格的界限。在跨区域合作上,地方政府往往只认定中央下达的命令,将其作为仅有的行动指南和标准,因而地方政府之间无法建立良好的谈判协调规定,使得信息传输过程不畅,基层的意见和利益很难由下而上传达,这也就是所谓的行政资源不能够得到高效整体的运用和组合。

再次,我国跨区域环境管理机制上具有明显的被分割成条块的特征,这也是环境保护机构分散的一个主要原因,必然会给区域合作带来很多问题。各个地区环境的管理制度分散使得各个地区各自为政,更加无法发展区域合作,也没有办法好好交流信息,困境显而易见,最终的结果是无法从最根本上解决环境问题。

最后,对于地方政府的成绩考评存在一些不合理也是重要的原因之一。因为利益是实实在在存在的，地方政府在作为一名“经济人”处理事情、决策事情过程中，只能把成本作为成绩的考评标准，同时成绩考核制度从以前单纯的以政治目标为主，到现在更重视考察地方 GDP 和税收的改变，使一些政府为了能够最大化地实现经济发展，不惜铤而走险，选择“先污染，后治理”。地方政府在合作治理跨区域环境方面缺乏相关法规政策的约束，导致府际合作无法可依。所谓名不正则言不顺，在法律方面没有一个明确的制度规定，也是政府间不能够很好地进行跨区域合作的一个重要原因。江浙沪地区环保部门虽然曾共同发表《长江三角洲区域环境合作宣言》，并签订《长江三角洲地区环境保护工作合作协议》，但这种地方政府之间的合作大多是依靠各政府的领导人相互的承诺的，这是一类并没有正规制度的合作机制。目前涉及地方政府之间如何合作的法规少之又少，甚至没有一个整体的法规是用来规范跨区域合作的。我国法律中对于政府之间相互合作的法规，特别是针对省级、市级的几乎为零，对地方政府之间的合作进展情况尚缺乏有效的监督和约束机制。在这种情况下，如果地方政府的领导人的职位发生改变，政府之间的合作就会结束。以目前常见的水污染治理作为例子。《水污染防治法》第 31 条规定：“跨行政区域的水污染纠纷，由有关地方人民政府协商解决，或者由其共同的上级人民政府协调解决。”但是这个仅仅对跨界环境污染的解决方式提出要求，并不具有现实的操作性意义。没有一个整体上可以作为依据的法律必然会导致地方政府之间合作的减少，在合作过程中一旦出现问题，无法通过法律手段帮助解决，争论只会有增无减。在目前法律缺失的情况下，地方政府大部分都是打着合作的旗号谋取自身利益的发展，特别是在经济发展快慢不一的地区之间，就会出现一种“搭便车”现象。所以，在跨区域环境治理方面法律制度的不完善也是导致政府间合作不畅的一个重要原因。法律应该清楚地规定地方政府跨区域合作的内容，同时也要清晰地划分合作中双方的责任和义务，否则一切皆为纸上谈兵。

面对持续加重的生态危机，必须主动推动区域的协作，打破地方间的政治壁垒，最大限度地利用地区优势，并不忘跟随经济全球化和区域一体化的大趋势，维系高速发展的趋向，取得共赢的效果。正因为有了此种潜在的利益追求，区域行政机构开始自愿推行地区行政机构协作机制。这一机制的产生实际上来源于各地区行政机构在长久经济往来中的共识，在制度变迁的层面上观之,这是颇具代表性的诱致性变迁,也就是说,不同的区域行政机构在长久经济往来中慢慢明白了,在当前行政框架下想要达到地区利益的帕累托改进已没有可能,但是若选择地方间协作,其总体收益就会高于成本。于是各行政机构都懂得只有跨越制度平衡的现状才能用机制创新的方式来获得潜在利益。

# 第七章　长三角城市群大气环境协同治理建议

## 一、合理确定城市群大气污染协同治理目标

### （一）大气污染治理的目标

1. 总体目标

坚持源头预防、强化治理、全社会参与，完善法制政策环境，以防治工业污染、机动车尾气、城市扬尘和建设绿色生态屏障为突破口，全面推进大气污染防治。经过努力，使大气质量逐步好转，重污染天气较快地减少，最终达到消除重污染天气、空气质量全面改善。建议在长三角区域大气污染防治协作机制下，协调各城市的立场，起草颁布《长三角城市群大气污染协同防治规划（2016—2030年）》，统一各个城市的防治目标，协调指导各城市的防治行动。

2. 具体目标

大气污染治理分为控制阶段、全面改善阶段、向发达国家水平迈进阶段等三个阶段。

（1）近期目标

落实《大气污染防治行动计划》，使污染物总量得到控制。因为近几年来，宁波市的大气污染 $PM_{2.5}$ 的年均浓度处于城市群14个城市的中等水平，这里以宁波为例来测算和设立城市群 $PM_{2.5}$ 的减排目标。到2017年，使城市群空气质量明显好转，优良天数逐步提高，$PM_{2.5}$ 的年均浓度比

2013 年下降 18%[①]，臭氧污染得到初步控制，酸雨污染有所减轻，挥发性有机物污染防治工作全面展开，中心城区降尘强度比 2013 年下降 20%以上，有效解决当前突出的大气污染问题。[②]

（2）中期目标

以世界卫生组织针对发展中国家制定的第一阶段的限值目标作为参考，即 $PM_{2.5}$为 35 微克/米$^3$。到 2020 年，长三角城市群大气质量得到全面改善，优良天数大幅度提高，$PM_{2.5}$的年均浓度比 2013 年下降 35%[③]，重污染天气大幅度减少，大气复合污染综合防治体系基本完善，多种污染物联合减排效果显著，区域大气污染防治法规政策进一步健全，地方大气环境标准体系基本建立，区域大气污染联防联控机制建成，区域大气环境管理能力明显提高。

（3）远期目标

力争到 2030 年，建立起先进的大气监测预警体系和完善的大气污染执法监督体系，消除重污染天气，$PM_{2.5}$的年均浓度比 2013 年下降 53%[④]，大气质量基本达到发达国家水平，区域环境达到山清水秀、蓝天白云的宜居环境标准。

### （二）大气污染治理的指导思路与基本原则

1. 指导思想

以党的十八大重要思想为指导，深入贯彻落实科学发展观，把大气污

---

① 18%是《宁波市大气污染防治行动计划（2014—2017 年）》提出的标准，即使按下降 18%完成计划，$PM_{2.5}$的年均浓度也还有 44.28 微克/米$^3$，达不到国家要求的 35 微克/米$^3$ 的标准。我国 $PM_{2.5}$标准采用世界卫生组织设定的最宽限值，即 $PM_{2.5}$的年平均浓度限值为 35 微克/米$^3$，与世界卫生组织设定的过渡期第一阶段目标值相同。世界卫生组织认为，$PM_{2.5}$小于 10 微克/米$^3$ 是安全值，世界卫生组织为各国提出了非常严格的 $PM_{2.5}$标准，全球大部分城市都未能达到该标准。

② 参考《宁波市大气污染防治行动计划（2014—2017 年）》《宁波市大气复合污染防治实施方案》等城市群内关于大气污染防治的文件。

③ 基本达到世界卫生组织设定的过渡期第一阶段目标值，即国家新标准 35 微克/米$^3$。

④ 53%＝(54－25)/54×100%。参考上海提出的大气质量提升目标：到 2027 年将 $PM_{2.5}$ 年均浓度从 60 微克/米$^3$ 降低到 25 微克/米$^3$。建议城市群到 2030 年 $PM_{2.5}$的年均浓度降低到 25 微克/米$^3$，基本达到世界卫生组织设定的过渡期第二阶段的安全标准（25 微克/米$^3$）。

染防治放在“五水共治”的同等高度，“水气同治”，实行“五气同治”，即减废气、控尾气、抑尘气[①]、治油气、增洁气。实现“三个转变”，即从生产领域向生活领域转变，从末端治理向源头防治转变，从单一行政手段向经济、技术、法律、信息等多种手段综合转变。立足当前、谋划长远，突出重点、协同控制，源头预防、强化治理，政府主导、全民参与，下更大的决心，采取更有效的措施，减少污染物排放，改善空气质量，保障人民群众身体健康。做到大气污染防治的稳、准、狠。稳就是稳妥可行，稳中求进；准就是抓住重点，实施精确治理；狠就是重拳出击，综合施治。

2. 基本原则

①立足当前与着眼长远。大力推进《大气污染防治行动计划》，从解决当前最紧迫、最突出的大气污染问题入手，重点研究和解决臭氧、$PM_{2.5}$等污染问题。同时着眼于未来社会经济发展，研究有关有毒有害物质的潜在污染，科学谋划大气污染防治长效机制，推动防治事业长远发展。

②协调防治与经济发展。采取污染物总量控制和煤炭消费总量控制等措施，用严格的环保手段倒逼传导机制。通过调整产业结构和能源结构，加快淘汰落后的生产能力和工艺，提高企业清洁生产水平，降低污染物排放强度，促进经济社会与资源环境的协调发展。

③联防联控与属地管理。建立健全区域大气污染联防联控管理机制，实现区域“统一规划、统一监测、统一监管、统一评估、统一协调”；根据区域内不同县市社会经济发展水平与环境污染状况，实施差异化管理，按照属地管理的原则，明确区域内污染减排的责任与主体。

④重点突破与整体推进。从重点区域、重点行业和重点污染物抓起，对大气敏感区域和关键问题集中力量优先治理，以点带面，为大气污染防治工作积累重要经验。

## 二、正确认识当前大气污染治理存在的问题

针对长三角城市群相关城市提出的$PM_{2.5}$年均浓度下降目标，以及我们提出的中期目标（到 2020 年 $PM_{2.5}$的年均浓度下降 35%）和远期目标

---

① 这里的尘气主要指扬尘。

(到2030年$PM_{2.5}$的年均浓度下降53%),通过量化治理模型初步评估了行动计划中的各种政策组合的减排效果。研究发现,不考虑经济下行的压力,即使实行了各个城市已经出台的关于大气污染的防治政策,同时考虑到周边地区减排对城市群的影响和帮助,城市群的$PM_{2.5}$的年均浓度在2017年也难以实现下降18%的目标。如果延续现有的政策措施,到2030年$PM_{2.5}$的年均浓度也只能下降30%左右。其中,各项结构调整政策所实现的具体减排效果如下:环境准入和产业结构调整及工业污染治理措施将减排9.5%左右,能源结构调整措施将减排6%左右,扬尘控制、油烟控制、植树造林等城市综合管理措施将减排7.5%左右,机动车污染防治措施将减排4.5%左右,控制农业污染和绿色港口建设措施将减排2.5%左右。与下降53%的总目标相去甚远,无法实现大气质量得到根本改善。大气污染防治存在的问题及其原因如下。

### (一)能源消费结构不合理,产业污染治理难度不断加大

产业污染物排放是城市群大气主要污染源之一,在产业节能减排方面存在不少问题。

#### 1. 传统发展理念阻碍产业转型升级

长期以来,强调发展是硬道理,为了追求经济的快速增长,已经习惯高投入、高消耗、高排放的发展模式,各种传统的政绩考核方式也迎合了这种发展模式,“先污染、后治理”的理念一定程度上还存在。在当前国际国内经济形势下行的压力下,牺牲经济来治理大气污染阻力更大。过去,科学发展观没有真正得以贯彻,唯利是图、急功近利等社会思想普遍存在,这种思想是污染产生的根本原因,也将进一步制约产业转型升级,无论是企业还是个人,都不愿在大气污染防治方面投入过多而减少经济利益。

#### 2. 高碳工业为主的产业转型升级压力逐步加大

城市群产业结构具有高碳特征,工业占比高,纺织服装等传统工业和冶金、石化、化工、钢铁等高能耗工业比重大。经过多年的努力,一些高能耗企业通过关停、外迁、整合、提升等措施,大部分完成了结构调整或产业升级,剩余的多是非地方的大型国有企业和地方支柱企业,进一步调整涉

及管理权限和经济减速的问题，需要更大的决心来推动产业更新换代。

3. 产业布局有待调整

城市群冬春季节多西北风，夏季盛行东南风。区域外西北方向的合肥、郑州、济南、京津冀地区等大气污染较为严重，西北方向绿色屏障少，阻滞能力弱，因而西北风容易将其他地区的可流动污染源带入城市群；区域外东南方向为大海，大气质量好，东南风对城市群较为有利。但是，高污染的化工、钢铁、煤电等企业和集装箱储运大多分布在东南部的宁波、上海和沿湾、沿湖、沿江等地，仅宁波北仑、镇海两区的危化品企业就达到1082家，占该市危化品企业数的38%，石化与化工企业产值占该市70%以上，东南风将这些污染带到城市群，影响很大。例如，随着各个城市市区高楼的增多，风道受阻，污染物在城区难以扩散。

4. 煤炭等一次性能源消耗总量大

城市群地处沿湾、沿湖、沿江地带，燃煤运输便利，成本低，不少煤电企业来此设厂，发电规模大，因而煤炭消耗量大。虽然电厂实行严格的污染排放控制，但大规模的煤炭消耗量产生的污染排放超过了环境的承载能力，大气质量持续改善难度大。城镇化加速推进将会进一步增加能源需求。党的十八大提出新型城镇化发展战略，加速城市化发展还有一段很长的路要走，还需要大规模建设能源、交通、住房等基础设施，这将直接导致常规能源消费需求的快速增长。

5. 基础设施不完善延滞了能源消费改革的进程

城市群很多地方还没有通气，因而没法实现“煤改气”“油改气”。中心城区加气站已经逐步完善，但其他地区加气站很少，影响机动车车主的“油改气”的积极性。由于充电桩建设处于起步阶段，充电接口等标准化滞后，阻碍汽车的“油改电”。

### （二）运输结构不合理，机动车船排放污染快速加重

近年来，城市群机动车保有量快速增加，上海和宁波港口货物吞吐量巨大，机动车船对空气质量的影响日益凸显。船舶、汽车排放的污染物构成复杂，能引起光化学烟雾、灰霾天气，对城市大气环境质量影响严重。上海市环境监测中心根据监测数据统计分析得出结论：2013年上海市船

舶、港口排放的二氧化硫、氮氧化物和$PM_{2.5}$占上海市排放总量的12.5%、11.6%和5.6%。机动车尾气污染物一氧化碳、氮氧化物、碳氢化合物等已成为我国大气污染的主要污染源，光化学污染等二次污染更为严重。环保部发布的《中国机动车污染防治年报(2010年度)》显示，2009年全国机动车排放污染物5143.3万吨，其中一氧化碳4018.8万吨，碳氢化合物482.2万吨，氮氧化物583.3万吨，颗粒物59.0万吨；上海市中心地区机动车尾气排放对大气污染物中一氧化碳、氮氧化物、碳氢化合物的分担率分别为86%、56%和96%。[①] 2012年，杭州市机动车尾气对$PM_{2.5}$的贡献率为39%，机动车尾气对杭州市$PM_{2.5}$消光能力的贡献率达48%以上。[②] 对不同时期酸雨成分分析可知，机动车船尾气中的氮氧化物对酸雨的贡献不断增加。目前，机动车船尾气排放已成为城市群大气环境中的主要污染源之一。

1. 尚未实施的机动车限制措施

上海、杭州等城市实施了限号限行、购车限牌等限制措施，而其他12个城市到目前为止还没有开展机动车限制措施，机动车新增数量将会继续保持较高的增长速度，加上目前机动车保有量规模大，必然会给今后一段时期大气污染防治带来更大的困难。

2. 高能耗、高排放的机动车船比例高

加气站、充电桩建设滞后，国家没有强制靠岸船舶必须使用岸电，新能源汽车性能不如燃油汽车，这些使得交通运输车船的清洁能源使用率非常低，新能源汽车推广应用工作进度也很缓慢，进而导致高能耗、高排放的机动车船比例高，能源浪费严重。目前，公路运输车辆以柴油车为主，机动船舶以燃油为主，进一步改革难度大。靠岸船舶不用岸电，一方面自行发电消耗大量的柴油，产生大量的污染物；另一方面船舶柴油机的发电又造成大量剩余浪费。

3. 交通运输结构不合理，低污染运输方式的分担率偏低

由于企业和个人都习惯于门到门服务，使运输过多依赖公路。在全

---

① 陈瑜，彭康.我国城市机动车尾气污染现状及防治对策.广东化工，2011，38(7)：95-96.

② 陈文文.我省下月起升级汽油标准 国四汽油好“喝”吗.浙江日报，2013-09-25.

社会运输量中，运能低、能耗大、污染大的公路运输比重高，而运能大、能耗低、污染小的铁路、内河运输比例低，海河联运、水水中转、海铁联运还没有发生应有的作用，综合交通运输枢纽建设滞后，客运公共交通不够便捷，导致公交分担率低。

### （三）扬尘治理存在薄弱环节，油气污染依然严重

扬尘作为大气颗粒物的主要来源，相关数据显示，空气总悬浮颗粒物中，地面扬尘占60%左右。扬尘不仅污染大气，而且对公众健康造成直接的威胁，一些细颗粒可以通过鼻腔进入肺部，引起呼吸道疾病、神经系统疾病等。扬尘主要有两个来源：①建筑扬尘，主要是不文明施工和建筑施工技术低造成的，呈线状污染；②道路扬尘，主要是渣土、砂石等运输过程中飞扬，土石撒漏、车辆带泥运行造成的二次扬尘。扬尘控制主要存在以下几个方面的问题。

#### 1. 现有“条块结合”治理模式协同难，整治合力不足

扬尘治理涉及面广、部门多，住建委负责房屋建筑工程施工现场的扬尘控制，交通部门负责交通基础设施施工的扬尘管理，城管部门负责市政道路、园林绿化、轨道交通等工程以及生活垃圾和渣土运送等扬尘治理，还有水利工程、电力工程、拆迁工程等，这些既有以行业为主管理的项目，也有以属地为主管理的项目。在管理过程中，如何统一思想、形成合力，是一大难题。在以条为主的管理中，因为缺少综合手段，导致整治力度不够。

#### 2. 快速扩大的建设规模与监管力量不足之间的矛盾突出

建设工程包括房屋建筑、市政建设、交通基础设施建设，具有面广、点多、线长以及夜间也有作业的特点，监管难度大。由于经济发展迅速，建设工程多、任务重，监管力量严重不足。如宁波市住建部门20多位监管人员，需要监管800多个建设工地，人均监管约90万平方米，远超过国家标准的人均5万平方米，给管理带来了难度。

#### 3. 施工主体意识不强，导致不文明施工时有发生

扬尘治理、文明施工需要不少的投入，也会增加工作量，影响工期，因此部分施工单位、建设单位主观上缺乏积极性。一些施工单位为了节省

成本,围挡不连续、施工道路不清扫或清扫不力、车辆不冲洗或冲洗不干净、在市政道路两侧倾倒渣土等不文明施工现象普遍存在,导致大量的建筑扬尘产生。目前,交通基础建设项目工程量大,扬尘管控不严,交通建设扬尘成了扬尘的主要来源。同时,造价中没有单列的扬尘治理费用,虽然造价中规定的文明施工经费中包含部分扬尘治理内容,但文明施工经费计提标准太低,导致扬尘防治经费不足。以宁波建筑工程为例,如表8-1所示,安全文明施工费费率2013年调整后的标准为1.50%,低于深圳的2.40%、青岛的3.37%[①]、大连的7.00%[②]。

**表8-1 2013年宁波市建设工程安全文明施工费费率系数**

| 单位工程类别 | | 安全文明施工费费率调整后的系数 |
|---|---|---|
| 建筑工程 | | 1.50 |
| 安装工程 | | 1.10 |
| 市政工程 | | 1.30 |
| 园林绿化及仿古建筑工程 | | 1.30 |
| 人防工程 | 建筑部分 | 1.50 |
| | 安装部分 | 1.10 |
| 轨道交通工程 | 建筑部分 | 1.50 |
| | 安装部分 | 1.10 |
| 建筑加固工程 | | 1.50 |

资料来源:摘自2013年7月宁波市发改委和住建委发布的《关于调整建设工程安全文明施工费计费标准的通知》。

4. 油气污染依然严重

一方面,汽油、柴油等燃料油作为商品在储存、运输、销售使用过程中要经过多个环节,不可避免的挥发损耗占2%～3%,这部分损耗主要发生在成品油的罐内调和环节、运输过程中的收发油环节、加油站为车船加油的环节以及机动车船修理等过程中,不仅污染严重,而且经济损失巨大。

① 青岛市2014年起在3%的安全文明施工费费率基础上再新增0.37%的扬尘控制费费率。

② 为大连市一类建筑工程计提费率,计提依据为人工费加机械费。

虽然有储油库、加油站和油罐车安装油气回收系统，但监控不严，在主城区外的加油站更为突出，车船维修等部分环节油气回收利用缺失。宁波已成为国家原油储备基地、原油中转基地，海上原油运输日趋频繁，2013年，宁波港原油接卸量达到5386万吨，油类污染风险巨大。同时，餐厨油烟对局部空气质量也有较大的影响，餐饮业油烟量大、面广，政府管控没有到位，小区开店现象屡禁不止，露天烧烤呈扩张之势，家庭厨房油烟都直接排放到大气中。

### （四）生态体系构建不完善，绿色屏障建设滞后

绿色生态屏障是以森林为中心，由众多类型的生态项目构成的相对稳定的复合生态网络系统。绿色生态屏障具有阻滞大气污染、净化空气、调节气候等功能，是大气污染的减项，是城市环境承载力的加项。研究表明：每公顷森林年吸收二氧化碳360多吨、二氧化硫700多公斤，释放氧气270多吨，阻挡粉尘50～80吨，减低风速20%～50%，增加湿度10%～25%。绿色生态屏障建设主要存在如下问题。

1. 认识不足

由于生态效益的外溢性、隐含性和渐变性，人们对绿色生态屏障建设的重要性和必要性认识不足，尚未形成共识。在处理经济发展和生态建设关系中重经济、轻生态，没有将植树造林纳入相关开发项目审批建设内容和地方政绩考评范围，森林碳权补偿交易机制也没有有效建立，海洋生态建设、湿地保护、沿海防护林、非城区沿河绿化等没有得到应有的重视，导致开发比较快的产业区和城区出现了植被只减不增、只损不修、只种不管的现象，乱挖矿山、上山造地、风力发电、大树进城等人为破坏森林资源的活动仍然时有发生，近岸海域生态破坏严重。

2. 要素保障能力减弱

突出表现在可植林土地有限、财政资金投入减少两个方面。城市群人多地少的矛盾比较突出，西部南部为山区，生态整体较好，而东部沿海以农田和开发用地为主，可用于造林的土地越来越少。生态公益林建设和保护需要一定量的资金投入，国家对防护林建设资金投入总量不足，标准过低，与实际需要相差很大。公益林建设与保护投入的资金不足，公益

林建设补助还不够开支人工费用。一些城市用于造林的财政资金还在减少,不利于绿色生态屏障工程的建设。

3. 绿色生态体系不完善

绿色生态屏障空间分布不合理,虽然城市群整体森林覆盖率较高,但西南强、东北弱的不平衡现象明显,使其他地区大气质量明显比西南地区要差。绿道组网建设滞后,沿海、沿河生态走廊建设缓慢,连接城镇之间的绿道没有形成,绿道植被以自然生长更新为主,沿交通线树木后期管护不力,致使生态屏障抵御自然灾害的能力和空气净化能力较差。林分结构不合理,林分以中幼林为主,森林蓄积低,林分质量差,林地生产力低,森林综合效益差。屏障功能有待开发与完善,没有形成生态、景观、经济三大功能的良性循环。

## (五) 监测能力亟须加强,环境执法比较薄弱

1. 大气环境监测能力薄弱

一是监测点少,数据的代表性达不到要求。目前自动监测站数量少,布局不合理,监测空白点多,例如对一些重点建设项目、重点污染企业不能单独自动监测,没有形成分区、分类、分层、分级的全覆盖式自动监测网络,监测设备的自动分析、自动预报能力相当落后。二是监测内容不全,无法全面反映当前大气污染状况。现有检测主要针对 $PM_{2.5}$ 等 6 项指标进行检测,对其他污染物没有开展常态监测;对 $PM_{2.5}$ 只有浓度监测,没有成分监测;除汽车尾气外,没有对扬尘、工业烟粉尘等不同污染源的结构进行监测;挥发性有机物、扬尘等未纳入环境统计管理体系,底数不清。三是共建共享机制滞后。目前分行业、分部门建设方式加大了监测基础设施建设成本,信息公开渠道狭窄,公开内容不多,难以满足社会的需要。

2. 预判预警能力亟待提高

大气污染近几年变化较快,二次复合污染趋势明显,污染源多样,传统大气污染防治手段已经不能适应这些变化。由于城市群没有专门从事大气污染防治的研究团队,在大气污染物的构成及其变化趋势,污染源及其变化趋势,大气污染对人类健康的危害、对气候的影响、对环境的破坏,防治技术、预警与应急等方面的研究成果不多,预判能力不强,现有的研

究大多只是临时关注，缺少长期跟踪，也就很难把握大气污染变化规律，提出长效防治措施，大气污染防治大多处于被动治理状态，主动预防措施很少。

3. 监管执法能力不强

一是执法队伍建设有待加强。基层执法人员严重不足，需要负责执法的污染源多，需要办理环境投诉案件多。由于日常工作繁忙，环境执法人员继续接受教育的机会相对较少，思想水平、业务水平和工作能力难以适应违法行为日益多样化、违法手段更趋隐蔽等现实需要。执法人员分布在各个职能部门，重复检查，多头检查，重点不突出，削弱了执法效能。二是监督执法不到位。部分执法人员责任意识不强，被动执法，个别人员对违法现象熟视无睹，上级领导不批示不追查，媒体不揭露不处理，群众不举报不查处。“人情执法”“协商执法”等现象较多，检查不仔细，问题不处理，甚至出现执法犯法、渎职犯罪现象。三是法律依据缺失。目前的环境法律对追究违法者民事和刑事责任方面缺乏可操作性，大气污染监管主要以部门规定为依据，这些规定的可行性和持续性不强，刚性不足，主体责任不明，导致执法随意性强，执法“一阵风”现象突出。由于处罚的力度小，处罚不到位，导致“守法成本高、违法成本低”，进而出现部分企业不用治污设施设备、自动监测设备和传输数据弄虚作假。

## 三、多层面开展大气污染协同治理

大气污染是大气系统中的人、组织、环境等各子系统内部以及它们之间相互协调作用的结果，需要通过集体协同行为去影响系统各要素由一种相变状态转化为另一种相变状态，达到大气环境质量的改善。长三角地区大气污染治理任务重、难度大，必须付出长期艰苦的努力，坚持大气污染防治人人有责，在全社会树立“同呼吸、共奋斗”的行为准则，按照政府调控与市场调节相结合、全面推进与重点突破相配合、区域协作与属地管理相协调、总量减排与质量改善相同步的总体要求，通过协同治理，包括横向协同治理、纵向协同治理、多源协同治理、预防与治理协同、水气同治，加快推进城市群大气质量的提升，进而实现资源环境和经济社会的协调发展。

### (一)横向协同治理

横向协同主要是指在大气污染防治中,江浙沪的 3 个省(市)间以及城市群与周边城市间要加强协同,坚持联防联控。为了加强长三角区域大气污染联防联控,国务院相关部门与长三角省(市)共同建立了长三角区域大气污染防治协作机制,于 2014 年 1 月 7 日在上海启动并召开第一次工作会议,明确协作机制的五项具体职能,部署了十大联合行动。各个城市要主动服从这一协调机制,主动与兄弟城市建立大气污染防治协调合作机制,定期协商区域内大气污染防治重大事项。相关城市的环保部门、发改委等相关部门与周边省、市、县(区)相关部门建立沟通协调机制,优化区域产业结构和规划布局,统筹区域交通发展和清洁能源替代,协调跨界污染纠纷,强化大气信息共享及污染预警应急联动。在此基础上,长三角还要加强与京津冀、珠三角等区域的协同,特别是环东部沿海地区。

### (二)纵向协同治理

大气环境作为一种特殊的公共物品,具有很强的外溢性,大气污染物的流动性强,污染后果显现滞后,大气污染治理过程中存在“搭便车”、无边界性、滞后性,地方政府作为理性的“经济人”,为了追求本届政府的短期利益和本地利益最大化,对大气污染治理工作重视不够,或只停留在口头上,这种现象在县、乡两级表现更为突出,使大气污染治理政策措施得不到落实。目前,各类区域性治理政策的实施效果并不显著,而较高的地方自发协商成本使得大气污染协同治理措施的可持续性难以得到有效保障,因而需要从上到下构建治理机制以及合理的排污交易与治理补偿机制。①区域大气环境治理顶层设计由中央做。发挥中央的统筹规划、协调组织、仲裁争议等作用,有效避免地方政府利益分割化的制约,为地方政府开展大气污染治理提供依据。②市场化的生态补偿机制由长三角区域大气污染防治协作机制来完成,应充分发挥生态资源定价与交易机制的作用,对生态资源输出方及污染治理牺牲方进行合理补偿,以确保区域内生态治理动力。③区域内省级人大、政府从法律与制度上为大气环境治理提供保障,充分发挥协调、组织和管理作用。④由地级市及其职能部门制定具体的大气污染防治政策措施,明确各县(市、区)污染防治主体的责任，发挥推动大气环境治理的主导作用，并通过舆论监督机制和强化执法促进政策的落实与改进。⑤县、乡政府要做好产业结构升级调整，积极配合落实大气环境治理政策措施。⑥政府与社会协同，政府示范，大众参与，特别是企业要加快技改或产业转型，主动适应大气环境治理的要求。

### （三）多源协同治理

长三角地区主要大气污染物具有多源性，不少污染物还具有很大的同源性，一个污染源产生多种污染物。氮氧化物来自于工业生产、发电、交通、生物质焚烧、居民生活燃烧等多个领域，$PM_{2.5}$、$PM_{10}$主要来自建筑扬尘、城市浮尘、交通尾气、工业粉尘、工业烟尘等，臭氧是汽车尾气、石油化工等排放的氮氧化物、挥发性有机物在高温、强光辐射作用下光化学反应形成的二次污染物；而交通运输源的机动车船排放氮氧化物、一氧化碳、挥发性有机物、以 $PM_{2.5}$ 为主的细粒子，机动车行驶扬起以 $PM_{10}$ 为主的颗粒物以及轮胎、刹车片等机械磨损产生的细粒子，等等。因而，大气污染治理只有多污同治、多源协同，才能达到理想的效果。例如，二氧化硫和氮氧化物具有同源性，主要来源是电力行业和工业锅炉的燃煤，控制燃煤尤其是控制电厂燃煤是控制这两种污染物的主要措施，虽然末端脱硫和脱硝因工艺不同而协同效应不大，甚至会导致温室气体和其他污染物的增加，但从前端改变能源结构来达到控污目的的协同效应较好。又如，二氧化硫与 $PM_{2.5}$、$PM_{10}$ 也具有一定的同源性，电力行业和非金属矿物制品业带来的工业烟粉尘和二氧化硫占总量的近七成，除尘工艺既可以有效降低 $PM_{2.5}$、$PM_{10}$浓度，又可以减少二氧化硫排放。二氧化硫等污染物与二氧化碳也有一定的同源性，除了自然源之外，主要来源于电力生产和工业用煤，加大政府的强制减排政策在治理二氧化硫与二氧化碳上具有较好的协同效应，协同治理能实现大气环境和气候变化的双重制约。

### （四）预防与治理协同

一是采取预防措施，减少污染物的排放。加强区域规划，合理布局，避免重复建设，提高社会资源的使用效率；改善能源结构，提高低污染的太阳能、风电、水电、天然气、沼气、酒精的使用比例；对燃料进行脱硫、液化、气化预处理，以减少燃烧时产生污染大气的物质；改进燃烧装置和燃烧技术，以提高燃烧效率，节约能源；实行区域集中供能，提高资源利用效率；采用无污染或低污染的绿色循环生产工艺，开展资源综合利用。二是采用专业技术，强化监管执法，有效治理大气污染。综合运用过滤法、静电法，重力沉降除尘、惯性除尘、旋风除尘以及喷雾塔式除尘、填斜塔式除尘、离心式除尘、喷射式除尘等方法，去除颗粒状污染物，达到净化空气的目的；用氨水、氢氧化钠、碳酸钠等碱性溶液吸收废气中的二氧化硫，用碱吸收法处理排烟中的氮氧化物，应用冷凝、催化转化、分子筛、活性炭吸附、膜分离等方法使有害气体无害化，回收利用废气中的有用物质，控制大气污染物浓度；完善环境监管执法，提高排污成本和违法成本。三是增加植被，利用环境的自净能力。在城市和工业区有计划地、有选择地扩大绿地面积，提高植被的净化能力；在城市规划中，认识和掌握气象变化规律，注重产业布局和风道设计，充分利用大气环境自净的物理、化学和生物作用。

### （五）水气同治

长三角区域水环境治理较早得到普遍重视，上海和浙江宁波早在2008年就全面开展了水环境治理，2009年江苏开始全面治理太湖流域水环境，2013年浙江开始在全省范围内开展了轰轰烈烈的“五水共治”行动，长三角大部分城市水环境治理取得了显著的成效，河道面貌和水质发生了可喜变化。但是，大气环境治理进展相对缓慢，成效不明显，大气质量甚至出现进一步恶化的趋势。实际上，水环境和大气环境相互影响，工业、农业、建筑、生活等既是水环境的污染源，也是大气环境的重要污染源，森林资源既可涵养水源，也可净化空气。因而，环境治理不仅要治水，还要治气。协同治理水环境和气环境，可以降低环境治理成本，缩短环境治理时间，取得事半功倍的效果。在水气协同治理中，工业上鼓励清洁生产，发展循环绿色经济，综合利用废水、废气、废渣；农业上鼓励规模化集中养殖家禽家畜和推广使用有机肥，通过农业发展规划促进种养平衡，通过资源价格和税收手段减少化肥农药使用量；建筑上推广标准化、模块化建设方式，鼓励节能建筑开发建设，强化文明施工；绿化上要重视森林资源的功能恢复和城市绿化的生态功能培育，降低项目建设施工对植被的破坏。

## 四、抓住长三角城市群大气污染治理重点

尽管影响大气环境系统的因素很多，但只要找出决定系统演化的本质因素、必然因素与关键因素，加以重点防治，就能把握大气环境的发展方向。现阶段，要抓好以下几个方面的工作：加强政府监管，加快产业转型升级，发展绿色交通，加强扬尘协同整治和油气治理，加快绿色屏障建设。树立“发展是硬道理，呼吸更是硬道理”的理念，政府统领、部门联动、企业施治、社会参与，通过治污、压煤、控车、抑尘、植绿等措施，实现减废气、控尾气、抑尘气、治油气、增洁气，推动大气污染治理工作取得实质性突破，为此提出如下建议。

### （一）落实政府责任，引导社会参与

#### 1. 实施大气质量政府负责制，强化考核督促

（1）落实责任

各级政府对本行政区域内的大气环境质量负总责。根据中央、省的大气污染防治要求和城市群经济社会发展状况，编制城市群大气污染防治专项规划，分阶段制定大气污染防治行动计划，每五年规划一次，将目标和任务分解落实到各市、县（市、区）相关部门和企业。城市群与各市政府签订目标责任书，各市、县（市、区）政府以及各部门根据市大气污染防治行动计划制定本地区的实施细则，并逐年制定实施大气污染防治年度计划。各市、县（市、区）政府与各有关部门、企事业单位签订目标责任书，各负其责。各有关单位制定实施专项行动实施方案，保证计划任务的完成。

（2）严格考评

参考《浙江省环境空气质量管理考核办法（试行）》，出台《环境空气质量管理考核办法》；成立大气污染防治考评机构，实行做、评分离，对行动计划实施情况进行年度考核、中期评估和终期考核，考核评估结果经各市委、市政府同意后向社会发布，接受公众监督，考核结果作为各地政府及其有关职能部门领导班子、国企负责人政绩评价的重要依据。

（3）强化追责

借鉴石家庄经验，出台大气污染防治问责办法，对推进工作不力、没有完成阶段性任务的有关政府负责人进行约谈，对工作责任不落实、工作进度滞后的地区和责任人要追究责任，并以此作为干部选拔晋级的考核指标。未按时完成防治任务或空气质量排名靠后的市、县（市、区），对其政府和市直部门负责人问责，给予责任人诫勉谈话、通报批评、停职、调岗、引咎辞职直至免职的处分。

2. 完善政策法规，强化激励机制

（1）强化地方法制建设

解决大气污染问题，必须法规先行，应抓紧建立健全一套较为完备的大气污染防治法规体系。借鉴上海、北京、宁波的做法，尽早出台大气污染防治条例，重点是规范政府、企业、个人行为，明确大气污染防治措施，细化违法行为处罚条款，加大经济惩罚力度，给大气污染防治提供法律保障，促进企业依法减排和政府依法监督。

各市政府根据国家、省、城市群大气污染防治法规修订或出台实施办法或细则；同时根据国家大气环境质量标准和城市群大气环境质量目标，梳理现行二氧化硫等污染物排放控制法规文件，结合本市经济、技术条件，制定大气污染物排放和控制标准。建议由环保部门等职能部门牵头研究制定扬尘污染排放系数，尽快出台生物质成型燃料燃烧设施大气污染物排放标准和典型行业挥发性有机化合物排放控制标准及挥发性有机化合物综合排放标准、清洁生产评价指标体系、挥发性有机物测定方法与标准、监测技术规范以及监测仪器标准、产品销售与使用准入机制、有机溶剂使用申报制度。进一步完善区域大气污染联防联控制度，在长三角联防联控机构领导下，与相关省市联合推动区域联防联控工作，建立重大污染事项通报制度，逐步实现重大监测信息和污染防治技术共享及大气污染防治区域合作。

（2）强化政策激励引导

创新财政、税收、金融、价格、用地等政策，促进大气质量提升。①发挥财政在市场经济中的引导作用。通过财政补贴、税收减免、政府采购等引导激励政策措施，支持集约能源、新能源利用的基础设施建设，鼓励企业使用先进低耗设备技术和清洁排放技术以及污染物回收技术，支持节能低碳产业以及生物质能、水电、潮汐地热等新能源、可再生能源产业的发展，鼓励个人使用清洁能源和节能产品。②建立排放量化奖惩制度，加大偷排、偷放惩罚打击力度，增加企业的违法成本；同时市、区两级政府要及时落实相关奖励资金，重奖大气污染治理示范企业和项目。③制定排污许可与交易制度，试行污染物排放指标交易制度，全面推行排污许可证制度，完善挥发性有机物等收费制度。建议各市环境保护行政主管部门会同有关部门制定排放总量指标交易实施办法；金融管理部门负责组织建设排放总量指标交易平台并对交易过程进行监督管理。④建立完善能源价格政策，坚持“谁污染、谁负责，多排放、多负担”的原则，合理调整水、电、气等价格。⑤调整相关支付政策，转变财政支付方式，提高财政贴息、拨改贷等财政支付方式的比重，将原来的事前补贴改为事后补贴，以奖代补，以提高财政资金的扩张功效。

（3）加大财政保障力度

进一步强化企业污染治理的责任意识的同时，充分发挥财政的保证作用。①加大财政投入，提高保障能力。财政部门继续将大气污染防治作为公共财政支出的重点，不断加大财政资金保障力度，按照市委、市政府下达的工作任务和要求，会同相关职能部门细致测算、足额安排财政预算资金，支持大气污染防治各项工作深入开展。②调整优化支出结构，突出扶持重点。围绕不同时期大气污染防治的工作重点，各城市会同相关职能部门切实整合优化财政资金支出结构，集中开展各类重点工作和专项治理行动，推动和支持重点行业的环境专项整治。③规范转移支付，完善生态环保财政转移支付政策。进一步理顺城市群、市、县（市、区）三级政府之间在大气污染防治方面的事权与财权划分，厘清支出责任，调动各级政府的积极性，形成合力，共同推进大气污染防治工作。

3. 加大宣传力度，发动全社会参与

大气污染防治不仅仅是政府的事情，它涉及所有市场主体和全体市民，需要发动全民参与。通过宣传发动，夯实大气污染防治基础，让大众像关心房价、关心子女那样重视大气质量。①编写、发放通俗易懂的环保读物和宣传单，普及大气污染防治和应对知识；②加大网络、电视、报纸等媒体的宣传力度，倡导环保行为，在城市群范围内掀起一股大气污染防治高潮；③通过讲师团到企业、到社区、到农村宣讲，将大气环境治理和保护理念深入全社会;④将大气污染和应对知识编入中小学课本,列入教学计划,培养青少年的环保和防范意识;⑤政府在公车使用、政府采购、节约型政府构建等方面率先垂范。

### (二) 加快产业转型升级,优化能源结构——减废气

通过产业的转型升级和能源结构优化,降低高能耗、高排放、低效益的工业占比。

#### 1. 加大产业结构调整力度,严格产业环保准入制度

一是严格产业环保准入政策,主动调整产业结构。科学制定有利于大气清洁的城市规划,严格制定各类产业园区和新城(区)的设立标准,严禁随意调整和修改城市规划。禁止新建钢铁、建材、焦化、有色等行业的高污染项目,严格控制石化、化工等项目,除石化经济集聚区域外不再新批石化项目,高耗能新建项目的单位产品(产值)能耗以国际先进水平为要求。推进工业环境影响评价,深化污染物排放总量控制,将二氧化硫、氮氧化物、工业烟粉尘、挥发性有机物排放总量作为项目环评审批的前置条件,并与区域、行业减排状况和落后企业淘汰进度挂钩。采取市场手段和行政命令相结合的方式,以大气污染减排为重点,加快启动重点行业的清洁审核,加大重污染劣势企业淘汰力度,定期公布限期淘汰、调整的企业名单。

二是加大市场在资源配置中的作用,通过市场手段迫使高能耗、高污染企业转型升级。稳步推进钢铁、造纸、化纤、印染、玻璃、砖瓦、铸造等领域供水供电差别价格制度,并加大价差幅度。扩大能源差别价格政策实施范围,在不锈钢行业实施差别电价政策。高出正常价格水平的能源销售收入归市财政所有,专项用于大气防治。限制高能耗、高污染企业的能源用量,并强制企业根据排放数量购买碳权,从而控制煤炭等高排放、高污染能源的消耗。

三是大力发展循环经济,提高能源综合效能。一园一策制定产业准入、退出管理办法,腾笼换鸟,加快现有产业集聚区上下游产品的配套,创建循环产业园区。推广区域大循环经济模式,提高能源和资源的利用效率,挖掘节能减排潜力。引进垃圾处理循环工艺,做到垃圾处理零排放,将建筑医疗垃圾和生活垃圾转变为建材、金属材料、有机复合肥等,降低

垃圾焚烧和填埋比例。

四是加强区域规划，优化空间格局。科学制定并严格实施城市群发展规划，城市群规划和区域发展要充分考虑产业、房屋、气道、绿化等合理配置，促进大气污染扩散和自我净化。根据资源环境条件，通过城市人口规模、人均公交车保有量、人均城市道路面积等约束因素限制城市膨胀，降低热岛效应。调整工业布局规划，修订产业发展指导名录，引导产业合理布局。参照上海、南京、武汉、杭州等地做法，划定城市“清洁空气廊道”，强化城市空间管制和绿地控制，形成有利于大气污染物扩散的城市和区域空间格局。

2. 加快推进企业升级改造，减少主要工业污染物排放

主动协调，推进央企、地方重点企业和困难企业的技改，控制和减少工业二氧化硫、二氧化氮、挥发性有机物、烟粉尘的排放。

(1) 进一步推进工业企业二氧化硫减排

一是深化火电行业二氧化硫治理。淘汰火电企业质量不过关的脱硫设备，提高脱硫装置可靠性；提升电厂脱硫设备的利用效率；促进二氧化硫循环利用和脱硫产业化。二是加强钢铁、石化等非电行业的烟气脱硫与回收。钢铁、石化等非电工业的烟气二氧化硫控制是大气污染控制的重点之一，主要措施是控制产能，限额排放，完善烧结机和球团脱硫、烟气脱硫设施，尾气加氢还原等，同时积极推进砖瓦等建材行业二氧化硫的控制。

(2) 进一步控制工业企业氮氧化物排放

一是加强水泥等行业氮氧化物治理。主要通过低氮燃烧技术改造和限额排放，加强水泥、火电行业氮氧化物治理，确保外排废气中污染物排放浓度达到排放标准要求。二是开展燃煤设备烟气脱硝示范。主要是在炉外脱硝设施改造与建设、脱硝设施运行、脱硝业绩等方面树立典型。

(3) 进一步加强重点领域挥发性有机物污染防治

一是完善检测手段，开展重点行业、企业挥发性有机物监测，及时了解挥发性有机物的污染现状，编制重点行业排放清单，摸清挥发性有机物行业和地区分布特征。二是全面推行泄漏检测与修复技术，配置高效密封的浮顶罐或顶空联通置换油气回收装置，采用回收利用或焚烧、吸收、吸附、冷凝等处理方式，采取隔离、加盖密闭、净化处理等手段，大力削减石化行业挥发性有机物排放。三是提升装备水平，采用高效密封方式，严

格控制有机化工、医药化工、塑料制品企业的跑冒滴漏和有毒、恶臭等挥发性有机物排放。四是推广先进涂装工艺设备技术的使用,提高低挥发性有机物含量涂料和低毒、低挥发性溶剂的使用比例,开展挥发性有机物的收集与净化处理,加强汽车制造与维修、集装箱、电子产品、家用电器、家具、装备、电线电缆等行业表面涂装工艺挥发性有机物的排放控制。

(4) 进一步加强工业烟粉尘排放控制

配套高效除尘设施,深化火电行业烟尘治理;配置高效除尘器,强化水泥行业粉尘治理,严控颗粒物无组织排放;大力推广散装水泥生产,限制和减少袋装水泥生产,原材料、产品储运加工密闭进行;设置密闭收尘罩,配置袋式除尘器,深化钢铁行业颗粒物治理。

3. 控制能源消费总量,推进能源结构调整

(1) 降低煤炭消费量

出台煤炭消费控制办法和年度控制目标,实施目标责任制管理。工业项目配套燃煤锅炉严格实行 1∶1.1 的煤炭减量替代,禁止新建、扩建煤气化联合循环发电系统以外的燃煤设施,禁止销售和使用高灰、高硫煤炭,禁止新建直接燃烧重油、渣油、废物、生物质的锅炉和窑炉。

(2) 加快基础设施建设,促进锅炉、窑炉清洁能源替代

加快天然气管网建设速度,确保早日通气,为“煤改气”打好基础。加快现有产业集聚区的集中供热设施和热网建设,保障 10 万吨以下锅炉淘汰后的企业能源需求。推广应用分布式供能系统、燃气空调、燃气锅炉、蓄热式电锅炉和工业集中供热。加快禁燃区外的燃煤等高污染燃料的锅炉、窑炉的清洁能源替代或调整关停,逐渐取消经营性小茶炉、小炉灶等分散燃煤(或其他高污染燃料)设施。

(3) 因地制宜地开发新能源

大力开发生产低污染的生物质能、潮汐发电,在沿海滩涂大力发展风能发电,但要注意的是风能发电项目不适合建在人流相对较多的山区、平原,更不能建在风景区。合理利用太阳能,禁止新建高污染的太阳能设备生产企业。

4. 强化农业污染治理,减少面源排放

一是加强农业源氨挥发治理。开展绿肥种植和畜禽养殖减排示范工

程，优化农作物种植结构，适度扩大绿肥种植，推广使用配方肥料，深化完善使用长效缓释氮肥。二是加强秸秆禁烧和综合利用。健全长效机制，严格执行秸秆禁烧各项规定。

### （三）积极发展绿色交通，强化机动车船污染防治——控尾气

#### 1. 加快机动车限牌研究，适时启动机动车限制措施

制定机动车限制政策，控制机动车保有量。借鉴北京、上海、广州、杭州等城市的成功经验，研究机动车保有量控制方案，适时推出新增机动车额度总量调控措施，降低机动车保有量增速；借鉴伦敦、新加坡等国外先进城市的限行做法，开展机动车限行试点，探索重点区域行驶收费、高峰时段限行、单双号限行等限行办法。

严格现有机动车环保检测，不断提高机动车整体环保标准。建成覆盖城市群的机动车排气检测和监管体系，全面实行机动车安全技术与排气污染同步检测；加强外来车辆检测和监管，对没有环保标志的外来车辆实行临时环保检测，经环保检验未达到国四及以上标准的不得进入行驶，也不得在区域内转籍登记；加强车辆环保管理，对未取得环保检验标志的机动车不予核发检验合格标志，不予办理营运车辆审验合格手续，不予上路。

#### 2. 推广使用清洁能源，淘汰高排放车辆

加快车用充电设施建设，鼓励购买电动汽车。要尽快将充电设施建设纳入各城市总体规划中，合理规划布局充电设施；交通、国土、电力等部门合作，制定土地供应和充电设施建设计划，加快充电桩的建设，创造电动汽车使用条件，促进电动汽车的消费。

完善岸电设施，加快绿色港口建设。加快研究出台岸电接口标准和使用规范，明确靠泊船只改用岸电；在已有船用岸电装置的基础上，继续新建、完善岸电装置，提高船舶岸电使用频率，实现靠岸船只的节能、减排、降噪；加快推进港区现有集卡的“油改电”“油改气”。

加快加气站的建设，支持燃油车船“油改气”。尽快开展中心城区外的汽车加气站和船舶加气站的布局规划，简化审批程序，加快高速公路服务区、重要国省道沿线、港区的加气站建设，方便车辆和船舶加气，加速公交、出租、货运、客运等车辆“油改气”进程，推动船舶“油改气”工作。

宣传发动和车辆查扣并举,鼓励老旧车辆提前报废。强化营运车船强制报废的有效管理和监控,定期淘汰全部黄标车,确保2017年前完成全部黄标无标车的淘汰任务,为城市群减少氮氧化物排放。

提升燃油品质,主动应对车船尾气污染。在国四标准(由中石化起草制定)的基础上,开展燃油标准研究,降低汽油中污染物的含量标准,特别是控制烯烃、芳烃、硫化物的含量标准;与炼化企业合作,改进加工工艺,采用烷基化炼油工艺,生产烷基化油,达到汽油的无烯烃、无芳烃、低硫。在烷基化油推广过程中,每吨油成本增加约700元,城市群机动车一年消耗燃油约1100万吨,如果按80%∶20%的比例由财政与消费者共同分担,财政每年只需要承担61.6亿元。

3. 优化交通结构,发展低碳交通

实施公交优先战略,改善慢行交通系统。加快城市轨道交通、公交专用道、快速公交等大容量交通基础设施建设,优化城市公交线路,提高站点覆盖率,大力发展城市公交系统、轨道交通和城际轨道交通系统。完善公共自行车租车网点,在路网建设规划中着力增加非机动车和步行空间,提高转换交通工具的便捷度。构建城际、城乡与城市之间的换乘枢纽,实现客流的无缝换乘,实现城乡公交一体化。扩大机动车(含电动自行车)限行街区,提高公交的出行分担率。

优化交通运输体系,提高铁路、内河等低碳运输方式的比例。增加城际、城乡铁路交通投资,完善铁路城际、城乡客运体系;加强宣传,提高铁路在中长距离客货运输中的比重;加快配套建设和开发力度,提高集装箱海铁联运在宁波港集疏运中的比例。大力开发"三江"和杭甬运河水道通航设施建设,改善通航条件,发挥内河运输在节能低碳方面的作用。继续加大公路基础设施建设,推进高速公路联网、干线公路改造、农村路网完善等建设,加强运输组织,提高机动车通行速度和效率,缩短行车里程,减少不合理运输和交通拥堵。加快城市群外围货运场站、仓储配送中心建设,打造高效的配送体系。

另外,还要开展非道路移动源污染防治。研究建立非道路移动机械登记备案制度以及污染治理和淘汰更新工作方案。开展非道路移动源排放调查,掌握工程机械、火车机车、农业机械、工业机械和飞机等非道路移动源的污染状况;推进安装非道路移动源大气污染物处理装置,降低污染物排放。

### （四）加强协同推进，抓好扬尘和油气污染控制工作——抑尘气、治油气

1. 建立“以块为主、条块结合”的扬尘治理模式

改变原来“条块结合”的治理模式，建立“以块为主、条块结合”的扬尘治理模式，提高扬尘整治的合力，综合运用各种法律、行政和经济手段，治理城市扬尘。各市中心城区、各县（市）分别成立扬尘治理领导小组和工作机构，协调和协同推进扬尘治理，真正形成统一指挥、各司其职的扬尘污染防治工作体系，推动扬尘治理常态化。组建一支法律知识广、业务能力强、专业水平高的扬尘治理队伍，确保扬尘污染治理工作的针对性、专业性和有效性，加强对交通、市政、园林、水利等项目的扬尘污染控制。

2. 大力推进建筑扬尘治理的精细化管理水平

通过标准化和科学化，提高扬尘防控效率，缓解监管力量不足的矛盾。

一是推进施工管理标准化。贯彻执行《浙江省建筑施工安全标准化管理规定》，推广《建筑施工安全生产文明标准化图例》，促进施工的规范化、定型化以及管理的程序化、标准化；开展建筑工程安全生产标准化达标活动，建立标准化达标工地和示范工地，引导所有工地参与创建安全生产标准化工作。

二是科学控制建筑扬尘。积极推广预拌混凝土和砂浆的应用，有效减少现拌扬尘和泥浆，进一步减少二次扬尘。扶持房屋建筑模块化、工业化发展，有效减少建筑施工扬尘、泥浆、建筑垃圾的产生。采用现代化监控分析设备，及时发现违规问题，提高科学决策能力。

三是加大扬尘经费保障。改变目前扬尘防治费用不清的问题，将扬尘控制经费从文明施工费用中独立出来，在造价中单列扬尘控制经费，明确扬尘控制经费比例，建议参照上海的做法，将计提比例提高到造价的5%[①]，从而加大扬尘控制经费保障力度。

---

① 是指包括扬尘防治费和文明施工费在内的住建工程计提比例，以税前造价为依据。

3. 强化落实工程建设各方主体责任

一是明确主体责任。实施建设项目全过程防治,在设计、招标、施工等各个阶段明确建设、施工和监理单位的扬尘污染防治主体责任。建设单位及时制定建筑施工现场扬尘控制措施,及时支付安全防护、文明施工措施费用;施工单位认真落实施工现场扬尘控制措施,保证安全防护、文明施工措施费用专款专用;监理单位督促施工单位在各个施工环节和施工现场严格执行各项扬尘控制措施。对照房屋建筑扬尘控制要求和规范,创新交通建设扬尘治理方式,将交通路网建设工程纳入扬尘控制范围。

二是提高员工素质。大力开展文明施工教育,加强建筑施工企业负责人、项目负责人、专职安全员和监理人员的继续教育,在施工人员特别是外来务工人员中开展安全生产、文明施工等教育,提高安全防控意识和扬尘防控能力。开展树标杆、学标杆活动,让职工参与扬尘控制标杆工地争创活动。

三是强化执法监管。住建、城管、交通等部门要切实落实建筑工地扬尘控制的监管责任,依法查处违法违规行为和相关责任主体。全方位监控,不留死角,城乡建设、市政、城市园林、交通运输、水利等部门应加强部门内项目施工过程中的扬尘管理,不断扩大扬尘污染控制区面积,重视和加强交通建设扬尘监管,督促施工单位落实扬尘污染防治责任制度。安装视频监控设施,实行施工全过程监控;充分利用城市管理数字化平台、视频监控和现场执法等手段,加大扬尘污染监管执法力度。

四是加强经济引导。将施工企业扬尘污染控制情况纳入建设企业信用管理系统,对污染防治措施不到位的单位实行投标、资质、信贷、评奖受限等惩戒措施。

4. 加强控制道路和堆场扬尘污染

一是全面控制道路扬尘。增加道路保洁经费投入,扩大道路保洁面积;提高车行道机扫率,加大冲洗保洁频次,科学实施雨中道路冲刷作业;加强道路施工计划管理,缩减道路开挖面积和裸露时间;及时整修主次干道、支路和街巷破损路面。

二是推进堆场扬尘管控。推进建筑材料储运码头、堆场和商品混凝土搅拌站的料仓与传送装置密闭化改造和场地整治；通过建设视频监控设施、密闭料仓、传送装置、自动喷淋装置以及覆盖、覆绿、铺装、硬化、定期喷洒抑尘剂或稳定剂等措施，强化煤堆、土堆、沙堆、料堆、废弃物堆的扬尘控制和管理；积极推进粉煤灰、炉渣、矿渣的综合利用，减少堆存量；扩大建筑渣土倾倒场点建设，实行渣土运输车辆信息化监管。

5. 加强油气污染控制

深化燃油油气回收治理和码头原油接卸风险控制。新建新购加油站、储油库、油罐车，同步配套建设油气回收设施，加快启动车船修理和报废处理环节的油气回收监管；建设油气回收在线监控系统平台，实现油气回收远程集中监测、管理和控制；积极推广油气回收社会化、专业化、市场化运营；制定风险控制预案，加强原油储运接卸风险控制。

推进餐饮业油烟污染治理，减少家庭油烟气排放。强化新建饮食服务经营场所的环保审批，明确油烟污染防治措施和责任，新建饮食服务经营场所的环保审批时，将业主的油烟污染防治责任、防治措施等作为重要的审查内容；加强餐饮业油烟污染和无油烟净化设施露天烧烤的执法监管力度，督促饮食服务经营场所安装高效油烟净化设施，禁止餐饮业的油烟直排和无净化露天烧烤，坚决取缔住宅区的非法餐饮经营行为。在家电补贴政策中，把净化节能型家用抽油烟机作为重点补贴对象，推广使用净化型家用抽油烟机，逐步减少家庭油烟气排放。

### （五）加快推进绿色生态屏障建设，提升大气自净能力——增洁气

1. 加强规划，做好森林资源的保护、扩面、提质

按照“尊重自然、合理布局、相对稳定、逐步推进，保护优先、修复为主，因地制宜、点线结合、建管结合”的原则，编制城市群绿色生态屏障发展规划，构建“林区＋林带＋绿块”的绿色生态屏障体系，将绿色生态屏障建设纳入经济社会发展的统一规划，确保绿色生态屏障建设与经济社会同步发展，实现经济效益、社会效益、生态效益的良性互动，最终达到生态平衡。在绿化规划中要突出生态优先的理念，改变传统景观优先的旧理念，倡导回归自然的植物种植搭配。

森林是地球之肺。首先要保护好森林资源，坚决遏制乱挖矿山、毁林

造地、大树进城、偷砍滥发等破坏森林资源的行为，禁止占用林地建设风力发电项目，继续做好森林防火和森林病虫害防治。其次要扩大绿地面积，千方百计推进平原绿化，多种树、种好树。最后要提高森林质量，加强森林抚育，优化林分结构，提高林分质量。

2. 推进林区生态保护和修复工程

城市群整体生态比较脆弱，生态破坏较严重，林分结构不合理，生态产品生产能力和生态服务功能弱，需要加大林区生态保护和修复的力度。一是大力开展植树造林和培育。以采伐迹地、疏林地、宜林荒山荒地等为重点，采取人工造林、人工促进天然更新等措施，恢复和发展森林植被；积极开展中幼龄林抚育，对郁闭度高的过密林分进行疏伐，对郁闭度低的稀疏林分进行补植，对林相残破或病虫害严重、林分生长发育差的低质低效林进行改造，调整林分林龄结构、树种结构、林层结构，增加林分生长量，提高林分质量。二是强化矿区环境治理与修复。严格限制发展矿产加工业，禁止无序采矿；积极开展矿石过采区及废弃地的生态环境修复与整治，做好露天矿山的边坡整治、复垦、复绿和景观修复工作。三是加强水土流失综合治理。在水土流失严重的地方，采取生物措施与工程措施相结合的治理方式，建设堤、坝、涵洞等水土保持设施，在斜坡、丘顶营造防护林，在江、河、沟塘岸边和农作物用地边营造护岸林、护坡林，控制水土流失，恢复植被和生态系统。四是强化森林管护。将封禁管护、巡护管护、远程监控相结合，合理配置管护人员，建立健全管护队伍，明确管护范围、任务和职责。五是加强防火与防虫。完善预防、补救、保障三大体系，提升森林防火水平和应急能力，保障森林资源安全；健全监测预警体系、检疫检查体系和控灾减灾体系，强化森林病虫害防治工作。

3. 构建网络化的绿道体系

随着森林城市群行动的推进，以林带为标志的生态走廊已经初具规模，当前要做的主要是完善功能和联网加密，提升绿色生态走廊的整体功能。一是优化交通沿线生态走廊。改变目前林相相对单一、林分质量低的格局，科学选择种植树种和种植模式，乔木、灌木、地被植物相结合，加强隔离绿带、行道绿带、路侧绿带和交通绿岛的建设，提高森林密度和植物群落的稳定性。二是优化海岸线和太湖沿岸生态走廊。积极开展岸线、岛礁、海岛植被的修复保护，严禁挤占规划海岸防护林用地，已挤占的要退回或调剂，实施海岸防护林提升工程，加快海岸线景观生态带建设。三是优化沿江生态走廊。完善长江和钱塘江为主线、支流水系和城市内河水系为支线的生态走廊，加快河道提质和护岸绿化，推进滨水防护绿带和具有江南水乡特质的带状公园建设，打造集生态、景观、文化、休闲等功能于一体的网状生态区。四是打造连接城市、各城市城区与各县市城区、县城与主要城镇的绿道走廊。五是围绕产业集聚区打造环状绿色生态走廊以及产业区与居民区之间的隔离绿带。

4. 加快建设一批绿色屏障区块

建设一批重点绿色生态功能区块，包括城区绿化、城市公园、湖泊、湿地、水库、绿色产业园或绿色企业等，城市绿化要以乔木为主，改变过去以草本植物和灌木为主的做法，有效改善城市生态。一是因地制宜，见缝插“绿”，开展庭院绿化、小区空地绿化、村镇绿化、立体绿化、农村弃地绿化等，改善小范围的生态环境，积少成多。二是充分利用广场、公园等原有的植被、景观，合理搭配乔木、灌木和花草，做到四季有绿、四季有花、景色宜人。三是加强水源涵养林、风景林的建设和完善，实施湿地恢复和保护专项工作，加快推进植物园、湿地公园等重点生态项目的建设，规划新建一批特色生态公园。

## （六）强化能力建设，实行严格管控

1. 加强监测监管能力建设

制定大气监测能力发展规划，着手构建和完善城市群、市、县（区）、乡（镇）四级大气质量和气象监测网络；建设智能监测分析平台，建立和完善环保监测数据中心、污染源管理系统、应急辅助决策系统、移动执法系统、数据信息查询管理系统，扩大监测对象和覆盖范围，增加监测项目和分析功能，实现大气环境管控和气象监测信息化、智能化；整合环保、交通、公安等现有资源，建立“在线监控、高空巡查、地面排查”的立体监管体系，控制工业减排和建筑扬尘，连续监控与记录重点领域重点单位污染排放状况和重点项目、重点车辆的扬尘污染，遏制企业违规排放；对电子监控盲区实行人工定期巡检、排查与随机抽检结合，实现监控无缝全覆盖；建立设施共建、信息共享的机制，整合大气污染源监测监控系统和数据库，避免重复投资。

2. 提高预判应急能力

一是加强队伍建设。依托高校，整合研究力量，组建研究团队，成立大气污染防治专家委员会，为科学治污提供技术支撑，提高大气污染防治科学决策水平。

二是开展专项研究。加快推进大气污染源解析研究，建设复合型大气污染超级综合观测网和二噁英检测实验室，深化光化学烟雾、细颗粒物、复合型污染研究，全面开展挥发性有机物摸底调查，加快推进挥发性有机物污染防治技术、农业污染防治研究，推进空气质量与气象预报预警技术以及重污染预报、应急和调控决策技术研究。

三是加强基础研究。研究大气质量评价标准与衡量指标、统计口径、统计数据来源，建立和完善环保统计报告制度，尽快开展统计工作；尽早研究出台较国家标准更严格、更具体的新的大气地方标准，探索建立新的环境保护考评体系，推进大气污染物排放统计和减排核算研究。设立大气污染防治技术和大气管理科研专项，满足管理需求和中长期技术需要。

四是建立、完善和落实环境空气质量重污染应急方案，将应对重污染天气纳入各级政府突发事件应急管理体系，加强大气污染预警应急的宣传教育，根据不同类型的重污染天气制定相应的应急预案，定期举办重污染天气应急演练，确保重污染气候发生时各项应急、应对和减排工作能有序进行。

3. 构建联防联控体系

一是强化组织领导，建立区域内联防共治机制。借鉴京津冀的经验，强化中央在区域大气污染治理中的统领作用，成立领导机构，推进长三角城市群大气污染协同治理。城市群内各个城市要借鉴石家庄的经验，成立由市委书记担任组长，市长担任总指挥，相关市领导任副总指挥的大气污染防治指挥部，从环保、组织、纪检、宣传、公安等部门抽调精兵强将组建大气污染防治办公室，下设综合组、技术组、宣传组、举报受理组、督导组，齐抓共管，确保大气防治行动高效推进。同时建议环保部门主要负责人担任政府副秘书长，以提升环保部门的协调能力。

二是推进跨区域联防联控。各市政府要主动与长三角区域兄弟城市政府建立大气污染防治协调合作机制，定期协商区域内大气污染防治重大事项；环保等相关部门与周边省、市、县（区）相关部门建立沟通协调机制，采取措施，优化区域产业结构和规划布局，统筹区域交通发展和清洁能源替代，协调跨界污染纠纷，强化大气信息共享及污染预警应急联动。

三是促进公众联动监管。建立大气污染防治排名制度和“黑名单”制度，鼓励社会公众和媒体积极参与对环境违法行为的监督，通过媒体曝光和司法移送等手段，形成对不法排污行为“零容忍”的高压态势。组建环保义务监管员队伍，聘请热心于环保事业的志愿者，让其担任义务监管员，以完善监管网络。

另外，各城市要加强执法能力建设。整合执法力量，增加一线执法人员数量；加强培训，提高执法能力；完善执法装备，提高执法效率；强化责任感，追究渎职违法人员的经济乃至刑事责任。

总之，大气污染治理和环境改善任重道远，我们要有清醒的认识，切实增强责任感和紧迫感，举全域之力，加快工作节奏，加大治理力度，让人民享受到更多的蓝天白云。

# 参考文献

[1] 埃哈儿·费埃德伯格.权利与规则:组织行动的动力.张月,等译.上海:上海人民出版社,2008.

[2] 埃莉诺·奥斯特罗姆.公共事物的治理之道:集体行动制度的演进.余逊达,陈旭东,译.上海:上海三联书店,2000.

[3] 白志鹏,王宝庆,王秀艳.空气颗粒物污染与防治.北京:化学工业出版社,2011.

[4] 保尔·芒图.十八世纪产业革命——英国近代大工业初期的概况.杨人楩,陈希秦,等译.北京:商务印书馆,1983.

[5] 保罗·萨缪尔森,威廉·诺德豪斯.经济学.萧琛,等译.19 版.北京:商务印书馆,2012.

[6] 鲍勃·杰普索,漆蕪.治理的兴起及其失败的风险:以经济发展为例的论述.国际社会科学杂志(中文版),1999(1):31-48.

[7] 蔡英辉.政府间伙伴治理机制:理论基础与中国情境.北京邮电大学学报(社会科学版),2012,14(6):101-106.

[8] 曾广容.系统开放性原理.系统辩证学学报,2005,13(3):43-46.

[9] 曾珍香,张培,王欣菲.基于复杂系统的区域协调发展:以京津冀为例.北京:科学出版社,2010.

[10] 查尔斯·J.福克斯,休·T.米勒.后现代公共行政:话语指向.楚艳红,等译.北京:中国人民大学出版社,2002.

[11] 柴发合,李艳萍,乔琦,等.基于不同视角下的大气污染协同控制模式研究.环境保护,2014,42(C1):46-48.

[12] 车国骊,田爱民,李杨,等.美国环境管理体系研究.农业世界,

2012(2):43-46.

[13] 陈琛.我国经济区域内地方立法间的博弈论分析:以长三角经济区域为例.江苏警官学院学报,2011(1):31-41.

[14] 陈崇林.协同政府研究综述.河北师范大学学报(哲学社会科学版),2014,37(6):150-156.

[15] 陈广胜.走向善治.杭州:浙江大学出版社,2007.

[16] 陈国权.当前我国县级政府管理存在的问题及对策建议.新视野,2007(3):33-34.

[17] 陈剑澜.生态主义及其政治倾向.江苏社会科学,2004(2):217-219.

[18] 陈晓律.影响德国经济发展的几个因素.杭州师范学院学报(社会科学版),2001,23(1):1-8.

[19] 陈振明.政府改革与治理:基于地方实践的思考.北京:中国人民大学出版社,2013.

[20] 崔晶,孙伟.区域大气污染协同治理视角下的府际事权划分问题研究.中国行政管理,2014(9):11-15.

[21] 崔晶.都市圈地方政府协同治理:一个文献综述.重庆社会科学,2014(4):11-17.

[22] 戴树桂,朱坦,白志鹏.受体模型在大气颗粒物源解析中的应用和进展.中国环境科学,1995(4):252-257.

[23] 董骁,戴星翼.长三角区域环境污染根源剖析及协同治理对策.中国环境管理,2015,7(3):81-85.

[24] 杜微.跨界水污染的府际协同治理机制研究综述.湖南财政经济学院学报,2015,31(5):138-146.

[25] 段丹华.基于复杂系统理论的京津冀区域协调发展研究.天津:河北工业大学,2007.

[26] 范瑞迪.论我国环境法公众参与制度的缺陷及其完善.环球人文地理,2014(14):228-229.

[27] 斐迪南・滕尼斯.共同体与社会.林荣远,译.北京:商务印书馆,1999.

[28] 封慧敏.地方政府跨区域合作治理的制度选择.济南:山东大

学,2009.

[29] 复旦大学课题组,李治国,马骏,等.上海 $PM_{2.5}$减排的经济政策.科学发展,2014(4):77-87.

[30] 傅喆,寺西俊一.日本大气污染问题的演变及其教训——对固定污染发生源治理的历史省察.学术研究,2010(6):105-114.

[31] 高国力.我国城市群建设的战略构想.经济日报,2013-02-01(15).

[32] 高慧璇.从英国"协同政府"和加拿大跨部门合作看我国的环境管理模式.中国环境资源法学研究会会员代表大会暨中国环境资源法学研究会年会,2012.

[33] 高明,郭施宏.环境治理模式研究综述.北京工业大学学报(社会科学版),2015 (6):50-56.

[34] 高小平.落实科学发展观 加强生态行政管理.中国行政管理,2004(5):45-49.

[35] 格里·斯托克.作为理论的治理:五个论点.国际社会科学杂志(中文版),1999(2):19-30.

[36] 郭道晖.权力的多元化与社会化.法学研究,2001(1):1-15.

[37] 郭豫斌.诺贝尔化学奖明星故事.西安:陕西人民出版社,2008.

[38] 何炜.协同治理视野下的地方政府与非营利组织之间的良性合作关系.山东省经济管理干部学院学报,2010(6):17-20.

[39] 赫尔曼·哈肯.高等协同学.郭治安,译.北京:科学出版社,1989.

[40] 胡道远,马晓明,易志斌.粤港环境合作机制及其对我国其他区域环境合作的启示.安徽农业科学,2009,37(14):6660-6662.

[41] 胡杰成.促进社会组织参与社会治理的国内外经验及启示.(2015-05-05)[2016-04-13].http://www.china-reform.org/? content_602.html.

[42] 胡思勇.世界范围内的百年经济奇迹:荷兰、英国、美国、日本的经验与教训.北京:中国社会科学出版社,2012.

[43] 黄爱宝.行政生态学与生态行政学:内涵比较分析.学海,2005(3):37-40.

[44] 黄栋,匡立余.利益相关者与城市生态环境的共同治理.中国行政管理,2006(8):50-53.

[45] 黄光耀,刘金源.成功的代价:论英国工业化的历史教训.求是学刊,2003,30(4):116.

[46] 姬兆亮,戴永翔,胡伟.政府协同治理:中国区域协调发展协同治理的实现路径.西北大学学报(哲学社会科学版),2013,43(2):122-126.

[47] 姜爱林,钟京涛,张志辉.城市环境治理模式若干问题.重庆工学院学报(社会科学版),2008,22(8):1-5.

[48] 姜爱林.城市环境治理的发展模式与实践措施.国家行政学院学报,2008(4):78-81.

[49] 姜庆志.我国社会治理中的合作失灵及其矫正.福建行政学院学报,2015(5):26-31.

[50] 焦若静.人口规模、城市化与环境污染的关系:基于新兴经济体国家面板数据的分析.城市问题,2015(5):8-14.

[51] 矫淑卿.浅谈二重源解析技术.环境科学与管理,2007,32(4):67-69.

[52] 金蕾,华蕾.大气颗粒物源解析受体模型应用研究及发展现状.中国环境监测,2007,23(1):38-42.

[53] 康德.纯粹理性批判.邓晓芒,译.北京:人民出版社,2004.

[54] 李大勇,张学才.论粤港大气污染联合减排的可能性及其理论意义.理论月刊,2006(4):114-115.

[55] 李峰.英国环境政治的产生及其特点.衡阳师范学院学报(社会科学),1999(5):14-18.

[56] 李辉,任晓春.善治视野下的协同治理研究.科学与管理,2010,30(6):55-58.

[57] 李蒙.日本是如何治理大气污染的.法人,2014(4):27-30.

[58] 李薇,姜锡明.非营利组织的协同治理与绩效评估.商场现代化,2006(20):302-303.

[59] 李晓琳,朱节清,郭盘林,等.基于扫描核探针技术的大气气溶胶单颗粒物源识别与解析方法研究与应用.核技术,2004,27(1):27-34.

[60] 李妍辉.从“管理”到“治理”:政府环境责任的新趋势.社会科学家,2011 (10): 51-54.

[61] 李祚泳,彭荔红.基于粗集理论的大气颗粒物的排放源的重要性

评价.环境科学学报,2003,23(1):142-144.

[62] 廖琴,张志强,曲建升,等.1986—2012年兰州市空气质量变化趋势分析.环境与健康,2014,31(8):699-701.

[63] 林伯强.发达国家雾霾治理的经验和启示.北京:科学出版社,2015.

[64] 林尚立.有机的公共生活:从责任建构民主.社会,2006,26(3):1-24.

[65] 林尚立.政党、政党制度与现代国家:对中国政党制度的理论反思.复旦政治学评论,2009(0):1-17.

[66] 刘海棠.生态行政视角下地方政府行政文化建设的几点思考.科技创新导报,2015(18):208-208.

[67] 刘金源.工业化时期英国城市环境问题及其成因.史学月刊,2006(10):50-57.

[68] 刘靖北,李怡.长三角地区城市发展的路径选择:转型与创新.北京:人民出版社,2014.

[69] 刘世东.巴黎气候大会将召开 盘点历届大会中那些突破性成果.(2015-11-27)[2016-05-21].http://politics.people.com.cn/n/2015/1127/c1001-27862472.html.

[70] 刘伟忠.我国协同治理理论研究的现状与趋向.城市问题,2012(5):81-85.

[71] 刘卫平.社会协同治理:现实困境与路径选择:基于社会资本理论视角.湘潭大学学报(哲学社会科学版),2013,37(4):20-24.

[72] 刘晓.协同治理:市场经济条件下我国政府治理范式的有效选择.中共杭州市委党校学报,2007(5):64-70.

[73] 刘晓斌.宁波大气污染源解析与污染治理.宁波城市职业技术学院学报,2015(3):60-66.

[74] 刘祖云.当代中国公共行政的伦理审视.北京:人民出版社,2006.

[75] 罗伯特·D.帕特南.使民主运转起来:现代意大利的公民传统.王列,赖海榕,译.北京:中国人民大学出版社,2015.

[76] 罗湖平.增强改革系统性整体性协同性的四个着力点.光明日报,2014-09-17(13).

[77] 马庆钰.对非政府组织概念和性质的再思考.天津行政学院学报,2007,9(4):40-44.

[78] 马旭龙,毛春梅,贾秀飞.大气污染防治的多主体协同机制研究.环境科学与管理,2015,40(9):59-63.

[79] 迈克尔·阿拉贝.空气中的烟、雾、酸:明天的空气会怎样.邓海涛,译.上海:上海科技文献出版社,2014.

[80] 迈克尔·博兰尼.自由的逻辑.冯银江,李学茹,译.长春:吉林人民出版社,2002.

[81] 迈克尔·麦金尼斯.多中心体制与地方公共经济.毛寿龙,译.上海:上海三联书店,2000.

[82] 梅娟,范钦华,赵由才.交通运输领域温室气体减排与控制技术.北京:化学工业出版社,2009.

[83] 梅雪芹.工业革命以来西方主要国家环境污染与治理的历史.世界历史,2000(6):20-28.

[84] 欧黎明,朱秦.社会协同治理:信任关系与平台建设.中国行政管理,2009(5):118-121.

[85] 皮埃尔·卡蓝默.破碎的民主:试论治理的革命.高凌瀚,译.北京:生活·读书·新知三联书社,2005.

[86] 平措.大气污染扩散长期模型的应用研究.天津:天津大学,2006.

[87] 钱乘旦.第一个工业化社会.成都:四川人民出版社,1988.

[88] 桥本隆则.日本大气污染的今昔谈.今日国土,2012(1):28-29.

[89] 秦亚青.关系与过程:中国国际关系理论的文化建构.上海:上海人民出版社,2012.

[90] 秦亚青.全球治理失灵与秩序理念的重建.世界经济与政治,2013(4):4-18.

[91] 任孟君.我国区域大气污染的协同治理分析研究.郑州:郑州大学,2014.

[92] 沈月娣.新型城镇化背景下环境治理的制度障碍及对策.浙江社会科学,2014(8):86-93.

[93] 石本惠,史云贵.执政党理性、公共理性与我国的政治现代化.四川大学学报(哲学社会科学版),2006(6):48-52.

[94] 史国良,朱坦,冯银厂,等.利用非负主成分回归—化学质量平衡受体模型对太原市 $PM_{10}$进行颗粒物来源解析研究.中国环境科学学会学术年会,2010.

[95] 史国良.大气颗粒物来源解析复合受体模型的研究和应用.天津:南开大学,2010.

[96] 史建磊.德国持之以恒治理大气污染.(2015-03-02)[2016-03-12].ttp://finance.chinanews.com/ny/2015/03-02/7091970.shtml.

[97] 帅蓉.比利时治霾胜在跨国合作.(2014-02-27)[2015-06-14].http://science.cankaoxiaoxi.com/2014/0227/352804.shtml.

[98] 斯蒂芬·戈德史密斯,威廉·D.埃格斯著.网络化治理:公共部门的新形态.孙迎春,译.北京:北京大学出版社,2008.

[99] 孙百亮.治理模式的内在缺陷与政府主导的多元治理模式的构建.武汉理工大学学报(社会科学版),2010,23(3):406-412.

[100] 孙柏瑛.当代地方治理:面向21世纪的挑战.北京:中国人民大学出版社,2004.

[101] 孙迎春.现代政府治理新趋势:整体政府跨界协同治理.中国发展观察,2014(18):21.

[102] 唐任伍,李澄元.治理视阈下中国环境治理的策略选择.中国人口·资源与环境,2014,24(2):18-22.

[103] 陶传进.环境治理:以社区为基础.北京:社会科学文献出版社,2005.

[104] 田培杰.协同治理:理论研究框架与分析模型.上海:上海交通大学,2013.

[105] 田培杰.协同治理概念考辨.上海大学学报(社会科学版),2014,31(1):124-140.

[106] 田千山.几种生态环境治理模式的比较分析.陕西行政学院学报,2012(4):52-57.

[107] 田雅云.香港的环境问题及管理.中国环保产业,1997(3):36-37.

[108] 托克维尔.论美国的民主(上卷).董果良,译.北京:商务印书馆,1997.

[109] 王辉.合作治理的中国适用性及限度.华中科技大学学报(社会科学版),2014(6):11-20.

[110] 魏娜,赵成根.跨区域大气污染协同治理研究:以京津冀地区为例.河北学刊,2016(1): 144-149.

[111] 魏一鸣,范英,蔡宪唐,等.人口、资源、环境与经济协调发展的多目标集成模型.系统工程与电子技术,2002,24(8):1-5.

[112] 吴金群,王丹.近年来国内城市治理研究综述.城市与环境研究,2015(3):97-112.

[113] 肖辉英.德国的城市化、人口流动与经济发展.世界历史,1997(5):62-72.

[114] 肖建化,赵运林,傅晓华.走向多中心合作的生态环境治理研究.长沙:湖南人民出版社,2010.

[115] 肖经汗,周家斌,郭浩天.采用正定距阵因子分解法对武汉市夏季某 $PM_{2.5}$ 样品的来源解析.环境污染与防治,2013,35(5):6-12.

[116] 萧新桥,余吉安.再认识长三角区域经济一体化.中国集体经济,2009(28):24-25.

[117] 谢伟.欧盟大气污染防治法及对我国的启示.学理论(下),2013(4):118-119.

[118] 谢雨,余荣华,朱虹,等.让蓝天多起来:京津冀大气污染防治综述.人民日报,2015-05-29(06).

[119]《新兴的工业城市——兰州》编写组.新兴的工业城市——兰州.兰州:甘肃人民出版社,1987.

[120] 邢来顺.德国工业化经济——社会史.武汉:湖北人民出版社,2003.

[121] 徐祖荣.社会管理创新范式:协同治理中的社会组织参与.井冈山干部管理学院学报,2011,4(3):106-111.

[122] 许玉镇.保障人民平等参与 促进社会“三个公平”.(2012-11-20)[2015-05-16]. http://theory.people.com.cn/n/2012/1120/c40531-19637180.html.

[123] 燕继荣.现代国家及其治理.中国行政管理,2015(5):12-16.

[124] 杨华锋.后工业社会的环境协同治理.长春:吉林大学出版

社,2013.

[125] 杨津涛.治理雾霾,他们花了多少年?.(2015-12-02)[2016-04-12].http://view.news.qq.com/original/legacyintouch/d428.html.

[126] 杨丽萍,陈发虎.兰州市大气降尘污染物来源研究.环境科学学报,2002,22(4):499-502.

[127] 杨清华.协同治理与公民参与的逻辑同构与实现理路.北京工业大学学报(社会科学版),2011,11(2):46-50.

[128] 杨志军.多中心协同治理模式研究:基于三项内容的考察.中共南京市委党校学报,2010(3):42-49.

[129] 叶林.空气污染治理的国际比较研究.北京:中央编译出版社,2014.

[130] 伊斯顿·派克.被遗忘的苦难:英国工业革命的人文实录.福州:福建人民出版社,1991.

[131] 于溯阳,蓝志勇.大气污染区域合作治理模式研究——以京津冀为例.天津行政学院学报,2014(6):57-66.

[132] 余敏江.区域生态环境协同治理要有新视野.(2014-01-23)[2016-04-12]. http://www. qstheory. cn/st/stsp/201401/t20140123_315801.htm.

[133] 俞可平.治理与善治.北京:社会科学文献出版社,2000.

[134] 郁建兴,任泽涛.当代中国社会建设中的协同治理:一个分析框架.学术月刊,2012(8):23-31.

[135] 约翰·贝拉米·福斯特.生态危机与资本主义.上海:上海译文出版社,2006.

[136] 约翰·博德利.人类学与当今人类问题.周云水,等译.北京:北京大学出版社,2010.

[137] 约瑟夫·L.萨克斯.保卫环境:公民诉讼战略.王小钢,译.北京:中国政法大学出版社,2011.

[138] 云雅如,王淑兰,胡君,等.中国与欧美大气污染控制特点比较分析.环境与可持续发展,2012,37(4):32-36.

[139] 翟桂萍.社区共治:合作主义视野下的社区治理——以上海浦东新区潍坊社区为例.上海行政学院学报,2008,9(2):81-88.

［140］詹姆斯·N.罗西瑙.没有政府的治理：世界政治中的秩序与变革.张胜军，刘小林，等译.南昌：江西人民出版社，2001.

［141］詹奕涛.六十年代以来香港人口再分布的研究.南方人口，1988(2)：24-31.

［142］张宝峰.大长三角将成超级经济区.(2014-05-10)[2015-03-14].http://news.takungpao.com/paper/q/2014/0510/2469451.html.

［143］张洪武.NPO新的治理模型：多中心协同治理研究.理论研究，2007(6)：42-45.

［144］张慧卿，金丽馥.苏南参与式环境治理：必要性、经验及启示.学海，2014(5)：180-183.

［145］张康之.历史转型中的不确定性及其治理对策.浙江学刊，2008(5)：11-18.

［146］珍妮特·V.登哈特，罗伯特·B.登哈特.新公共服务：服务，而不是掌舵.丁煌，译.北京：中国人民大学出版社，2004.

［147］郑恒峰.协同治理视野下我国政府公共服务供给机制创新研究.理论研究，2009(4)：25-28.

［148］郑巧，肖文涛.协同治理：服务型政府的治道逻辑.中国行政管理，2008(7)：48-53.

［149］周敬启.北京空气受机动车影响最大.北京青年报，2014-04-13(A04).

［150］周磊.本世纪实现温室气体净零排放.京华时报，2015-12-14(020).

［151］朱桓，冯银厂.大气颗粒物来源解析原理、技术及应用.北京：科学出版社，2012.

［152］Baek S O. Significance and behavior of polycyclic aromatic hydrocarbons in urban ambient air. Journal of Dalian University of Technology，1988，52(1)：613-635.

［153］Freedland M R，Auby J B. The Public Law/Private Law Divide. Oxford：Hart Publishing，2006.

［154］Gilpin R. War and Change in World Politics. Cambridge：Cambridge University Press，1981.

［155］Gray B. Collaboration：Finding Common Ground for Mutli-

Party Problems. San Francisco: Jossey-Bass,1989.

[156] Green A, Matthias A. Non-governmental Organizations and Health in Developing Countries. London: Macmillan Publisher,1997.

[157] Halachmi A. Governance and risk management: Challenges and public productivity. International Journal of Public Sector Management,2005,18(4):300-317.

[158] Kooiman J. Modern Governance: New Government-Society Interactions. Thousand Oaks: SAGE Publications,1993.

[159] Mearsheimer J. The Tragedy of Great Power Politics. New York: W.W. Norton,2001.

[160] Organski A F K, Kugler J. The War Leger. Chicago: University of Chicago Press,1980.

[161] Rosemary O, Gerard C, Bingham B. Introduction to the symposium on collaborative public management. Public Administration Review,2006,66(s1):6-9.

[162] Salamon L M. Partners in Public Service: The Scope and Theory of Government Nonprofit Relations. //Powel W W. The Nonprofit Sector: A Research Handbook. New Haven: Yale University Press,1987.

[163] Straus D. How to Make Collaboration Work. San Francisco: Berrett-koehler Publisher,2002.

[164] Swicik M F, Eisenreich S J, Lioy P J. Source apportionment and source/sink relationships of PAHs in the costal atmosphere of Chicago and Lake Michigan. Atmospheric Environment, 1999, 33(30): 5071-5079.

[165] Weiss J A. Pathways to Cooperation among Public Agencies. Journal of Policy Analysis and Management,2010,7(1):94-117.

# 索　　引

## L



## M



## O



## S



## W



## Y



## Z

# 后　记

在我国大气污染形势日益严峻的背景下，本书选择了关联性极强的长三角地区14个城市作为研究对象，构建大气污染协同治理新模型和污染源解析的正向比较推算法，解析了长三角城市群大气污染源。并通过分析借鉴国内外大气污染历史案例、治理法律政策和经验，提出长三角城市群大气环境协同治理的目标、路径和重点。

本书是集体智慧和共同劳动的结果，也是宁波市科技局软科学项目、宁波市政府咨询委项目、浙江省哲学社会科学规划项目的研究成果。在撰写过程中，得到了石家庄市环保局、浙江大学出版社、宁波市人民政府咨询委员会、宁波城市职业技术学院、长三角城市群相关城市环保部门、宁波市相关职能部门等单位的指导和大力支持，同时也得到了宁波市科技局软科学项目"宁波大气污染源解析及其质量提升对策研究"、宁波市政府咨询委重点项目"宁波大气质量形势与治理对策研究"和宁波城市职业技术学院著作资助项目的经费支持。宁波城市职业技术学院的姜轩老师、刘淑娟老师和大红鹰学院的姚鸟儿老师分别参与了第二章、第四章、第七章的编写，在此表示衷心的感谢。对宁波市人民政府咨询委员会常务副主任郁义康、副主任陈旭及其社会发展部部长励慧芳等领导的精心指导，宁波市环保局原局长褚孟行的大力支持，宁波城市职业技术学院的领导和同事的帮助，特别是原副校长吴向鹏在课题申报、研究、成果起草与修订过程中给予的全程指导，表示深深的谢意。感谢浙江大学出版社老师的热心帮助和精心编辑。

书中引用了一些专家学者的观点内容,在此一并对这些专家学者表示感谢。限于水平和时间,一些观点不一定成熟和恰当,希望读者不吝指正。

刘晓斌

2017年4月